Álgebra Linear Para Le

CB002737

Valores das funções trigonométricas selecionadas

Ao realizar transformações, tais como rotações, você precisa dos valores numéricos das funções de alguns dos ângulos mais usados.

Valores das funções trigonométricas selecionadas

Ângulo em graus	*Seno (sem)*	*Cosseno (cos)*	*Tangente (tan)*
0	0	1	0
30	$^1/_2$	$\frac{\sqrt{3}}{2}$	$\frac{\sqrt{3}}{3}$
45	$\frac{\sqrt{2}}{2}$	$\frac{\sqrt{2}}{2}$	1
60	$\frac{\sqrt{3}}{2}$	$^1/_2$	$\sqrt{3}$
90	1	0	indefinido
180	0	-1	0
270	-1	0	indefinido

Requisitos de espaço vetorial

Um conjunto de elementos é denominado espaço vetorial quando deve atingir a um requisito particular. Considere um conjunto de vetores u, v e w. Deixe que k e i sejam números reais e defina as operações ⊕ ou ⊗. O conjunto é um espaço vetorial se, sob a operação ⊕ você tem:

- **Fechamento**: **u** ⊕ **v** está no conjunto
- **Comutatividade: u** ⊕ **v** = **v** ⊕ **u**
- **Associatividade: u** ⊕ (**v** ⊕ **w**) = (**u** ⊕ **v**) ⊕ **w**.
- **Um elemento de identidade 0: u** ⊕ **0** = **0** ⊕ **u** = **u** para cada elemento **u**
- **Um elemento inverso -u: u** ⊕ **-u** = **-u** ⊕ **u** = **0**

E se estiver sob operação de ⊗, você tem:

- **Fechamento:** *k* ⊗ **u** está no conjunto.
- **Distribuição sobre uma soma vetorial:** *k*⊗ (**u**⊕**v**) = *k* ⊗ **u** ⊕ *k*⊗ **v**
- **Distribuição sobre uma soma escalar:** (*k* + *l*) ⊗ **u** = *k* ⊗ **u** ⊕ *l* ⊗ **u**
- **Associatividade de um produto escalar:** *k* ⊗ (*l* ⊗ **u**) = (*kl*) ⊗ **u**
- **Multiplicação por uma identidade escalar:** 1 ⊗ **u** = **u**

Propriedades algébricas

Algumas propriedades de expressões algébricas também são encontradas ao trabalhar com matrizes, determinantes e espaços vetoriais:

- **Propriedade comutativa da adição e multiplicação:** $a + b = b + a$ e $ab = ba$
- **Propriedade associativa da adição e multiplicação:** $a + (b + c) = (a + b) + c$ e $a(bc) = (ab)c$
- **Propriedade distributiva da multiplicação sobre a adição:** $a(b + c) = ab + ac$ e $(b + c)a = ba + ca$
- **Elemento neutro na adição e multiplicação:** $0 + a = a + 0 = a$ e $1 \times a = a + 0$
- **Inversos na adição e multiplicação:** $a + (-a) = (-a) + a = 0$ e $a \times 1/a = 1/a \times a = 1$ (onde $a \neq 0$)

Para Leigos: A Série de Livros para Iniciantes que Mais Vende no Mundo.

Álgebra Linear Para Leigos

Folha de Cola

Comandos da calculadora

A seguir, temos todas as instruções gerais para serem aplicadas à maioria das calculadoras gráficas disponíveis. Você encontra instruções mais detalhadas no Capítulo 18.

Para resolver sistemas de equações por gráficos:

1. **Escreva cada equação na forma** $y = mx + b$.
2. **Insira as equações no menu-y**
3. **Faça os gráficos das retas.**
4. **Use a ferramenta de intersecção para obter resposta.**

Para adicionar ou subtrair matrizes:

1. **Insira os elementos nas matrizes A e B.**
2. **Em uma nova tela, pressione [A]+[B] ou [A] – [B] e pressione Inserir.**

Para multiplicar por um escalar:

1. **Insira os elementos na matriz A.**
2. **Em uma nova tela, pressione o escalar e multiplique: *k**[A] e pressione Inserir.**

Para multiplicar duas matrizes juntas:

1. **Insira os elementos nas matrizes A e B.**
2. **Em uma nova tela, pressione [A]*[B] e pressione Inserir.**

Para alternar linhas:

1. **Inserir os elementos na matriz.**
2. **Use permuta de reta: *rowSwap* ([nome da matriz], primeira linha, segunda linha), e pressione Inserir.**

Para adicionar duas linhas juntas:

1. **Inserir os elementos na matriz.**
2. **Use a adição de linha : *rowSwap* ([nome da matriz], linha a ser adicionada a linha alvo, linha alvo), e pressione Inserir.**

Para adicionar o múltiplo de uma linha à outra:

1. **Inserir os elementos na matriz.**
2. **Use a soma do múltiplo de uma linha: *linha + (multiplicador, [nome da matriz], linha sendo multiplicada, linha alvo que possui um múltiplo a adicioná-lo), e pressione Inserir.**

Para multiplicar uma línha por um escalar:

1. **Inserir os elementos na matriz.**
2. **Use múltiplo de linha: * linha (multiplicador, [nome da matriz], linha**), e pressione Inserir.

Para criar uma forma escalonada:

1. **Insira os elementos em uma matriz.**
2. **Use forma de linha escalonada: ref([nome da matriz] ou a forma escalonada de linha reduzida: ref([nome da matriz]), e pressione Inserir.**

Elevar uma matriz à potência:

1. **Insira** os **elementos em uma matriz.**
2. **Use a operação fracionária com a potência, p: [nome da matriz] ^p, e pressione Inserir.**

Para encontrar inversos:

1. **Insira os elementos em uma matriz.**
2. **Use a operação de reciprocidade, x-[1]: [nome da matriz]-[1], e pressione Inserir.**

Para resolver sistemas de equações lineares:

1. **Escreva cada equação com as variáveis na mesma ordem e a constante no outro lado do sinal da equação.**
2. **Crie uma matriz A, cujos elementos são os coeficientes das variáveis.**
3. **Crie uma matriz B, cujos elementos são constantes.**
4. **Pressione, A-[1]*B, e pressione Inserir.**

O vetor resultante tem os valores das variáveis, na ordem.

Para Leigos: A Série de Livros para Iniciantes que Mais Vende no Mundo.

Álgebra Linear

PARA

LEIGOS®

Álgebra Linear PARA LEIGOS®

por Mary Jane Sterling

ALTA BOOKS
EDITORA
Rio de Janeiro, 2012

Álgebra Linear Para Leigos Copyright © 2012 da Starlin Alta Editora e Consultoria Ltda.
ISBN: 978-85-7608-623-9

Produção Editorial
Editora Alta Books

Gerência Editorial
Anderson da Silva Vieira

Supervisão Editorial
Angel Cabeza
Augusto Coutinho

Controle de Qualidade Editorial
Sergio Luiz de Souza

Editoria Para Leigos
Daniel Siqueira
Iuri Santos
Patrícia Fadel
Paulo Camerino

Equipe Editorial
Adalberto Taconi
Andrea Bellotti
Andreza Farias
Bianca Massacesi
Brenda Ramalho
Bruna Serrano
Claudia Braga
Cristiane Santos
Evellyn Pacheco
Gianna Campolina
Isis Batista
Jaciara Lima
Juliana de Paulo
Lara Gouvêa
Lícia Oliveira
Marcelo Vieira
Marco Silva
Mateus Alves
Milena Souza
Pedro Sá
Rafael Surgek
Thiê Alves
Vanessa Gomes
Vinicius Damasceno

Tradução
Gabriela Edel Mei

Copidesque
Leonardo Portela

Revisão Gramatical
Tatiana Dias Lutz

Revisão Técnica
Rosângela Leão Mondaine Galvão
Bacharel em Ciências Atuariais pela UERJ; Bacharel em Física pela FAHUPE

Diagramação
Cláudio Frota

Marketing e Promoção
Daniel Schilklaper
marketing@altabooks.com.br

1ª Reimpressão, junho 2014

Dados Internacionais de Catalogação na Publicação (CIP)

S838a Sterling, Mary Jane.
Álgebra linear para leigos / por Mary Jane Sterling. – Rio de Janeiro, RJ : Alta Books, 2012.
380 p. : il. – (Para leigos)
Inclui glossário e apêndice.
Tradução de: Linear algebra for dummies.
ISBN 978-85-7608-623-9

1 1. Álgebra linear. 2. Vetores. 3. Equações. 4. Matrizes (Matemática). 5. Determinantes (Matemática). 6. Espaços vetoriais. I. Título. II. Série.

CDU 512.64
CDD 512.5

Índice para catálogo sistemático:
1. Álgebra linear 512.64
(Bibliotecária responsável: Sabrina Leal Araujo – CRB 10/1507)

ALTA BOOKS
EDITORA

Rua Viúva Cláudio, 291 – Bairro Industrial do Jacaré
CEP: 20970-031 – Rio de Janeiro – Tels.: 21 3278-8069/8419 Fax: 21 3277-1253
www.altabooks.com.br – e-mail: altabooks@altabooks.com.br
www.facebook.com/altabooks – www.twitter.com/alta_books

Sobre o Autor

Mary Jane Sterling é autora de outros títulos como: *Math Word Problems For Dummies* e *Business Math For Dummies* (todos publicados pela Wiley). Além de *Álgebra Para Leigos*, *Álgebra II Para Leigos* e *Trigonometria Para Leigos* (publicados pela Alta Books).

Mary Jane continua fazendo o que ela mais ama: ensinando Matemática. Assim como os livros *Para Leigos* são divertidos de escrever, é a interação com alunos e colegas que a faz continuar. Bem, há também o seu marido, Ted, seus filhos, a Kiwanis Heart of Illinois Aktion Club, pescaria e leitura. Ela gosta de estar ocupada!

Dedicatória

Eu dedico este livro aos amigos e colegas, do passado e do presente da Universidade de Bradley. Sem as suas amizades, conselhos e apoio durante estes 30 anos que se passaram, minha experiência em ensinar não teria sido tão especial e minha oportunidade de escrever não teria sido a mesma. Esta tem sido uma jornada interessante e eu agradeço a todos que a fizeram assim.

Agradecimentos do Autor

Muito obrigada a Elizabeth Kuball, que novamente concordou em me ver através de todas as muitas vitórias e quase vitórias, tentativas e erros, falhas e tiros certeiros – a todos os envolvidos na criação deste livro. Elizabeth faz de tudo – do projeto a edição de texto. Seu olhar aguçado e comentários coerentes são muito apreciados.

Além disso, muito obrigada ao meu editor técnico, John Haverhals. Fiquei especialmente satisfeita pois ele concordaria com a certeza de que eu acertei.

E, claro, um grato agradecimento à minha editora de aquisições, Lindsay Lefevere, que encontrou ainda outro projeto interessante para mim.

Dedicatória

Agradecimentos do Autor

Sumário Resumido

Sumário

Introdução

A álgebra linear é geralmente a porta de entrada dos matemáticos principiantes ao mundo *real* da matemática. "O quê?", você diz, provavelmente se perguntando que diabos fez até aqui senão matemática de verdade. Depois de tudo, você começou calculando números reais como uma criança e trabalhou do seu jeito em algumas coisas realmente boas – provavelmente em alguns cálculos também.

Eu não estou tentando diminuir suas realizações até aqui, mas agora você se aventurou em um universo matemático que lança uma nova luz sobre a estrutura matemática. Todas as regras de verdadeiro e falso e princípios de aritmética e álgebra, trigonometria e geometria, ainda são aplicados, mas a álgebra linear visa estas regras, as opera e o ajuda a vê-las de forma mais aprofundada.

Você vai achar que na álgebra linear é possível definir seu próprio conjunto ou agrupamento de objetos – decidir quem vai jogar o jogo por critérios particulares e selecionados – e então determinar quem vai permanecer no grupo com base em seus padrões. As operações envolvidas na álgebra linear são bastante precisas e um pouco limitadas. Você não tem as operações visuais (tais como adição, subtração, multiplicação e divisão) para executar os objetos em seu conjunto, mas na verdade isto não afeta as possibilidades. Você vai encontrar novas formas de analisar as operações e utilizá-las em suas investigações sobre álgebra linear e as jornadas pelos diferentes aspectos do assunto.

A álgebra linear inclui sistemas de equações, transformações lineares, vetores, matrizes e determinantes. Provavelmente você já viu a maioria dessas estruturas em diferentes contextos, mas a álgebra linear enlaça todos de maneira especial.

Sobre Este Livro

A álgebra linear inclui vários tópicos que podem ser investigados sem que haja necessidade real de se perder tempo em outros. Você realmente não precisa ler este livro do início ao fim (ou mesmo do fim para o início!). Você pode estar interessado especificamente em determinantes e partir diretamente para o capítulo que aborda o assunto. Caso precise de uma ajudinha conforme estiver lendo as explicações sobre determinantes, então eu o encaminho para outros capítulos do livro, nos quais encontrará as informações necessárias. De fato, ao longo deste livro, lhe indico rapidamente onde encontrar mais informações sobre tópicos em outros capítulos. O layout do livro é lógico e segue um planejamento, mas o meu planejamento não tem de ser o seu. Defina o seu próprio percurso.

Convenções Usadas Neste Livro

Você achará que o material deste livro é uma referência útil para o seu estudo de álgebra linear. Conforme passo pelas explicações, utilizo o *itálico* para introduzir novos termos. Defino as palavras ali mesmo, mas, se isso não for o suficiente, você pode consultar o glossário para saber mais sobre elas e outras de significado similar. Além disso, você vai encontrar palavras em **negrito** conforme apresento uma lista de características ou etapas necessárias para executar uma função.

Só de Passagem

Você não precisa ler cada palavra deste livro para obter as informações de que precisa.

Se estiver com pressa ou quiser fazer apenas um passeio rápido, aqui estão algumas partes que você pode pular:

- **Boxes:** Textos em caixa cinza são chamados de boxes. Contêm informações interessantes, mas que não são essenciais para a compreensão do tema abordado.
- **Texto marcado com o ícone Papo de Especialista:** Para saber mais sobre este ícone, consulte "Ícones Usados Neste Livro", mais adiante nesta Introdução.
- **A página de direitos autorais:** A menos que você seja o tipo de pessoa que lê os ingredientes de cada alimento que põe em sua boca, você provavelmente não vai perder nada pulando isto!

Penso que...

Conforme planejava e escrevia este livro, tive que fazer algumas suposições sobre você e sua familiaridade com a matemática. Suponho que você tenha algum conhecimento prático de álgebra e que ao menos já tenha estudado geometria e trigonometria. Não, você não precisa fazer nenhuma prova geométrica ou medir qualquer ângulo, mas as operações algébricas e os símbolos de agrupamento são utilizados na álgebra linear, e refiro-me às transformações geométricas, tais como rotações e reflexões, ao trabalhar com as matrizes. Vou explicar o que vai acontecer, mas ajudará se você já tiver alguma noção.

Como Este Livro Está Organizado

Este livro é dividido em várias *partes*, e cada uma delas contém vários capítulos. Cada capítulo também é subdividido em seções, cada uma com um tema unificador. Tudo é muito organizado e lógico, portanto, você será capaz de ir de seção a seção, capítulo a capítulo, e de parte a parte com uma ideia mais concreta do que vai encontrar quando chegar lá.

O tema álgebra linear envolve equações, matrizes e vetores, mas na realidade, você não pode separá-los completamente. Mesmo que uma determinada seção se concentre em um ou outro conceito, você encontra os demais tópicos exercendo suas funções específicas e sendo incluídos na discussão.

Parte I: Alinhando os Fundamentos da Álgebra Linear

Nesta parte, você encontrará várias abordagens diferentes para organizar números e equações. Os capítulos sobre vetores e matrizes mostrarão linhas e colunas de números arranjados de maneira organizada. Você realiza as operações sobre os números arranjados, às vezes com resultados surpreendentes. A estrutura matricial permite que muitos cálculos de álgebra linear sejam feitos de forma mais eficiente. Outro tema fundamental é o sistema de equações. Você descobre como são classificadas, e vê como resolvê-las de forma algébrica ou com matrizes.

Parte II: Relacionando Vetores e Transformações Lineares

A Parte II é onde você começa a ver uma outra dimensão do mundo da matemática. Você toma vetores racionais e matrizes e os une com as combinações lineares. E, como se isso não bastasse, você analisa soluções das equações vetoriais e testa sistemas homogêneos. Não fique intimidado com todas essas grandes palavras e frases impressionantes que estou lançando. Estou apenas dando uma dica sobre o que mais você pode fazer – de fato, algumas coisas realmente interessantes.

Parte III: Avaliando Determinantes

Um determinante é uma função. Você aplica esta função em uma matriz quadrada e do nada aparece a resposta: um único número. Os capítulos desta parte abordam como executar a função determinante em diferentes tamanhos de matrizes, como alterar as matrizes para cálculos mais convenientes, e como são algumas das aplicações de determinantes.

Parte IV: Envolvendo Espaços Vetoriais

Os capítulos desta parte abordam minuciosamente espaços vetoriais e seus subespaços. Você vê como a independência linear se encaixa com espaços vetoriais, e mais: abordo os autovalores e autovetores, e como eles interagem com matrizes específicas.

Parte V: A Parte dos Dez

Os três últimos capítulos são listas de dez itens, com alguns detalhes intrigantes para cada item na lista. Primeiro, apresento uma lista de algumas das muitas aplicações de matrizes – coisas para as quais as matrizes são realmente utilizadas no mundo real. O segundo capítulo desta parte trata sobre o uso da calculadora gráfica para trabalhar com matrizes. Finalmente, apresento dez das letras gregas mais comumente utilizadas e o que elas representam na matemática e nas outras ciências.

Ícones Usados Neste Livro

Sem dúvida, você vê muitos ícones interessantes na tela de abertura de seu computador. Os ícones são realmente úteis para as entradas rápidas e manipulações ao executar as diferentes tarefas que você precisa fazer. O que é muito útil nestes ícones é que eles normalmente incluem algum símbolo que sugere o que determinado programa faz. O mesmo vale para os ícones usados neste livro.

Este ícone avisa sobre as informações importantes ou as regras necessárias para resolver um problema ou continuar com a explicação do tema. O ícone serve como um marcador para que você possa se lembrar de algo enquanto continua sua leitura. As informações indicadas pelo ícone Lembre-se são extremamente necessárias para a matemática envolvida na seção em que se localiza.

O material indicado por este ícone é a matemática maravilhosa. É estreitamente relacionado ao tema em questão, mas não é absolutamente necessário para a sua compreensão do material. Você pode pegar ou largar – o que você preferir.

Quando você vir este ícone, vai encontrar algo útil ou que economiza tempo. Não vai ser surpreendente, mas é algo que vai lhe dar base.

A imagem neste ícone diz tudo. Você realmente deverá prestar atenção quando vir o ícone Cuidado. Eu o uso para alertá-lo de uma armadilha particularmente grave ou um equívoco. Eu não o utilizo muito, então você não vai pensar que é um alarme falso quando o vir em uma seção.

De Lá para Cá, Daqui para Lá

Você realmente não tem como escolher um mau lugar onde mergulhar neste livro. Se você está mais interessado, primeiramente, em ver como está a água, comece com vetores e matrizes nos Capítulos 2 e 3, e veja como eles interagem uns com os outros. Outra boa seção para dar uma mergulhada é o Capítulo 4, onde você descobre diferentes abordagens para resolver sistemas de equações. Então, novamente, mergulhar diretamente nas transformações lhe dará mais de uma ideia de como são os movimentos da corrente através da álgebra linear. No Capítulo 8, você encontra transformações lineares, mas outros tipos de transformações também abrem o seu caminho para os capítulos da Parte II. Você pode preferir começar a ter um pouco de fundamento com os cálculos matemáticos, de modo que pode ir ao Capítulo 9, sobre permutações, ou olhar os Capítulos 10 e 11, que explicam como os determinantes são avaliados. Mas se você está querendo mergulhar de cabeça na álgebra linear, então vá direto aos espaços vetoriais na Parte IV e analise os autovalores e autovetores no Capítulo 16. Não importa que você possa mudar de seção a qualquer momento. Iniciar ou terminar, mergulhar ou nadar – não há maneira certa ou errada de abordar este tema flutuante.

Parte I

Alinhando os Fundamentos da Álgebra Linear

A 5ª Onda Por Rich Tennant

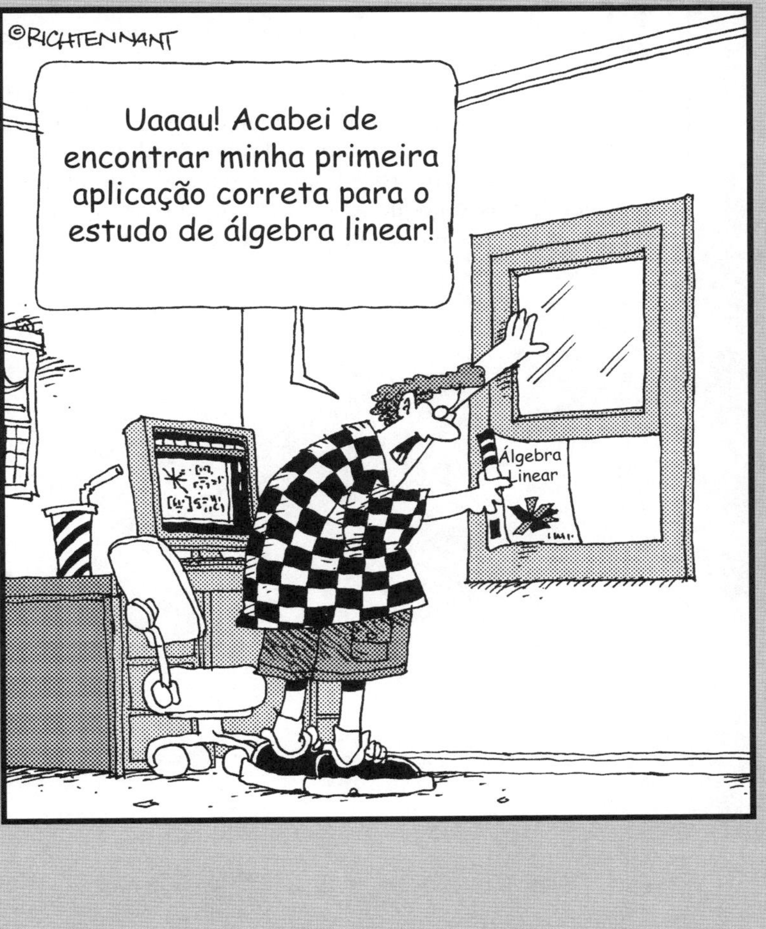

Nesta parte...

Você está prestes a conhecer uma estrela digna de Hollywood: Al. Não, não estou falando do Sr. Pacino (mas acharia fantástico conhecê-lo pessoalmente), mas de um dos principais nomes gravados na calçada da fama matemática: a Álgebra Linear. Assim, como um Poderoso Chefão, faço-lhe uma proposta irrecusável: saia de baixo dos holofotes hollywoodianos, coloque-se à luz de sistemas de equações, matrizes e vetores, e fique cara a cara com a Álgebra Linear.

Capítulo 1

Definindo a Álgebra Linear

Neste Capítulo

- Alinhando a parte algébrica da álgebra linear com sistemas de equações
- Fazendo onda com matrizes e determinantes
- Justificando-se com vetores
- De olho em autovalores e autovetores

As palavras *álgebra* e *linear* não aparecem sempre juntas. A palavra linear é um adjetivo usado em muitos cenários: equações lineares, regressão linear, programação linear, tecnologia linear, e por aí vai. A palavra álgebra, claro, é familiar ao colégio e a muitos estudantes do ensino médio. Quando usadas juntas, as duas palavras descrevem uma área da matemática na qual alguns símbolos algébricos tradicionais, operações e manipulações são combinados com vetores e matrizes a fim de criar sistemas ou estruturas que são utilizadas para se diversificar em outros estudos matemáticos ou ser utilizadas em aplicações práticas em diversos campos da ciência e negócios.

Os principais elementos da álgebra linear são sistemas de equações lineares, vetores e matrizes, transformações lineares, determinantes e espaços vetoriais. Cada um desses tópicos tem uma vida própria, diversificando em sua própria ênfase especial e retornando ao ponto de partida. Além disso, cada um dos tópicos principais ou áreas são entrelaçados aos outros; isto como uma relação simbiótica — a melhor de todo o mundo.

Você pode encontrar os sistemas de equações lineares no Capítulo 4, vetores no Capítulo 2 e matrizes no Capítulo 3. É claro, isto é apenas o ponto de partida para estes tópicos. Os usos e aplicações destes tópicos continuam por todo o livro. No Capítulo 8, você tem uma ideia mais ampla de acordo com as transformações lineares; os determinantes começam no Capítulo 10 e os espaços vetoriais são apresentados no Capítulo 13.

Resolvendo Sistemas de Equações de Todas as Maneiras

Um *sistema de equações* é um grupo ou uma lista de enunciados matemáticos que são ligados por alguma razão. As equações podem se associar a outras porque todas descrevem a relação entre duas ou mais variáveis desconhecidas. Ao estudar sistemas de equações (ver Capítulo 4), você tenta determinar se equações ou enunciados diferentes têm alguma solução comum – conjuntos de valores de substituição para as variáveis que fazem com que todas as equações tenham o valor da verdade ao mesmo tempo.

Por exemplo, o sistema de equações mostrado aqui consiste em três diferentes equações que são todas verdadeiras (um lado é igual ao outro) quando $x = 1$ e $y = 2$.

$$\begin{cases} 2x + y = 4 \\ y^2 - x = 3 \\ \sqrt{x+3} = y \end{cases}$$

O único problema com o conjunto de equações que acabei de mostrar a você, até o ponto que interessa à álgebra *linear*, é que a segunda e a terceira equação no sistema *não são* lineares.

LEMBRE-SE

Uma *equação linear* tem a forma $a_1x_1 + a_2x_2 + a_3x_3 + \ldots + a_nx_n = k$, na qual a_i é um número real qualquer, x_i é uma variável e k é alguma constante.

Note que, em uma equação linear, cada uma das variáveis tem um expoente de exatamente 1. Sim, eu sei que você não está vendo nenhum expoente sobre os x, mas este é um procedimento padrão – o número 1 é presumido. Mostrarei isso mais tarde nos sistemas de equações. Eu utilizei x e y para as variáveis em vez do x subscrito. É mais fácil de escrever (ou digitar) x, y, z, e só quando trabalharmos com sistemas maiores é que utilizaremos os subscritos em uma única letra.

Depois mostrarei um sistema de equações lineares. Eu usarei x, y, z e w para as variáveis em vez de x_1, x_2, x_3, e x_4.

$$\begin{cases} 2x + y - 3z + 4w = 11 \\ x + 3y - 2z + w = 5 \\ 3x + y + 2w = 13 \\ 4x + y + 5z - w = 17 \end{cases}$$

O sistema de quatro equações lineares com quatro variáveis ou incógnitas *tem* uma solução única. Cada equação é verdadeira quando $x = 1$, $y = 2$, $z = 3$ e $w = 4$. Agora, um aviso: Nem todo sistema de equações lineares tem uma solução. Alguns sistemas de equações não têm soluções e outros têm muitas ou infinitas soluções. O que você encontrará no Capítulo 4 é como determinar qual situação você tem: nenhuma, uma ou muitas soluções.

Os sistemas de equações lineares são usados para descrever a relação entre várias entidades. Por exemplo, você pode ter uma loja de doces e querer criar diferentes seleções de embalagens de bala. Você quer definir uma caixa de 1 quilo, uma de 2 quilos, uma de 3 quilos, e uma caixa destruidora de dietas de 4 quilos. Agora, vou descrever os conteúdos das diferentes caixas. Após ler todas as descrições você terá uma ótima noção do quanto as equações correspondentes são boas e puras.

Os quatro tipos de doces que você usará são: torrone, creme, doce de nozes e caramelo. A caixa de 1 quilo contém três torrones, um creme, um doce de nozes e dois caramelos; a caixa de dois quilos contém três torrones, dois cremes, três doces de nozes e quatro caramelos; a caixa de 3 quilos contém quatro torrones, dois cremes, oito doces de nozes e quatro caramelos, e a caixa de 4 quilos contém seis torrones, cinco cremes, oito doces de nozes e seis caramelos. Quanto pesa cada caixa de doces?

Se considerarmos o peso dos torrones como x_1, o peso dos cremes como x_2, o dos doces de nozes como x_3 e o peso dos caramelos como x_4, teremos um sistema de equações parecido com este:

$$\begin{cases} 3x_1 + 1x_2 + 1x_3 + 2x_4 = 16 \\ 3x_1 + 2x_2 + 3x_3 + 4x_4 = 32 \\ 4x_1 + 2x_2 + 8x_3 + 4x_4 = 48 \\ 6x_1 + 5x_2 + 8x_3 + 6x_4 = 64 \end{cases}$$

Os quilos são transformados em gramas em cada caso e a solução do sistema de equações lineares é $x_1 = 1$ grama, $x_2 = 2$ gramas, $x_3 = 3$ gramas e $x_4 = 4$ gramas. Sim, esta é uma representação muito simples de um negócio de doces, mas isto serve para mostrar como os sistemas de equações lineares são definidos e como eles funcionam para resolver problemas complexos. Você resolve tal sistema usando métodos algébricos ou matrizes. Vá ao Capítulo 4 se você quer mais informações sobre como lidar com tal situação.

Os sistemas de equações nem sempre têm soluções. De fato, uma equação simples, por si só, pode ter infinitas soluções. Considere a equação $2x + 3y = 8$. Utilizando pares ordenados (x, y) para representar os números que queremos, algumas das soluções do sistema são $(1, 2)$, $(4, 0)$, $(-8, +8)$ e $(10, -4)$. No entanto, nenhuma das soluções da equação $2x + 3y = 8$ é também uma solução da equação $4x + 6y = 10$. Você pode tentar encontrar combinações, mas não há nenhuma. Algumas soluções de $4x + 6y = 10$ são (1,1), (4, –1) e (10, –5). Cada equação tem infinitas soluções, mas nenhum par de soluções se combina. Então, o sistema não tem solução.

$$\begin{cases} 2x + 3y = 8 \\ 4x + 6y = 10 \end{cases}$$

Saber que você não tem uma solução também é uma parte muito importante da informação.

Combinando e Arranjando Dados em Matrizes

Uma matriz é um arranjo retangular de números. Sim, tudo o que você vê é um grupo de números – alinhados linha após linha, coluna após coluna. As matrizes são ferramentas que eliminam todas as superficialidades (tal como aquelas variáveis toscas) e definem todas as informações pertinentes em uma ordem organizada e lógica. (As matrizes são apresentadas no Capítulo 3, mas você as utiliza para resolver sistemas de equações no Capítulo 4). Quando as matrizes são usadas para resolver sistemas de equações você encontra os coeficientes das variáveis incluídas em uma matriz e as variáveis fora dela. Então, como sabe o quê é o que? Você se organiza, simples assim.

Aqui está um sistema de quatro equações lineares:

$$\begin{cases} x_1 - 2x_2 + 3x_3 - 6x_4 = 8 \\ x_1 \qquad\quad - 10x_3 + x_4 = 11 \\ 4x_1 + x_2 \qquad\quad - 4x_4 = 8 \\ 3x_1 + 5x_2 - 7x_3 \qquad\quad = 6 \end{cases}$$

Ao trabalhar com este sistema de equações, você deve usar uma matriz para representar todos os coeficientes das variáveis.

$$A = \begin{bmatrix} 1 & -2 & 3 & -6 \\ 1 & 0 & -10 & 1 \\ 4 & 1 & 0 & -4 \\ 3 & 5 & -7 & 0 \end{bmatrix}$$

Repare que coloquei um 0 onde havia um termo faltando em uma equação. Se você for escrever apenas os coeficientes, é preciso manter os termos em ordem de acordo com a variável que lhes multiplica e utilizar *marcadores* ou símbolos para os termos que faltam. A matriz de coeficiente facilita a análise da equação. Mas você tem que seguir as regras da ordem. Eu chamei a matriz não por um nome glamuroso, como *Angelina*, mas algo simples, como A.

Ao usar matrizes de coeficientes, normalmente você as tem acompanhadas por dois vetores. (Um *vetor* é apenas uma dimensão de uma matriz, com uma coluna e muitas linhas ou uma linha e muitas colunas. Veja os Capítulos 2 e 3 para mais informações sobre vetores.)

Os vetores que correspondem a esse mesmo sistema de equações são o vetor de variáveis e o vetor de constantes. Vou chamá-los de vetores X e C.

$$X = \begin{bmatrix} x_1 \\ x_2 \\ x_3 \\ x_4 \end{bmatrix} \quad C = \begin{bmatrix} 8 \\ 11 \\ 8 \\ 6 \end{bmatrix}$$

Uma vez na forma matricial e vetorial, você pode executar operações sobre matrizes e vetores individualmente, ou realizar operações que envolvam uma operação na outra. Todas essas coisas boas são encontradas a partir do Capítulo 2.

De qualquer forma, deixe-me mostrar-lhe uma aplicação mais prática de matrizes e por que colocar os números (coeficientes) em uma matriz é tão conveniente. Considere uma agência de seguros que mantém o controle do número de apólices vendidas pelos diferentes agentes em cada mês. No meu exemplo, vou manter o número de agentes e apólices de pequeno porte, e deixar você imaginar o tamanho das matrizes com um grande número de agentes e em diferentes variações de apólices.

Na Agência de Seguros "Pague Mais", os agentes são Amanda, Betty, Clark e Dennis. Em janeiro, Amanda vendeu 15 apólices de seguro de automóvel, 10 apólices de seguro residencial, 5 apólices de seguro de vida, 9 apólices de seguro do inquilino, e uma apólice de seguro saúde. Betty vendeu... Ok, isso estará escrito logo abaixo. Estou colocando todas as apólices que os agentes venderam em janeiro em uma matriz.

$$\begin{array}{r} \\ \text{Amanda} \\ \text{Betty} \\ \text{Clark} \\ \text{Dennis} \end{array} \begin{array}{c} \begin{array}{ccccc} A & R & V & I & S \end{array} \\ \begin{bmatrix} 15 & 10 & 5 & 9 & 1 \\ 10 & 9 & 4 & 9 & 2 \\ 20 & 0 & 0 & 23 & 1 \\ 15 & 6 & 10 & 6 & 5 \end{bmatrix} \end{array}$$

Se você tivesse que colocar o número de apólices de janeiro, fevereiro, março, e assim por diante em matrizes, seria uma tarefa simples executar a *adição de matrizes* e obter o total para o ano. Além disso, as comissões dos agentes podem ser calculadas através da realização da *multiplicação de matrizes*. Por exemplo, se as comissões sobre essas apólices são as taxas fixas – \$110, \$200, \$600, \$60 e \$100, respectivamente, você cria um vetor dos pagamentos e os multiplica.

$$\begin{matrix} \\ \text{Amanda} \\ \text{Betty} \\ \text{Clark} \\ \text{Dennis} \end{matrix} \begin{matrix} \begin{matrix} \text{A} & \text{R} & \text{V} & \text{I} & \text{S} \end{matrix} \\ \begin{bmatrix} 15 & 10 & 5 & 9 & 1 \\ 10 & 9 & 4 & 9 & 2 \\ 20 & 0 & 0 & 23 & 1 \\ 15 & 6 & 10 & 6 & 5 \end{bmatrix} \end{matrix} \cdot \begin{bmatrix} 110 \\ 200 \\ 600 \\ 60 \\ 100 \end{bmatrix} = \begin{bmatrix} 7\,290 \\ 6\,040 \\ 3\,680 \\ 9\,710 \end{bmatrix} \begin{matrix} \text{Amanda} \\ \text{Betty} \\ \text{Clark} \\ \text{Dennis} \end{matrix}$$

Você encontra a adição e a multiplicação de matrizes em negócios no Capítulo 3. Outros processos para a agência de seguros que podem ser realizados utilizando matrizes representam o aumento ou a diminuição da porcentagem de vendas (de toda a empresa ou de vendedores individuais), executam operações em vetores resumidos, determinam comissões multiplicando os totais por suas respectivas taxas, definem o aumento da porcentagem dos objetivos, e assim por diante. As possibilidades são limitadas apenas pela sua falta de imaginação, determinação, ou necessidade.

Avaliando os Espaços Vetoriais

Na Parte IV deste livro, você encontra todo tipo de boa informação e a matemática essencial a quaisquer tópicos de espaços vetoriais. Em outros capítulos, descrevo o trabalho com vetores. Desculpe, mas não há realmente nenhum capítulo específico sobre espaço sideral – deixo isso para os astrônomos. As palavras *espaço vetorial* são apenas uma expressão matemática usada para definir um determinado grupo de elementos que existem em um determinado conjunto de condições. (Você pode encontrar informações sobre as propriedades dos espaços vetoriais no Capítulo 13.)

Pense em um espaço vetorial em termos de um jogo de bilhar. Você tem todos os elementos (as bolas de bilhar), que se limitam à superfície da mesa (bem, elas ficam lá, se as jogadas forem feitas corretamente). Mesmo quando interagem (se chocam umas contra as outras), elas ficam em algum lugar sobre a mesa. Assim, são os elementos do espaço vetorial, e a superfície da mesa é o espaço vetorial. Você tem operações que provocam ações sobre a mesa, desde deslocar uma bola com uma tacada à atingir uma ou mais bolas com outra bola. E você tem regras que definem como todas as ações podem ocorrer, desde que mantendo as bolas de bilhar na mesa (no espaço vetorial). Naturalmente, um jogo de bilhar não é, nem de perto, tão excitante quanto um espaço vetorial, mas eu queria relacionar alguma ação da vida real ao confinamento de elementos e regras.

Um espaço vetorial é a versão da álgebra linear de um modelo ou plano de classificação. Outras áreas na matemática têm entidades similares (classificações e modelos). O tema comum de tais projetos é que eles contêm um conjunto ou agrupamento de objetos onde todos têm algo em comum. Certas propriedades são anexadas ao plano – propriedades que se aplicam a todos os membros do agrupamento. Se todos os membros devem respeitar as regras, então você pode fazer julgamentos ou conclusões baseadas apenas em alguns dos membros, em vez de ter de investigar cada membro (se isso é mesmo possível).

Espaços vetoriais contêm vetores que realmente assumem muitas formas diferentes. A forma mais fácil de mostrar isso a você é através de um vetor real, mas eles podem na verdade ser matrizes ou polinômios. Contanto que essas diferentes formas sigam as regras, você tem um espaço vetorial. (No Capítulo 14, você conhece as regras ao investigar os subespaços dos espaços vetoriais.)

As normas de regulamentação de um espaço vetorial são altamente dependentes das operações que pertencem ao espaço vetorial. Você encontra alguns desvios de notações de operação familiar. Em vez de um simples sinal de mais (+), encontra ⊕. E o símbolo de multiplicação (×), é substituído por ⊗. Os símbolos novos e revisados são usados para alertá-lo para o fato de que não estamos mais no Kansas. Com espaços vetoriais, a operação de adição pode ser definida de uma maneira completamente diferente. Por exemplo, você pode definir a adição vetorial de dois elementos, x e y, que será $x \oplus y = 2x + y$. Esta regra funciona em um espaço vetorial? Isso é o que você precisa para determinar quando estudar espaços vetoriais.

Determinando Valores com Determinantes

Um determinante está relacionado com uma matriz, como se vê no Capítulo 10. Você pode pensar em um determinante como sendo o começo de uma operação que personaliza uma matriz. O determinante incorpora todos os elementos de uma matriz em seu grande plano. Você tem poucas qualificações para encontrar, no entanto, antes de executar a operação.

As matrizes quadradas são as únicas candidatas a ter um determinante. Deixe-me mostrar-lhe apenas alguns exemplos de matrizes e determinantes. A matriz |A| tem um determinante A – que também é simbolizado como det (A) –, assim como as matrizes B e C.

$$A = \begin{bmatrix} 1 & 2 & 5 \\ -3 & 8 & 0 \\ 2 & -1 & 1 \end{bmatrix}, \det(A) = -51$$

$$B = \begin{bmatrix} -2 & 3 \\ 5 & -8 \end{bmatrix}, \det(B) = 1$$

$$C = \begin{bmatrix} 4 \end{bmatrix}, \det(C) = 4$$

As matrizes A, B e C são respectivamente uma matriz 3×3, uma matriz 2×2, uma matriz 1×1. Os determinantes destas matrizes podem ser complicados ou simples de calcular. Mostro todos os detalhes sobre cálculos de determinantes no Capítulo 10, por isso não vou abordá-los aqui, mas quero apresentar o fato de que essas matrizes quadradas estão ligadas, por uma função especial, a números únicos.

Todas as matrizes quadradas têm determinantes, mas alguns desses determinantes não chegam a tanto (o determinante é igual a 0). Ter um determinante de valor igual a zero não é um grande problema para a matriz, mas o valor 0 causa problemas com algumas das aplicações de matrizes e determinantes. Uma propriedade comum de todas essas matrizes de determinantes 0 é não ter um inverso multiplicativo.

Por exemplo, a matriz D, que mostro aqui, tem um determinante de 0 e, consequentemente, não é inversa.

$$D = \begin{bmatrix} 1 & 2 & 5 \\ 1 & 8 & 5 \\ 2 & 1 & 10 \end{bmatrix}, \det(D) = 0$$

A matriz D parece perfeitamente correta, mas isso é apenas a ponta do iceberg, o que pode ser um grande problema quando se utiliza a matriz para resolver problemas. Você precisa estar ciente das consequências de o determinante ser 0 e fazer alterações ou ajustes que permitam que você continue com a solução.

Por exemplo, os determinantes são utilizados no Capítulo 12, com a regra de Cramer (para resolver sistemas de equações). Os valores das variáveis são razões de diferentes determinantes calculados a partir dos coeficientes nas equações. Se o determinante no denominador da razão é zero, então você não está com sorte e precisa buscar a solução através de um método alternativo.

Zerando com Autovalores e Autovetores

No Capítulo 16, você vê como os autovalores e autovetores correspondem um ao outro em termos de uma matriz específica. Cada autovalor tem o seu autovetor relacionado. Então, o quê são essas autocoisas?

Um autovalor é um número, chamado de *escalar* neste cenário de álgebra linear. E um autovetor é um vetor $n \times 1$. Um autovalor e um autovetor são relacionados para uma determinada matriz $n \times n$.

Por exemplo, deixe-me sortear aleatoriamente o número 13. Assim, pego este número e o multiplico por um vetor 2 × 1. Você verá no Capítulo 2 que multiplicar um vetor por um escalar significa apenas multiplicar cada elemento do vetor por esse número. Por enquanto basta confiar em mim.

$$13 \cdot \begin{bmatrix} 3 \\ 4 \end{bmatrix} = \begin{bmatrix} 39 \\ 52 \end{bmatrix}$$

Isso não foi tão empolgante, então deixe-me subir a aposta e ver se o próximo passo faz mais por você. No entanto, novamente você terá que confiar na minha palavra para a etapa de multiplicação. Agora, multiplicarei o mesmo vetor que acabou de ser multiplicado por 13 por uma matriz.

$$\begin{bmatrix} 1 & 9 \\ 12 & 4 \end{bmatrix} \cdot \begin{bmatrix} 3 \\ 4 \end{bmatrix} = \begin{bmatrix} 39 \\ 52 \end{bmatrix}$$

O vetor resultante é o mesmo se eu multiplicar por 13 o vetor ou a matriz. (Você pode encontrar os conhecimentos, recursos ou regras necessários para fazer a multiplicação no Capítulo 3.) Quero apenas esclarecer uma coisa aqui: às vezes você pode encontrar um único número que vai fazer o mesmo trabalho que uma matriz completa. Você não pode simplesmente escolher os números aleatoriamente do jeito que eu fiz. (Na verdade, eu dei uma espiada.) Toda matriz tem seu *próprio* conjunto de *autovalores* (os números) e *autovetores* (que são multiplicados pelos autovalores). No Capítulo 16, você vê o tratamento completo – todas as etapas e procedimentos necessários para descobrir estas entidades evasivas.

Capítulo 2

O Valor dos Vetores

Neste Capítulo

- Relacionando vetores na dimensão dois a todos os vetores n × 1
- Ilustrando propriedades vetoriais com segmentos orientados desenhados em eixos
- Demonstrando operações realizadas em vetores
- Tornando o módulo significativo
- Criando e medindo ângulos

A palavra *vetor* tem um significado muito específico no mundo da matemática e da álgebra linear. Um vetor é um tipo especial de *matriz* (arranjo retangular de números). Os vetores, neste capítulo, são colunas de números grudados entre colchetes. Espaço vetorial de dimensão 2 e 3 são desenhados em dois e três eixos, respectivamente, para ilustrar muitas das propriedades, medidas e operações envolvendo vetores.

Você pode achar que o assunto de vetores é restritivo e expansivo ao mesmo tempo. Os vetores parecem ser limitantes por causa das estruturas restritivas, mas também são expansivos devido à forma como as propriedades delineadas para o vetor simples são posteriormente conduzidas para grupos maiores e mais tipos gerais de grupos numéricos.

Como acontece com qualquer apresentação matemática, você encontra significados muito específicos para palavras de uso cotidiano (e algumas não tão cotidianas assim). Tenha em mente as palavras e seus significados, e tudo fará sentido. Caso esqueça qualquer uma delas, você pode voltar ao glossário ou à definição em itálico.

Descrevendo Vetores no Plano

Um *vetor* é uma coleção ordenada de números. Vetores contendo dois ou três números são frequentemente representados por um *segmento orientado de reta* (um segmento de reta com uma flecha em uma extremidade e um ponto na outra). A representação de vetores como segmentos orientados de reta funciona com dois ou três números, mas o segmento orientado de reta perde o sentido quando se lida com vetores e números maiores. Vetores maiores existem, mas não posso fazer um gráfico legal deles. As propriedades que se aplicam aos vetores menores também se aplicam aos maiores, assim, apresento vetores com representação em figuras, para ajudar a dar sentido a todo o conjunto.

Ao criar um vetor, você escreve os números em uma coluna entre colchetes. Vetores têm nomes (nada como John Henry ou William Jacob). Aqui, os nomes dos vetores são geralmente escritos com letras minúsculas simples e em negrito. Você geralmente vê apenas uma letra usada para vários vetores, quando eles estão relacionados uns aos outros, com números subscritos para distinguir os vetores: $\mathbf{u}_1$, $\mathbf{u}_2$, $\mathbf{u}_3$, e assim por diante.

Aqui, vou mostrar quatro dos meus vetores favoritos, chamando-os **u**, **v**, **w** e **x**:

$$\mathbf{u} = \begin{bmatrix} 3 \\ -1 \end{bmatrix}, \mathbf{v} = \begin{bmatrix} 8 \\ 4 \\ 0 \end{bmatrix}, \mathbf{w} = \begin{bmatrix} -1 \\ 0 \\ 0 \\ 3 \end{bmatrix}, \mathbf{x} = \begin{bmatrix} 4 \\ 0 \\ -3 \\ 2 \\ 1 \end{bmatrix}$$

O tamanho de um vetor é determinado por suas linhas ou por quantos números ele tem. Tecnicamente, um vetor é uma *matriz coluna* ou uma *matriz linha* (as matrizes são abordadas em detalhe no Capítulo 3), o que significa que você tem apenas uma coluna e um determinado número de linhas. Neste exemplo, o vetor **u** é 2×1, **v** é de 3×1, **w** é de 4×1, e **x** é 5×1, o que significa que **u** tem duas linhas e uma coluna, **v** tem três linhas e uma coluna, e assim por diante.

Dedicando-se aos vetores em planos coordenados

Os vetores 2×1 pertencem a IR^2, o que significa que pertencem ao conjunto dos números *reais* que vêm em pares. O *IR* maiúsculo e com barra é usado para enfatizar que você está olhando para os números *reais*. Você também pode dizer que vetores 2×1 ou vetores em IR^2 fazem parte do *espaço de dimensão dois*.

Os vetores em IR^2 são representados pelo plano de coordenadas (x,y). Na *posição padrão*, o raio que representa um vetor tem o seu ponto inicial na origem e o seu ponto terminal (ou seta) nas coordenadas (x,y) designadas pelo vetor da coluna. A coordenada x está na primeira linha do vetor, e a coordenada y na segunda linha. Os vetores a seguir são mostrados com seus respectivos pontos extremos escritos como os pares ordenados (x,y):

$$\begin{bmatrix} 1 \\ 4 \end{bmatrix} \rightarrow (1,4), \begin{bmatrix} 2 \\ -3 \end{bmatrix} \rightarrow (2,-3), \begin{bmatrix} -5 \\ 3 \end{bmatrix} \rightarrow (-5,3),$$

$$\begin{bmatrix} -1 \\ -5 \end{bmatrix} \rightarrow (-1,-5), \begin{bmatrix} 0 \\ 4 \end{bmatrix} \rightarrow (0,4), \begin{bmatrix} -3 \\ 0 \end{bmatrix} \rightarrow (-3,0)$$

Exibindo vetores 2 × 1 na posição padrão

Na *posição padrão*, os vetores 2 × 1 têm seus pontos de origem no ponto (0,0). Os eixos de coordenadas são utilizados, com o eixo *x* horizontal e o eixo *y* vertical. A Figura 2-1 mostra os seis vetores listados na seção anterior, desenhados em suas posições padrão. As coordenadas dos pontos terminais estão indicadas no gráfico.

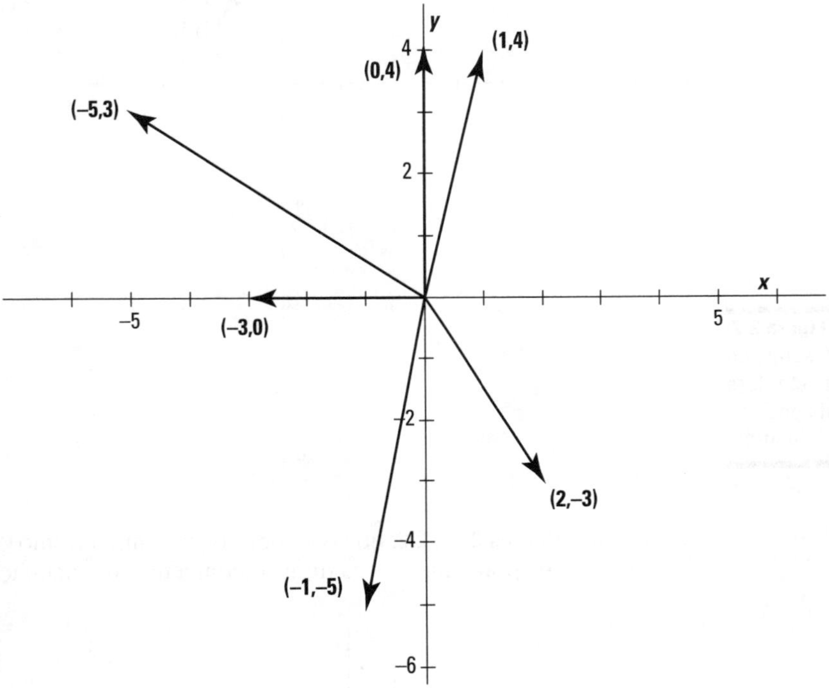

Figura 2-1: Vetores representados por segmentos orientados.

Ampliando o alcance para vetores partindo da origem

Você não é obrigado a desenhar sempre vetores 2 × 1 partindo da origem. O vetor a seguir foi desenhado de forma tão correta quanto para iniciar no ponto de origem (-1,4), deslocando-se então o vetor duas unidades para a direita e três unidades para baixo, ficando assim a extremidade localizada em (1,1).

$$\begin{bmatrix} 2 \\ -3 \end{bmatrix}$$

A Figura 2-2 mostra o vetor nesta posição alternativa. (Veja "Adição e subtração de vetores", posteriormente neste capítulo, para saber mais sobre o que realmente está acontecendo e como calcular o novo ponto de extremidade.)

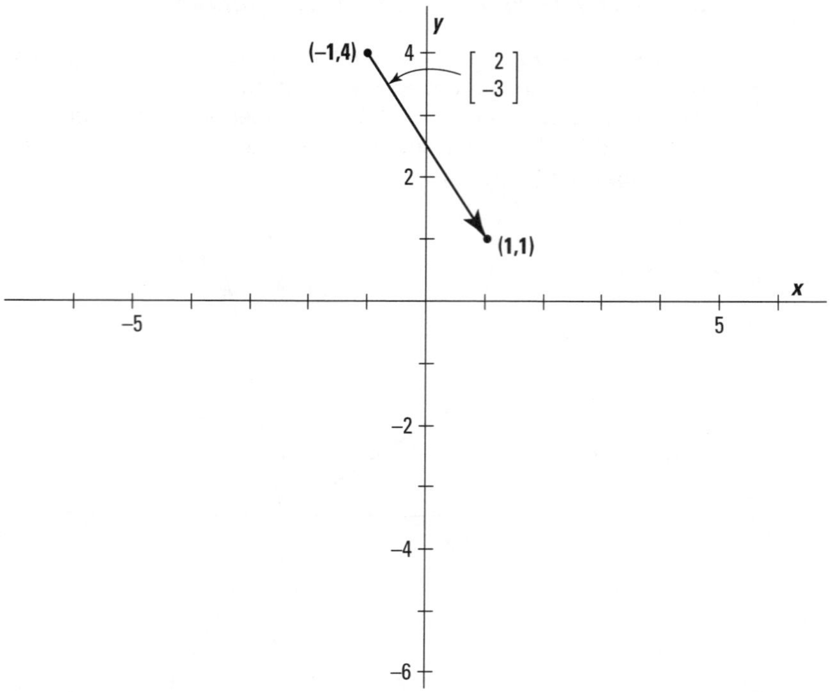

Figura 2-2: Desenho de um vetor fora da posição padrão.

Observe, nas figuras 2-1 e 2-2, que o vetor a seguir tem o mesmo comprimento e aponta na mesma direção com a mesma inclinação:

$$\begin{bmatrix} 2 \\ -3 \end{bmatrix}$$

O comprimento de um vetor é também chamado de *intensidade* ou *módulo*. Tanto o comprimento quanto a direção determinam de maneira única um vetor e permitem dizer se um vetor é *igual* a outro.

Os vetores podem na verdade ter qualquer número de linhas. Você simplesmente não pode desenhar figuras para ilustrar os vetores que têm mais de três entradas. Além disso, as aplicações de vetores, envolvendo centenas de inscrições, são limitadas e difíceis de trabalhar, exceto em computadores. Todas as propriedades que se aplicam a dois e três espaços vetoriais também se aplicam aos vetores maiores, assim você descobrirá que a maioria dos meus exemplos usa vetores de tamanho mais administrável.

Adição de uma dimensão com vetores no espaço

Os vetores em *IR*³ devem estar no *espaço tridimensional*. Os vetores representados no *IR*³ são matrizes colunas de 3 linhas ou simplesmente 3 números. A parte *IR* de *IR*³ indica que o vetor envolve números reais.

Vetores do *IR*³ são representados por três figuras tridimensionais e setas apontando para posições no espaço. Os vetores do *IR*³ são representados por vetores de colunas de dimensão 3 × 1. Quando estão desenhados nos eixos *x*, *y* e *z* padrões, o eixo *y* se move para a esquerda e direita, o eixo-*x* parece sair da página, e o eixo *z* se move para cima e para baixo. Imagine um vetor desenhado em três dimensões como sendo uma diagonal desenhada de um canto de uma caixa para o canto oposto. Um raio que representa o vetor a seguir é mostrado na Figura 2-3 com o ponto inicial na origem e extremidade em (2,3,4).

$$\begin{bmatrix} 2 \\ 3 \\ 4 \end{bmatrix}$$

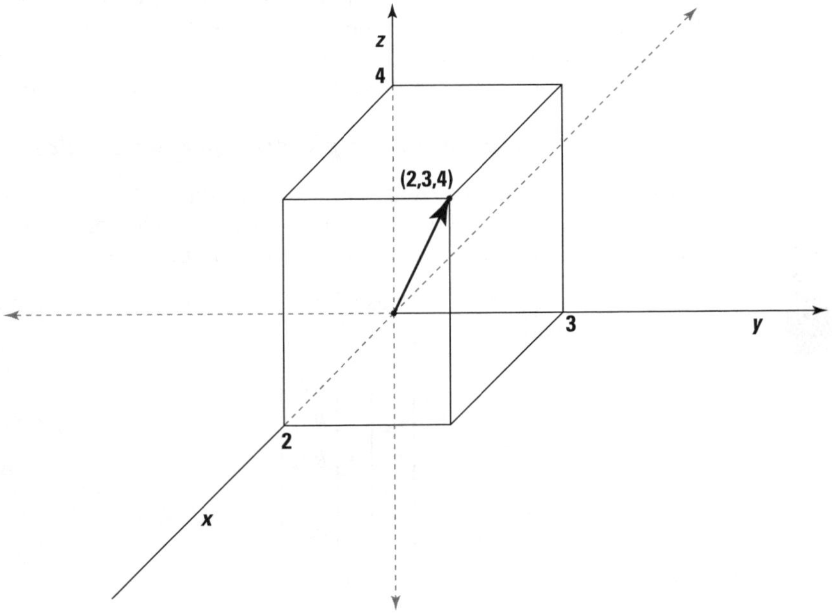

Figura 2-3: O vetor parece sair da página em sua direção.

Definindo as Propriedades Algébricas e Geométricas dos Vetores

Os vetores dos espaços vetoriais de dimensão 2 e 3 são ideais para se referir quando estamos definindo as propriedades envolvendo vetores. Vetores são agrupamentos de números apenas esperando para ter operações realizadas sobre eles – terminando com resultados previsíveis. As diferentes transformações geométricas realizadas em vetores incluem rotações, reflexões, expansões e contrações. Você encontra as rotações e reflexões no Capítulo 8, onde as matrizes maiores também são encontradas. Quanto às operações em vetores, você soma vetores, os subtrai, encontra seu oposto, ou os multiplica por uma *escalar* (número constante). Você também pode encontrar um *produto interno* – multiplicando cada um dos respectivos elementos.

Vasculhando a multiplicação por um escalar

A multiplicação por um escalar é uma das duas operações básicas realizadas em vetores que preserva o formato original. Quando você multiplica um vetor 2 × 1 por um escalar, o resultado é outro vetor 2 × 1. Você pode não se espantar com esta revelação, mas realmente deve apreciar o fato de que a multiplicação por escalar mantém a sua dimensão original. Essa preservação não é necessariamente uma regra na matemática, como você verá ao fazer os produtos internos, mais adiante, neste capítulo.

Lendo a receita para a multiplicação por um escalar

Um escalar é um número real – um valor constante. Multiplicar um vetor por um escalar significa que você multiplica cada elemento no vetor pelo mesmo valor constante que aparece fora e na frente do vetor.

LEMBRE-SE

Ao multiplicar o vetor **v** pelo escalar k, multiplique cada elemento no vetor, v_i, pelo k escalar:

$$k\begin{bmatrix} v_1 \\ v_2 \\ v_3 \\ \vdots \\ v_n \end{bmatrix} = \begin{bmatrix} kv_1 \\ kv_2 \\ kv_3 \\ \vdots \\ kv_n \end{bmatrix}$$

Aqui está um exemplo:

$$5\begin{bmatrix} 2 \\ -3 \\ 0 \end{bmatrix} = \begin{bmatrix} 5\cdot 2 \\ 5(-3) \\ 5\cdot 0 \end{bmatrix} = \begin{bmatrix} 10 \\ -15 \\ 0 \end{bmatrix}$$

Você começou com um vetor 3 × 1 e terminou com um vetor 3 × 1.

Abrindo os olhos para a dilatação e contração dos vetores

Vetores possuem operações que causam *dilatações* (expansão) e *contrações* (estreitamento) do vetor original. Ambas as operações de dilatação e contração são realizadas multiplicando os elementos do vetor por um escalar.

Se o escalar k que está multiplicando um vetor é maior que 1, então o resultado é uma dilatação do vetor original. Se o escalar k é um número entre 0 e 1, então o resultado é uma contração do vetor original. (Multiplicar por exatamente 1 significa multiplicar pelo elemento neutro, isto é, não alterar o vetor por completo.)

Por exemplo, considere os seguintes vetores:

$$\begin{bmatrix} 2 \\ 4 \end{bmatrix}$$

Se você multiplicar o vetor por 3, terá uma dilatação, se multiplicar por 1/2, terá uma contração.

$$3\begin{bmatrix} 2 \\ 4 \end{bmatrix} = \begin{bmatrix} 6 \\ 12 \end{bmatrix}, \ \frac{1}{2}\begin{bmatrix} 2 \\ 4 \end{bmatrix} = \begin{bmatrix} 1 \\ 2 \end{bmatrix}$$

Na Figura 2-4, você vê os resultados da dilatação e contração no vetor original.

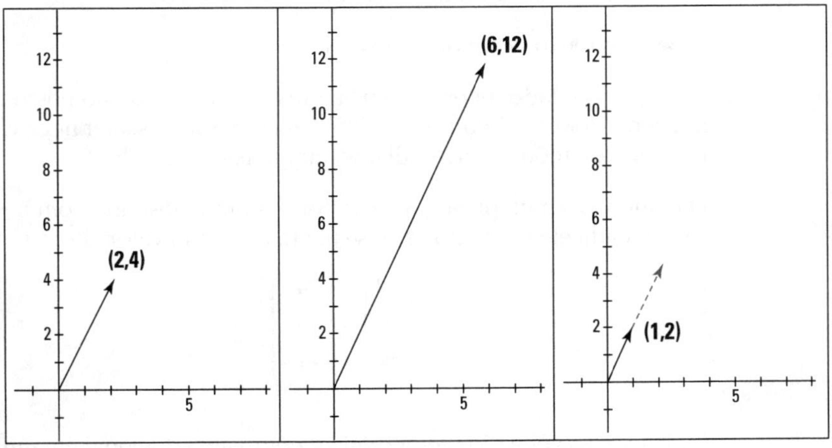

Figura 2-4: Dilatando e contraindo um vetor em dois espaços.

Como você pode ver, o comprimento do vetor é afetado pela multiplicação escalar, mas a direção ou o ângulo com o *eixo* (inclinação) não é alterado. Você também deve estar se perguntando por que eu só multipliquei pelo número maior que 0. A regra para contrações de vetores envolve números entre 0 e 1, nenhum menor. Na seção seguinte, adoto os números negativos e 0.

Multiplicando por zero e conseguindo algo pelos seus esforços

Provavelmente não é nenhuma surpresa para você que multiplicar um vetor pelo número 0 resulta em um vetor que tem todos os zeros para suas entradas. A ilustração para multiplicar por 0 em dois espaços é um único ponto. Nada inesperado.

Mas não descarte todos esses vetores de zero. O vetor criado por ter todos os zeros para as entradas é muito importante; ele é chamado de *vetor zero* (outra grande surpresa). O vetor zero é o elemento neutro para a adição de vetores, assim como o número 0 é o elemento neutro para a adição de números reais. Quando você adiciona o vetor zero a outro vetor, o segundo vetor mantém a sua identidade – ele não muda. (Para saber mais sobre a adição de vetores, consulte a seção "Adição e subtração de vetores", mais adiante, neste capítulo.)

$$0\begin{bmatrix} 8 \\ -3 \end{bmatrix} = \begin{bmatrix} 0 \\ 0 \end{bmatrix},\ 0\begin{bmatrix} 5 \\ 2 \\ 0 \\ -6 \end{bmatrix} = \begin{bmatrix} 0 \\ 0 \\ 0 \\ 0 \end{bmatrix}$$

Ter uma atitude negativa sobre escalares

Ao multiplicar um vetor 2×1 ou 3×1 por um escalar negativo, você vê duas coisas acontecerem:

- O tamanho do vetor se altera (exceto com -1).
- A direção do vetor é invertida.

Essas propriedades ocorrem em vetores maiores, mas não posso mostrar imagens. Você verá como a multiplicação por um escalar negativo afeta o tamanho ou módulo mais adiante, ainda neste capítulo.

Quando você multiplica um vetor por -2, como mostrado com o vetor a seguir, cada elemento no vetor se altera e tem um valor absoluto maior:

$$-2\begin{bmatrix} -2 \\ 3 \\ 5 \end{bmatrix} = \begin{bmatrix} 4 \\ -6 \\ -10 \end{bmatrix}$$

Na Figura 2-5 você vê o vetor original como uma diagonal em uma caixa que se desloca para cima e para fora da página, e o vetor resultante em uma caixa maior, se movendo para baixo e em sua direção.

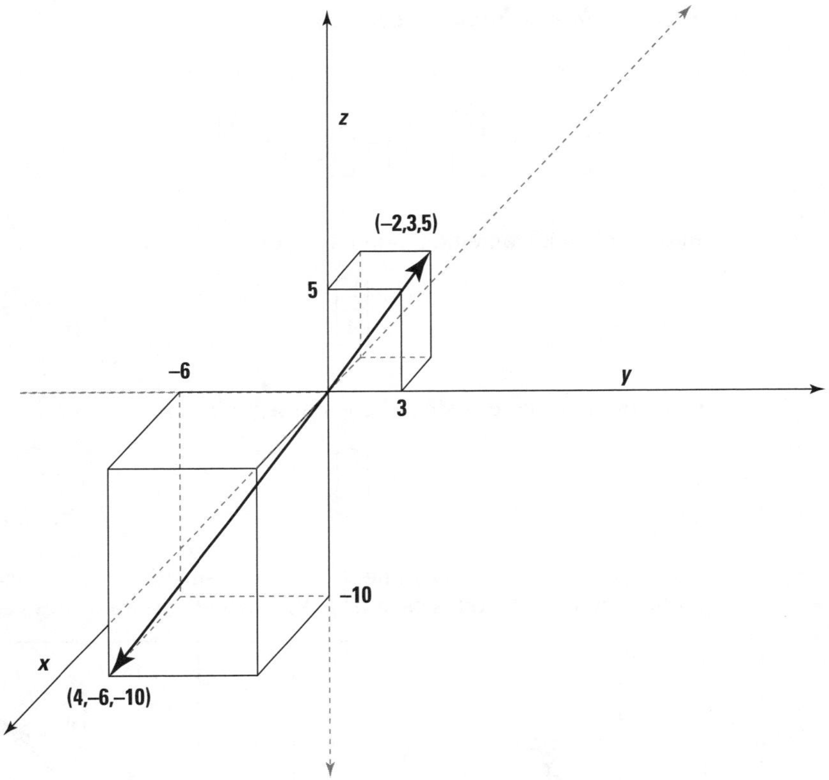

Figura 2-5: Multiplicando um vetor de escalar negativo.

Adição e subtração de vetores

Vetores são adicionados a outro e subtraídos de outro, com apenas uma estipulação: Os vetores têm que ser do mesmo tamanho. O processo de adição ou subtração de vetores envolve a adição ou subtração dos elementos correspondentes dos vetores, então você precisa ter uma combinação um para um para as operações.

LEMBRE-SE

Para adicionar ou subtrair dois vetores $n \times 1$, você adiciona ou subtrai o elemento correspondente dos vetores:

$$\mathbf{u}+\mathbf{v}=\begin{bmatrix}u_1\\u_2\\u_3\\\vdots\\u_n\end{bmatrix}+\begin{bmatrix}v_1\\v_2\\v_3\\\vdots\\v_n\end{bmatrix}=\begin{bmatrix}u_1+v_1\\u_2+v_2\\u_3+v_3\\\vdots\\u_n+v_n\end{bmatrix} \quad \text{e} \quad \mathbf{u}-\mathbf{v}=\begin{bmatrix}u_1\\u_2\\u_3\\\vdots\\u_n\end{bmatrix}-\begin{bmatrix}v_1\\v_2\\v_3\\\vdots\\v_n\end{bmatrix}=\begin{bmatrix}u_1-v_1\\u_2-v_2\\u_3-v_3\\\vdots\\u_n-v_n\end{bmatrix}$$

Ilustrando a adição de vetores

Observe a seguir o que acontece quando você faz a adição de vetores:

$$\begin{bmatrix}2\\4\end{bmatrix}+\begin{bmatrix}3\\1\end{bmatrix}=\begin{bmatrix}2+3\\4+1\end{bmatrix}=\begin{bmatrix}5\\5\end{bmatrix}$$

Represente graficamente o primeiro vetor,

$$\begin{bmatrix}2\\4\end{bmatrix}$$

sobre os eixos das coordenadas e, em seguida, adicione o vetor

$$\begin{bmatrix}3\\1\end{bmatrix}$$

para o ponto terminal do primeiro vetor. O resultado final é o vetor obtido a partir da adição de todos os outros. A Figura 2-6 mostra os três vetores.

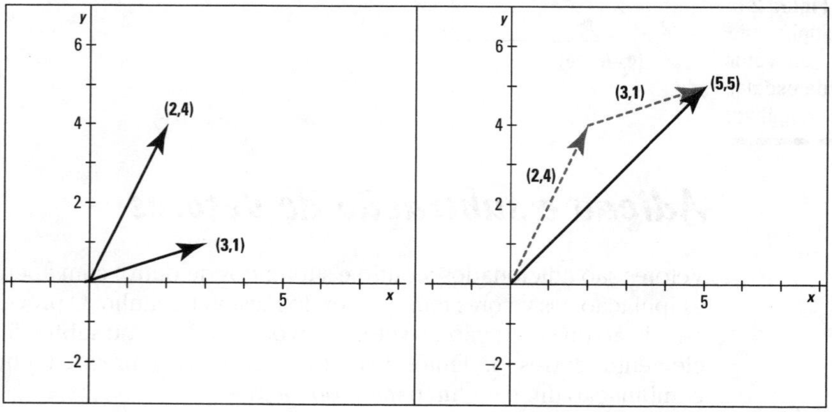

Figura 2-6: Adicionando dois vetores juntos.

Adicionar nada não muda nada

Quando você adiciona o vetor zero com mesma identidade de dimensão a outro vetor, nada é alterado:

$$\begin{bmatrix}4\\5\\6\end{bmatrix}+\begin{bmatrix}0\\0\\0\end{bmatrix}=\begin{bmatrix}0\\0\\0\end{bmatrix}+\begin{bmatrix}4\\5\\6\end{bmatrix}=\begin{bmatrix}4\\5\\6\end{bmatrix}$$

Se o vetor zero vem primeiro ou por último no problema da adição, você mantém o vetor original.

Revisitando com a subtração de vetores

A subtração de vetores é apenas outra maneira de dizer que você está adicionando um vetor a um segundo que foi multiplicado pelo escalar -1. Então, se você quer mudar um problema de subtração para um problema de adição (talvez para alterar a ordem dos vetores na operação), você reescreve o segundo vetor no problema em relação ao seu oposto.

Por exemplo, ao alterar o seguinte problema de subtração para um problema de adição e reescrever a ordem, você tem:

$$\begin{bmatrix} 5 \\ -2 \\ 3 \end{bmatrix} - \begin{bmatrix} 3 \\ 1 \\ -5 \end{bmatrix} = \begin{bmatrix} 5 \\ -2 \\ 3 \end{bmatrix} + (-1)\begin{bmatrix} 3 \\ 1 \\ -5 \end{bmatrix} = \begin{bmatrix} 5 \\ -2 \\ 3 \end{bmatrix} + \begin{bmatrix} -3 \\ -1 \\ 5 \end{bmatrix} = \begin{bmatrix} -3 \\ -1 \\ 5 \end{bmatrix} + \begin{bmatrix} 5 \\ -2 \\ 3 \end{bmatrix}$$

Sim, claro que as respostas vêm do mesmo jeito se você subtrair ou alterar o segundo vetor pelo seu oposto. As manobras mostradas aqui são para a estrutura ou ordem do problema e são utilizadas em diversas aplicações de vetores.

Gerenciando o Módulo de um Vetor

O tamanho de um vetor é também referido como seu *comprimento*, *módulo* ou *norma*. Em duas ou três dimensões, você vê um raio que tem um comprimento particular e pode visualizar onde está a magnitude do valor numérico. Vetores com mais de três linhas também têm comprimento, e o cálculo é o mesmo, não importa o tamanho do vetor. Apenas não posso mostrar uma ilustração.

O *módulo* (ou *magnitude*) do vetor **v** é designada com dois conjuntos de linhas verticais, | | **v** | |, e a fórmula para o cálculo do módulo é

$$\|\mathbf{v}\| = \sqrt{v_1^{\,2} + v_2^{\,2} + \cdots + v_n^{\,2}}$$

onde v_1, v_2,..., v_n são os elementos do vetor **v**.

Assim, por exemplo, para o vetor

$$\mathbf{v} = \begin{bmatrix} 3 \\ 2 \\ 4 \end{bmatrix}$$

o módulo é encontrado com:

$$\|\mathbf{v}\| = \sqrt{1^2 + (-4)^2 + (-2)^2 + 2^2} = \sqrt{1 + 16 + 4 + 4} = \sqrt{25} = 5$$

Pense neste exemplo, em termos de um prisma retangular (uma caixa de papelão). A caixa mede 3 x 2 x 4 metros. Qual a extensão de uma haste para que possa caber na caixa, na diagonal? De acordo com a fórmula para o módulo do vetor cujos números são as dimensões da caixa, você pode colocar uma haste com cerca de 5,4 metros dentro da caixa, de canto a canto.

Ajustando o módulo para a multiplicação escalar

O módulo de um vetor é determinado pelo quadrado de cada elemento no vetor, realizando a soma dos quadrados, e em seguida calculando a raiz quadrada desta soma. O que acontece com o módulo de um vetor se você multiplicá-lo por um escalar? Você pode prever o módulo do novo vetor sem passar por todos os cálculos se você tem o módulo do vetor original?

Considere o seguinte vetor:

$$\mathbf{v} = \begin{bmatrix} 1 \\ -4 \\ -2 \\ 2 \end{bmatrix}$$

Quando você calcular o módulo você obtém

$$\|\mathbf{v}\| = \sqrt{1^2 + (-4)^2 + (-2)^2 + 2^2} = \sqrt{1 + 16 + 4 + 4} = \sqrt{25} = 5$$

Agora, multiplique o vetor **v** por k = 3, 3**v**, e calcule o módulo do vetor resultante.

$$3\mathbf{v} = 3\begin{bmatrix} 1 \\ -4 \\ -2 \\ 2 \end{bmatrix} = \begin{bmatrix} 3 \\ -12 \\ -6 \\ 6 \end{bmatrix} \text{ and } \|3\mathbf{v}\| = \sqrt{3^2 + (-12)^2 + (-6)^2 + 6^2}$$

$$= \sqrt{9 + 144 + 36 + 36} = \sqrt{225} = 15$$

O módulo do novo vetor é três vezes maior do que o original. Por isso, parece que tudo que você tem a fazer é multiplicar o módulo original pelo escalar para obter o novo módulo.

Cuidado aí! Em matemática, você precisa desconfiar dos resultados onde alguém lhe dá um monte de números e declara que, se com um exemplo funciona, com todos os outros vai funcionar. Mas neste caso, é verdade que, com apenas um pouco de ajuste à regra, o valor é apenas um múltiplo do original.

O módulo do produto de um escalar *k* por um vetor **v**, é igual ao valor absoluto do escalar e do produto do módulo do vetor original: | *k* | • || **v** ||.

E agora, para mostrar que não estou brincando, veja como a matemática funciona:

$$k\begin{bmatrix} v_1 \\ v_2 \\ v_3 \\ \vdots \\ v_n \end{bmatrix} = \begin{bmatrix} kv_1 \\ kv_2 \\ kv_3 \\ \vdots \\ kv_n \end{bmatrix} \text{ so } \|k\mathbf{v}\| = \sqrt{(kv_1)^2 + (kv_2)^2 + \cdots + (kv_n)^2}$$

$$= \sqrt{k^2v_1^2 + k^2v_2^2 + \cdots + k^2v_n^2}$$

$$= \sqrt{k^2\left(v_1^2 + v_2^2 + \cdots + v_n^2\right)}$$

$$= \sqrt{k^2}\sqrt{\left(v_1^2 + v_2^2 + \cdots + v_n^2\right)}$$

$$= |k|\sqrt{v_1^2 + v_2^2 + \cdots + v_n^2}$$

$$= |k| \cdot \|\mathbf{v}\|$$

O módulo de *k***v** é igual ao valor absoluto de *k* vezes o módulo do vetor original, **v**.

A raiz quadrada de um quadrado é igual ao valor absoluto do número cuja raiz está sendo calculada:

$$\sqrt{k^2} = |k|$$

Usar o valor absoluto nos alerta nos casos em que *k* é um número negativo.

Então, se você multiplicar um vetor por um número negativo, o valor do módulo do vetor resultante ainda vai ser um número positivo.

Por exemplo, se

$$\mathbf{v} = \begin{bmatrix} -9 \\ 6 \\ -2 \end{bmatrix}$$

tem a seguinte magnitude

$$\|\mathbf{v}\| = \sqrt{(-9)^2 + 6^2 + (-2)^2} = \sqrt{81 + 36 + 4} = \sqrt{121} = 11$$

em seguida, multiplicando o vetor **v**, de -8, o módulo do vetor - 8**v** é | -8 | (11) = 8 (11) = 88.

Fazendo tudo certo com a desigualdade triangular

Ao lidar com a adição de vetores, a propriedade surge envolvendo a soma dos vetores. O teorema envolvendo vetores, seus módulos e a soma de seus módulos é chamado de *desigualdade do triângulo* ou *desigualdade de Cauchy-Schwarz* (nomeado pelos matemáticos responsáveis).

LEMBRE-SE

Para quaisquer vetores **u** e **v** a seguir que diz que o módulo da soma de vetores é sempre menor ou igual à soma dos módulos dos vetores, temos:

$$\|\mathbf{u}+\mathbf{v}\| \leq \|\mathbf{u}\| + \|\mathbf{v}\|$$

Mostrando a desigualdade como ela é

Na Figura 2-7, você vê dois vetores **u** e **v**, com pontos terminais (x_1, y_1) e (x_2, y_2), respectivamente. O teorema da desigualdade do triângulo afirma que o módulo do vetor resultante da adição de dois vetores deve ser menor ou, às vezes, igual à soma dos módulos dos dois vetores quando somados.

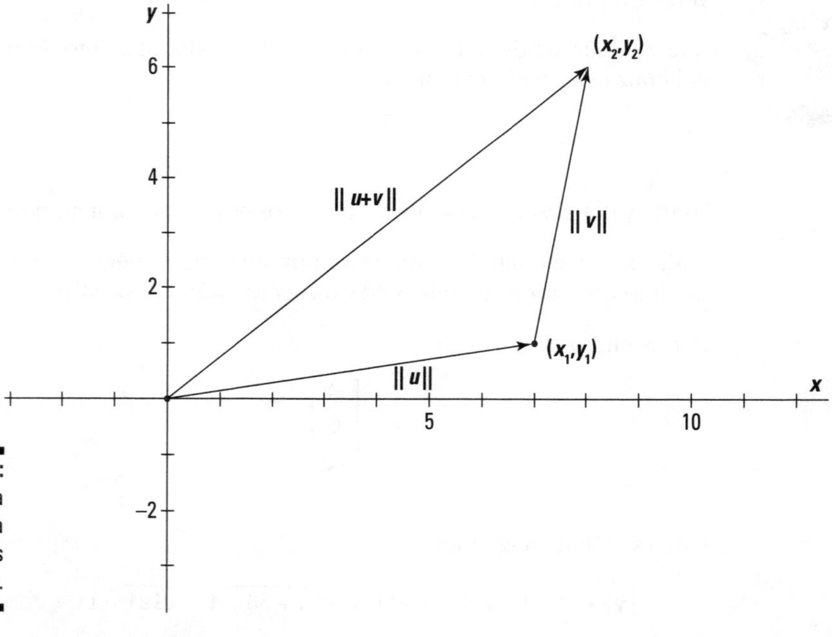

Figura 2-7: A distância mais curta entre dois pontos.

Por exemplo, eu ilustro a desigualdade do triângulo com a adição dos dois vetores (e, apenas para torná-los *aleatórios*, eu uso a data de nascimento de meus dois primeiros filhos):

$$\mathbf{u}+\mathbf{v}=\begin{bmatrix}1\\10\\79\end{bmatrix}+\begin{bmatrix}9\\19\\81\end{bmatrix}=\begin{bmatrix}10\\29\\160\end{bmatrix}$$

$$\left\|\mathbf{u}+\mathbf{v}\right\|=\left\|\begin{bmatrix}10\\29\\160\end{bmatrix}\right\|=\sqrt{10^2+29^2+160^2}=\sqrt{26{,}541}\approx 162.9$$

$$\left\|\mathbf{u}\right\|+\left\|\mathbf{v}\right\|=\left\|\begin{bmatrix}1\\10\\79\end{bmatrix}\right\|+\left\|\begin{bmatrix}9\\19\\81\end{bmatrix}\right\|=\sqrt{1^2+10^2+79^2}+\sqrt{9^2+19^2+81^2}$$
$$=\sqrt{6{,}342}+\sqrt{7{,}003}\approx 79.6+83.7=163.3$$

Você vê o módulo da primeira soma, $\| \mathbf{u} + \mathbf{v} \|$. Então eu comparo o módulo à soma dos dois módulos distintos. As somas são muito próximas, mas o módulo da soma é menor, como esperado.

Usando a desigualdade de Cauchy-Schwarz em médias

A *média aritmética* de dois números é o valor em que a maioria das pessoas pensa quando ouve *média*. Você encontra a média dos dois números somando-os e dividindo o valor obtido por dois. A média geométrica de dois números é outro número entre ambos, de forma que haja uma relação comum entre (1) o primeiro número e a média e (2) a média e o segundo número.

Vou explicar o conceito de média geométrica com um exemplo. A média geométrica de 4 e 9 é 6, porque a relação $^4/_6$ é a mesma que a razão $^6/_9$. Ambas as razões são iguais a $^2/_3$. Para encontrar uma média geométrica de dois números, você só precisa determinar a raiz quadrada do produto desses dois números.

A média geométrica de *a* e *b* é

$$\sqrt{ab}$$

enquanto a média aritmética é

$$\frac{a+b}{2}$$

Para um exemplo de como a aritmética e a média geométrica de dois números se comparam, analise os números, 16 e 25. A média aritmética é a soma dos dois números dividida por dois: $(16 + 25) \div 2 = 20{,}5$. A média geométrica é a raiz quadrada do produto dos números.

$$\sqrt{16 \cdot 25} = \sqrt{400} = 20$$

Neste exemplo, a média geométrica é ligeiramente menor que a média aritmética.

De fato, a média geométrica nunca é maior do que a média aritmética – a média geométrica é sempre menor ou igual à média aritmética. Vou mostrar porque isto ocorre usando dois vetores selecionados cuidadosamente, **u** e **v**, que tenham elementos que ilustram a minha declaração.

Primeiro, considere

$$\mathbf{u} = \begin{bmatrix} \sqrt{a} \\ \sqrt{b} \end{bmatrix} \quad \text{e} \quad \mathbf{v} = \begin{bmatrix} \sqrt{b} \\ \sqrt{a} \end{bmatrix}$$

Assuma, também, que *a* e *b* são números positivos. Você provavelmente está pensando porque eu estou escolhendo tais entradas bizarras, mas em breve você entenderá a razão das escolhas.

Aplique o triângulo de desigualdade para os dois vetores:

$$\|\mathbf{u} + \mathbf{v}\| \leq \|\mathbf{u}\| + \|\mathbf{v}\|$$

$$\left\| \begin{bmatrix} \sqrt{a} + \sqrt{b} \\ \sqrt{b} + \sqrt{a} \end{bmatrix} \right\| \leq \left\| \begin{bmatrix} \sqrt{a} \\ \sqrt{b} \end{bmatrix} \right\| + \left\| \begin{bmatrix} \sqrt{b} \\ \sqrt{a} \end{bmatrix} \right\|$$

$$\sqrt{\left(\sqrt{a} + \sqrt{b}\right)^2 + \left(\sqrt{b} + \sqrt{a}\right)^2} \leq \sqrt{\left(\sqrt{a}\right)^2 + \left(\sqrt{b}\right)^2} + \sqrt{\left(\sqrt{b}\right)^2 + \left(\sqrt{a}\right)^2}$$

$$\sqrt{2\left(\sqrt{a} + \sqrt{b}\right)^2} \leq 2\sqrt{a + b}$$

Você verá que o início e o fim das desigualdades são equivalentes.

Para chegar à última etapa, usei a propriedade comutativa da adição na esquerda (alterando a ordem) e descobri que tinha dois do mesmo termo. Na direita, extraí a raiz quadrada dos quadrados (e, uma vez que tanto *a* quanto *b* são positivos, eu não preciso de valor absoluto) e descobri que os dois termos também são parecidos.

Agora, tiro a raiz quadrada de ambos os lados da desigualdade, divido cada lado por 2, tiro o quadrado binomial, distribuo o 2, e simplifico subtraindo *a* e *b* de cada lado:

$$\left(\sqrt{2\left(\sqrt{a}+\sqrt{b}\right)^2}\right)^2 \leq \left(2\sqrt{a+b}\right)^2$$

$$2\left(\sqrt{a}+\sqrt{b}\right)^2 \leq 4\left(a+b\right)$$

$$\left(\sqrt{a}+\sqrt{b}\right)^2 \leq 2\left(a+b\right)$$

$$a+2\sqrt{ab}+b \leq 2a+2b$$

$$2\sqrt{ab} \leq a+b$$

$$\sqrt{ab} \leq \frac{a+b}{2}$$

Veja! A média geométrica de dois números, *a* e *b*, é inferior ou igual à média aritmética dos mesmos dois números.

Obtendo lucros com o produto interno

O *produto interno* de dois vetores é também chamado de *produto escalar*. Quando **u** e **v** são vetores $n \times 1$, então a notação **u.v** indica o *produto interno* de **u** e **v**.

Augustin Louis Cauchy: Um nome encontrado em muitos teoremas

Augustin Louis Cauchy foi um matemático francês nascido em Paris em 1789, poucas semanas depois da queda da Bastilha. Seu nascimento, durante um período de agitação política, parecia ditar o tom que sua vida teria.

Cauchy foi educado em casa por seu pai, antes de ir para um nível de educação universitária. Sua família era frequentemente visitada pelos matemáticos da época – precisamente Joseph Louis Lagrange e Pierre-Simon de Laplace – que incentivaram a exposição do jovem prodígio primeiro às línguas e depois à matemática.

A primeira profissão de Cauchy foi como engenheiro militar, mas ele "viu a luz" e mais tarde trocou a engenharia pela matemática. Em uma época em que a maioria dos empregos ou cargos para os matemáticos era como professor universitário, Cauchy teve dificuldade em encontrar emprego por causa de seu discurso religioso e padrões políticos. Ele até abriu mão de um cargo na École Polytechnique, por se negar a fazer os juramentos necessários impostos pelo governo.

Em um determinado momento, Cauchy respondeu a um pedido do então rei deposto, Charles X, para ser tutor de seu neto. A experiência não foi particularmente agradável ou bem-sucedida – talvez devido aos gritos e berros de Cauchy com o príncipe. Cauchy foi criado em um ambiente político e foi bastante político e obstinado. Ele era, na maioria das vezes, bastante difícil em suas relações com outros matemáticos. Porém, ninguém poderia tirar-lhe a excelente reputação por seus trabalhos matemáticos e rigorosas provas, produzindo cerca de 800 artigos matemáticos. Cauchy era rápido em publicar suas descobertas (ao contrário de alguns matemáticos, que tendiam a morrer na praia com as suas), talvez por causa de uma vantagem que ele tinha em imprimir seus trabalhos: Ele era casado com Aloise de Bure, parente próxima de um editor.

LEMBRE-SE

Você encontra o *produto interno* de dois vetores $n \times 1$ multiplicando suas entradas correspondentes em conjunto e somando todos os produtos:

$$\mathbf{u} = \begin{bmatrix} u_1 \\ u_2 \\ \vdots \\ u_n \end{bmatrix}, \mathbf{v} = \begin{bmatrix} v_1 \\ v_2 \\ \vdots \\ v_n \end{bmatrix}$$

$$\mathbf{u} \cdot \mathbf{v} = \begin{bmatrix} u_1 \\ u_2 \\ \vdots \\ u_n \end{bmatrix} \cdots \begin{bmatrix} v_1 \\ v_2 \\ \vdots \\ v_n \end{bmatrix} = u_1v_1 + u_2v_2 + \cdots + u_nv_n$$

Assim, por exemplo, se

$$\mathbf{u} = \begin{bmatrix} 4 \\ -2 \\ 0 \\ 1 \end{bmatrix} \text{ and } \mathbf{v} = \begin{bmatrix} -1 \\ -3 \\ 1 \\ 5 \end{bmatrix}$$

então o produto escalar é

$$\mathbf{u} \cdot \mathbf{v} = \mathbf{4 \cdot (-1) + (-2) \cdot (-3) + 0 \cdot 1 \cdot 5 = -4 + 6 + 0 + 5 = 7}$$

Além disso, você deve estar se perguntando por que sempre calcula um produto interno de dois vetores. A razão deve ser esclarecida na seção seguinte.

Fazendo certo com ângulos

Duas linhas, segmentos, ou planos são *ortogonais* quando perpendiculares uns aos outros. Considere os dois vetores mostrados na Figura 2-8, que são desenhados perpendicularmente entre si e formam um ângulo de 90 graus (ou ângulo reto), onde seus pontos de extremidade se encontram. Você pode confirmar que os raios que formam os vetores são perpendiculares entre si, usando a álgebra básica, porque o produto de suas inclinações é (-1).

A inclinação de uma linha é determinada ao encontrar a diferença entre as coordenadas y de dois pontos sobre a linha e dividindo essa diferença pela diferença entre as coordenadas x correspondentes dos pontos dessa linha.

$$m = \frac{y_2 - y_1}{x_2 - x_1}$$

E, ainda, duas linhas são perpendiculares (formando um ângulo reto) se o produto de suas inclinações é -1. (Então os valores das inclinações são opostos e inversos um em relação ao outro.)

$$m_1 \cdot m_2 = -1 \text{ or } m_1 = -\frac{1}{m_2}$$

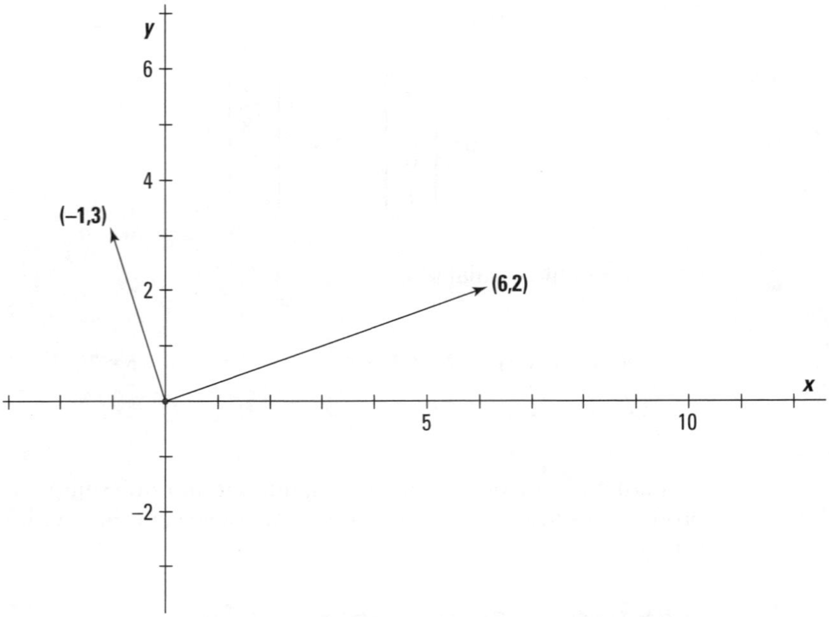

Figura 2-8: Os dois segmentos formam um ângulo reto.

O que isso tem a ver com vetores e sua ortogonalidade? (Claro que você se perguntou isso!) Continue lendo.

Determinando a ortogonalidade (ângulos retos)

Ao lidar com vetores, você determina se eles são perpendiculares a outro ao encontrar o seu produto interno. Se o produto interno de vetores **u** e **v** é igual a 0, então, os vetores são perpendiculares.

Referindo-se aos dois vetores na Figura 2-8, você tem:

$$\mathbf{u} = \begin{bmatrix} 6 \\ 2 \end{bmatrix}, \mathbf{v} = \begin{bmatrix} -1 \\ 3 \end{bmatrix}$$

Agora, encontre o seu produto interno,

$$\mathbf{u}\,.\,\mathbf{v} = \begin{bmatrix} 6 \\ 2 \end{bmatrix}\begin{bmatrix} -1 \\ 3 \end{bmatrix} = 6\left(-1\right) + 2\left(3\right) = -6 + 6 = 0$$

Desde que o produto interno seja igual a 0, os raios devem ser perpendiculares a outro e formarem um ângulo reto.

Determinar se dois vetores são perpendiculares é muito bom, mas você pode estar ainda mais interessado sobre qual medida do ângulo entre dois vetores quando eles *não* são perpendiculares (veja a seção seguinte).

Encontrando o ângulo entre dois vetores no espaço de $\mathbb{R}^2$

Uma ótima relação entre o produto interno de dois vetores, o módulo dos vetores e o ângulo entre os vetores é a seguinte:

$$\mathbf{u} \cdot \mathbf{v} = \|\mathbf{u}\| \cdot \|\mathbf{v}\| \cos\theta$$

onde **u** e **v** são dois vetores em dois espaços, **u** · **v** é o produto interno dos dois vetores, || **u** || e || **v** || são os respectivos módulos dos vetores, e cos θ é a medida (sentido anti-horário) do ângulo formado entre os dois vetores.

Então você pode resolver, para a medida do ângulo θ, encontrar em primeiro lugar o cosseno:

$$\frac{\mathbf{u} \cdot \mathbf{v}}{\|\mathbf{u}\| \cdot \|\mathbf{v}\|} = \cos\theta$$

e em seguida, determinar o ângulo θ.

Na Figura 2-9, você vê os dois vetores, cujos pontos terminais são (2,6) e (-1,5). O ângulo entre os dois vetores é o ângulo θ.

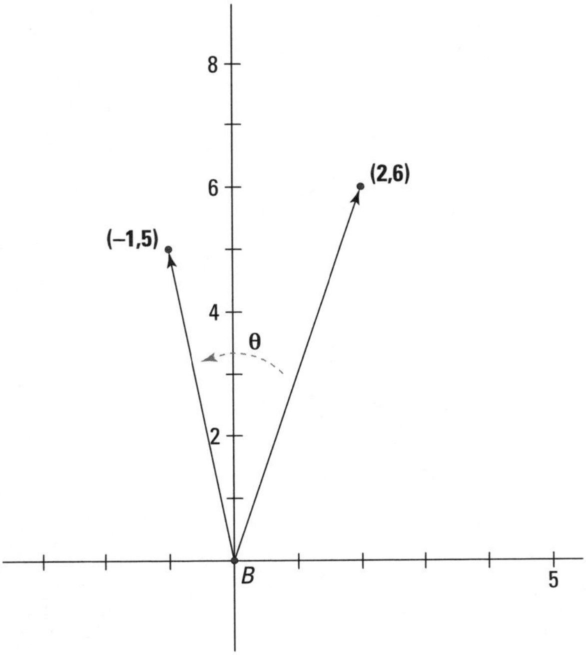

Figura 2-9: O ângulo é medido no sentido anti-horário.

Encontre o produto interno de dois vetores e os módulos de cada um. Em seguida, coloque os números em seus respectivos lugares na fórmula:

$$\mathbf{u} = \begin{bmatrix} 2 \\ 6 \end{bmatrix}, \mathbf{v} = \begin{bmatrix} -1 \\ 5 \end{bmatrix}$$

$$\mathbf{u} \cdot \mathbf{v} = \begin{bmatrix} 2 \\ 6 \end{bmatrix} \cdot \begin{bmatrix} -1 \\ 5 \end{bmatrix} = 2(-1) + 6(5) = 28$$

$$\|\mathbf{u}\| = \sqrt{2^2 + 6^2} = \sqrt{40}, \ \|\mathbf{v}\| = \sqrt{(-1)^2 + 5^2} = \sqrt{26}$$

$$\frac{\mathbf{u} \cdot \mathbf{v}}{\|\mathbf{u}\| \cdot \|\mathbf{v}\|} = \frac{28}{\sqrt{40} \cdot \sqrt{26}} = \frac{28}{\sqrt{1{,}040}} \approx 0.8682$$

Utilizando uma calculadora ou a tabela de funções trigonométricas, você percebe que o ângulo cujo cosseno está mais próximo de 0,8682 é um ângulo de aproximadamente 29,75 graus. O ângulo formado pelos dois vetores está próximo de um ângulo de 30 graus.

Capítulo 3

Dominando Matrizes e Álgebra Matricial

Neste Capítulo

- Anotando o vocabulário e a notação de matrizes
- Operando com matrizes por todos os lados
- Categorizando matrizes pelo tamanho e formato
- Reconhecendo propriedades de matrizes e operações com matrizes
- Encontrando inversos de matrizes não reversíveis

Matrizes são, essencialmente, arranjos retangulares de números. A razão pela qual você sequer considerou colocar números em arranjos retangulares é dar alguma ordem ou organização a eles para que possam ser estudados ou usados em uma aplicação. As matrizes têm sua própria aritmética. O que você pensa quando ouve que a *multiplicação* tem apenas uma leve semelhança com a multiplicação de matrizes? Ao trabalhar com matrizes, você vai encontrar familiaridade suficiente apenas para fazê-lo se sentir como se não tivesse deixado o mundo da matemática como você a conhece – e também vai encontrar diferenças suficientes para deixá-lo ver as possibilidades além. A álgebra matricial tem identidades, inversos, e operações. Você vai encontrar todas essas coisas boas e muito mais neste capítulo.

Botando a Mão na Massa com os Fundamentos de Matrizes

A matriz é composta de algumas linhas e colunas de números – um arranjo retangular de números. Você tem a mesma quantidade de números em cada linha e coluna. O número de linhas e colunas em uma matriz não precisa ser o mesmo. Um vetor é uma matriz com apenas uma coluna e uma ou mais linhas; um vetor também é chamado de *vetor de coluna*. (Volte ao Capítulo 2 para consultar tudo o que você sempre quis saber sobre vetores.)

Familiarizando-se com a notação de matriz

Apresento aqui quatro matrizes, A, B, C e D. As matrizes costumam ser nomeadas para que você possa distingui-las umas das outras em uma discussão ou texto. Geralmente são escolhidas letras maiúsculas simples para nomear matrizes:

$$A = \begin{bmatrix} 2 & 3 \\ 6 & 0 \end{bmatrix} \qquad B = \begin{bmatrix} 1 & -1 & 2 & 0 & 0 & 3 \\ -4 & 8 & 3 & 2 & 0 & 5 \\ 2 & 0 & 1 & 0 & 20 & 4 \\ -3 & 6 & 8 & 5 & 9 & 0 \end{bmatrix}$$

$$C = \begin{bmatrix} 1 \\ 2 \\ 3 \\ 4 \end{bmatrix} \qquad D = \begin{bmatrix} 3 & 5 & 6 \end{bmatrix}$$

A Matriz A tem duas linhas e duas colunas, e a Matriz B tem quatro linhas e seis colunas. As matrizes retangulares são cercadas por um colchete para indicar que esta é uma estrutura matemática denominada matriz. As diferentes posições ou valores em uma matriz são chamados de *elementos*. Os elementos são nomeados com letras minúsculas com subscritos. Os subscritos são os *índices* do elemento. O elemento a_{12} em uma matriz A é o número na primeira linha e na segunda coluna. Olhando para a matriz, você vê que $a_{12} = 3$. Uma notação geral para os elementos de uma matriz A é a_{ij} onde i representa a linha e j representa a coluna. Na matriz B, você se refere aos elementos utilizando b_{ij}. Na matriz B, o elemento $b_{35} = 20$.

Às vezes, uma regra ou padrão é usado para construir uma matriz específica. A regra pode ser tão simples como "Cada elemento é quatro vezes o primeiro subscrito mais três", ou "Cada elemento é a soma dos índices em seu índice". Para evitar confusão ou má interpretação, use símbolos para descrever uma regra ao construir os elementos de uma matriz.

Por exemplo, se você quiser construir uma matriz com três linhas e quatro colunas em que cada elemento é a soma dos dígitos em seu índice, você escreve:

A é uma matriz 3×4, onde $a_{ij} = i + j$.

Eu explico o sinal × na próxima seção. E aqui está a matriz A:

$$A = \begin{bmatrix} 1+1 & 1+2 & 1+3 & 1+4 \\ 2+1 & 2+2 & 2+3 & 2+4 \\ 3+1 & 3+2 & 3+3 & 3+4 \end{bmatrix} = \begin{bmatrix} 2 & 3 & 4 & 5 \\ 3 & 4 & 5 & 6 \\ 4 & 5 & 6 & 7 \end{bmatrix}$$

Agora, vou mostrar a matriz B que é uma matriz 3 × 3 onde $b_{ij} = i^2$-$2j$.

$$B = \begin{bmatrix} 1^2-2(1) & 1^2-2(2) & 1^2-2(3) \\ 2^2-2(1) & 2^2-2(2) & 2^2-2(3) \\ 3^2-2(1) & 3^2-2(2) & 3^2-2(3) \end{bmatrix} = \begin{bmatrix} -1 & -3 & -5 \\ 2 & 0 & -2 \\ 7 & 5 & 3 \end{bmatrix}$$

Definindo a dimensão

Matrizes vêm em todos os tamanhos ou *dimensões*. A dimensão indica o número de linhas, seguido de um sinal de multiplicação, seguido pelo número de colunas. A matriz A é uma matriz 2 × 2, porque tem 2 linhas e 2 colunas. A matriz B tem 4 linhas e 6 colunas, por isso a dimensão é 4 × 6. A matriz C é uma matriz *coluna*, porque ela tem apenas uma coluna, a sua dimensão é de 4 × 1. E D é uma matriz *linha* com a dimensão 1 × 3.

Determinar a dimensão de uma matriz é importante quando executamos operações envolvendo mais de uma. Ao adicionar ou subtrair matrizes, as duas matrizes devem ter a mesma dimensão. Ao multiplicar matrizes, o número de colunas da primeira tem que corresponder ao número de linhas da segunda. Você encontra mais sobre adição, subtração, multiplicação e divisão de matrizes e sobre o seu inverso mais adiante, neste capítulo. E cada operação exige atenção especial para a dimensão.

Colocando Operações Matriciais na Programação

As operações com matrizes são operações especiais definidas especificamente para elas. Ao fazer a *adição de matrizes*, você pode usar o processo tradicional de adição de números, mas a operação tem requisitos especiais e regras específicas. A *multiplicação de matrizes* é muito mais uma combinação de multiplicação e adição. As operações e as regras não são difíceis, você só precisa segui-las com cuidado, para os processos particulares.

Adição e subtração de matrizes

A adição e a subtração de matrizes requerem que as duas matrizes envolvidas tenham a mesma dimensão. O processo de adição ou subtração de duas matrizes envolve a realização da respectiva operação em cada par de elementos correspondentes.

LEMBRE-SE

Para adicionar ou subtrair duas matrizes $m \times n$, você adiciona (ou subtrai), cada elemento correspondente nas matrizes.

$$
\mathrm{A} + \mathrm{B} = \begin{bmatrix} a_{11} + b_{11} & a_{12} + b_{12} & \cdots & a_{1n} + b_{1n} \\ a_{21} + b_{21} & a_{22} + b_{22} & \cdots & a_{2n} + b_{2n} \\ \vdots & \vdots & \ddots & \vdots \\ a_{m1} + b_{m1} & a_{m2} + b_{m2} & \cdots & a_{mn} + b_{mn} \end{bmatrix}
$$

$$
\mathrm{A} - \mathrm{B} = \begin{bmatrix} a_{11} - b_{11} & a_{12} - b_{12} & \cdots & a_{1n} - b_{1n} \\ a_{21} - b_{21} & a_{22} - b_{22} & \cdots & a_{2n} - b_{2n} \\ \vdots & \vdots & \ddots & \vdots \\ a_{m1} - b_{m1} & a_{m2} - b_{m2} & \cdots & a_{mn} - b_{mn} \end{bmatrix}
$$

Por exemplo, se a matriz J representa o número de apólices de seguros de vida, apólices de seguro de automóveis e de apólices de seguros de imóveis vendidos por oito diferentes agentes em janeiro, e a matriz F representa o número de apólices vendidas por esses mesmos agentes em fevereiro, então J + F representa o número total de apólices para cada agente. As *matrizes* (arranjos retangulares) sempre têm o mesmo tipo de apólice em cada coluna e os mesmos agentes em cada linha.

$$
\begin{array}{c} \\ \mathrm{J} + \mathrm{F} = \end{array}
\begin{array}{c} \begin{matrix} \mathrm{LI} & \mathrm{CI} & \mathrm{HI} \end{matrix} \\ \begin{bmatrix} 12 & 23 & 14 \\ 20 & 29 & 38 \\ 3 & 6 & 10 \\ 15 & 12 & 2 \\ 90 & 5 & 16 \\ 40 & 40 & 40 \\ 0 & 0 & 83 \\ 16 & 26 & 39 \end{bmatrix} \end{array}
+
\begin{array}{c} \begin{matrix} \mathrm{LI} & \mathrm{CI} & \mathrm{HI} \end{matrix} \\ \begin{bmatrix} 13 & 33 & 22 \\ 10 & 19 & 8 \\ 30 & 0 & 20 \\ 0 & 0 & 0 \\ 60 & 15 & 26 \\ 30 & 40 & 50 \\ 0 & 0 & 69 \\ 12 & 48 & 11 \end{bmatrix} \end{array}
=
\begin{array}{c} \begin{matrix} \mathrm{LI} & \mathrm{CI} & \mathrm{HI} \end{matrix} \\ \begin{bmatrix} 25 & 56 & 36 \\ 30 & 48 & 46 \\ 33 & 6 & 30 \\ 15 & 12 & 2 \\ 150 & 20 & 42 \\ 70 & 80 & 90 \\ 0 & 0 & 152 \\ 28 & 74 & 50 \end{bmatrix} \end{array}
$$

A matriz retangular permite ao gerente de vendas rapidamente observar qualquer tendência, padrões ou problemas com a produção dos vendedores.

A adição da matriz é comutativa. *Comutatividade* significa que você pode inverter a ordem, adicionar F + J, e obter os mesmos resultados. A subtração de matriz, no entanto, *não é comutativa*. Da mesma forma que 4-1 não é igual a 1-4, a subtração J - F não é a mesma que F - J.

Escalando às alturas com a multiplicação escalar

Multiplicar duas matrizes requer muito trabalho – talvez seja como escalar o Pico da Neblina. Contudo, a *multiplicação escalar* é algo muito simples – como pegar um trem para o topo da colina. Não estou dizendo que a multiplicação escalar não seja algo importante. Você não pode ter aritmética de matrizes sem uma multiplicação escalar. Eu só queria deixar claro antes de prosseguir.

Multiplicar uma matriz por um *escalar* (número constante) *k*, significa multiplicar cada elemento da matriz A pelo número *k* na frente dela.

$$kA = k\begin{bmatrix} a_{11} & a_{12} & \cdots & a_{1n} \\ a_{21} & a_{22} & \cdots & a_{2n} \\ \vdots & \vdots & \ddots & \vdots \\ a_{m1} & a_{m2} & \cdots & a_{mn} \end{bmatrix} = \begin{bmatrix} ka_{11} & ka_{12} & \cdots & ka_{1n} \\ ka_{21} & ka_{22} & \cdots & ka_{2n} \\ \vdots & \vdots & \ddots & \vdots \\ ka_{m1} & ka_{m2} & \cdots & ka_{mn} \end{bmatrix}$$

Assim, multiplicando a matriz A por -4,

$$A = \begin{bmatrix} 2 & -3 & -4 & 0 \\ -3 & 1 & -1 & 5 \\ 4 & 0 & -6 & -7 \end{bmatrix}$$

$$-4A = -4\begin{bmatrix} 2 & -3 & -4 & 0 \\ -3 & 1 & -1 & 5 \\ 4 & 0 & -6 & -7 \end{bmatrix} = \begin{bmatrix} -8 & 12 & 16 & 0 \\ 12 & -4 & 4 & -20 \\ -16 & 0 & 24 & 28 \end{bmatrix}$$

Fazendo a multiplicação de matrizes funcionar

A multiplicação de matrizes realmente envolve duas operações diferentes: a multiplicação e a adição. Os elementos nas matrizes respectivas são alinhados com cuidado, multiplicados, somados, e em seguida, a soma total é colocada cuidadosamente na matriz resultante. A multiplicação de matrizes é realizada somente quando as duas matrizes envolvem padrões muito específicos. Você não pode apenas multiplicar duas matrizes juntas. Muitas vezes, não pode nem mesmo multiplicar a matriz por ela mesma.

Determinando quais matrizes e qual ordem

Para realizar a multiplicação de matrizes em duas matrizes, o número de colunas na primeira matriz deve ser o mesmo que o número de linhas na segunda.

LEMBRE-SE

Para realizar a multiplicação da matriz A $m \times n$ e da matriz B $q \times p$, é necessário que m seja igual a p. Além disso, o resultado da matriz A x B tem dimensão $n \times q$.

Por exemplo, se a matriz A tem dimensão 3×4 e a matriz B tem dimensão 4×7, então o produto A x B tem dimensão 3×7. Mas você não pode multiplicar as matrizes na ordem inversa. O produto B x A não pode ser executado, porque a matriz B tem sete colunas e a matriz A tem três linhas.

Multiplicando duas matrizes

O processo utilizado ao multiplicar duas matrizes é adicionar um grupo de produtos. Cada elemento da nova matriz criada pela multiplicação de matrizes é a soma de todos os produtos dos elementos em uma linha da primeira matriz vezes uma coluna na segunda matriz. Por exemplo, se você está tentando encontrar o elemento a_{23} na matriz de um produto, você obtém esse elemento multiplicando todos os elementos da segunda linha da primeira matriz pelos elementos da terceira coluna da segunda matriz, e em seguida somando os produtos.

Deixe-me mostrar um exemplo antes de ditar a regra simbolicamente. O exemplo consiste em multiplicar a matriz $K_{2\times 3}$ pela matriz $L_{3\times 4}$.

$$K = \begin{bmatrix} 2 & -3 & 0 \\ 1 & 4 & -4 \end{bmatrix}, \; L = \begin{bmatrix} 1 & 2 & 3 & 4 \\ 5 & 6 & 7 & 6 \\ 5 & 4 & 3 & 2 \end{bmatrix}$$

O número de colunas na matriz K é 3, assim como o número de linhas na matriz L. A matriz resultante, K x L, tem dimensão 2×4.

$$K \cdot L = \begin{bmatrix} a_{11} & a_{12} & a_{13} & a_{14} \\ a_{21} & a_{22} & a_{23} & a_{24} \end{bmatrix} = A$$

Agora, para encontrar cada elemento na matriz produto, K x L, você multiplica os elementos nas linhas de K pelos elementos nas colunas de L e soma os produtos:

- O elemento a_{11} é encontrado ao multiplicar-se os elementos da primeira linha de K pelos elementos na primeira coluna de L: $2(1) + (-3)(5) + 0(5) = 2 - 15 + 0 = -13$

- O elemento a_{12} é encontrado ao multiplicar-se os elementos da primeira linha de K pelos elementos da segunda coluna de L: 2 (2) + (-3) (6) + 0 (4) = 4 - 18 + 0 = -14
- O elemento a_{13} é encontrado ao multiplicar-se os elementos da primeira linha de K pelos elementos da terceira coluna de L: 2 (3) + (-3) (7) + 0 (3) = 6 - 21 + 0 = -15
- O elemento a_{14} é encontrado ao multiplicar-se os elementos da primeira linha de K pelos elementos da quarta coluna do L: 2 (4) + (-3) (6) + 0 (2) = 8 - 18 + 0 = -10
- O elemento a_{21} é encontrado ao multiplicar-se os elementos da segunda linha de K pelos elementos na primeira coluna de L: 1 (1) + 4 (5) + (-4) (5) = 1 + 20 - 20 = 1
- O elemento a_{22} é encontrado ao multiplicar-se os elementos da segunda linha de K pelos elementos da segunda coluna de L: 1 (2) + 4 (6) + (-4) (4) = 2 + 24 - 16 = 10
- O elemento a_{23} é encontrado ao multiplicar-se os elementos da segunda linha de K pelos elementos da terceira coluna de L: 1 (3) + 4 (7) + (-4) (3) = 3 + 28 - 12 = 19
- O elemento a_{24} é encontrado ao multiplicar-se os elementos da segunda linha de K pelos elementos da quarta coluna de L: 1 (4) + 4 (6) + (-4) (2) = 4 + 24 - 8 = 20

Colocando os elementos em suas posições corretas,

$$K \cdot L = \begin{bmatrix} -13 & -14 & -15 & -10 \\ 1 & 10 & 19 & 20 \end{bmatrix}$$

LEMBRE-SE

Para realizar a multiplicação de matrizes A x B, nas quais a matriz A tem dimensão $m \times n$ e a matriz B tem dimensão $q \times p$, os elementos da matriz resultante A x B m x p são:

$$A \cdot B = \begin{bmatrix} a_{11}b_{11} + a_{12}b_{21} + \cdots + a_{1m}b_{m1} & a_{11}b_{12} + a_{12}b_{22} + \cdots a_{1m}b_{m2} & \cdots \\ a_{21}b_{11} + a_{22}b_{21} + \cdots + a_{2m}b_{m1} & a_{21}b_{12} + a_{22}b_{22} + \cdots a_{2m}b_{m2} & \cdots \\ \vdots & \vdots & \ddots \end{bmatrix}$$

Em geral, a multiplicação de matrizes não é comutativa. Mesmo quando você tem duas geralmente não é o mesmo quando as matrizes estão invertidas. Por exemplo, as matrizes C e D são matrizes 3 × 3. Eu calculo C x D e depois D x C.

$$C = \begin{bmatrix} 4 & -3 & 2 \\ 0 & 1 & -1 \\ 5 & 4 & 0 \end{bmatrix} \text{ e } D = \begin{bmatrix} 2 & 2 & -5 \\ 3 & 1 & 0 \\ -1 & 1 & 4 \end{bmatrix}$$

$$C \times D = \begin{bmatrix} 4\cdot 2+(-3)3+2(-1) & 4\cdot 2+(-3)1+2(1) & 4(-5)+(-3)0+2(4) \\ 0\cdot 2+1\cdot 3+(-1)(-1) & 0\cdot 2+1\cdot 1+(-1)1 & 0(-5)+1\cdot 0+(-1)4 \\ 5\cdot 2+4\cdot 3+0(-1) & 5\cdot 2+4\cdot 1+0\cdot 1 & 5(-5)+4\cdot 0+0\cdot 4 \end{bmatrix}$$

$$= \begin{bmatrix} -3 & 7 & -12 \\ 4 & 0 & -4 \\ 22 & 14 & -25 \end{bmatrix}$$

$$D \times C = \begin{bmatrix} 2\cdot 4+2\cdot 0+(-5)5 & 2(-3)+2\cdot 1+(-5)4 & 2\cdot 2+2(-1)+(-5)0 \\ 3\cdot 4+1\cdot 0+0\cdot 5 & 3(-3)+1\cdot 1+0\cdot 4 & 3\cdot 2+1(-1)+0\cdot 0 \\ -1\cdot 4+1\cdot 0+4\cdot 5 & -1(-3)+1\cdot 1+4\cdot 4 & -1\cdot 2+1(-1)+4\cdot 0 \end{bmatrix}$$

$$= \begin{bmatrix} -17 & -24 & 2 \\ 12 & -8 & 5 \\ 16 & 20 & -3 \end{bmatrix}$$

Assim, mesmo que, em aritmética, a multiplicação seja comutativa, isto não é regra na multiplicação de matrizes. Contudo, devo dizer que há casos em que a multiplicação de matrizes é comutativa. Aqui estão os casos especiais em que isto ocorre:

- Ao multiplicar pela identidade multiplicativa em uma matriz quadrada
- Ao multiplicar pelo inverso da matriz – se a matriz tiver um inverso

Abordarei novamente a comutatividade, nas seções: "Identificando com matrizes de identidade", "Reduzindo as propriedades sob a multiplicação", e "Estabelecendo as propriedades de uma matriz irreversível".

Rotulando os Tipos de Matrizes

As matrizes são tradicionalmente nomeadas através de letras maiúsculas. Então, você tem matrizes A, B, C e assim por diante. As matrizes também são identificadas por sua estrutura ou elementos; você as identifica pelas suas características assim como você identifica as pessoas por sua altura, idade ou país de origem. As matrizes podem ser quadradas, de identidade, triangulares, singulares – ou não.

Identificando matrizes identidade

Os dois tipos diferentes de matrizes identidade são relacionadas com os dois números de identidade na aritmética. O elemento neutro da adição na aritmética é 0. Ao adicionar 0 a um número, você não precisará alterar o número – ele mantém sua identidade. A mesma ideia funciona para a identidade multiplicativa: O elemento neutro da multiplicação na aritmética é 1. Você multiplica qualquer número por 1, e o número mantém sua identidade original.

"Zerando a identidade aditiva"

O elemento neutro para matrizes é a *matriz zero*. Uma matriz zero tem elementos que são todos iguais a zero. Que conveniente! Mas a matriz zero tem muitas formas e tamanhos. A identidade aditiva para uma matriz 3 × 4 é uma matriz zero 3 × 4. As matrizes são somadas somente quando têm a mesma dimensão. Ao adicionar números em aritmética, você tem apenas um 0. Mas na adição de matrizes, você tem mais de um 0 – na verdade, você tem um número infinito deles (tecnicamente). Super organizado!

Além de ter "muitos elementos neutros" – uma matriz nula ou matriz zero para cada tamanho de matriz – você também tem a comutatividade aditiva ao usar a matriz zero. A adição é comutativa, de qualquer maneira, alargando assim a comutatividade da matriz zero que não deve vir como uma surpresa.

As matrizes A, B e C são adicionadas às suas matrizes zero:

$$A = \begin{bmatrix} 4 & 5 \\ 0 & -3 \end{bmatrix} \quad B = \begin{bmatrix} 1 \\ -2 \\ 3 \\ 7 \end{bmatrix} \quad C = \begin{bmatrix} 1 & 0 & 3 & 0 \\ 0 & 2 & 0 & 4 \\ 5 & 0 & 6 & 7 \end{bmatrix}$$

$$A + 0 = \begin{bmatrix} 4 & 5 \\ 0 & -3 \end{bmatrix} + \begin{bmatrix} 0 & 0 \\ 0 & 0 \end{bmatrix} = \begin{bmatrix} 4 & 5 \\ 0 & -3 \end{bmatrix} = A$$

$$0 + B = \begin{bmatrix} 0 \\ 0 \\ 0 \\ 0 \end{bmatrix} + \begin{bmatrix} 1 \\ -2 \\ 3 \\ 7 \end{bmatrix} = \begin{bmatrix} 1 \\ -2 \\ 3 \\ 7 \end{bmatrix} = B$$

$$C + 0 = \begin{bmatrix} 1 & 0 & 3 & 0 \\ 0 & 2 & 0 & 4 \\ 5 & 0 & 6 & 7 \end{bmatrix} + \begin{bmatrix} 0 & 0 & 0 & 0 \\ 0 & 0 & 0 & 0 \\ 0 & 0 & 0 & 0 \end{bmatrix} = \begin{bmatrix} 1 & 0 & 3 & 0 \\ 0 & 2 & 0 & 4 \\ 5 & 0 & 6 & 7 \end{bmatrix} = C$$

Caminhando em sintonia com a identidade multiplicativa

O elemento neutro da multiplicação de matrizes tem tanto algo em comum, quanto uma grande diferença em relação à identidade aditiva. O traço comum da identidade multiplicativa é que a matriz identidade também vem em vários tamanhos; mas em apenas uma *forma*: quadrada. Uma matriz quadrada é $n \times n$, sendo o número de linhas e de colunas o mesmo.

A matriz identidade é uma matriz quadrada, e os elementos sobre as principais diagonais do canto superior esquerdo para o canto inferior direito são 1s. Todos os outros elementos da matriz são 0s. Aqui, vou mostrar-lhe três matrizes identidade com dimensões 2×2, 3×3 e 4×4, respectivamente.

$$I_2 = \begin{bmatrix} 1 & 0 \\ 0 & 1 \end{bmatrix} \quad I_3 = \begin{bmatrix} 1 & 0 & 0 \\ 0 & 1 & 0 \\ 0 & 0 & 1 \end{bmatrix} \quad I_4 = \begin{bmatrix} 1 & 0 & 0 & 0 \\ 0 & 1 & 0 & 0 \\ 0 & 0 & 1 & 0 \\ 0 & 0 & 0 & 1 \end{bmatrix}$$

Quando você multiplica uma matriz por uma matriz identidade, a original permanece a mesma – ela mantém a sua identidade. Claro, você tem que ter a combinação correta de colunas e linhas.

Por exemplo, deixe-me mostrar a matriz D a ser multiplicada pela matriz identidade. A Matriz D é 3×2. Ao multiplicar D x I, a matriz identidade, I, tem que ser 2×2. Ao multiplicar I x D, a matriz identidade tem de ser 3×3.

$$D = \begin{bmatrix} 3 & 4 \\ 2 & -1 \\ -5 & 6 \end{bmatrix}$$

$$D \times I = \begin{bmatrix} 3 & 4 \\ 2 & -1 \\ -5 & 6 \end{bmatrix} \cdot \begin{bmatrix} 1 & 0 \\ 0 & 1 \end{bmatrix} = \begin{bmatrix} 3 & 4 \\ 2 & -1 \\ -5 & 6 \end{bmatrix}$$

$$I \times D = \begin{bmatrix} 1 & 0 & 0 \\ 0 & 1 & 0 \\ 0 & 0 & 1 \end{bmatrix} \cdot \begin{bmatrix} 3 & 4 \\ 2 & -1 \\ -5 & 6 \end{bmatrix} = \begin{bmatrix} 3 & 4 \\ 2 & -1 \\ -5 & 6 \end{bmatrix}$$

O tamanho da matriz identidade é praticamente ditado pela dimensão da matriz a ser multiplicada e a ordem da multiplicação.

Na seção "Multiplicando duas matrizes", anteriormente neste capítulo, menciono que a multiplicação, em geral, *não é* comutativa. A exceção a essa regra é quando uma matriz quadrada é multiplicada pela sua matriz identidade.

Por exemplo, considere uma matriz 2 × 2 que está sendo multiplicada por uma matriz identidade 2 × 2:

$$\begin{bmatrix} 1 & 0 \\ 0 & 1 \end{bmatrix} \text{x} \begin{bmatrix} 4 & -1 \\ 2 & 3 \end{bmatrix} = \begin{bmatrix} 4 & -1 \\ 2 & 3 \end{bmatrix} = \begin{bmatrix} 4 & -1 \\ 2 & 3 \end{bmatrix} \text{x} \begin{bmatrix} 1 & 0 \\ 0 & 1 \end{bmatrix}$$

Se a matriz identidade vem primeiro ou em segundo na multiplicação, a matriz original mantém a sua identidade. Você tem a comutatividade da multiplicação neste caso especial.

Triangulação com matrizes triangulares e diagonais

Matrizes rotuladas como sendo *triangulares* ou *diagonais* têm a característica comum de serem matrizes quadradas. Uma matriz triangular é triangular superior ou triangular inferior. A melhor maneira de definir ou descrever essas matrizes é mostrar como elas parecem, em primeiro lugar.

$$A = \begin{bmatrix} 4 & 3 & 5 \\ 0 & 1 & -4 \\ 0 & 0 & 2 \end{bmatrix} \quad B = \begin{bmatrix} 7 & 0 & 0 & 0 \\ 7 & 8 & 0 & 0 \\ 5 & 2 & 3 & 0 \\ 5 & -4 & -9 & 1 \end{bmatrix} \quad C = \begin{bmatrix} 4 & 0 & 0 & 0 \\ 0 & 3 & 0 & 0 \\ 0 & 0 & 1 & 0 \\ 0 & 0 & 0 & 2 \end{bmatrix}$$

A matriz A é uma matriz *triangular superior*, todos os elementos *abaixo* da diagonal principal (a diagonal seguindo da esquerda superior para a direita inferior) são 0s. A matriz B é uma matriz *triangular inferior*, todos os elementos *acima* da diagonal principal são 0s. A matriz C é uma matriz *diagonal*, pois todas as entradas acima e abaixo da diagonal principal são 0s.

Matrizes triangulares e diagonais são muito utilizadas em situações envolvendo matrizes. Você vai encontrá-las sendo aplicadas para resolver sistemas de equações e calcular determinantes (ver Capítulo 11).

Duplicando com matrizes singulares e não singulares

A classificação como matriz singular ou não singular se aplica apenas para matrizes quadradas. As matrizes quadradas chegam a ser um capítulo de álgebra linear, e este é apenas outro exemplo.

Uma matriz quadrada é *singular* quando possui um inverso multiplicativo; quando não possui inverso multiplicativo, a matriz é *não singular*.

Dois números são inversos multiplicativos se seu produto é 1 (o elemento neutro da multiplicação). Por exemplo, 4 e $^{1}/_{4}$ são inversos multiplicativos. Os números $^{3}/_{5}$ e $^{5}/_{3}$ são inversos multiplicativos. O número 0 não tem inverso multiplicativo, porque não há número que você possa multiplicar por 0 para obter como resultado 1.

Quando uma matriz tem um inverso multiplicativo, o produto da matriz e seu inverso são iguais a uma matriz identidade (elemento neutro da multiplicação). Além disso, você pode multiplicar as duas matrizes envolvidas em qualquer ordem (comutatividade) e ainda obter a identidade. Mais adiante neste capítulo, em "Investigando o Inverso de uma Matriz", você verá com o que uma matriz inversa se parece e como encontrá-la.

Ligando Tudo Isso à Álgebra Matricial

A aritmética e a álgebra matricial têm muitas semelhanças e muitas diferenças. Para começar, os componentes em aritmética e álgebra matricial são completamente diferentes. Na aritmética, você tem números como 4, 7 e 0. Na álgebra matricial, você tem matrizes retangulares de números entre colchetes.

Nas seções "Fazendo a multiplicação de matrizes funcionar" e "Identificando matrizes identidade", anteriormente neste capítulo, apontei quando a propriedade comutativa se aplica às matrizes. Nesta seção, discuto detalhadamente todas as propriedades que você encontra ao trabalhar com álgebra matricial. Você precisa saber se uma determinada operação ou propriedade se aplica de modo que você possa aproveitá-la ao fazer cálculos.

Delineando as propriedades com a adição

A adição de matrizes exige que as matrizes envolvidas tenham a mesma dimensão. Uma vez que a questão da dimensão é resolvida, então você tem duas propriedades muito legais aplicadas a adição: comutatividade e associatividade.

Comutatividade

A adição de matrizes é *comutativa*; se você adicionar à matriz A a matriz B, obterá o mesmo resultado que na adição da matriz B com a matriz A:

$$A + B = B + A$$

Na seção "Adição e subtração de matrizes", anteriormente neste capítulo, vimos como os elementos correspondentes são adicionados em conjunto para realizar a adição de matrizes. Uma vez que a adição de números reais é comutativa, as somas que ocorrem da adição de matrizes também são as mesmas quando adicionadas na ordem inversa.

$$\begin{bmatrix} 5 & 3 \\ 0 & 1 \end{bmatrix} + \begin{bmatrix} 4 & -1 \\ 2 & 3 \end{bmatrix} = \begin{bmatrix} 9 & 2 \\ 2 & 4 \end{bmatrix} = \begin{bmatrix} 4 & -1 \\ 2 & 3 \end{bmatrix} + \begin{bmatrix} 5 & 3 \\ 0 & 1 \end{bmatrix}$$

Associatividade

A adição de matrizes é *associativa*. Ao adicionar três matrizes, você obtém o mesmo resultado que obteria ao adicionar a soma das duas primeiras à terceira, da mesma forma que ao adicionar a primeira à soma das duas segundas:

$$(A + B) = C + A + (B + C)$$

Note que a ordem não muda, apenas os agrupamentos. As equações a seguir são equivalentes:

$$\left(\begin{bmatrix} 5 & 3 \\ 0 & 1 \end{bmatrix} + \begin{bmatrix} 4 & -1 \\ 2 & 3 \end{bmatrix}\right) + \begin{bmatrix} 9 & 8 \\ -6 & 2 \end{bmatrix} = \begin{bmatrix} 4 & -1 \\ 2 & 3 \end{bmatrix} + \left(\begin{bmatrix} 5 & 3 \\ 0 & 1 \end{bmatrix} + \begin{bmatrix} 9 & 8 \\ -6 & 2 \end{bmatrix}\right)$$

$$\begin{bmatrix} 9 & 2 \\ 2 & 4 \end{bmatrix} + \begin{bmatrix} 9 & 8 \\ -6 & 2 \end{bmatrix} = \begin{bmatrix} 4 & -1 \\ 2 & 3 \end{bmatrix} + \begin{bmatrix} 14 & 11 \\ -6 & 3 \end{bmatrix}$$

$$\begin{bmatrix} 18 & 10 \\ -4 & 6 \end{bmatrix} = \begin{bmatrix} 18 & 10 \\ -4 & 6 \end{bmatrix}$$

Conhecendo as propriedades da multiplicação

Ao multiplicar números, você tem apenas um processo ou operação a considerar. Quando multiplica 6 × 4, você sabe pela tabuada que a resposta é 24. Você não tem qualquer outro tipo de multiplicação que dê um resultado diferente. A multiplicação de matrizes ocorre em duas direções diferentes. A multiplicação de matriz é descrita em detalhes em "Fazendo a multiplicação de matrizes funcionar", e outro tipo de multiplicação, a *multiplicação escalar*, é abordado em "Escalando às alturas com a multiplicação escalar", ambos vistos anteriormente neste capítulo.

As operações ou processos de multiplicação que envolvem matrizes têm muitas propriedades específicas que lhes estão associadas. Você encontra algumas propriedades intimamente relacionadas com a multiplicação de números reais e outras propriedades que são específicas para matrizes:

- **A · B ≠ B · A:** A multiplicação de matrizes, como regra, *não é* comutativa. As exceções envolvem multiplicar uma matriz pelo seu inverso, ou pela identidade multiplicativa. Ou, se quiser considerar um exercício improdutivo, você pode multiplicar uma matriz quadrada por uma matriz quadrada zero do mesmo tamanho e considerar que o processo seja comutativo. (Você obtém a mesma resposta.)

- ***k*A = A*k*:** A multiplicação escalar é comutativa – você pode colocar o escalar em frente à matriz ou atrás dela e obter a mesma resposta:

$$5\begin{bmatrix}4 & -1\\2 & 3\end{bmatrix} = \begin{bmatrix}4 & -1\\2 & 3\end{bmatrix}5$$

$$\begin{bmatrix}5\cdot 4 & 5(-1)\\5\cdot 2 & 5\cdot 3\end{bmatrix} = \begin{bmatrix}4\cdot 5 & -1\cdot 5\\2\cdot 5 & 3\cdot 5\end{bmatrix}$$

- **(A · B) · C = A · (B · C):** A multiplicação de matrizes é associativa quando você lida com três matrizes. Multiplicando o produto de duas matrizes pela terceira você terá o mesmo resultado que multiplicando a primeira matriz pelo produto das duas últimas. As equações a seguir são equivalentes:

$$\left(\begin{bmatrix}5 & 3\\0 & 1\end{bmatrix}\cdot\begin{bmatrix}4 & -1\\2 & 3\end{bmatrix}\right)\cdot\begin{bmatrix}9 & 8\\-6 & 2\end{bmatrix} = \begin{bmatrix}5 & 3\\0 & 1\end{bmatrix}\cdot\left(\begin{bmatrix}4 & -1\\2 & 3\end{bmatrix}\cdot\begin{bmatrix}9 & 8\\-6 & 2\end{bmatrix}\right)$$

$$\begin{bmatrix}26 & 4\\2 & 3\end{bmatrix}\cdot\begin{bmatrix}9 & 8\\-6 & 2\end{bmatrix} = \begin{bmatrix}5 & 3\\0 & 1\end{bmatrix}\cdot\begin{bmatrix}42 & 30\\0 & 22\end{bmatrix}$$

$$\begin{bmatrix}210 & 216\\0 & 22\end{bmatrix} = \begin{bmatrix}210 & 216\\0 & 22\end{bmatrix}$$

- **(*k*A) · B = *k* (A · B):** Multiplicar uma matriz por um escalar e, depois, multiplicar por uma segunda matriz dá o mesmo resultado que você obtém se primeiro multiplicar as duas matrizes juntas e depois multiplicar pelo escalar. Isto poderia ser chamado de regra *associativa mista*, misturando os escalares e as matrizes. As equações a seguir são equivalentes:

$$\left(3\begin{bmatrix}4 & -1\\2 & 3\end{bmatrix}\right)\cdot\begin{bmatrix}9 & 8\\-6 & 2\end{bmatrix} = 3\left(\begin{bmatrix}4 & -1\\2 & 3\end{bmatrix}\cdot\begin{bmatrix}9 & 8\\-6 & 2\end{bmatrix}\right)$$

$$\begin{bmatrix}12 & -3\\6 & 9\end{bmatrix}\cdot\begin{bmatrix}9 & 8\\-6 & 2\end{bmatrix} = 3\begin{bmatrix}42 & 30\\0 & 22\end{bmatrix}$$

$$\begin{bmatrix}126 & 90\\0 & 66\end{bmatrix} = \begin{bmatrix}126 & 90\\0 & 66\end{bmatrix}$$

- **(*kl*) A = *k* (*l*A):** Outra regra *associativa mista* permite associar os dois escalares e multiplicar o produto pela matriz, ou se preferir, você pode multiplicar um dos escalares pela matriz e, em seguida, multiplicar o produto obtido pelo outro escalar.

Distribuindo a riqueza usando a multiplicação e a adição de matrizes

A propriedade distributiva na aritmética envolve multiplicar a soma de dois números por outro número. A regra distributiva é escrita como: $a\,(b + c) = ab + ac$. Ela afirma que você obtém o mesmo resultado se multiplicar um número pela soma de dois outros números conforme você faria se multiplicasse cada um destes números envolvidos na soma pelo terceiro número antes de adicionar os resultados. A regra distributiva também funciona na álgebra matricial.

$$A \cdot (B + C) = A \cdot B + A \cdot C$$

LEMBRE-SE

Adicionar duas matrizes e então multiplicar a soma por uma terceira matriz lhe dá o mesmo resultado que multiplicar cada uma das matrizes pela terceira matriz antes de efetuar a soma. As equações a seguir são equivalentes:

$$\begin{bmatrix} 4 & -1 \\ 2 & 3 \end{bmatrix} \cdot \left(\begin{bmatrix} 5 & 3 \\ 0 & 1 \end{bmatrix} + \begin{bmatrix} 9 & 8 \\ -6 & 2 \end{bmatrix} \right) = \left(\begin{bmatrix} 4 & -1 \\ 2 & 3 \end{bmatrix} \cdot \begin{bmatrix} 5 & 3 \\ 0 & 1 \end{bmatrix} \right) + \left(\begin{bmatrix} 4 & -1 \\ 2 & 3 \end{bmatrix} \cdot \begin{bmatrix} 9 & 8 \\ -6 & 2 \end{bmatrix} \right)$$

$$\begin{bmatrix} 4 & -1 \\ 2 & 3 \end{bmatrix} \cdot \begin{bmatrix} 14 & 11 \\ -6 & 3 \end{bmatrix} = \begin{bmatrix} 20 & 11 \\ 10 & 9 \end{bmatrix} + \begin{bmatrix} 42 & 30 \\ 0 & 22 \end{bmatrix}$$

$$\begin{bmatrix} 62 & 41 \\ 10 & 31 \end{bmatrix} = \begin{bmatrix} 62 & 41 \\ 10 & 31 \end{bmatrix}$$

Alterar a ordem na distribuição também cria um enunciado verdadeiro:

$$A \cdot (B + C) = A \cdot B + A \cdot C$$

Aqui estão três outras variações na regra distributiva (a qual incorpora o uso de escalares):

$$k(A + B) = kA + kB$$

$$(k + l)A = kA + lA$$

$$(A + B)k = Ak + Bk$$

Transposição de uma matriz

Transpor uma matriz é como pedir para todos os seus elementos trocarem de lugar. Quando você realiza uma *transposição de matriz*, o elemento na linha 1 coluna 4, vai para a linha 4, coluna 1. Como resultado, as linhas se tornam colunas, e as colunas se tornam linhas. Uma matriz 3 x 5 se torna uma matriz 5 x 3 quando você executa uma transposição de matriz.

LEMBRE-SE

Ao executar a transposição de uma matriz A, a notação é A^T. Quando A é trocado por A^T, cada a_{ij} em A se torna a_{ij} em A^T:

$$A = \begin{bmatrix} 1 & 2 & 3 & 4 & 5 \\ 6 & 7 & 8 & 9 & 10 \\ 11 & 12 & 13 & 14 & 15 \end{bmatrix} \quad A^T = \begin{bmatrix} 1 & 6 & 11 \\ 2 & 7 & 12 \\ 3 & 8 & 13 \\ 4 & 9 & 14 \\ 5 & 10 & 15 \end{bmatrix}$$

LEMBRE-SE

A transposição da soma de duas matrizes é igual à soma das duas transposições:

$$(A + B)^T = A^T + B^T$$

A transposição do produto de duas matrizes é igual ao produto de duas transposições na *ordem oposta*.

$$(A \cdot B)^T = B^T \cdot A^T$$

A multiplicação nesta regra é possível (a dimensão se ajusta). Aqui estão duas matrizes, A e B, seus produtos, a transposição de seus produtos e o produto de suas transposições (na ordem inversa).

A multiplicação de matrizes, geralmente não é comutativa, então multiplicar $A^T \cdot B^T$ não nos dá o mesmo resultado que multiplicar na ordem inversa.

$$A = \begin{bmatrix} 1 & 2 \\ 3 & 4 \\ 5 & 6 \end{bmatrix}, B = \begin{bmatrix} 1 & 0 & 2 \\ 4 & 5 & 6 \end{bmatrix}, \; A \cdot B = \begin{bmatrix} 9 & 10 & 14 \\ 19 & 20 & 30 \\ 29 & 30 & 46 \end{bmatrix}, (A \cdot B)^T = \begin{bmatrix} 9 & 19 & 29 \\ 10 & 20 & 30 \\ 14 & 30 & 46 \end{bmatrix},$$

$$A^T = \begin{bmatrix} 1 & 3 & 5 \\ 2 & 4 & 6 \end{bmatrix}, B^T = \begin{bmatrix} 1 & 4 \\ 0 & 5 \\ 2 & 6 \end{bmatrix}, \text{e } B^T \cdot A^T = \begin{bmatrix} 9 & 19 & 29 \\ 10 & 20 & 30 \\ 14 & 30 & 46 \end{bmatrix}$$

Conquistando matrizes zero

Uma matriz zero tem todos os zeros, e algumas propriedades interessantes surgem desta situação.

LEMBRE-SE

Quando você adiciona uma matriz ao múltiplo escalar, criado ao multiplicar por -1, você obtém a matriz zero:

$$A + (-1)\,A = 0$$

LEMBRE-SE

AB = 0 *não* requer A = 0 ou B = 0. Esta regra está em contradição direta com a propriedade aritmética do zero, a qual diz que para o produto de dois números ser 0, no mínimo um deles precisa ser igual a 0. No mundo das matrizes, a propriedade de zero diz que você pode obter uma matriz 0 sem que necessariamente uma das matrizes em questão seja uma matriz zero. Por exemplo, aqui estão as matrizes A e B, e nenhuma delas é uma matriz zero:

$$A = \begin{bmatrix} 1 & 0 \\ 1 & 0 \end{bmatrix}, B = \begin{bmatrix} 0 & 0 \\ 1 & 1 \end{bmatrix}, \text{ e } \quad A \cdot B = \begin{bmatrix} 0 & 0 \\ 0 & 0 \end{bmatrix}$$

Estabelecendo as propriedades de uma matriz invertível

Uma *matriz invertível* é uma matriz que tem um inverso. “Que grande ajuda!”, você diz. Ok, vamos começar de novo. Uma *matriz invertível* é uma matriz quadrada. Se a matriz A é inversível, então também existe a matriz A^{-1}, onde, ao multiplicar as duas matrizes, $A \cdot A^{-1}$, você obtém uma matriz identidade da mesma dimensão que $A \cdot A^{-1}$.

Por exemplo, a matriz B é inversível, porque $B \cdot B^{-1} = I$.

$$B = \begin{bmatrix} 3 & 7 \\ 2 & 5 \end{bmatrix} \quad B^{-1} = \begin{bmatrix} 5 & -7 \\ -2 & 3 \end{bmatrix}$$

$$B \,.\, B^{-1} = \begin{bmatrix} 3 & 7 \\ 2 & 5 \end{bmatrix} \cdot \begin{bmatrix} 5 & -7 \\ -2 & 3 \end{bmatrix} = \begin{bmatrix} 1 & 0 \\ 0 & 1 \end{bmatrix}$$

Além disso, menciono em “Caminhando em sintonia com a identidade multiplicativa”, anteriormente neste capítulo, que ao multiplicar uma matriz e seu inverso, a ordem não altera o resultado. Qualquer ordem de multiplicação produzirá a matriz identidade:

$$B = \begin{bmatrix} 3 & 7 \\ 2 & 5 \end{bmatrix} \quad B^{-1} = \begin{bmatrix} 5 & -7 \\ -2 & 3 \end{bmatrix}$$

$$B^{-1} \cdot B = \begin{bmatrix} 5 & -7 \\ -2 & 3 \end{bmatrix} \cdot \begin{bmatrix} 3 & 7 \\ 2 & 5 \end{bmatrix} = \begin{bmatrix} 1 & 0 \\ 0 & 1 \end{bmatrix}$$

Nem todas as matrizes são inversíveis. Por exemplo, uma matriz com uma linha ou uma coluna de 0s não é inversível – ela não possui inverso. Para mostrar a você porque uma matriz com uma linha ou coluna de 0s não tem inverso, considere este problema de multiplicação envolvendo duas matrizes 3 x 3, a primeira com uma linha de 0s.

Wassily Wassilyovitch Leontief: O amigo dos planejadores industriais

Wassily Leontief é, provavelmente, o matemático mais conhecido no mundo por seu trabalho de modelos de *insumos* e *produtos*– como os insumos de uma indústria afetam os produtos de outra indústria, e como isto tudo é mantido em equilíbrio. Os modelos de insumo e produto são melhores investigados utilizando matrizes. Eles permitem previsões aproximadas para a mudança em demanda de insumos, resultante de saída de uma mudança em demanda para o produto finalizado.

Leontief nasceu em 1905 ou 1906, na Alemanha ou na Rússia (a informação varia dependendo da fonte). Ingressou na Universidade de Leningrad em 1921 e formou-se em 1924, obtendo o grau de Economista (algo como um mestrado de hoje em dia); tornou-se PhD em Economia em 1928. A carreira de Leontief incluiu um emprego na Universidade de Kiel, e um cargo de conselheiro do Ministério de Ferrovias na China, trabalhando para o National Bureau of Economic Research, nos EUA, como consultor no Escritório de Serviços Estratégicos durante a Segunda Guerra Mundial; lecionou economia na Universidade de Harvard. Ganhou o prêmio Nobel em Economia em 1973 pelo seu trabalho sobre tabelas de insumo-produto.

$$\begin{bmatrix} a_{11} & a_{12} & a_{13} \\ a_{21} & a_{22} & a_{23} \\ 0 & 0 & 0 \end{bmatrix} \cdot \begin{bmatrix} b_{11} & b_{12} & b_{13} \\ b_{21} & b_{22} & b_{23} \\ b_{31} & b_{32} & b_{33} \end{bmatrix}$$

$$= \begin{bmatrix} a_{11}b_{11} + a_{12}b_{21} + a_{13}b_{31} & a_{11}b_{12} + a_{12}b_{22} + a_{13}b_{32} & a_{11}b_{13} + a_{12}b_{23} + a_{13}b_{33} \\ a_{21}b_{11} + a_{22}b_{21} + a_{23}b_{31} & a_{21}b_{12} + a_{22}b_{22} + a_{23}b_{32} & a_{21}b_{13} + a_{22}b_{23} + a_{23}b_{33} \\ 0 \cdot b_{11} + 0 \cdot b_{21} + 0 \cdot b_{31} & 0 \cdot b_{12} + 0 \cdot b_{22} + 0 \cdot b_{32} & 0 \cdot b_{13} + 0 \cdot b_{23} + 0 \cdot b_{33} \end{bmatrix}$$

A linha inferior no produto das duas matrizes é 0. Ela nunca pode ter 1 na última posição, ou não poderá ser a matriz identidade. Quando você tem uma matriz com uma linha ou uma coluna de 0s, não há matriz multiplicadora que possa ser o inverso da matriz; tais matrizes não podem ter inversos.

Investigando o Inverso de uma Matriz

Muitas matrizes quadradas têm inversos. Quando uma matriz e seu inverso são multiplicados juntos, em qualquer ordem, o resultado é uma matriz identidade. Os inversos matriciais são usados para resolver problemas envolvendo sistemas de equações e para executar a *divisão* matricial.

Suprimindo rapidamente o inverso de 2 x 2

Em geral, se uma matriz tem um inverso, o mesmo pode ser encontrado usando um método chamado *redução de linha*. (Você pode encontrar uma descrição completa deste processo mais adiante na seção "Encontrando inversos usando redução de linhas".) Felizmente, um processo mais rápido está disponível para matrizes 2 x 2. Para encontrar o inverso (se houver) de uma matriz 2 x 2, você troca alguns elementos, nega outros e divide todos os novos elementos posicionados por um número criado a partir dos elementos originais. Este número é o determinante.

Isto fica mais claro quando exemplificado. Para começar, considere uma matriz geral M 2 x 2, com elementos *a*, *b*, *c* e *d*.

$$M = \begin{bmatrix} a & b \\ c & d \end{bmatrix}$$

Para encontrar o inverso da matriz M, você primeiro calcula o número: $ad - bc$. Este número é a diferença entre os dois produtos cruzados dos elementos na matriz M. Depois, você inverte os elementos a e d, e então nega (cria o oposto) os elementos b e c. Agora, divida cada elemento ajustado pelo número resultante dos produtos cruzados:

$$M^{-1} = \begin{bmatrix} \dfrac{d}{ad - bc} & \dfrac{-b}{ad - bc} \\ \dfrac{-c}{ad - bc} & \dfrac{a}{ad - bc} \end{bmatrix}$$

Uma vez que você está dividindo pelo número obtido de $ad - bc$, é essencial que esta diferença não seja igual a 0.

Por exemplo, para encontrar o inverso da matriz A a seguir,

$$A = \begin{bmatrix} 4 & -7 \\ 2 & -3 \end{bmatrix}$$

você primeiro calcula o número que dividirá cada elemento: (4)(-3) - (-7)(2) = -12 + 14 = 2. O divisor é 2.

Então, inverte as posições de 4 e -3 e altera -7 para 7 e 2 para -2. Em seguida, divide cada elemento por 2.

$$A^{-1} = \begin{bmatrix} \dfrac{-3}{2} & \dfrac{7}{2} \\ \dfrac{-2}{2} & \dfrac{4}{2} \end{bmatrix} = \begin{bmatrix} -\dfrac{3}{2} & \dfrac{7}{2} \\ -1 & 2 \end{bmatrix}$$

Quando você multiplica a matriz original A pelo inverso A^{-1}, o resultado é a matriz identidade 2 x 2.

$$A \cdot A^{-1} = \begin{bmatrix} 4 & -7 \\ 2 & -3 \end{bmatrix} \cdot \begin{bmatrix} -\frac{3}{2} & \frac{7}{2} \\ -1 & 2 \end{bmatrix}$$

$$= \begin{bmatrix} 4\left(-\frac{3}{2}\right) + (7)(-1) & 4\left(\frac{7}{2}\right) - 7 \cdot 2 \\ 2\left(-\frac{3}{2}\right) + (-3)(-1) & 2\left(\frac{7}{2}\right) + (-3)(2) \end{bmatrix}$$

$$= \begin{bmatrix} -6+7 & 14-14 \\ -3+3 & 7-6 \end{bmatrix} = \begin{bmatrix} 1 & 0 \\ 0 & 1 \end{bmatrix}$$

PAPO DE ESPECIALISTA

A regra rápida para obter o inverso de uma matriz 2 x 2 é uma boa oportunidade para mostrar porque algumas matrizes não têm inversos. Se um número *ad* – *bc* (obtido pela diferença do produto cruzado) é igual a 0, você teria que dividir por 0. Esta é uma situação importante – nenhum número tem 0 em seu denominador. Por exemplo, a matriz B não tem inverso. Os produtos cruzados são ambos 24 e sua diferença é 0.

$$B = \begin{bmatrix} 8 & 2 \\ 12 & 3 \end{bmatrix}$$

Algumas matrizes, tais como a matriz B, não têm inverso.

Encontrando inversos usando a redução de linha

A regra rápida para encontrar inversos de matrizes 2 x 2 é o método desejável para matrizes desta dimensão. Para matrizes quadradas maiores, os inversos são encontrados através de adições e multiplicações na forma das *operações de linha*. Antes de mostrar como encontrar o inverso de uma matriz 3 x 3, deixe-me descrever as operações possíveis com a redução de linhas.

Representando as regras de redução das linhas

As operações com linhas são realizadas visando obter uma disposição mais conveniente. Isto depende da aplicação em particular; o que é *conveniente* em um caso pode ser diferente do *conveniente* em outro. De qualquer forma, as reduções de linha transformam a primeira matriz em outra *equivalente* a ela.

As operações de linha são:

1. **Alternar duas linhas quaisquer.**

2. **Multiplicar todos os elementos em uma linha por um número real (exceto 0).**

3. **Somar múltiplos dos elementos de uma linha a elementos de outra linha.**

Considere as operações de linha na matriz C:

$$C = \begin{bmatrix} 3 & 4 & -2 & 8 \\ 5 & -6 & 1 & -3 \\ 0 & 5 & 20 & 30 \\ 1 & 6 & 3 & 3 \end{bmatrix}$$

1. **Alterne as linhas 1 e 4.**

   A notação $L_1 \leftrightarrow L_4$ significa substituir uma linha por outra.

$$L_1 \leftrightarrow L_4 \begin{bmatrix} 1 & 6 & 3 & 3 \\ 5 & -6 & 1 & -3 \\ 0 & 5 & 20 & 30 \\ 3 & 4 & -2 & 8 \end{bmatrix}$$

2. **Multiplique todos os elementos na linha 3 por 1/5.**

   A notação $1/5\ L_3 \leftrightarrow L_3$ é lida "um quinto de cada elemento na linha 3 se torna a nova linha 3".

$$\frac{1}{5}L_3 \rightarrow L_3 \begin{bmatrix} 1 & 6 & 3 & 3 \\ 5 & -6 & 1 & -3 \\ 0 & 1 & 4 & 6 \\ 3 & 4 & -2 & 8 \end{bmatrix}$$

3. **Multiplique todos os elementos na linha 1 por -5 e então adicione-os à linha 2**

   A notação $-5L_1 + L_2 \leftrightarrow L_2$ é lida "menos cinco vezes cada elemento na linha 1, somado aos elementos na linha 2 produz uma nova linha 2". Note que os elementos na linha 1 não se alteram; você apenas usa os múltiplos dos elementos na operação para criar uma nova linha 2.

$$-5R_1 + R_2 \rightarrow R_2 \begin{bmatrix} 1 & 6 & 3 & 3 \\ 0 & -36 & -14 & -18 \\ 0 & 1 & 4 & 6 \\ 3 & 4 & -2 & 8 \end{bmatrix}$$

Você pode não ver nenhuma aplicação para operações com linhas, mas cada uma tem uma aplicação real para trabalhar matrizes. A importância das operações é evidente ao calcular uma matriz inversa e, também, ao trabalhar com sistemas de equações, no Capítulo 4.

Passo a passo pelas etapas da matriz inversa

Quando você tem uma matriz quadrada cujas dimensões são maiores que 2 x 2, encontra o inverso desta matriz (se existir) criando uma matriz duas vezes maior com a original na esquerda e uma matriz identidade na direita. Então, você recorre às operações de linhas para transformar as matrizes da esquerda em matrizes identidade. Quando você termina, a matriz à direita é o inverso da matriz original.

Por exemplo, ao encontrar o inverso para D, você coloca uma matriz identidade 3 x 3 próxima aos elementos em D.

$$D = \begin{bmatrix} 1 & 2 & 0 \\ -1 & 3 & 3 \\ 0 & 1 & 1 \end{bmatrix} \quad \left[\begin{array}{ccc|ccc} 1 & 2 & 0 & 1 & 0 & 0 \\ -1 & 3 & 3 & 0 & 1 & 0 \\ 0 & 1 & 1 & 0 & 0 & 1 \end{array}\right]$$

Você quer mudar a matriz 3 x 3 à esquerda da matriz identidade (uma matriz com uma diagonal de 1s e o resto 0s). Você deve usar as operações com linhas adequadas. Note que o elemento na linha 1, coluna 1 já está em 1, então você se concentra nos elementos abaixo do 1. O elemento na linha 3 já está em 0, então você só precisa mudar o -1 na linha 2 para 0. A operação com linha que você usa é adicionar a linha 1 à linha 2, criando uma nova linha 2. Você não precisa multiplicar a linha 1 por nada (tecnicamente você está multiplicando por 1).

$$L_1 + L_2 \rightarrow L_2 \left[\begin{array}{ccc|ccc} 1 & 2 & 0 & 1 & 0 & 0 \\ 0 & 5 & 3 & 1 & 1 & 0 \\ 0 & 1 & 1 & 0 & 0 & 1 \end{array}\right]$$

O que você fizer para os elementos do lado esquerdo da matriz também deve ser feito para o lado direito. Você está se concentrando em transformar a matriz esquerda em uma matriz identidade, e os elementos do outro lado só tem que "entrar na onda". O resultado da operação de linha é que agora você tem um elemento 0 para d_{21}. De fato, ambos os elementos em1 são 0s.

Agora, vá para a segunda coluna. Você quer 1 na linha 2, coluna 2, e 0 acima e abaixo do 1. Primeiro, multiplique a linha 2 por $^1/_5$. Cada elemento, por todo o caminho, é multiplicado por esta fração.

$$\frac{1}{5}L_2 \rightarrow L_2 \left[\begin{array}{ccc|ccc} 1 & 2 & 0 & 1 & 0 & 0 \\ 0 & 1 & \frac{3}{5} & \frac{1}{5} & \frac{1}{5} & 0 \\ 0 & 1 & 1 & 0 & 0 & 1 \end{array}\right]$$

Para obter os 0s acima e abaixo do 1 na coluna 2, você multiplica a linha 2 por -2 e soma à linha 1 para obter uma nova linha 1. E você multiplica a linha 2 por -1 e soma à linha 3 para obter uma nova linha 3. Note que, em ambos os casos, a linha 2 não muda, você está apenas adicionando um múltiplo da linha em outra linha.

$$-2L_2 + L_1 \rightarrow L_1 \left[\begin{array}{ccc|ccc} 1 & 0 & -\frac{6}{5} & \frac{3}{5} & -\frac{2}{5} & 0 \\ 0 & 1 & \frac{3}{5} & \frac{1}{5} & \frac{1}{5} & 0 \\ 0 & 1 & 1 & 0 & 0 & 1 \end{array}\right]$$

$$-1L_2 + L_3 \rightarrow L_3 \left[\begin{array}{ccc|ccc} 1 & 0 & -\frac{6}{5} & \frac{3}{5} & -\frac{2}{5} & 0 \\ 0 & 1 & \frac{3}{5} & \frac{1}{5} & \frac{1}{5} & 0 \\ 0 & 0 & \frac{2}{5} & -\frac{1}{5} & -\frac{1}{5} & 1 \end{array}\right]$$

Suas duas primeiras colunas da matriz da esquerda parecem boas. Você tem 1 na diagonal principal e 0 acima e abaixo de 1.Você precisa de um 1 na linha 3, coluna 3, para multiplicar a linha 3 por $^5/_2$.

$$\frac{5}{2}L_3 \rightarrow L_3 \left[\begin{array}{ccc|ccc} 1 & 0 & -\frac{6}{5} & \frac{3}{5} & -\frac{2}{5} & 0 \\ 0 & 1 & \frac{3}{5} & \frac{1}{5} & \frac{1}{5} & 0 \\ 0 & 0 & 1 & -\frac{1}{2} & -\frac{1}{2} & \frac{5}{2} \end{array}\right]$$

Agora crie 0 acima do 1 na coluna 3 multiplicando a linha 3 por $^6/_5$ e o adicione à linha 1, então multiplique a linha 3 por $^{-3}/_5$ e adicione à linha 2.

$$\frac{6}{5}L_3 + L_1 \rightarrow L_1 \left[\begin{array}{ccc|ccc} 1 & 0 & 0 & 0 & -1 & 3 \\ 0 & 1 & \frac{3}{5} & \frac{1}{5} & \frac{1}{5} & 0 \\ 0 & 0 & 1 & -\frac{1}{2} & -\frac{1}{2} & \frac{5}{2} \end{array}\right]$$

$$-\frac{3}{5}L_3 + L_2 \rightarrow L_2 \left[\begin{array}{ccc|ccc} 1 & 0 & 0 & 0 & -1 & 3 \\ 0 & 1 & 0 & \frac{1}{2} & \frac{1}{2} & -\frac{3}{2} \\ 0 & 0 & 1 & -\frac{1}{2} & -\frac{1}{2} & \frac{5}{2} \end{array}\right]$$

Agora você tem a matriz identidade à esquerda e o inverso da matriz D à direita.

$$D = \begin{bmatrix} 1 & 2 & 0 \\ -1 & 3 & 3 \\ 0 & 1 & 1 \end{bmatrix} \quad D^{-1} = \begin{bmatrix} 0 & -1 & 3 \\ \frac{1}{2} & \frac{1}{2} & -\frac{3}{2} \\ -\frac{1}{2} & -\frac{1}{2} & \frac{5}{2} \end{bmatrix}$$

$$D \cdot D^{-1} = \begin{bmatrix} 1 & 2 & 0 \\ -1 & 3 & 3 \\ 0 & 1 & 1 \end{bmatrix} \cdot \begin{bmatrix} 0 & -1 & 3 \\ \frac{1}{2} & \frac{1}{2} & -\frac{3}{2} \\ -\frac{1}{2} & -\frac{1}{2} & \frac{5}{2} \end{bmatrix} = \begin{bmatrix} 1 & 0 & 0 \\ 0 & 1 & 0 \\ 0 & 0 & 1 \end{bmatrix}$$

É claro, $D \cdot D^{-1}$ também é igual à matriz de identidade.

Capítulo 4

Sistematizando-se com Sistemas de Equações

Neste Capítulo

- Resolvendo algebricamente sistemas de equações
- Visualizando soluções com gráficos
- Maximizando as capacidades de matrizes para resolver sistemas
- Reconstituindo as possibilidades para soluções de um sistema de equações

Sistemas de equações surgem em aplicações de apenas alguns assuntos matemáticos. Você resolve sistemas de equações no primeiro ano de álgebra para entender como os sistemas se comportam e qual a melhor abordagem para encontrar uma solução.

Os sistemas de equações são usados para representar diferentes entidades contábeis e como elas se relacionam com outras. Os sistemas podem consistir em todas as equações lineares ou pode haver também equações não lineares. (As equações não lineares pertencem a outro sistema, não abordado neste livro.) Neste capítulo, você verá como resolver algebricamente, de forma rápida e eficiente, um simples sistema. Então, aprenderá como fazer com que as matrizes funcionem quando o sistema de equações mostrar-se pouco prático.

Soluções simples de sistemas de equações são escritas ao listar o valor numérico de cada variável, seja como um par ordenado, triplo, quádruplo e assim por diante. Para que escreva soluções múltiplas, mostrarei como introduzir um parâmetro e escrever uma regra clara.

Investigando Soluções para Sistemas

Um sistema de equações possuía uma *solução* quando você tem no mínimo um conjunto de números que substitui as variáveis nas equações e faz com que cada equação seja um enunciado verdadeiro. Um sistema de equações pode ter mais do que uma solução. Os sistemas com mais de uma solução geralmente têm um número infinito de soluções e estas soluções são escritas como uma expressão ou regra em termos de parâmetro.

Reconhecendo as características de ter apenas uma solução

Um sistema de equações é *consistente* se tiver pelo menos uma solução. Um sistema com *exatamente* uma solução tem duas características que o distinguem de outros sistemas: Ele consiste em equações lineares, e você tem tanto equações *independentes* como variáveis. As duas características não garantem uma solução, mas devem estar presentes para que você tenha esta única solução.

O primeiro requisito para uma única solução é que o sistema deve conter equações lineares: Uma equação linear tem a forma $y = a_1x_1 + a_2x_2 + a_3x_3 +... + a_nx_n$ na qual os multiplicadores a são números reais, e os fatores x são variáveis. Um *sistema linear* consiste em variáveis com expoentes ou potências de 1.

O sistema de equações lineares a seguir tem uma única solução, $x = 2$, $y = 3$ e $z = 1$:

$$\begin{cases} 2x + 3y + z = 14 \\ 4x - y + 5z = 10 \\ x + 2y - 3z = 5 \end{cases}$$

A solução do sistema também é escrita como a tripla coordenada (2,3,1). Ao escrever este sistema, utilizei as letras consecutivas x, y, e z, apenas para evitar subscritos. Quando os sistemas contêm um grande número de variáveis, é mais eficiente usar variáveis subscritas, como x_0, x_1, x_2, e assim em diante. Nenhuma das variáveis é elevada a uma potência maior, negativa ou fracionária.

O segundo requisito para uma única solução é que o sistema de equações tenha tanto equações independentes quanto variáveis no sistema. Se o sistema contém três variáveis, então ele deve conter pelo menos três equações independentes. Então, o que é este negócio de *independente*? Quando as equações são *independentes*, significa apenas que nenhuma é um múltiplo ou uma combinação de múltiplos de outras no sistema.

Por exemplo, o seguinte sistema tem duas equações e duas incógnitas ou variáveis:

$$\begin{cases} 3x_1 - 2x_2 = 16 \\ x_1 - 5x_2 = 14 \end{cases}$$

Ao incluir a equação $-4x_1 - 6x_2 = -4$ no sistema, o número de equações no mesmo aumenta, mas é introduzida uma equação que não é independente. A nova equação é obtida multiplicando a equação superior por -2, multiplicando a equação inferior por 2, e somando os dois múltiplos.

Escrevendo expressões para soluções infinitas

Alguns sistemas de equações têm muitas soluções – um número infinito, na verdade. Quando os sistemas têm múltiplas soluções, você encontra um padrão ou regra que prevê o que são essas soluções. Por exemplo, o sistema tem as seguintes soluções: (3,1,1), (8,5,2), (13,9,3), (-2, -3,0), e muitas outras.

$$\begin{cases} -x + y + z = -1 \\ -x + 2y - 3z = -4 \\ 3x - 2y - 7z = 0 \end{cases}$$

O padrão das soluções é que x é sempre dois a menos do que cinco vezes z, e y é sempre três a menos do que quatro vezes z. Uma maneira eficiente de escrever as soluções como uma regra é usar uma tripla ordenada e um *parâmetro* (uma variável utilizada como base para a regra). Começando com a tripla ordenada (x, y, z), substitua o z com o parâmetro k. Isso faz com que a primeira equação seja: $-x + y + k = -1$ e a segunda $-x + 2y - 3k = -4$. Solucionando y neste sistema de duas equações obtém-se $y = 4k - 3$. Substituindo este valor de y na terceira equação (Sugestão: obtém-se $x = 5k - 2$. A tripla ordenada agora é escrita $(5k - 2, 4k\text{-}3,)$. Você encontra uma nova solução escolhendo um valor para k e resolvendo X e Y usando as regras. Por exemplo, se você considerar k igual a 4, então $x = 5(4) - 2 = 18$ e $y = 4(4) - 3 = 13$, a solução neste caso é (18, 13, 4).

Fazendo gráficos de sistemas de duas ou três equações

Uma imagem vale mais que mil palavras. Soa bem, e você verá várias fotos ou gráficos nesta seção, mas não posso deixar de acrescentar algumas palavras – talvez não mil, mas muitas.

Sistemas de duas equações e duas variáveis são representados em um gráfico de duas linhas. Quando o sistema tem uma única solução, você vê duas linhas se cruzarem em um único ponto, a solução do sistema. Quando as duas linhas não têm nenhuma solução, o gráfico do sistema tem duas linhas paralelas que nunca se tocam. E os sistemas que possuem um número infinito de soluções têm duas linhas que se sobrepõem completamente uma à outra – na verdade, você vê apenas uma linha.

Os sistemas de três equações são um pouco mais difíceis de desenhar ou representar através de gráficos. Uma equação com três variáveis é representada por um plano – uma superfície plana. Você desenha esses planos no espaço tridimensional e tem que imaginar um eixo saindo da página em sua direção. Três planos se cruzam em um único ponto, ou podem se cruzar em uma única linha. Mas às vezes os planos não têm qualquer plano ou linha comum a todos.

Representação gráfica de duas linhas para duas equações

Os sistemas de equações com duas variáveis têm uma, várias ou nenhuma solução.

LEMBRE-SE

O gráfico do sistema de equações $ax + by = c$ e $dx + ey = f$, no qual x e y são variáveis e a, b, c, d, e, f são números reais, tem:

- Linhas que se interceptam (exatamente uma solução) quando o sistema é consistente e as equações são *independentes*
- Linhas paralelas (sem solução) quando o sistema é *inconsistente*
- Linhas coincidentes (infinitas soluções) quando o sistema é *consistente* e as equações são *dependentes*

Um sistema consistente e independente de duas equações tem um único ponto de interseção. As equações são independentes, porque uma equação não é um múltiplo da outra. Na Figura 4-1, você vê os gráficos das duas linhas do sistema a seguir com a solução apresentada como o ponto de intersecção:

$$\begin{cases} x + y = 5 \\ x - y = -3 \end{cases}$$

Um sistema consistente e dependente de duas equações tem uma infinidade de pontos de intersecção. Em outras palavras, cada ponto de uma das linhas é um ponto na outra linha. O gráfico de tal sistema é apenas uma linha única (ou duas linhas sobre uma terceira). Um exemplo desse sistema é:

$$\begin{cases} 2x + 4y = 6 \\ x + 2y = 3 \end{cases}$$

Você deve ter notado que a primeira equação é o dobro da segunda. Quando uma equação diferente de zero é um múltiplo da outra, seus gráficos são os mesmos, e, claro, elas têm as mesmas soluções.

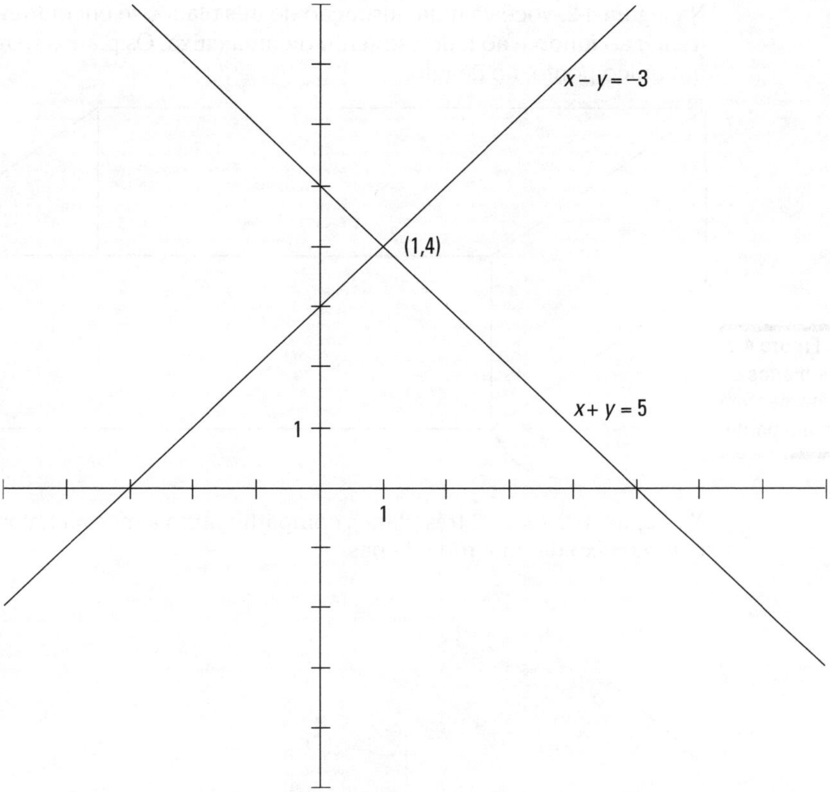

Figura 4-1: Duas linhas que se cruzam em um único ponto.

A última situação envolvendo sistemas de equações são as representadas por sistemas inconsistentes. Você encontra mais informações sobre eles na seção "Lidando com Sistemas Inconsistentes e sem Solução." mais adiante neste capítulo; lá, eu também vou mostrar o gráfico de linhas paralelas.

Dando um salto com três planos

Um plano é uma superfície plana. Na matemática, um plano tem tamanho infinito. É um pouco difícil de desenhar "o infinito", então ao desenhar uma figura em primeiro plano será mostrada a inclinação geral e a direção do plano, e você começa a projetar a partir daí. A equação de um plano tem a forma $ax + by + cz = 0$, na qual x, y, e z são as variáveis (e os nomes dos três eixos), e a, b e c são números reais. As situações mais interessantes envolvendo planos são quando todos eles se encontram em apenas um ponto – algo como dois muros e o chão se encontrando em um canto – ou quando eles se encontram ao longo de uma linha reta, como em uma roda de pás.

Na Figura 4-2, você vê uma ilustração de três planos se encontrando à frente, ao fundo e ao lado esquerdo de uma caixa. Os planos se reúnem em um único ponto, no ângulo.

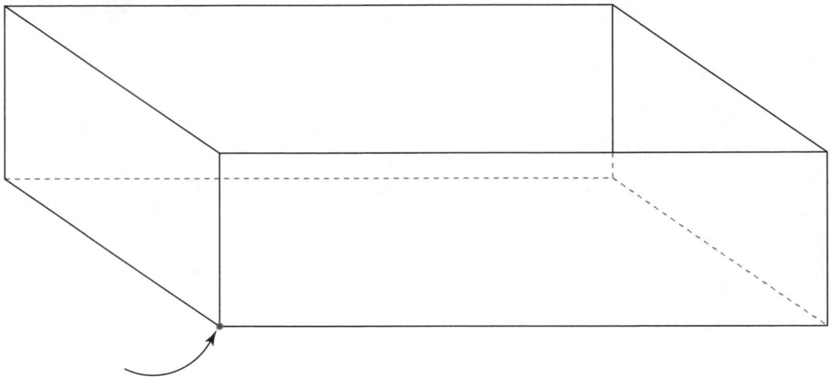

Figura 4-2: Três planos se interceptam em um ponto.

Na Figura 4-3, você vê três planos compartilhando a mesma linha reta – algo como o eixo de uma roda de pás.

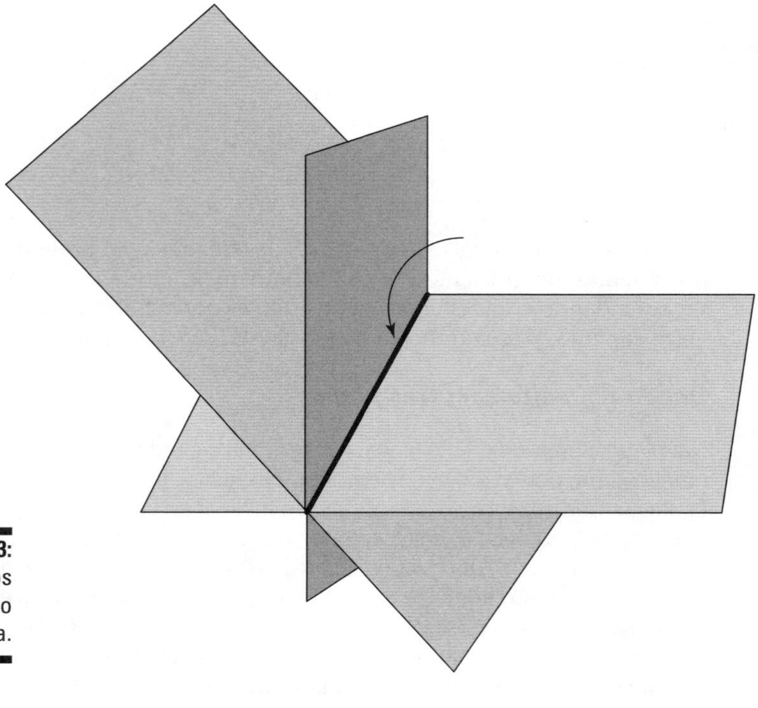

Figura 4-3: Três planos compartilhando uma linha.

Lidando com Sistemas Inconsistentes e Sem Solução

Um sistema *impossível* de duas equações tem duas linhas que nunca se interceptam. As linhas são paralelas, então ele não tem solução. A Figura 4-4 ilustra o sistema a seguir:

$$\begin{cases} 2x + y = 5 \\ 6x + 3y = 1 \end{cases}$$

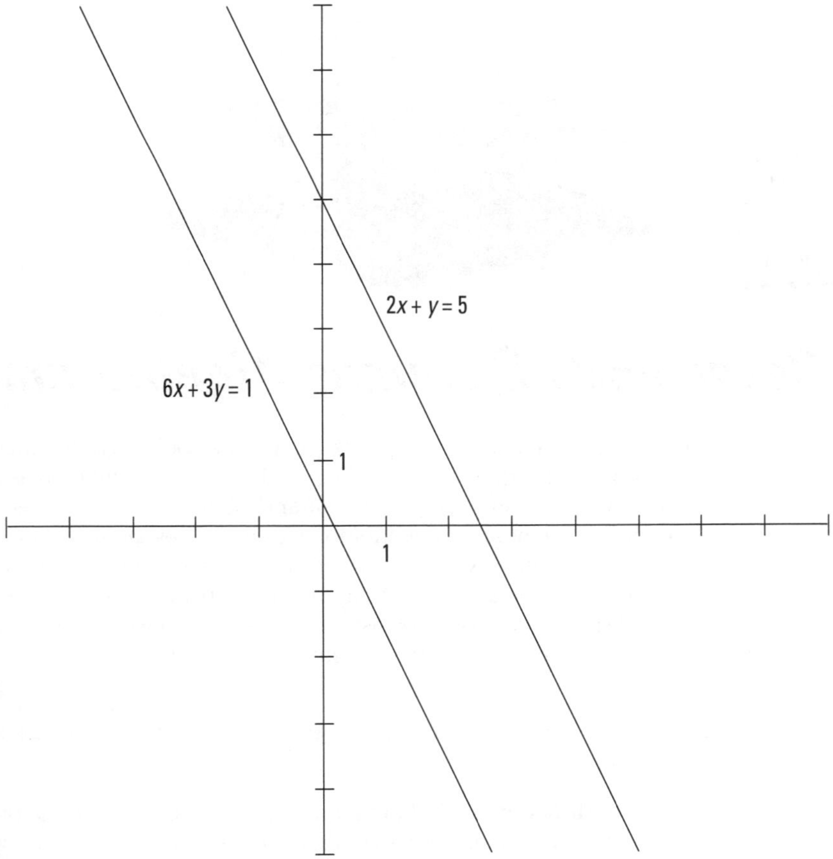

Figura 4-4: Linhas paralelas diferentes nunca se interceptam.

O sistema é impossível porque as linhas têm a mesma inclinação, mas diferentes interceptos-*y*. A primeira equação, $2x + y = 5$, pode ser reescrita na forma inclinação-intercepto como $y = -2x + 5$. Com a equação escrita na forma de inclinação-intercepto, você verá que a inclinação da linha é -2, e que a linha cruza o eixo *y* em (0,5).

A *fórmula da inclinação-intercepto* de uma equação linear em duas variáveis é $y = mx + b$, na qual m é a inclinação da linha e b é o intercepto-y.

A segunda equação, $6x + 3y = 1$, é reescrita como $3y = -6x + 1$ e, então, divida por 3, como $y = -2x + {}^{1}/_{3}$. Esta linha também tem uma inclinação de -2, mas o seu intercepto-y é $(0, {}^{1}/_{3})$. As duas linhas são paralelas "e os pombinhos nunca se encontrarão" (uma verdadeira novela mexicana).

Um salto lógico de linhas paralelas está no mundo dos planos paralelos. (O que soa como um romance de ficção científica.) Planos que têm a mesma inclinação, mas diferentes interseções de eixos, nunca se interceptam. A Figura 4-5 mostra planos paralelos.

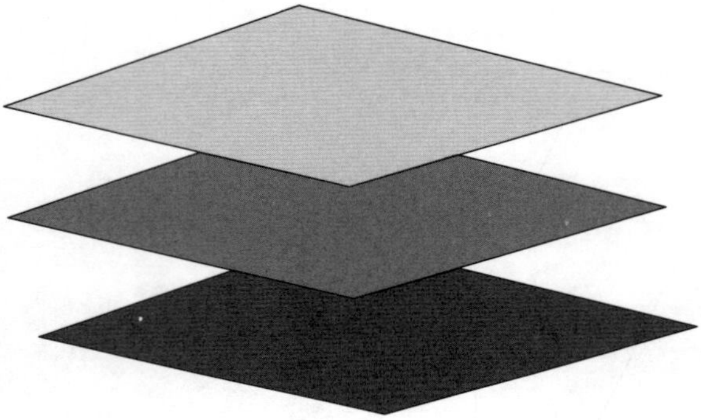

Figura 4-5: Estes três planos têm sempre a mesma distância.

Resolvendo Sistemas Algebricamente

Resolver um sistema de equações significa que você encontra uma ou soluções comuns que tornam cada uma das equações em uma afirmação verdadeira, ao mesmo tempo. Encontrar as soluções para os sistemas às vezes é um procedimento bastante rápido, se as equações são poucas e os números que acompanham as variáveis são de valores pequenos. Você tem que presumir o pior, e na verdade estar preparado para usar todas as ferramentas ao seu dispor para resolver os sistemas – e ser agradavelmente surpreendido quando eles forem solucionados sem muita demora.

As ferramentas ou métodos para resolver sistemas de equações algébricas são:

- **Eliminação:** Você elimina uma das variáveis do sistema para torná-lo mais simples, preservando a relação original entre as variáveis.
- **Substituição de volta:** Você usa a substituição de volta após ter encontrado um valor para uma das variáveis e, em seguida, encontra os valores das outras variáveis.

Iniciando com um sistema de duas equações

Um sistema de duas equações e duas incógnitas é mais bem representado por duas linhas. O ponto de interseção das linhas corresponde à solução do sistema. Você vê como isso funciona na seção anterior "Representação gráfica de duas linhas para duas equações."

Para resolver o sistema de equações a seguir, utilizo primeiramente a eliminação para acabar com os *ys* e depois a substituição de volta para encontrar o valor de *y* após ter encontrado *x*.

$$\begin{cases} 2x + 3y = 23 \\ 4x - 3y = 1 \end{cases}$$

Adicione as duas equações em conjunto. Em seguida, divida cada lado da equação por 6:

$$\begin{aligned} 2x + 3y &= 23 \\ 4x - 3y &= 1 \\ \hline 6x \quad &= 24 \\ x = \frac{24}{6} &= 4 \end{aligned}$$

Você encontra $x = 4$. Substitua de volta uma das equações para obter o valor de y. Usando a primeira equação e igualando x a 4, você obtém:

$$\begin{aligned} 2(4)+3y &= 23 \\ 8+3y &= 23 \\ 3y &= 15 \\ y &= 5 \end{aligned}$$

Então a única solução para o sistema é $x = 4$ e $y = 5$, formando o *par ordenado* (4,5).

O sistema de equações anterior tinha um conjunto muito conveniente de termos: os dois termos y opostos um ao outro. É provável que você não tenha uma situação muito agradável ao resolver os sistemas. O próximo sistema tem uma desarticulação mais comum entre os números.

$$\begin{cases} 3x + 5y = 12 \\ 4x - 3y = -13 \end{cases}$$

Nenhum conjunto de coeficientes das variáveis é o mesmo, oposto ao outro, ou mesmo múltiplo do outro – você sempre espera por uma destas possibilidades convenientes. A minha escolha, agora, seria a de aproveitar os sinais opostos dos *y*s, para que não tenha que multiplicar por um número negativo. Para resolver este sistema, multiplique os termos da primeira equação por 3 e os termos da segunda por 5. Essas etapas criam $15y$ e $-15y$ nas duas equações. Ao adicionar as equações em conjunto, você elimina os *y*s.

$$\begin{aligned} 9x + 15y &= 36 \\ 20x - 15y &= -65 \\ \hline 29x \quad &= -29 \\ x = \frac{-29}{29} &= -1 \end{aligned}$$

Agora, armado com o fato de que $x = -1$, substitua de volta a primeira equação para resolver y. Você tem $3(-1) + 5y = 12$, $5y = 15$ e $y = 3$. A solução é (-1,3).

Estendendo o procedimento para mais de duas equações

Ao resolver sistemas de equações através da eliminação e substituição de volta, você precisa ter um plano e ser sistemático ao trabalhar as etapas. Primeiro você identifica uma variável especial para ser eliminada, depois realiza multiplicações e adições para eliminar essa variável de todas as equações. Se mais de uma variável ainda aparece nas equações após a realização de uma eliminação, você deve repetir o processo.

As seguintes operações podem ser realizadas (preservando a relação original entre as variáveis), dando-lhe a solução para a equação original:

- Intercalar duas equações (alterar a sua ordem).
- Multiplicar ou dividir cada termo de uma equação por um número constante ($\neq 0$).
- Adicionar duas equações em conjunto, combinando os termos semelhantes.
- Adicionar o múltiplo de uma equação à outra equação.

O sistema a seguir tem quatro variáveis e quatro equações:

$$\begin{cases} 2x + 3y - 4z + w = 15 \\ x - 2y + 3z - 2w = -3 \\ 3x + 5y + z - w = 20 \\ 4x + y - z + w = 5 \end{cases}$$

Minha escolha é eliminar os *w*s primeiro. Esta escolha é um tanto arbitrária, mas também é algo a se considerar; quero aproveitar os três coeficientes, que são 1 ou -1 e o coeficiente -2.

Adicione a linha 2 até duas vezes a linha 1; adicione a linha 1 à linha 3 e a linha 4 à linha 3. Estou utilizando notação de redução de linha (operação com linha) para mostrar quais são os passos. Por exemplo, $2L_1 + L_2 \leftrightarrow 5x + 4y - 5z = 27$ significa: "adicionar duas vezes a linha 1 mais a linha 2 lhe dá esta nova equação $5x + 4y - 5z = 27$". A notação usada aqui é semelhante à usada durante a aplicação da notação de operação com linhas para matrizes (ver Capítulo 3). A diferença entre a notação para as matrizes e a notação de equações é que, com matrizes, eu indico um número de linha após a seta. Com equações, mostro a equação resultante após a seta.

$$\begin{cases} 2x + 3y - 4z + w = 15 \\ x - 2y + 3z - 2w = -3 \\ 3x + 5y + z - w = 20 \\ 4x + y - z + w = 5 \end{cases} \qquad \begin{array}{l} 2L_1 + L_2 \rightarrow 5x + 4y - 5z = 27 \\ L_1 + L_3 \rightarrow 5x + 8y - 3z = 35 \\ L_4 + L_3 \rightarrow 7x + 6y = 25 \end{array}$$

Agora, tenho um sistema de três equações com três incógnitas. Como a última não tem um termo *z*, escolhi eliminar o *z* nas outras duas. Multiplique a primeira equação por 3 e a segunda por -5. Em seguida, adicione as duas equações em conjunto:

$$\begin{cases} 5x + 4y - 5z = 27 \\ 5x + 8y - 3z = 35 \\ 7x + 6y = 25 \end{cases} \qquad \begin{array}{rl} 3L_1 \rightarrow & -15x + 12y - 15z = 81 \\ -5L_2 \rightarrow & \underline{-25x - 40y + 15z = -175} \\ 3L_1 + (-5L_2) \rightarrow & -10x - 28y = -94 \end{array}$$

O novo sistema de equações consiste na soma da etapa anterior e a equação que não continha o *z*. O novo sistema tem apenas *x* e *y* para as variáveis. Multiplique a primeira equação por 14 e a segunda por 3 para criar coeficientes para os termos *y* que são opostos. Em seguida, adicione as novas equações em conjunto:

$$\begin{array}{r} 7x + 6y = 25 \\ -10x - 28y = -94 \end{array} \qquad \begin{array}{rl} 14L_1 \rightarrow & 98x + 84y = 350 \\ 3L_2 \rightarrow & \underline{-30x - 84y = -282} \\ 14L_1 + 3L_2 \rightarrow & 68x = 68 \end{array}$$

Dividindo cada um dos lados $68x = 68$ por 68, você obtém $x = 1$. Em seguida, considere $x = 1$ e substitua em $7x + 6y = 25$ para obter $7(1) + 6y = 25$, a qual afirma que $y = 3$. Agora coloque 1 e 3 em $5x + 4y - 5z = 27$ para obter $5(1) + 4(3) - 5z = 27$, que se torna $17 - 5z = 27$, ou $z = -2$. Da mesma forma, com os valores de *x*, *y*, e *z*, em qualquer uma das equações originais, você obtém $w = -4$. A solução, escrita como uma quádrupla ordenada, é (1, 3, -2, -4).

Você não está contente por não haver outra escolha de procedimento a ser usado ao resolver essas equações? Não que você não goste dessas aventuras algébricas. No entanto, eu tenho uma alternativa a oferecer para a solução de sistemas de equações maiores. Você só precisa de algumas informações sobre as matrizes e como elas funcionam, a fim de usar o método eficaz. Para resolver problemas com matrizes, consulte o Capítulo 3, para o método de resolução de equações, veja "Instituir inversas para resolver sistemas" e "Introdução às matrizes aumentadas", adiante neste capítulo.

Revisitando Sistemas de Equações Usando Matrizes

Resolver sistemas de equações algébricas usando matrizes é o método tradicional que tem sido utilizado por matemáticos desde que tais conceitos foram desenvolvidos ou descobertos. Com o advento dos computadores e calculadoras portáteis, a álgebra matricial e aplicações de matriz são muito requisitadas quando se trata de grandes sistemas de equações. Ainda é mais fácil resolver pequenos sistemas com a mão, mas os grandes sistemas quase imploram para que as matrizes sejam utilizadas para soluções eficientes e precisas.

George Bernard Dantzig

Se você já viu o filme *Gênio Indomável*, então você já teve uma ideia sobre o quão lendário é George Dantzig. A cena de abertura de Gênio Indomável é uma versão adaptada do que realmente aconteceu enquanto Dantzig era um estudante de pós-graduação na Universidade da Califórnia, em Berkeley.

De acordo com a história, Dantzig um dia chegou atrasado em uma aula e viu que dois problemas haviam sido escritos na lousa. Ele devidamente copiou os problemas, presumindo que tratava-se de uma lição de casa. Dantzig achou que os problemas eram um pouco mais difíceis do que aqueles normalmente dados, mas os devolveu resolvidos poucos dias depois.

O que Dantzig não sabia era que o professor tinha escrito os dois problemas como exemplos de famosos problemas de estatística sem resolução. Várias semanas depois, o professor de Dantzig, animado, lhe disse que uma das soluções fora enviada para publicação.

George Dantzig é considerado um dos fundadores da programação linear, um método de otimização e estratégia utilizando matrizes. As aplicações da programação linear foram exploradas durante a II Guerra Mundial, quando os suprimentos militares tiveram que ser transferidos de forma eficiente. Envolve sistemas de equações e inequações e matrizes. As soluções tiveram de ser encontradas, naquela época, sem o benefício de computadores eletrônicos. Dantzig desenvolveu um método simplificado para ajudar a encontrar soluções para os problemas. Hoje, você encontra as aplicações de programação linear na programação de tripulações de companhias aéreas, no transporte de mercadorias para os vendedores, no planejamento de refinarias de petróleo, e muito mais.

Instituir inversas para resolver sistemas

Quando um sistema de equações precisa cumprir um rigoroso conjunto de critérios, você pode usar uma matriz quadrada e inversa ao seu alcance para resolver o sistema em que seja possível obter a única solução. Embora possa soar como se você tivesse que dar voltas e voltas para usar esse método, não descarte esta opção. Muitos sistemas satisfazem os requisitos para ter uma única solução, tendo tantas equações quanto incógnitas. Sim, esses são os requisitos: uma solução e equações suficientes para as variáveis.

LEMBRE-SE

Para resolver um sistema de n equações com n incógnitas utilizando uma matriz $n \times n$ e o seu inverso, faça o seguinte:

1. **Escreva cada uma das equações do sistema com as variáveis na mesma ordem e a constante do outro lado do sinal de igualdade a partir das variáveis.**

2. **Construa uma *matriz de coeficiente* (uma matriz quadrada cujos elementos são os coeficientes das variáveis).**

3. **Escreva a *matriz constante* (uma matriz de coluna $n \times 1$) usando as constantes nas equações.**

4. **Encontre o inverso da matriz dos coeficientes.**

5. **Multiplique o inverso da matriz pelo coeficiente da matriz constante.**

   A matriz resultante mostra os valores das variáveis na solução do sistema.

Aqui está um exemplo. (Eu mostro os passos usando a mesma numeração que consta nas instruções.)

Resolva o sistema de equações:

$$\begin{cases} 0 = 3 + x + y + z \\ 4x + 5y + 6 = 0 \\ y = 3z + 5 \end{cases}$$

1. **Escrevendo o sistema de equações com as variáveis em ordem alfabética e as constantes do outro lado do sinal de igual, eu obtenho**

$$\begin{cases} -x - y \quad\quad z = 3 \\ 4x + 5y \quad\quad = -6 \\ \quad\quad y - 3z = 5 \end{cases}$$

2. **Construindo uma matriz de coeficientes utilizando 0s para as variáveis em falta, eu obtenho**

$$A=\begin{bmatrix} -1 & -1 & -1 \\ 4 & 5 & 0 \\ 0 & 1 & -3 \end{bmatrix}$$

3. **Escrevendo a matriz constante, eu tenho**

$$B=\begin{bmatrix} 3 \\ -6 \\ 5 \end{bmatrix}$$

4. **Encontrando a matriz inversa dos coeficientes, tenho**

$$A^{-1}=\begin{bmatrix} 15 & 4 & -5 \\ -12 & -3 & 4 \\ -4 & -1 & 1 \end{bmatrix}$$

Para obter instruções sobre como encontrar uma matriz inversa, veja o Capítulo 3.

Se a matriz dos coeficientes não tem um inverso, então o sistema não tem uma única solução.

5. **Multiplicando a raiz inversa pelos coeficientes da matriz constante, tenho**

$$A^{-1}\cdot B=\begin{bmatrix} 15 & 4 & -5 \\ -12 & -3 & 4 \\ -4 & -1 & 1 \end{bmatrix}\cdot\begin{bmatrix} 3 \\ -6 \\ 5 \end{bmatrix}=\begin{bmatrix} -4 \\ 2 \\ -1 \end{bmatrix}$$

A matriz resultante tem o valor de x, y e z na ordem de cima para baixo. Então $x = -4$, $y = 2$ e $z = -1$.

Introdução às matrizes aumentadas

Nem todas as matrizes têm inversos. Algumas são matrizes quadradas *não singulares*. No entanto, matrizes e operações de linha ainda são a melhor saída para resolver sistemas, porque você lida apenas com os coeficientes (números). Você não precisa envolver as variáveis até escrever a solução, o arranjo retangular da matriz mantém os diferentes componentes em ordem para que as variáveis sejam reconhecíveis pela sua posição. Usando uma matriz aumentada e realizando operações em linha, você reduz o sistema original de equações de uma forma mais simples. Ou você sai com uma única solução, ou você é capaz de escrever soluções relacionadas a um parâmetro – muitas soluções.

Configurando uma matriz aumentada

Escrever um sistema de equações como uma matriz aumentada exige que todas as variáveis estejam na mesma ordem em cada equação. Você estará usando nos cálculos apenas os coeficientes, então precisa ter certeza de que cada número da matriz representa a variável correta.

Ao contrário do método da multiplicação de uma matriz de coeficientes pelo seu inverso (conforme mostrado na seção "Instituindo inversos para resolver sistemas", anteriormente neste capítulo), podemos usar o método que incorpora as constantes em uma única matriz aumentada, desenhando uma linha pontilhada através da matriz para separar os coeficientes das constantes. Aqui está um sistema de equações e sua matriz aumentada:

$$\begin{cases} 2x - y - 4z = 3 \\ 4x + 5y - z = -6 \\ 3y - 3z = 50 \end{cases}$$

$$\left[\begin{array}{ccc:c} 2 & -1 & -4 & 3 \\ 4 & 5 & -1 & -6 \\ 0 & 3 & -3 & 50 \end{array}\right]$$

Visando a forma escalonada

Quando uma matriz está na *forma escalonada de linha reduzida*, tem as seguintes características:

- Se a matriz tem quaisquer linha cujos elementos são todos 0s, estas estão na parte inferior da matriz.
- Lendo da esquerda para a direita, o primeiro elemento de uma linha que *não é* 0 é sempre 1. Este primeiro 1 é chamado de *pivô* de sua linha.
- Em qualquer linha, o pivô sempre é o 1 à direita e abaixo de qualquer pivô em uma linha acima.
- Se uma coluna contém um pivô 1, então todas as entradas acima e abaixo do pivô são 0s.

As regras para a forma escalonada de linha reduzida são muito rigorosas e têm de ser seguidas à risca. Uma fórmula não tão rigorosamente definida para uma matriz é a *forma triangular da linha* (em oposição à forma escalonar de linha *reduzida*). A diferença entre as duas formas é que a forma triangular não requer 0s acima e abaixo de cada pivô.

A matriz R está na forma escalonada de linha reduzida e a matriz E está na forma escalonada de linha.

$$R = \begin{bmatrix} 1 & 0 & 0 & 3 & 4 \\ 0 & 1 & 0 & 0 & 2 \\ 0 & 0 & 1 & -1 & 1 \\ 0 & 0 & 0 & 0 & 0 \end{bmatrix} \quad E = \begin{bmatrix} 1 & 3 & 0 & 2 & -3 \\ 0 & 1 & 4 & 0 & 3 \\ 0 & 0 & 1 & 1 & 4 \\ 0 & 0 & 0 & 0 & 0 \end{bmatrix}$$

Cada forma escalonada tem seu lugar na resolução de sistemas de equações e manipulações de álgebra linear. Algumas vezes você tem que escolher, noutras você faz de um jeito ou de outro.

Criação de matrizes equivalentes

No Capítulo 3, você encontra as três operações de linha diferentes que podem ser realizadas nas matrizes, resultando em uma matriz equivalente. Eu uso essas regras, mais uma vez, para transformar uma matriz aumentada em uma forma escalonada. Resumidamente, estas operações são:

- Alternar duas linhas
- Multiplicar uma linha por um número diferente de zero
- Adicionar o múltiplo de uma linha para outra linha

Consulte o Capítulo 3 para obter mais explicações sobre as operações de linha e a notação utilizada para indicar a sua utilização.

Resolvendo um sistema de equações usando uma matriz aumentada e trabalhando para obter uma forma escalonada

Depois de escrever um sistema de equações como uma matriz aumentada, vamos executar operações de linha até que a matriz esteja em qualquer forma: escalonar de linha ou forma escalonada de linha reduzida. Tome as medidas suplementares necessárias para colocar a matriz na forma reduzida escalonada de linha que permita que você leia a solução diretamente da matriz, sem novas resoluções ou manipulações algébricas.

Por exemplo, considere o seguinte sistema de equações e sua matriz aumentada correspondente:

$$\begin{cases} -x - y - z = 3 \\ 4x + 5y = -6 \\ y - 3z = 5 \end{cases}$$

$$\left[\begin{array}{ccc|c} -1 & -1 & -1 & 3 \\ 4 & 5 & 0 & -6 \\ 0 & 1 & -3 & 5 \end{array}\right]$$

Para colocar a matriz na forma escalonada reduzida, comece multiplicando a primeira linha por -1:

$$-1L_1 \rightarrow L_1 \left[\begin{array}{ccc|c} 1 & 1 & 1 & -3 \\ 4 & 5 & 0 & -6 \\ 0 & 1 & -3 & 5 \end{array}\right]$$

Você precisa ter todos os 0s sob o pivô na primeira linha. A linha 3 já tem um 0 na primeira posição, então você só tem que lidar com o 4 na linha 2. Multiplique a linha 1 por -4 e o adicione à linha 2. Desta forma, o primeiro elemento na linha 2 torna-se um 0.

$$-4L_1 + L_2 \rightarrow L_2 \left[\begin{array}{ccc|c} 1 & 1 & 1 & -3 \\ 0 & 1 & -4 & 6 \\ 0 & 1 & -3 & 5 \end{array}\right]$$

Você já tem um 1 na segunda linha, segunda coluna, de modo que você não precisa fazer quaisquer ajustes para criar um pivô. No entanto, você precisa criar 0s acima e abaixo daquele 1. Assim, você multiplica -1 pela linha 2 e soma à linha 1, então faz o mesmo com a linha 3:

$$-1L_2 + L_1 \rightarrow L_1 \left[\begin{array}{ccc|c} 1 & 0 & 5 & -9 \\ 0 & 1 & -4 & 6 \\ 0 & 1 & -3 & 5 \end{array}\right]$$

$$-1L_2 + L_3 \rightarrow L_3 \left[\begin{array}{ccc|c} 1 & 0 & 5 & -9 \\ 0 & 1 & -4 & 6 \\ 0 & 0 & 1 & -1 \end{array}\right]$$

Você pode parar agora. A matriz está na forma triangular. Usando essa forma triangular e achando as soluções de baixo para cima, você primeiro escreve a última linha, conforme a equação $z = -1$. Em seguida, substitui de volta o valor de z na linha acima, $y - 4z = 6$; você obtém $y + 4 = 6$ ou $y = 2$. Agora coloque -1 para z e 2 para y na equação de cima (se existir um y), $x + 5z = -9$, você obtém $x - 5 = -9$ ou $x = -4$.

Se, no entanto, você decidir terminar o que começou e criar a linha de forma escalonada reduzida, preste atenção na última linha. Mais uma vez, uma coisa boa aconteceu: O elemento na linha 3, coluna 3, é 1. Você cria 0s acima do 1 multiplicando -5 pela linha 3 e somando à linha 1, e depois multiplicando 4 vezes a linha 3 e adicionando à linha 2.

$$-5L_3 + L_1 \rightarrow L_1 \left[\begin{array}{ccc|c} 1 & 0 & 0 & -4 \\ 0 & 1 & -4 & 6 \\ 0 & 0 & 1 & -1 \end{array}\right]$$

$$4L_3 + L_2 \rightarrow L_2 \left[\begin{array}{ccc|c} 1 & 0 & 0 & -4 \\ 0 & 1 & 0 & 2 \\ 0 & 0 & 1 & -1 \end{array}\right]$$

Você lê diretamente a partir da última coluna que $x = -4$, $y = 2$ e $z = -1$.

Escrevendo soluções paramétricas para matrizes aumentadas

Um sistema de equações nem sempre tem uma única solução. Quando o sistema contém uma equação que é uma combinação linear de outras equações, então o sistema é *determinado de infinitas soluções* e tem mais de uma solução. Você reconhece que o sistema tem mais de uma solução quando a forma triangular tem uma ou mais linhas de 0s.

Por exemplo, obtive o seguinte sistema, que tem um número infinito de soluções. Para mostrar que o sistema tem várias soluções, eu o escrevo como uma matriz aumentada, para começar.

$$\begin{cases} x - y - z = 1 \\ 3x - 2y - 7z = 0 \\ 5x - 4y - 9z = 2 \end{cases} \left[\begin{array}{ccc|c} 1 & -1 & -1 & 1 \\ 3 & -2 & -7 & 0 \\ 5 & -4 & -9 & 2 \end{array}\right]$$

Então, executo operações de linha para alterar a matriz aumentada com a linha escalonar de forma reduzida.

$$\begin{array}{l} -3L_1 + L_2 \rightarrow L_2 \\ -5L_1 + L_3 \rightarrow L_3 \end{array} \left[\begin{array}{ccc|c} 1 & -1 & -1 & 1 \\ 0 & 1 & -4 & -3 \\ 0 & 1 & -4 & -3 \end{array}\right]$$

$$-1L_2 + L_3 \rightarrow L_3 \left[\begin{array}{ccc|c} 1 & -1 & -1 & 1 \\ 0 & 1 & -4 & -3 \\ 0 & 0 & 0 & 0 \end{array}\right]$$

$$L_2 + L_1 \rightarrow L_1 \left[\begin{array}{ccc|c} 1 & 0 & -5 & -2 \\ 0 & 1 & -4 & -3 \\ 0 & 0 & 0 & 0 \end{array}\right]$$

Agora tenho uma matriz aumentada com uma linha de 0s no fundo, e escrevo as duas primeiras linhas como suas equações equivalentes em x, y e z. Então, resolvo x e y nas duas equações.

$$\begin{cases} x - 5z = -2 \\ y - 4z = -3 \end{cases} \text{ ou } \begin{cases} x = 5z - 2 \\ y = 4z - 3 \end{cases}$$

Tanto x e y são dependentes de z. Então, escolho o parâmetro k para representar um número real. Considero $z = k$, o que faz $x = 5k - 2$ e $y = 4k - 3$. A solução também é escrita $(5k - 2, 4k - 3, k)$ como uma tripla ordenada. Uma vez que o número real é selecionado para k, então a solução é criada a partir da tripla ordenada. Por exemplo, se $k = 1$, então uma solução para o sistema é $(3,1,1)$.

Parte II

Relacionando Vetores e Transformações Lineares

A 5ª onda Por Rich Tennant

Nesta parte...

Dirigindo um VLI? Será que nem todo mundo tem seu próprio Veículo Lunar Interplanetário? Se não, você ficará feliz em estar com os pés no chão com estes capítulos sobre vetores linearmente independentes e outros lançamentos lineares.

Capítulo 5

Definindo Combinações Lineares

Neste Capítulo

- Combinando vetores com combinações lineares
- Reconhecendo vetores em uma extensão
- Determinando conjuntos de vetores para as extensões R^2 e R^3

Os vetores são matrizes n x 1 ou 1 x n que podem ter várias operações realizadas sobre elas. Dois tipos especiais de vetores são aqueles para os quais, $n = 2$ e $n = 3$ — você pode desenhar figuras que servem como representações gráficas dos vetores para ajudá-lo a entender as propriedades vetoriais. Usando tanto a multiplicação escalar quanto a adição de matrizes, uma *combinação linear* utiliza vetores em um conjunto para criar um novo vetor que tem a mesma dimensão que os vetores envolvidos nas operações.

As questões decorrentes das criações de combinações lineares em conjuntos de intervalo de vetores a partir da extensão dos vetores resultantes para um vetor particular podem ser produzidas a partir de um conjunto de vetores. Neste capítulo, responderemos estas questões e exploraremos os métodos usados para respondê-las.

Definindo Combinações Lineares de Vetores

Uma *equação* linear, tal como $4x + 3y + (-5z) + 6w = 7$, é feita de produtos e somas. As variáveis são multiplicadas pelos coeficientes e os produtos são adicionados em conjunto. Uma *combinação* linear de vetores também é resultado de produtos e somas. Os multiplicadores são chamados de *escalares*, o que significa dizer que a multiplicação escalar está sendo realizada, e as somas dos produtos resultam em novos vetores que têm as mesmas dimensões daqueles que estão sendo multiplicados.

Escrevendo vetores como somas de outros vetores

Uma combinação linear de vetores é escrita como $\mathbf{y} = c_1\mathbf{v}_1 + c_2\mathbf{v}_2 + c_3\mathbf{v}_3 + \ldots c_k\mathbf{v}_k$, onde $\mathbf{v}_1, \mathbf{v}_2, \mathbf{v}_3, \ldots \mathbf{v}_k$ são vetores e c_i é um coeficiente real chamado de *escalar*.

Dado um conjunto de vetores com as mesmas dimensões, diversas combinações lineares diferentes podem ser formadas. E, dado um vetor, você pode determinar se ele era formado por uma combinação linear de um conjunto de vetores particular.

Aqui, mostro a você três vetores e uma combinação linear. Note que todos os vetores coluna têm dimensão 3 x 1. As operações envolvidas nas combinações lineares são a *multiplicação escalar* e a *adição vetorial*. (Consulte o Capítulo 2 se quiser saber mais sobre operações vetoriais.)

Aqui estão os três vetores:

$$\mathbf{v}_1 = \begin{bmatrix} 3 \\ -2 \\ 0 \end{bmatrix}, \mathbf{v}_2 = \begin{bmatrix} 4 \\ 0 \\ -4 \end{bmatrix}, \mathbf{v}_3 = \begin{bmatrix} 8 \\ -1 \\ -3 \end{bmatrix}$$

E aqui está a combinação linear: $\mathbf{y} = 3\mathbf{v}_1 + 4\mathbf{v}_2 + 2\mathbf{v}_3$

Agora, aplique a regra definida pela combinação linear,

$$\mathbf{y} = 3\begin{bmatrix} 3 \\ -2 \\ 0 \end{bmatrix} + 4\begin{bmatrix} 4 \\ 0 \\ -4 \end{bmatrix} + 2\begin{bmatrix} 8 \\ -1 \\ -3 \end{bmatrix} = \begin{bmatrix} 9 \\ -6 \\ 0 \end{bmatrix} + \begin{bmatrix} 16 \\ 0 \\ -16 \end{bmatrix} + \begin{bmatrix} 16 \\ -2 \\ -6 \end{bmatrix} = \begin{bmatrix} 41 \\ -8 \\ -22 \end{bmatrix}$$

o resultado final é outro vetor 3 x 1.

Em seguida, considere a combinação linear, $\mathbf{y} = 4\mathbf{v}_1 - 13\mathbf{v}_2 + 8\mathbf{v}_3$ e o vetor resultante da aplicação de operações em vetores $\mathbf{v}_1$, $\mathbf{v}_2$, e $\mathbf{v}_3$.

$$\mathbf{y} = -4\begin{bmatrix} 3 \\ -2 \\ 0 \end{bmatrix} - 13\begin{bmatrix} 4 \\ 0 \\ -4 \end{bmatrix} + 8\begin{bmatrix} 8 \\ -1 \\ -3 \end{bmatrix} = \begin{bmatrix} -12 \\ 8 \\ 0 \end{bmatrix} + \begin{bmatrix} -52 \\ 0 \\ 52 \end{bmatrix} + \begin{bmatrix} 64 \\ -8 \\ -24 \end{bmatrix} = \begin{bmatrix} 0 \\ 0 \\ 28 \end{bmatrix}$$

Neste caso, o vetor resultante tem 0s para os dois primeiros elementos. Eu estava tentando chegar a uma combinação linear de três vetores que gerasse um vetor resultante com todos os elementos 0s, e não consegui. Nos Capítulos 6 e 7, você vê como determinar se um resultado com todos os 0s é possível e como é importante ter todos os 0s para o resultado. Por enquanto, estou mostrando os processos e procedimentos para trabalhar com as combinações.

Determinando o lugar de um vetor

Quando trabalhamos com um conjunto de vetores, as combinações lineares destes vetores são numerosas. Se você não tem restrições sobre os valores dos escalares, então você tem um número infinito de possibilidades para os vetores resultantes. O que você quer determinar, na verdade, é se um vetor em particular é o resultado de alguma combinação linear específica de um determinado conjunto de vetores.

Por exemplo, se você tem um conjunto de vetores

$$\mathbf{v}_1 = \begin{bmatrix} 3 \\ -2 \\ 0 \end{bmatrix}, \mathbf{v}_2 = \begin{bmatrix} 4 \\ 0 \\ -4 \end{bmatrix}, \mathbf{v}_3 = \begin{bmatrix} 8 \\ -1 \\ -3 \end{bmatrix}$$

e quer determinar se há alguma forma de produzir um vetor

$$\begin{bmatrix} 4 \\ 5 \\ -1 \end{bmatrix}$$

como uma combinação linear de $\mathbf{v}_1$, $\mathbf{v}_2$, e $\mathbf{v}_3$, você investiga as diversas combinações lineares que podem produzir os elementos no vetor.

Simplificando... simples assim!

A situação mais agradável que pode ocorrer quando analisamos uma combinação linear apropriada é quando todos, menos um dos escalares, é 0. Isso acontece quando o vetor desejado é apenas um múltiplo de um dos vetores no conjunto.

Por exemplo, se o vetor que você quer criar com uma combinação linear de um conjunto de vetores é

$$\begin{bmatrix} -8 \\ 1 \\ 3 \end{bmatrix}$$

Usando o conjunto de vetores anterior, $\mathbf{v}_1$, $\mathbf{v}_2$, e $\mathbf{v}_3$, você vê que multiplicar -1 pelo vetor $\mathbf{v}_3$ resulta no vetor desejado, então você escreve a combinação linear $0\mathbf{v}_1 + 0\mathbf{v}_2$ e $-1\mathbf{v}_3$, para criar este vetor.

Compreendendo uma solução

Quando um vetor desejado não é um múltiplo simples de apenas um dos vetores no conjunto que você está trabalhando, então você recorre a outro método — encontrar os escalares individuais que produzem o vetor.

Os escalares que você está procurando são os multiplicadores dos vetores no conjunto em consideração. Novamente, ao usar os vetores $\mathbf{v}_1$, $\mathbf{v}_2$, e $\mathbf{v}_3$, você escreve a equação $x_1\mathbf{v}_1 + x_2\mathbf{v}_2 + x_3\mathbf{v}_3 = \mathbf{b}$, na qual x_i é um escalar e $\mathbf{b}$ é o vetor alvo.

$$x_1\begin{bmatrix}3\\-2\\0\end{bmatrix} + x_2\begin{bmatrix}4\\0\\-4\end{bmatrix} + x_3\begin{bmatrix}8\\-1\\-3\end{bmatrix} = \begin{bmatrix}4\\5\\-1\end{bmatrix}$$

Ao multiplicar cada vetor pelo seu respectivo escalar, você obtém

$$\begin{bmatrix}3x_1\\-2x_1\\0\end{bmatrix} + \begin{bmatrix}4x_2\\0\\-4x_2\end{bmatrix} + \begin{bmatrix}8x_3\\-x_3\\-3x_3\end{bmatrix} = \begin{bmatrix}4\\5\\-1\end{bmatrix}$$

Agora, para resolver os valores dos escalares que tornam a equação verdadeira, reescreva a equação vetorial como um sistema de equações lineares.

$$\begin{cases} 3x_1 + 4x_2 + 8x_3 = 4 \\ -2x_1 \qquad\quad - x_3 = 5 \\ \qquad - 4x_2 - 3x_3 = -1 \end{cases}$$

O sistema é resolvido ao ser criada uma matriz aumentada. Aí, cada coluna da matriz corresponde a um dos vetores na equação vetorial.

$$\left[\begin{array}{ccc|c} 3 & 4 & 8 & 4 \\ -2 & 0 & -1 & 5 \\ 0 & -4 & -3 & -1 \end{array}\right]$$
$$\begin{array}{cccc} \uparrow & \uparrow & \uparrow & \uparrow \\ \mathbf{v}_1 & \mathbf{v}_2 & \mathbf{v}_3 & \mathbf{b} \end{array}$$

Agora, realize a operação de linha necessária para produzir uma *forma escalonada de linha reduzida* (ver Capítulo 4 para mais detalhes sobre estas etapas):

$$\left[\begin{array}{ccc|c} 3 & 4 & 8 & 4 \\ -2 & 0 & -1 & 5 \\ 0 & -4 & -3 & -1 \end{array}\right]$$

$$L_1 + L_2 \rightarrow L_1 \left[\begin{array}{ccc|c} 1 & 4 & 7 & 9 \\ -2 & 0 & -1 & 5 \\ 0 & -4 & -3 & -1 \end{array}\right]$$

$$2L_1 + L_2 \rightarrow L_2 \left[\begin{array}{ccc|c} 1 & 4 & 7 & 9 \\ 0 & 8 & 13 & 23 \\ 0 & -4 & -3 & -1 \end{array}\right]$$

$$L_2 \leftrightarrow L_3 \left[\begin{array}{ccc|c} 1 & 4 & 7 & 9 \\ 0 & -4 & -3 & -1 \\ 0 & 8 & 13 & 23 \end{array}\right]$$

$$\begin{array}{l} L_2 + L_1 \rightarrow L_1 \\ 2L_2 + L_3 \rightarrow L_3 \end{array} \left[\begin{array}{ccc|c} 1 & 0 & 4 & 8 \\ 0 & -4 & -3 & -1 \\ 0 & 0 & 7 & 21 \end{array}\right]$$

$$\begin{array}{l} -\frac{1}{4}L_2 \rightarrow L_2 \\ \frac{1}{7}L_3 \rightarrow L_3 \end{array} \left[\begin{array}{ccc|c} 1 & 0 & 4 & 8 \\ 0 & 1 & \frac{3}{4} & \frac{1}{4} \\ 0 & 0 & 1 & 3 \end{array}\right]$$

$$\begin{array}{l} -4L_3 + L_1 \rightarrow L_1 \\ -\frac{3}{4}L_3 + L_2 \rightarrow L_2 \end{array} \rightarrow \left[\begin{array}{ccc|c} 1 & 0 & 0 & -4 \\ 0 & 1 & 0 & -2 \\ 0 & 0 & 1 & 3 \end{array}\right]$$

A solução do sistema de equações é $x_1 = -4$, $x_2 = -2$, $x_3 = 3$. As soluções correspondem aos escalares necessários para a equação vetorial.

$$x_1\mathbf{v}_1 + x_2\mathbf{v}_2 + x_3\mathbf{v}_3 = \mathbf{b}$$

$$-4\begin{bmatrix} 3 \\ -2 \\ 0 \end{bmatrix} - 2\begin{bmatrix} 4 \\ 0 \\ -4 \end{bmatrix} + 3\begin{bmatrix} 8 \\ -1 \\ -3 \end{bmatrix} = \begin{bmatrix} -12 \\ 8 \\ 0 \end{bmatrix} + \begin{bmatrix} -8 \\ 0 \\ 8 \end{bmatrix} + \begin{bmatrix} 24 \\ -3 \\ -9 \end{bmatrix} = \begin{bmatrix} 4 \\ 5 \\ -1 \end{bmatrix}$$

Reconhecendo quando não há combinação possível

Nem todos os vetores que você escolheu se tornarão uma combinação linear de um conjunto de vetores particular. No entanto, quando você começa o processo de tentar determinar os escalares necessários, você não sabe que uma combinação linear não é possível. Você achará que não existe solução após realizar algumas operações de linha e notar uma discrepância ou situação impossível.

Por exemplo, considere o seguinte conjunto de vetores e o vetor alvo, **b**:

$$\mathbf{v}_1 = \begin{bmatrix} 3 \\ -2 \\ 1 \end{bmatrix}, \mathbf{v}_2 = \begin{bmatrix} 4 \\ 0 \\ 12 \end{bmatrix}, \mathbf{v}_3 = \begin{bmatrix} 8 \\ -1 \\ 20 \end{bmatrix}, \mathbf{b} = \begin{bmatrix} 8 \\ -7 \\ 4 \end{bmatrix}$$

Você deseja resolver a equação vetorial formada pela multiplicação de vetores no conjunto por escalares e configurá-los como o vetor alvo.

$$x_1 \begin{bmatrix} 3 \\ -2 \\ 1 \end{bmatrix} + x_2 \begin{bmatrix} 4 \\ 0 \\ 12 \end{bmatrix} + x_3 \begin{bmatrix} 8 \\ -1 \\ 20 \end{bmatrix} = \begin{bmatrix} 8 \\ -7 \\ 4 \end{bmatrix}$$

Ao criar a matriz aumentada para o sistema de equações e resolver os escalares, você obtém:

$$\left[\begin{array}{ccc|c} 3 & 4 & 8 & 8 \\ -2 & 0 & -1 & -7 \\ 1 & 12 & 20 & 4 \end{array}\right]$$

$$\mathbf{L}_1 + \mathbf{L}_2 \rightarrow \mathbf{L}_1 \left[\begin{array}{ccc|c} 1 & 4 & 7 & 1 \\ -2 & 0 & -1 & -7 \\ 1 & 12 & 20 & 4 \end{array}\right]$$

$$\begin{array}{r} 2\mathbf{L}_1 + \mathbf{L}_2 \rightarrow \mathbf{L}_2 \\ -1\mathbf{L}_1 + \mathbf{L}_3 \rightarrow \mathbf{L}_3 \end{array} \left[\begin{array}{ccc|c} 1 & 0 & 4 & 8 \\ 0 & 8 & 13 & -5 \\ 0 & 8 & 13 & 3 \end{array}\right]$$

$$-1\mathbf{L}_2 + \mathbf{L}_3 \rightarrow \mathbf{L}_3 \rightarrow \left[\begin{array}{ccc|c} 1 & 0 & 4 & 8 \\ 0 & 8 & 13 & -5 \\ 0 & 0 & 0 & 8 \end{array}\right]$$

Após realizar algumas operações de linha, você percebe que a última linha da matriz tem 0s e um 8. A equação correspondente é 0x1 + 0x2 + 0x3 = 8, ou 0 + 0 + 0 = 8. A equação não faz sentido — ela não pode ser verdadeira. Então não há solução para o sistema de equações e nenhum conjunto de escalares que forneça o vetor alvo. O vetor **b** não é uma das combinações lineares possíveis do conjunto de vetores escolhido.

Buscando padrões em combinações lineares

Muitos vetores diferentes podem ser escritos como combinações lineares de um dado conjunto de vetores. Reciprocamente, você pode encontrar um conjunto de vetores para utilizar ao escrever um vetor alvo particular.

Encontrando um conjunto de vetores para um vetor alvo

Por exemplo, se você deseja criar o vetor

$$\begin{bmatrix} 4 \\ 1 \\ 3 \\ 2 \end{bmatrix}$$

você pode usar o conjunto de vetores

$$\left\{ \begin{bmatrix} 1 \\ 0 \\ 1 \\ 0 \end{bmatrix}, \begin{bmatrix} 1 \\ 0 \\ 0 \\ 1 \end{bmatrix}, \begin{bmatrix} 0 \\ 1 \\ 1 \\ 0 \end{bmatrix} \right\}$$

e a combinação linear

$$2\begin{bmatrix} 1 \\ 0 \\ 1 \\ 0 \end{bmatrix} + 2\begin{bmatrix} 1 \\ 0 \\ 0 \\ 1 \end{bmatrix} + 1\begin{bmatrix} 0 \\ 1 \\ 1 \\ 0 \end{bmatrix} = \begin{bmatrix} 4 \\ 1 \\ 3 \\ 2 \end{bmatrix}$$

O conjunto de vetores e as combinações lineares mostradas aqui não são únicos, de forma alguma; você pode encontrar diferentes combinações e diferentes conjuntos de vetores para usar na criação de um vetor em especial. Note, na verdade, que este meu conjunto de vetores é algo especial, porque os elementos são todos 0 ou 1. (Você verá mais sobre vetores com estes dois elementos mais adiante, neste capítulo e nos Capítulos 6 e 7.)

Generalizando um padrão e escrevendo um conjunto de vetores

Conjuntos de vetores podem ser descritos ao listar todos os vetores no conjunto ou ao organizar e escrever uma regra para um padrão. Quando um conjunto de vetores é muito grande ou tem um número infinito de membros, um padrão e regra generalizada são preferíveis para descrever todos estes membros, se for possível.

Considere os seguintes vetores:

$$\left\{\begin{bmatrix}1\\4\\5\\6\end{bmatrix},\begin{bmatrix}3\\12\\7\\10\end{bmatrix},\begin{bmatrix}-2\\-8\\3\\1\end{bmatrix},\begin{bmatrix}0\\0\\-11\\-11\end{bmatrix}\right\}$$

Uma possibilidade para descrever os vetores neste conjunto é usar a regra em relação a dois números reais, *a* e *b*, como mostrado aqui:

$$\left\{\begin{bmatrix}1\\4\\5\\6\end{bmatrix},\begin{bmatrix}3\\12\\7\\10\end{bmatrix},\begin{bmatrix}-2\\-8\\3\\1\end{bmatrix},\begin{bmatrix}0\\0\\-11\\-11\end{bmatrix},\ldots,\begin{bmatrix}a\\4a\\b\\a+b\end{bmatrix}\right\}$$

Dois elementos, o primeiro e o terceiro, determinam os valores de outros dois.

Esta regra é apenas uma possibilidade para um padrão no conjunto de vetores. Uma lista de quatro vetores realmente não é tão longa. Quando você tem apenas poucos vetores para trabalhar, é necessário proceder com atenção antes de aplicar este padrão ou regra à alguma aplicação específica.

A regra mostra como construir os vetores usando o único vetor e seus elementos. Uma alternativa ao usar o único vetor é usar dois vetores e uma combinação linear:

$$a\begin{bmatrix}1\\4\\0\\1\end{bmatrix}+b\begin{bmatrix}0\\0\\1\\1\end{bmatrix}$$

Tantas opções!

Visualizando combinações lineares de vetores

Os vetores com dimensões 2 x 1 podem ser representados em um sistema coordenado como pontos em um plano. Os vetores

$$\mathbf{v}_1 = \begin{bmatrix} 2 \\ -1 \end{bmatrix}, \mathbf{v}_2 = \begin{bmatrix} 4 \\ 3 \end{bmatrix}$$

são representados graficamente na forma padrão com pontos iniciais na origem, (0, 0) e pontos terminais (2, -1) e (4, 3). Você vê os dois vetores e dois pontos na Figura 5-1. (Consulte o Capítulo 2 para mais informações sobre representação gráfica de vetores.)

As combinações lineares de vetores são representadas usando linhas paralelas desenhadas através de múltiplos dos pontos representando os vetores. Na Figura 5-1, você vê os múltiplos escalares de $\mathbf{v}_1$: $-3\mathbf{v}_1$, $-2\mathbf{v}_1$, $-\mathbf{v}_1$, $2\mathbf{v}_1$, e $3\mathbf{v}_1$, e múltiplos de $\mathbf{v}_2$: $-\mathbf{v}_2$ e $2\mathbf{v}_2$. Você também vê os pontos representando as combinações lineares: $-3\mathbf{v}_1-\mathbf{v}_2$, $-3\mathbf{v}_1+\mathbf{v}_2$, $2\mathbf{v}_1-\mathbf{v}_2$, e $2\mathbf{v}_1+\mathbf{v}_2$.

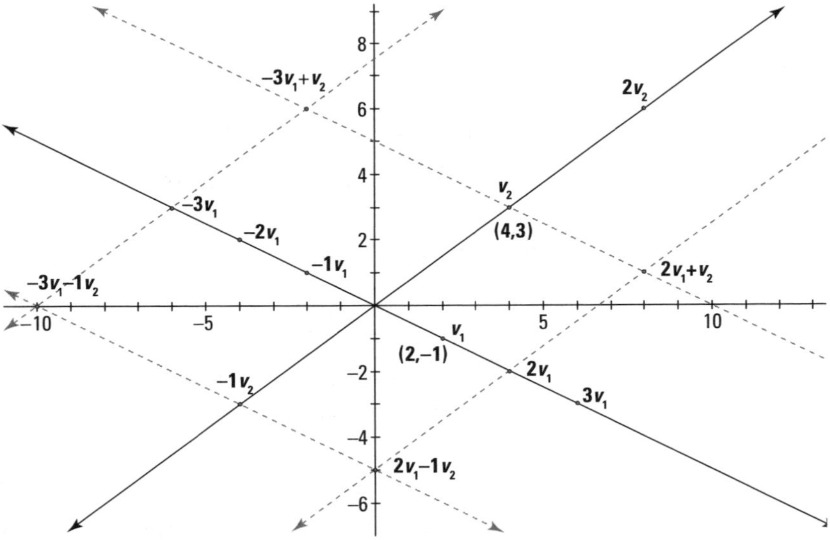

Figura 5-1: Múltiplos escalares e combinações lineares.

Prestando Atenção no Espaço Gerado

Você pode já estar familiarizado com o espaço sideral, o espaço físico, a barra de espaço e o tempo-espaço. Agora, eu apresento a você o espaço gerado de um conjunto de vetores.

Um *espaço gerado* de um conjunto de vetores consiste em outro conjunto de vetores, todos relacionados ao conjunto original. Um espaço gerado de um conjunto de vetores é, na maioria das vezes, infinitamente grande, uma vez que você está lidando com lotes de números reais. No entanto, por outro lado, um espaço gerado pode ser finito se você escolher limitar o intervalo de escalares que estão sendo utilizados.

O conceito ou ideia de um espaço gerado dá uma estrutura às várias combinações lineares de um conjunto de vetores. Um conjunto de vetores pode muito bem determinar o quão grande ou pequeno será o conjunto de resultados.

Descrevendo o espaço gerado de um conjunto de vetores

Considere um conjunto de vetores $\{\mathbf{v}_1, \mathbf{v}_2, ..., \mathbf{v}_k\}$. O conjunto de todas as *combinações lineares* deste conjunto é chamado de *espaço gerado*. Este conjunto de combinações lineares de vetores é *gerado* pelo conjunto de vetores original. Cada vetor no espaço gerado $\{\mathbf{v}_1, \mathbf{v}_2, ..., \mathbf{v}_k\}$ tem a forma $c_1\mathbf{v}_1 + c_2\mathbf{v}_2 + ... + c_k\mathbf{v}_k$ na qual c_i é um número real escalar.

Por exemplo, se você tem um conjunto de vetores $\{\mathbf{v}_1, \mathbf{v}_2, \mathbf{v}_3\}$ no qual

$$\mathbf{v}_1 = \begin{bmatrix} 1 \\ -2 \\ 0 \end{bmatrix}, \mathbf{v}_2 = \begin{bmatrix} 4 \\ 2 \\ -1 \end{bmatrix}, \mathbf{v}_3 = \begin{bmatrix} 3 \\ -1 \\ 2 \end{bmatrix}$$

O espaço gerado por $\{\mathbf{v}_1, \mathbf{v}_2, \mathbf{v}_3\}$ =

$$c_1 = \begin{bmatrix} 1 \\ -2 \\ 0 \end{bmatrix} + c_2 \begin{bmatrix} 4 \\ 2 \\ -1 \end{bmatrix} + c_3 \begin{bmatrix} 3 \\ -1 \\ 2 \end{bmatrix}$$

Substituindo os escalares por números reais, você produz novos vetores da mesma dimensão. Com todas as possibilidades dos números reais para os escalares, o conjunto resultante de vetores é infinito.

Ampliando uma extensão tão ampla quanto possível

Um espaço gerado de um conjunto de vetores é o conjunto de todos os vetores que são produzidos a partir de combinações lineares do conjunto de vetores original. Os espaços gerados mais abrangentes são aqueles que incluem todas as possibilidades de um vetor, todos os arranjos de números reais para os elementos.

Em R^2, o conjunto de vetores

$$\left\{\begin{bmatrix}1\\0\end{bmatrix},\begin{bmatrix}0\\1\end{bmatrix}\right\}$$

gera todos vetores 2 x1. Em R^3, o conjunto de vetores

$$\left\{\begin{bmatrix}1\\0\\0\end{bmatrix},\begin{bmatrix}0\\1\\0\end{bmatrix},\begin{bmatrix}0\\0\\1\end{bmatrix}\right\}$$

gera todos os vetores 3 x 1. Então, em geral, se você deseja gerar todos os vetores n x 1, seu conjunto de vetores pode parecer como o seguinte, onde cada membro do conjunto é um vetor n x 1:

$$\left\{\begin{bmatrix}1\\0\\0\\0\\\vdots\\0\end{bmatrix},\begin{bmatrix}0\\1\\0\\0\\\vdots\\0\end{bmatrix},\begin{bmatrix}0\\0\\1\\0\\\vdots\\0\end{bmatrix},\ldots,\begin{bmatrix}0\\0\\0\\0\\\vdots\\1\end{bmatrix}\right\}$$

Sintetizando o conteúdo de um espaço gerado

Agora considere o conjunto de vetor

$$\left\{\begin{bmatrix}1\\5\\-1\end{bmatrix},\begin{bmatrix}-3\\-4\\2\end{bmatrix}\right\}$$

e o vetor

$$\mathbf{b}=\begin{bmatrix}6\\-3\\d\end{bmatrix}$$

Para qual valor ou valores de d (se houver) o vetor **b** é um elemento do espaço gerado por $\{\mathbf{v}_1, \mathbf{v}_2\}$?

Se **b** é um espaço gerado $\{\mathbf{v}_1, \mathbf{v}_2\}$, então você encontrará uma combinação linear de vetores, tais como:

$$c_1\begin{bmatrix}1\\5\\-1\end{bmatrix}+c_2\begin{bmatrix}-3\\-4\\2\end{bmatrix}=\begin{bmatrix}6\\-3\\d\end{bmatrix}$$

Reescrevendo a equação vetorial como um sistema de equações, você obtém:

$$\begin{aligned}c_1-3c_2&=6\\5c_1-4c_2&=-3\\-c_1+2c_2&=d\end{aligned}$$

Adicionando a primeira e a terceira equação juntas, você obtém $-c_2 = 6 + d$. Multiplicando $-c_2 = 6 + d$ por -6, você obtém $6c_2 = -36 - 6d$. Você tem duas equações nas quais um lado da equação é $6c_2$, então, defina os outros lados iguais uns aos outros para obter $5d - 3 = -36 - 6d$. Adicione 6d para cada lado, e adicione 3 para cada lado para obter $11d = -33$, o que significa que $d = -3$. Assim, o vetor **b** está no espaço gerado do conjunto do vetor somente se o último elemento for -3.

Mostrando quais vetores pertencem a um espaço gerado

Um espaço gerado pode ser abrangente ou pode ser muito restrito. Para determinar se um vetor faz parte de um espaço gerado, você precisa determinar quais combinações lineares de vetores produzem este vetor alvo. Se você tem muitos vetores para verificar, escolha determinar o formato para todos os escalares usados nas combinações lineares.

Determinando se um vetor particular pertence ao Espaço Gerado

Considere o conjunto de vetores $\{\mathbf{v}_1, \mathbf{v}_2, \mathbf{v}_3\}$ onde

$$\mathbf{v}_1=\begin{bmatrix}1\\-2\\0\end{bmatrix},\mathbf{v}_2=\begin{bmatrix}4\\2\\-1\end{bmatrix},\mathbf{v}_3=\begin{bmatrix}3\\-1\\2\end{bmatrix}$$

Você deseja determinar se o vetor

$$\mathbf{b} = \begin{bmatrix} -11 \\ -13 \\ 6 \end{bmatrix}$$

pertence ao espaço gerado $\{\mathbf{v}_1, \mathbf{v}_2, \mathbf{v}_3\}$. Para fazer isso, você precisa determinar a solução da equação vetorial:

$$c_1 \begin{bmatrix} 1 \\ -2 \\ 0 \end{bmatrix} + c_2 \begin{bmatrix} 4 \\ 2 \\ -1 \end{bmatrix} + c_3 \begin{bmatrix} 3 \\ -1 \\ 2 \end{bmatrix} = \begin{bmatrix} -11 \\ -13 \\ 6 \end{bmatrix}$$

Usando o sistema de equações

$$\begin{cases} c_1 + 4c_2 + 3c_3 = -11 \\ -2c_1 + 2c_2 - c_3 = -13 \\ -c_2 + 2c_3 = 6 \end{cases}$$

e sua matriz aumentada correspondente (consulte "Determinando o lugar de um vetor"), a solução é $c_1 = 2$, $c_2 = -4$ e $c_3 = 1$. Então, você percebe que esta combinação linear de vetores produz o vetor alvo. O vetor **b** não pertence ao espaço gerado:

Escrevendo um formato geral para todos os escalares usados em um espaço gerado

Ao resolver um sistema de equações para determinar como um vetor pertence a um espaço gerado é muito fácil encontrar o resultado — a menos que você tenha que repetir o processo várias vezes para um número grande de vetores. Outra opção para evitar a repetição do processo é criar um formato geral para todos os vetores em um espaço gerado.

Por exemplo, considere o conjunto de vetores $\{\mathbf{v}_1, \mathbf{v}_2, \mathbf{v}_3\}$ no qual:

$$\mathbf{v}_1 = \begin{bmatrix} 1 \\ 0 \\ 1 \end{bmatrix}, \mathbf{v}_2 = \begin{bmatrix} 1 \\ 2 \\ 0 \end{bmatrix}, \mathbf{v}_3 = \begin{bmatrix} 1 \\ 3 \\ 2 \end{bmatrix}$$

Qualquer vetor no espaço gerado por {$\mathbf{v}_1$, $\mathbf{v}_2$, $\mathbf{v}_3$} satisfaz a equação:

$$c_1\mathbf{v}_1 + c_2\mathbf{v}_2 + c_3\mathbf{v}_3 = \begin{bmatrix} x \\ y \\ z \end{bmatrix}$$

Na qual x, y e z são os elementos de um vetor no espaço gerado.

Ao utilizar os vetores $\mathbf{v}_1$, $\mathbf{v}_2$, $\mathbf{v}_3$, o sistema de equações correspondente é:

$$\begin{cases} c_1 + \ \ c_2 + \ \ c_3 = x \\ \qquad 2c_2 + 3c_3 = y \\ c_1 \qquad\quad + 2c_3 = z \end{cases}$$

Para resolver o sistema de equações para x, y e z, você começa adicionando -2 vezes a linha 1 para a linha 2, para obter $-2c_1 + c_3 = -2x + y$. Agora adicione esta nova equação a duas vezes a terceira equação.

$$\begin{array}{r} 2c_1 + c_3 = -2x + y \\ \underline{2c_1 + 4c_3 = \ \ 2z\ \ } \\ 5c_3 = -2x + y + 2z \end{array}$$

Divida cada lado por 5 para obter:

$$c_3 = \frac{-2x + y + 2z}{5}$$

Ao substituir este valor de c_3 na segunda equação original, você obtém:

$$c_2 = \frac{3x + y - 3z}{5}$$

Então, ao substituir os valores de c_3 e c_2 na primeira equação original, você encontra c_1 e obtém:

$$c_1 = \frac{4x - 2y + z}{5}$$

Então, qualquer vetor no espaço gerado tem o formato:

$$c_1\mathbf{v}_1 + c_2\mathbf{v}_2 + c_3\mathbf{v}_3 = \frac{4x-2y+z}{5}\mathbf{v}_1 + \frac{3x+y-3z}{5}\mathbf{v}_2 + \frac{-2x+y+2z}{5}\mathbf{v}_3$$

Por exemplo, para criar o vetor

$$\begin{bmatrix} 4 \\ 1 \\ 1 \end{bmatrix}$$

Você considera $x = 4$, $y = 1$ e $z = 1$ e obtém:

$$\frac{4x-2y+z}{5}\mathbf{v}_1 + \frac{3x+y-3z}{5}\mathbf{v}_2 + \frac{-2x+y+2z}{5}\mathbf{v}_3$$

$$= \frac{4(4)-2(1)+1}{5}\begin{bmatrix} 1 \\ 0 \\ 1 \end{bmatrix} + \frac{3(4)+1-3(1)}{5}\begin{bmatrix} 1 \\ 2 \\ 0 \end{bmatrix} + \frac{-2(4)+1+2(1)}{5}\begin{bmatrix} 1 \\ 3 \\ 2 \end{bmatrix}$$

$$= \frac{15}{5}\begin{bmatrix} 1 \\ 0 \\ 1 \end{bmatrix} + \frac{10}{5}\begin{bmatrix} 1 \\ 2 \\ 0 \end{bmatrix} + \frac{-5}{5}\begin{bmatrix} 1 \\ 3 \\ 2 \end{bmatrix} = 3\begin{bmatrix} 1 \\ 0 \\ 1 \end{bmatrix} + 2\begin{bmatrix} 1 \\ 2 \\ 0 \end{bmatrix} - 1\begin{bmatrix} 1 \\ 3 \\ 2 \end{bmatrix} = \begin{bmatrix} 3+2-1 \\ 0+4-3 \\ 3+0-2 \end{bmatrix} = \begin{bmatrix} 4 \\ 1 \\ 1 \end{bmatrix}$$

Onde $c_1 = 3$, $c_2 = 2$ e $c_3 = -1$.

Expandindo R^2 e R^3

Os vetores 2 x 1, representados pelos pontos no plano coordenado, fazem *IR²*. Os vetores 3 x 1, representados pelos pontos no espaço, fazem *IR³*. Uma questão comum nas aplicações de álgebra linear é se um conjunto de vetores particular gera *IR²* ou *IR³*.

Procurando conjuntos que se expandem

Quando um conjunto de vetores gera *IR²*, você pode criar qualquer ponto possível no plano coordenado usando as combinações lineares deste conjunto de vetores.

Por exemplo, os vetores $\mathbf{v}_1$ e $\mathbf{v}_2$ estão no conjunto

$$\left\{\begin{bmatrix}2\\1\end{bmatrix},\begin{bmatrix}3\\2\end{bmatrix}\right\}$$

e geram *IR*². Mostro a você que o enunciado é verdadeiro ao escrever as combinações lineares e ao resolver os sistemas correspondentes de equações lineares.

$$c_1\begin{bmatrix}2\\1\end{bmatrix}+c_2\begin{bmatrix}3\\2\end{bmatrix}=\begin{bmatrix}x\\y\end{bmatrix}$$

$$\begin{cases}2c_1+3c_2=x\\ c_1+2c_2=y\end{cases}$$

Adicione -2 vezes a segunda equação à primeira, e você obtém:

$$\begin{aligned}-c_2&=x-2y\\ c_1+2c_2&=y\end{aligned}$$

Agora multiplique a primeira equação por -1 e substitua o valor de c_2 na segunda equação.

$$\begin{aligned}c_2&=2y-x\\ c_1+2(2y-x)&=y\\ c_1+4y-2x&=y\\ c_1&=2x-3y\end{aligned}$$

Você obtém $c_1 = 2x - 3y$ e $c_2 = 2y - x$. Então, qualquer vetor pode ser escrito como uma combinação linear de dois vetores no conjunto. Se os elementos no vetor alvo são x e y, então a combinação linear $(2x - 3y)\,\mathbf{v}_1 + (2y - x)\mathbf{v}_2$ resulta neste vetor.

Aqui está um exemplo de um conjunto de vetores que geram *IR*³:

$$\left\{\begin{bmatrix}1\\0\\0\end{bmatrix},\begin{bmatrix}0\\1\\1\end{bmatrix},\begin{bmatrix}1\\0\\1\end{bmatrix}\right\}$$

Ao escrever a combinação linear correspondente e encontrar os múltiplos escalares, você obtém $c_1 = x + y - z$, $c_2 = y$ e $c_3 = z - y$.

Então, para qualquer vetor R^3,

$$c_1\mathbf{v}_1 + c_2\mathbf{v}_2 + c_3\mathbf{v}_3 = \begin{bmatrix} x \\ y \\ z \end{bmatrix}$$

$$(x + y - z)\begin{bmatrix} 1 \\ 0 \\ 0 \end{bmatrix} + y\begin{bmatrix} 0 \\ 1 \\ 1 \end{bmatrix} + (z - y)\begin{bmatrix} 1 \\ 0 \\ 1 \end{bmatrix} = \begin{bmatrix} x \\ y \\ z \end{bmatrix}$$

Descobrindo os conjuntos não geradores

O conjunto de vetores

$$\left\{\begin{bmatrix} 2 \\ 3 \end{bmatrix}, \begin{bmatrix} 4 \\ 6 \end{bmatrix}\right\}$$

não gera IR^2. O conjunto não gerador pode parecer mais claro a você, uma vez que um dos vetores é múltiplo de outro. Qualquer combinação linear escrita com vetores no conjunto tem apenas um vetor zero para uma solução. Combinações lineares de vetores apenas lhe dão múltiplos do primeiro vetor, então o conjunto não pode gerar IR^2.

Considere agora, o conjunto de vetor em IR^3 no qual $\mathbf{v}_1$ e $\mathbf{v}_2$ são

$$\left\{\begin{bmatrix} 1 \\ 1 \\ 3 \end{bmatrix}, \begin{bmatrix} 0 \\ 2 \\ 1 \end{bmatrix}\right\}$$

A combinação linear correspondente e o sistema de equações são:

$$c_1\begin{bmatrix} 1 \\ 1 \\ 3 \end{bmatrix} + c_2\begin{bmatrix} 0 \\ 2 \\ 1 \end{bmatrix} = \begin{bmatrix} x \\ y \\ z \end{bmatrix}$$

$$\begin{cases} c_1 = x \\ c_1 + 2c_2 = y \\ 3c_1 + c_2 = z \end{cases}$$

Adicionando o produto -1 multiplicado pela primeira equação à segunda e -3 vezes a primeira equação somada à terceira, você obtém

$$\begin{cases} c_1 = x \\ 2c_2 = y - x \\ c_2 = z - 3x \end{cases}$$

A segunda e a terceira equações são contraditórias. A segunda diz que $c_2 = \frac{1}{2}(y - x)$ e a terceira diz que $c_2 = z - 3x$. Exceto para poucos vetores selecionados, as equações não funcionam.

Capítulo 6

Investigando a Equação Matricial $A\mathbf{x} = \mathbf{b}$

Neste Capítulo

- Usando a multiplicação de matrizes de várias maneiras
- Definindo o produto de uma matriz e um vetor
- Resolvendo a equação do vetor-matriz, quando possível
- Formulação de fórmulas de soluções múltiplas

A equação do vetor-matriz $A\mathbf{x} = \mathbf{b}$ incorpora propriedades e técnicas de aritmética matricial e álgebra dos sistemas de equações. O termo Ax indica que a matriz A e o vetor $\mathbf{x}$ são multiplicados juntos. Para simplificar o assunto, a convenção é só escrever os dois símbolos um ao lado do outro.

No Capítulo 3 você conheceu todos os tipos de informações sobre matrizes – de suas características às suas operações. No Capítulo 4 vimos sistemas de equações e como utilizar algumas das propriedades de matrizes para solucioná-los. Aqui, no Capítulo 6, você encontrará os vetores, extraídos do Capítulo 3, e apresentarei algumas das propriedades únicas associadas a vetores – propriedades que se prestam a solucionar a equação e seu sistema correspondente.

Unindo forças com sistemas de equações, a equação matricial $A\mathbf{x} = \mathbf{b}$ adquire vida própria. Neste capítulo, tudo está relacionado em uma família feliz (geralmente) e coesa de equações e soluções. Você encontrará técnicas para determinar soluções (quando houver), e verá como escrever infinitas soluções em uma expressão simbólica útil. Ao reconhecer as características comuns das soluções de $A\mathbf{x} = \mathbf{b}$, você vê como eliminar o que pode ser um problema complicado, aprendendo a transformá-lo em algo viável.

Trabalhando Através de Produtos de Vetores-Matriz

Matrizes têm dois tipos completamente diferentes de produtos. Ao se preparar para realizar a multiplicação envolvendo matrizes, primeiro tome conhecimento do motivo pelo qual você deseja multiplicá-las e, em seguida, decida como.

A forma mais simples de multiplicação envolvendo matrizes é a multiplicação escalar, na qual cada elemento da matriz é multiplicado pelo mesmo multiplicador. Tão simples quanto parece, a multiplicação escalar ainda desempenha uma parte importante na resolução de equações matriciais e nas equações que envolvem os produtos de matrizes e vetores.

O segundo tipo de multiplicação envolvendo matrizes é o mais complicado. Você multiplica duas matrizes apenas quando elas têm as dimensões corretas da matriz e a ordem correta da multiplicação.

O Capítulo 3 aborda a multiplicação de matrizes detalhadamente. Se você sentir que sabe pouco sobre o tema, consulte este material.

Neste capítulo, concentro-me em multiplicar uma matriz por um vetor (uma matriz $n \times 1$). Devido às características especiais da multiplicação do vetor-matriz, posso mostrar a você um método mais rápido e mais fácil para determinar o produto.

Estabelecendo uma ligação com os produtos da matriz

No Capítulo 3, você encontra as técnicas necessárias para multiplicar duas matrizes. Quando você multiplica uma matriz $m \times n$ por uma matriz $n \times p$, o resultado é uma matriz $m \times p$.

Consulte a multiplicação de matrizes no Capítulo 3, se o enunciado anterior não parecer algo familiar para você.

Revisitando a multiplicação de matrizes

Ao multiplicar a matriz A pelo vetor $\mathbf{x}$, você ainda tem a mesma regra de multiplicação aplicada: O número de colunas na matriz A deve corresponder ao número de linhas no vetor $\mathbf{x}$. E, como um vetor é sempre uma matriz $n \times 1$, quando você multiplicar uma matriz por um vetor, obterá sempre um outro vetor.

O produto $A\mathbf{x}$ de uma matriz $m \times n$ e um vetor $n \times 1$ é um vetor $m \times 1$. Por exemplo, considere a matriz B e o vetor $\mathbf{z}$ mostrado aqui:

$$B = \begin{bmatrix} 2 & 3 & 1 & 0 \\ -1 & 4 & 1 & -3 \end{bmatrix} \text{ e } \mathbf{z} = \begin{bmatrix} 1 \\ -3 \\ 2 \\ 2 \end{bmatrix}$$

O produto da matriz B de ordem 2 × 4 e o vetor **z** de ordem 4 × 1 é um vetor 2 × 1.

$$B\mathbf{z} = \begin{bmatrix} 2 & 3 & 1 & 0 \\ -1 & 4 & 1 & -3 \end{bmatrix} \cdot \begin{bmatrix} 1 \\ -3 \\ 2 \\ 2 \end{bmatrix} = \begin{bmatrix} 2(1)+3(-3)+1(2)+0(2) \\ -1(1)+4(-3)+1(2)+-3(2) \end{bmatrix} = \begin{bmatrix} -5 \\ -17 \end{bmatrix}$$

Analisando os sistemas

Ao multiplicar uma matriz e um vetor, o resultado é sempre um vetor. O processo de multiplicação de matrizes é realmente mais rápido e facilmente realizado ao reescrever o problema de multiplicação como a soma das multiplicações escalares, uma combinação linear, na verdade.

Se A é uma matriz $m \times n$ cujas colunas são designadas por $\mathbf{a}_1, \mathbf{a}_2, ..., \mathbf{a}_n$, e se um vetor **x** possui n linhas, então a multiplicação $A\mathbf{x}$ é equivalente a ter cada um dos elementos do vetor **x** vezes uma das colunas na matriz A:

$$A\mathbf{x} = \begin{bmatrix} \mathbf{a}_1 & \mathbf{a}_2 & \mathbf{a}_3 & \cdots & \mathbf{a}_n \end{bmatrix} \cdot \begin{bmatrix} x_1 \\ x_2 \\ x_3 \\ \vdots \\ x_n \end{bmatrix}$$

$$= x_1\mathbf{a}_1 + x_2\mathbf{a}_2 + x_3\mathbf{a}_3 + \cdots + x_n\mathbf{a}_n$$

$$= x_1\begin{bmatrix} a_{11} \\ a_{21} \\ a_{31} \\ \vdots \\ a_{m1} \end{bmatrix} + x_2\begin{bmatrix} a_{12} \\ a_{22} \\ a_{32} \\ \vdots \\ a_{m2} \end{bmatrix} + x_3\begin{bmatrix} a_{13} \\ a_{23} \\ a_{33} \\ \vdots \\ a_{m3} \end{bmatrix} + \cdots + x_n\begin{bmatrix} a_{1n} \\ a_{2n} \\ a_{3n} \\ \vdots \\ a_{mn} \end{bmatrix}$$

Assim, ao revisitar o problema de multiplicação anterior, e através do novo procedimento, multiplique B**z** usando as colunas de B e as linhas de **z**,

$$B\mathbf{z} = \begin{bmatrix} 2 & 3 & 1 & 0 \\ -1 & 4 & 1 & -3 \end{bmatrix} \cdot \begin{bmatrix} 1 \\ -3 \\ 2 \\ 2 \end{bmatrix} = 1\begin{bmatrix} 2 \\ -1 \end{bmatrix} - 3\begin{bmatrix} 3 \\ 4 \end{bmatrix} + 2\begin{bmatrix} 1 \\ 1 \end{bmatrix} + 2\begin{bmatrix} 0 \\ -3 \end{bmatrix}$$

$$= \begin{bmatrix} 2 \\ -1 \end{bmatrix} + \begin{bmatrix} -9 \\ -12 \end{bmatrix} + \begin{bmatrix} 2 \\ 2 \end{bmatrix} + \begin{bmatrix} 0 \\ -6 \end{bmatrix} = \begin{bmatrix} -5 \\ -17 \end{bmatrix}$$

As propriedades a seguir se aplicam aos produtos de matrizes e vetores. Se A é uma matriz $m \times n$, $\mathbf{u}$ e $\mathbf{v}$ são vetores $n \times 1$, e c é um escalar, então:

- $cA = Ac$ e $A(c\mathbf{u}) = c(A\mathbf{u})$. Esta é a propriedade comutativa da multiplicação por escalar.

- $A(\mathbf{u} + \mathbf{v}) = A\mathbf{u} + A\mathbf{v}$ e $c(\mathbf{u} + \mathbf{v}) = c\mathbf{u} + c\mathbf{v}$. Esta é a propriedade distributiva da multiplicação escalar.

Vinculando sistemas de equações e a equação da matriz

Considere uma matriz A com dimensão $m \times n$ cujas colunas são $\mathbf{a}_1$, $\mathbf{a}_2$, ..., $\mathbf{a}_n$, e um vetor $\mathbf{x}$ com n linhas. Agora jogue na mistura outro vetor $\mathbf{b}$, que tem m linhas. A multiplicação $A\mathbf{x}$ resulta em uma matriz $m \times 1$. E a equação $A\mathbf{x} = \mathbf{b}$ tem a mesma solução definida como a matriz aumentada $[\,\mathbf{a}_1\ \mathbf{a}_2\ \mathbf{a}_3, ..., \mathbf{a}_n\ \mathbf{b}]$.

A equação da matriz é escrita em primeiro lugar com A como uma matriz de colunas $\mathbf{a}_i$ e, em seguida com os elementos do vetor $\mathbf{x}$ multiplicando as colunas de A. Ao multiplicá-las, você vê o resultado da multiplicação escalar.

$$A\mathbf{x} = \mathbf{b}$$

$$\begin{bmatrix} \mathbf{a}_1 & \mathbf{a}_2 & \mathbf{a}_3 & \cdots & \mathbf{a}_n \end{bmatrix} . \begin{bmatrix} x_1 \\ x_2 \\ x_3 \\ \vdots \\ x_n \end{bmatrix} = \begin{bmatrix} b_1 \\ b_2 \\ b_3 \\ \vdots \\ b_m \end{bmatrix}$$

$$x_1 \begin{bmatrix} a_{11} \\ a_{21} \\ a_{31} \\ \vdots \\ a_{m1} \end{bmatrix} + x_2 \begin{bmatrix} a_{12} \\ a_{22} \\ a_{32} \\ \vdots \\ a_{m2} \end{bmatrix} + x_3 \begin{bmatrix} a_{13} \\ a_{23} \\ a_{33} \\ \vdots \\ a_{m3} \end{bmatrix} + \cdots + x_n \begin{bmatrix} a_{1n} \\ a_{2n} \\ a_{3n} \\ \vdots \\ a_{mn} \end{bmatrix} = \begin{bmatrix} b_1 \\ b_2 \\ b_3 \\ \vdots \\ b_m \end{bmatrix}$$

$$\begin{bmatrix} a_{11}x_1 + & a_{12}x_2 + & a_{13}x_3 + & \cdots & + a_{1n}x_n \\ a_{21}x_1 + & a_{22}x_2 + & a_{23}x_3 + & \cdots & + a_{2n}x_n \\ a_{31}x_1 + & a_{32}x_2 + & a_{33}x_3 + & \cdots & + a_{3n}x_n \\ \vdots & \vdots & \vdots & \ddots & \vdots \\ a_{m1}x_1 + & a_{m2}x_2 + & a_{m3}x_3 + & \cdots & + a_{mn}x_n \end{bmatrix} = \begin{bmatrix} b_1 \\ b_2 \\ b_3 \\ \vdots \\ b_m \end{bmatrix}$$

A matriz aumentada correspondente é usada para resolver o sistema de equações representado pela equação $A\mathbf{x} = \mathbf{b}$:

$$\left[\begin{array}{ccccc|c} a_{11} & a_{12} & a_{13} & \cdots & a_{1n} & b_1 \\ a_{21} & a_{22} & a_{23} & \cdots & a_{2n} & b_2 \\ a_{31} & a_{32} & a_{33} & \cdots & a_{3n} & b_3 \\ \vdots & \vdots & \vdots & \ddots & \vdots & \vdots \\ a_{m1} & a_{m2} & a_{m3} & \cdots & a_{mn} & b_m \end{array}\right]$$

Eu uso a matriz aumentada, como mostrado no Capítulo 4; você pode consultar este capítulo para saber mais sobre como as matrizes aumentadas são usadas de forma a resolver sistemas de equações.

Agora, deixe-me usar uma matriz aumentada para resolver a equação $A\mathbf{x} = \mathbf{b}$, na qual:

$$A = \begin{bmatrix} -1 & 4 & 2 \\ 3 & 0 & -2 \\ 5 & 4 & 3 \end{bmatrix}, \mathbf{x} = \begin{bmatrix} x_1 \\ x_2 \\ x_3 \end{bmatrix}, \mathbf{b} = \begin{bmatrix} -30 \\ 90 \\ 45 \end{bmatrix}$$

Escrevendo a matriz aumentada:

$$A\mathbf{x} = \mathbf{b}$$

$$\begin{bmatrix} -1 & 4 & 2 \\ 3 & 0 & -2 \\ 5 & 4 & 3 \end{bmatrix} \cdot \begin{bmatrix} x_1 \\ x_2 \\ x_3 \end{bmatrix} = \begin{bmatrix} -30 \\ 90 \\ 45 \end{bmatrix}$$

$$\left[\begin{array}{ccc|c} -1 & 4 & 2 & -30 \\ 3 & 0 & -2 & 90 \\ 5 & 4 & 3 & 45 \end{array}\right]$$

Quando a matriz aumentada é de linha reduzida, os valores de x_1, x_2 e x_3 são 16, 7 e -21, respectivamente. Eu mostro como consegui esses números na seção "Individualizando uma solução única", adiante neste capítulo.

Por enquanto, é assim que a solução para a equação $A\mathbf{x} = \mathbf{b}$ se parece, com os elementos do vetor $\mathbf{x}$ preenchidos.

$$\begin{bmatrix} -1 & 4 & 2 \\ 3 & 0 & -2 \\ 5 & 4 & 3 \end{bmatrix} \cdot \begin{bmatrix} 16 \\ 7 \\ -21 \end{bmatrix} = \begin{bmatrix} -30 \\ 90 \\ 45 \end{bmatrix}$$

Confirmando a Existência de uma Solução ou Soluções

Provavelmente você já procurou por algo sabendo que estava em algum lugar próximo, mas não conseguia encontrar. Você *sabe* que está lá, mas não pode nem mesmo provar que realmente existe. Bem, eu não posso ajudá-lo a encontrar suas chaves, receitas ou brincos, mas posso ajudá-lo a encontrar a solução de uma equação de vetor-matriz (ou afirmar categoricamente que ela não existe)!

A equação $A\mathbf{x} = \mathbf{b}$ tem uma única solução quando **b** é uma combinação linear das colunas da matriz A. Essa é a multiplicação do vetor matricial especial que eu mostrei anteriormente em "Vinculando sistemas de equações e da equação da matriz". Além disso, **b** está no espaço de A quando há uma solução para $A\mathbf{x} = \mathbf{b}$. (Você não recorda muito sobre *gerar* um conjunto de vetores? Pode encontrar esta informação no Capítulo 5.)

Individualizando uma solução única

A equação $A\mathbf{x} = \mathbf{b}$ tem uma única solução quando apenas um vetor, **x**, a torna uma afirmação verdadeira. Para determinar se você tem uma solução, utilize o método infalível da criação de uma matriz aumentada correspondente para as colunas de A e o vetor **b**, e depois realize as operações de linha. Por exemplo, dada a matriz A e o vetor **b**, encontro o vetor **x**, que resolve a equação.

$$A = \begin{bmatrix} 1 & -2 & 2 & 1 \\ 1 & -1 & 5 & 0 \\ 2 & -2 & 11 & 2 \\ 0 & 2 & 8 & 1 \end{bmatrix} \quad \text{e} \quad \mathbf{b} = \begin{bmatrix} 2 \\ 10 \\ 20 \\ 17 \end{bmatrix}$$

Você vê que a ordem da matriz A é 4×4 e a ordem do vetor **b** é 4×1. Ao configurar a multiplicação de matrizes, você sabe que para ter o produto entre A e um vetor **x** que resulta em um vetor 4×1, a ordem de **x** também deve ser 4×1. (Consulte o Capítulo 3 e a multiplicação de matrizes, se precisar de mais informações sobre multiplicação e ordens.)

Portanto, a equação matricial para $A\mathbf{x} = \mathbf{b}$ é escrita

$$\begin{bmatrix} 1 & -2 & 2 & 1 \\ 1 & -1 & 5 & 0 \\ 2 & -2 & 11 & 2 \\ 0 & 2 & 8 & 1 \end{bmatrix} \cdot \begin{bmatrix} x_1 \\ x_2 \\ x_3 \\ x_4 \end{bmatrix} = \begin{bmatrix} 2 \\ 10 \\ 20 \\ 17 \end{bmatrix}$$

e a matriz aumentada é

$$\left[\begin{array}{cccc|c} 1 & -2 & 2 & 1 & 2 \\ 1 & -1 & 5 & 0 & 10 \\ 2 & -2 & 11 & 2 & 20 \\ 0 & 2 & 8 & 1 & 17 \end{array}\right]$$

Agora, ao realizar operações de linha, altero a matriz para a *forma escalonada reduzida* para que eu possa determinar a solução – o que cada x_i representa.

1. **Multiplique a linha um por -1 e adicione-a à segunda linha; em seguida, multiplique a linha um por -2 e adicione-a à linha três.**

   Este negócio de $-L_1 + L_2$ se parece com uma espécie de código secreto? Não, não é nenhum segredo. Você pode encontrar a explicação no Capítulo 4.

$$\left[\begin{array}{cccc|c} 1 & -2 & 2 & 1 & 2 \\ 1 & -1 & 5 & 0 & 10 \\ 2 & -2 & 11 & 2 & 20 \\ 0 & 2 & 8 & 1 & 17 \end{array}\right] \begin{array}{c} \\ -1L_1 + L_2 \rightarrow L_2 \\ -2L_1 + L_3 \rightarrow L_3 \\ \\ \end{array} \left[\begin{array}{cccc|c} 1 & -2 & 2 & 1 & 2 \\ 0 & 1 & 3 & -1 & 8 \\ 0 & 2 & 7 & 0 & 16 \\ 0 & 2 & 8 & 1 & 17 \end{array}\right]$$

2. **Multiplique a linha dois por 2 e adicione-a à linha 1, multiplique a linha dois por -2 e adicione-a à linha três, e, finalmente, multiplique a linha dois por -2 e adicione-a à linha quatro.**

$$\left[\begin{array}{cccc|c} 1 & -2 & 2 & 1 & 2 \\ 0 & 1 & 3 & -1 & 8 \\ 0 & 2 & 7 & 0 & 16 \\ 0 & 2 & 8 & 1 & 17 \end{array}\right] \begin{array}{c} 2L_2 + L_1 \rightarrow L_1 \\ -2L_2 + L_3 \rightarrow L_3 \\ -2L_2 + L_4 \rightarrow L_4 \end{array} \left[\begin{array}{cccc|c} 1 & 0 & 8 & -1 & 18 \\ 0 & 1 & 3 & -1 & 8 \\ 0 & 0 & 1 & 2 & 0 \\ 0 & 0 & 2 & 3 & 1 \end{array}\right]$$

3. **Multiplique a linha três por -8 e adicione a linha um; multiplique a linha três por -3 e adicione à linha dois, em seguida, multiplique a linha três por -2 e adicione-a à linha quatro.**

$$\left[\begin{array}{cccc|c} 1 & 0 & 8 & -1 & 18 \\ 0 & 1 & 3 & -1 & 8 \\ 0 & 0 & 1 & 2 & 0 \\ 0 & 0 & 2 & 3 & 1 \end{array}\right] \begin{array}{c} -8L_3 + L_1 \rightarrow L_1 \\ -3L_3 + L_2 \rightarrow L_2 \\ -2L_3 + L_4 \rightarrow L_4 \end{array} \left[\begin{array}{cccc|c} 1 & 0 & 0 & -17 & 18 \\ 0 & 1 & 0 & -7 & 8 \\ 0 & 0 & 1 & 2 & 0 \\ 0 & 0 & 0 & -1 & 1 \end{array}\right]$$

4. Multiplique a linha quatro por -1; multiplique a nova linha quatro por 17 e adicione a linha um, multiplique a linha quatro por 7 e adicione-a à linha dois, e multiplique a linha quatro por -2 e adicione-a à linha três.

$$\left[\begin{array}{cccc|c} 1 & 0 & 0 & -17 & 18 \\ 0 & 1 & 0 & -7 & 8 \\ 0 & 0 & 1 & 2 & 0 \\ 0 & 0 & 0 & -1 & 1 \end{array}\right] \begin{array}{c} -1\mathbf{L}_4 \rightarrow \mathbf{L}_4 \end{array} \left[\begin{array}{cccc|c} 1 & 0 & 0 & -17 & 18 \\ 0 & 1 & 0 & -7 & 8 \\ 0 & 0 & 1 & 2 & 0 \\ 0 & 0 & 0 & 1 & -1 \end{array}\right]$$

$$\begin{array}{c} 17\mathbf{L}_4 + \mathbf{L}_1 \rightarrow \mathbf{L}_1 \\ 7\mathbf{L}_4 + \mathbf{L}_2 \rightarrow \mathbf{L}_2 \\ -2\mathbf{L}_4 + \mathbf{L}_3 \rightarrow \mathbf{L}_3 \end{array} \left[\begin{array}{cccc|c} 1 & 0 & 0 & 0 & 1 \\ 0 & 1 & 0 & 0 & 1 \\ 0 & 0 & 1 & 0 & 2 \\ 0 & 0 & 0 & -1 & 1 \end{array}\right]$$

Os números da última coluna correspondem à única solução para o vetor **x**. No vetor **x**, os elementos são $x_1 = 1$, $x_2 = 1$, $x_3 = 2$, $x_4 = -1$. A equação $A\mathbf{x} = \mathbf{b}$ tem apenas uma solução.

Abrindo caminho para mais de uma solução

Muitas equações de vetor matriz têm mais de uma solução. Ao determinar as soluções, você pode tentar listar todas as soluções possíveis, ou pode apenas listar uma regra para determinar rapidamente algumas das soluções no conjunto. Ao utilizar a equação do vetor-matriz de uma aplicação, você geralmente se depara com certas *restrições* que limitam o âmbito dos números cujo uso lhe é permitido para uma resposta. Por exemplo, se sua aplicação tem a ver com a extensão de um edifício, você não vai escolher qualquer uma das soluções que tornam essa extensão um número negativo.

Solução para as soluções de um vetor específico

Quando o vetor **b** tem valores numéricos específicos, você nem sempre sabe, antecipadamente, se vai encontrar uma solução, várias, ou mesmo nenhuma. Você usa a matriz aumentada e a reduz à forma escalonada.

Por exemplo, considere a matriz A e o vetor **b** na equação $A\mathbf{x} = \mathbf{b}$.

$$A = \begin{bmatrix} 1 & 3 & 1 \\ 3 & -2 & -8 \\ 4 & 5 & -3 \end{bmatrix}, \quad \mathbf{b} = \begin{bmatrix} 6 \\ 7 \\ 17 \end{bmatrix}$$

Ao escrever a matriz aumentada correspondente, você obtém:

$$\left[\begin{array}{ccc|c} 1 & 3 & 1 & 6 \\ 3 & -2 & -8 & 7 \\ 4 & 5 & -3 & 17 \end{array}\right]$$

Agora, ao fazer as reduções de linha, execute estas etapas:

1. **Multiplique a linha um por -3 e a adicione à linha dois; multiplique a linha um por -4 e a adicione à linha 3.**

$$\left[\begin{array}{ccc|c} 1 & 3 & 1 & 6 \\ 3 & -2 & -8 & 7 \\ 4 & 5 & -3 & 17 \end{array}\right] \begin{array}{l} -3L_1 + L_2 \rightarrow L_2 \\ -4L_1 + L_3 \rightarrow L_3 \end{array} \left[\begin{array}{ccc|c} 1 & 3 & 1 & 6 \\ 0 & -11 & -11 & -11 \\ 0 & -7 & -7 & -7 \end{array}\right]$$

2. **Divida cada elemento da linha dois por -11, e divida cada elemento da linha três por -7.**

$$\begin{array}{l} -\frac{1}{11}L_2 \rightarrow L_2 \\ -\frac{1}{7}L_3 \rightarrow L_3 \end{array} \left[\begin{array}{ccc|c} 1 & 3 & 1 & 6 \\ 0 & 1 & 1 & 1 \\ 0 & 1 & 1 & 1 \end{array}\right]$$

3. **Multiplique a linha dois por -1 e a adicione à linha 3.**

$$\left[\begin{array}{ccc|c} 1 & 3 & 1 & 6 \\ 0 & 1 & 1 & 1 \\ 0 & 1 & 1 & 1 \end{array}\right] -1L_2 + L_3 \rightarrow L_3 \left[\begin{array}{ccc|c} 1 & 3 & 1 & 6 \\ 0 & 1 & 1 & 1 \\ 0 & 0 & 0 & 0 \end{array}\right]$$

A última linha da matriz aumentada contém todos os 0s. Ter uma linha de 0s indica que você tem mais de uma solução para a equação.

4. **Pegue a forma reduzida da matriz e volte a um formato do sistema da equação, com a multiplicação da matriz reduzida do vetor** x **e a configuração do produto igual à última coluna.**

$$\begin{bmatrix} 1 & 3 & 1 \\ 0 & 1 & 1 \\ 0 & 0 & 0 \end{bmatrix} \cdot \begin{bmatrix} x_1 \\ x_2 \\ x_3 \end{bmatrix} = \begin{bmatrix} 6 \\ 1 \\ 0 \end{bmatrix}$$

Carl Friedrich Gauss

Um dos matemáticos mais prolíficos de todos os tempos foi o alemão Carl Friedrich Gauss. Ele viveu de 1777 até 1855 e fez contribuições não só para a matemática, mas também para a astronomia, eletrostática e óptica. Gauss foi uma criança prodígio – para o deleite de seus pais e, muitas vezes, para o desespero de seus professores. Muitas lendas são atribuídas à sua precocidade.

Uma das histórias mais conhecidas de sua infância tem a ver com um professor cansado e irritado que queria ter alguns minutos de paz e tranquilidade. Ele pediu aos alunos da sala de Gauss que encontrassem a soma dos números de 1 a 100, achando que até o aluno mais brilhante levaria, pelo menos, meia hora para completar a tarefa. Para desgosto do professor, Carl Friedrich veio com a resposta em poucos minutos. Gauss teve a resposta e esbarrou nos conceitos básicos da fórmula para encontrar a soma de *n* inteiros.

O pai de Gauss queria que ele se tornasse um pedreiro e não apoiava tanto sua escolaridade avançada. Mas, com a ajuda de sua mãe e de um amigo da família, Gauss pôde ingressar na universidade.

Gauss é creditado com o desenvolvimento da técnica da *eliminação de Gauss*, um método ou procedimento para o uso de operações de linha básicas em matrizes aumentadas para resolver sistemas de equações.

Depois que Gauss morreu, seu cérebro foi preservado e estudado. Pesava 1.492 gramas (um cérebro masculino pesa em média entre 1.300 e 1.400 gramas), e a área cerebral media 219.588 milímetros quadrados (em comparação com cerca de 150 mil milímetros quadrados para uma média masculina). O cérebro também continha circunvoluções altamente desenvolvidas. Todas estas medidas foram utilizadas para confirmar que Gauss era um gênio.

5. Faça a multiplicação de matrizes e escreva o sistema de equações correspondente.

$$\begin{cases} x_1 + 3x_2 + x_3 = 6 \\ \quad\quad x_2 + x_3 = 1 \\ \quad\quad\quad\quad 0 = 0 \end{cases}$$

6. Resolva a segunda equação para x_2, e você terá $x_2 = 1 - x_3$. Substitua o x_3 com um parâmetro, k, e você obterá $x_2 = 1 - k$. Agora, encontre $x_3 1$ na primeira equação, substituindo as equivalências de x_2 e x_3.

$$\begin{aligned} x_1 + 3x_2 + x_3 &= 6 \\ x_1 + 3(1-k) + k &= 6 \\ x_1 + 3 - 3k + k &= 6 \\ x_1 &= 3 + 2k \end{aligned}$$

O vetor **b** é escrito agora:

$$\mathbf{b} = \begin{bmatrix} 3 + 2k \\ 1 - k \\ k \end{bmatrix}$$

onde k é qualquer número real.

Por exemplo, se considerarmos $k = 2$, obteremos

$$\mathbf{b} = \begin{bmatrix} 3 + 2(2) \\ 1 - 2 \\ 2 \end{bmatrix} = \begin{bmatrix} 7 \\ -1 \\ 2 \end{bmatrix}$$

Generalizando soluções infinitas

Quando a equação de matriz-vetor $A\mathbf{x} = \mathbf{b}$ envolve o vetor **b** com elementos específicos, você pode ter mais de uma solução. O que quero mostrar aqui é a situação na qual a matriz A tem valores específicos, e o vetor **b** varia. O vetor **b** é diferente a cada vez que é preenchido por números aleatórios. Então, depois de escolher os números para o preenchimento dos elementos em **b**, as soluções no vetor **x** correspondem a esses números.

Por exemplo, considere uma matriz A e algumas matrizes aleatórias **b**.

$$A = \begin{bmatrix} -1 & 4 & 2 \\ 3 & 0 & -2 \\ 5 & 4 & 3 \end{bmatrix} \quad \text{e} \quad \mathbf{b} = \begin{bmatrix} b_1 \\ b_2 \\ b_3 \end{bmatrix}$$

A matriz aumentada para $A\mathbf{x} = \mathbf{b}$ é

$$\left[\begin{array}{ccc|c} -1 & 4 & 2 & b_1 \\ 3 & 0 & -2 & b_2 \\ 5 & 4 & 3 & b_3 \end{array}\right]$$

Ao realizar operações de linha para produzir uma forma escalonada, siga estes passos:

1. **Multiplique a linha um por -1 e, depois, multiplique-a por -3 e adicione à linha dois; finalmente, multiplique a linha um por -5 e adicione à linha 3.**

$$\left[\begin{array}{ccc|c} -1 & 4 & 2 & b_1 \\ 3 & 0 & -2 & b_2 \\ 5 & 4 & 3 & b_3 \end{array}\right] -1L_1 \rightarrow L_1 \left[\begin{array}{ccc|c} 1 & -4 & -2 & -b_1 \\ 3 & 0 & -2 & b_2 \\ 5 & 4 & 3 & b_3 \end{array}\right]$$

$$\begin{array}{l} -3L_1 + L_2 \rightarrow L_2 \\ -5L_1 + L_3 \rightarrow L_3 \end{array} \left[\begin{array}{ccc|c} 1 & -4 & -2 & -b_1 \\ 0 & 12 & 4 & 3b_1 + b_2 \\ 0 & 24 & 13 & 5b_1 + b_3 \end{array}\right]$$

2. **Multiplique a linha dois por -2 e adicione-a à linha três.**

$$-2L_2 + L_3 \rightarrow L_3 \left[\begin{array}{ccc|c} 1 & -4 & -2 & -b_1 \\ 0 & 12 & 4 & 3b_1 + b_2 \\ 0 & 0 & 5 & -1b_1 - 2b_2 + b_3 \end{array}\right]$$

3. **Divida cada termo na linha dois por 12 e cada termo na linha três por 5.**

$$\begin{array}{l} \frac{1}{12}L_2 \rightarrow L_2 \\ \frac{1}{5}L_3 \rightarrow L_3 \end{array} \left[\begin{array}{ccc|c} 1 & -4 & -2 & -b_1 \\ 0 & 1 & \frac{1}{3} & \frac{1}{4}b_1 + \frac{1}{12}b_2 \\ 0 & 0 & 1 & -\frac{1}{5}b_1 - \frac{2}{5}b_2 + \frac{1}{5}b_3 \end{array}\right]$$

4. **Multiplique a linha dois por 4 e adicione-a à linha um.**

$$4L_2 + L_1 \rightarrow L_1 \left[\begin{array}{ccc|c} 1 & 0 & -\frac{2}{3} & \frac{1}{3}b_2 \\ 0 & 1 & \frac{1}{3} & \frac{1}{4}b_1 + \frac{1}{12}b_2 \\ 0 & 0 & 1 & -\frac{1}{5}b_1 - \frac{2}{5}b_2 + \frac{1}{5}b_3 \end{array}\right]$$

5. **Multiplique a linha três por $^2/_3$ e adicione-a à linha um; em seguida, multiplique a linha três por $^{-1}/_3$ e adicione-a à linha dois.**

$$\begin{array}{l} \frac{2}{3}L_3 + L_1 \rightarrow L_1 \\ -\frac{1}{3}L_3 + L_2 \rightarrow L_2 \end{array} \left[\begin{array}{ccc|c} 1 & 0 & 0 & -\frac{2}{15}b_1 + \frac{1}{15}b_2 + \frac{2}{15}b_3 \\ 0 & 1 & 0 & \frac{19}{60}b_1 + \frac{13}{60}b_2 - \frac{1}{15}b_3 \\ 0 & 0 & 1 & -\frac{1}{5}b_1 - \frac{2}{5}b_2 + \frac{1}{5}b_3 \end{array}\right]$$

A solução para o vetor **x** é completamente determinada pelo números que você escolher para o vetor **b**. Depois de escolher alguns valores para o vetor **b**, você também tem o vetor solução **x**. Você encontra os elementos de **x** considerando

$$x_1 = -\frac{2}{15}b_1 + \frac{1}{15}b_2 + \frac{2}{15}b_3,\ x_2 = \frac{19}{60}b_1 + \frac{13}{60}b_2 - \frac{1}{15}b_3,\ x_3 = -\frac{1}{5}b_1 - \frac{2}{5}b_2 + \frac{1}{5}b_3$$

Para demonstrar como isso funciona, vou primeiro pegar algumas valores convenientes para o vetor **b**. *Com conveniente*, eu quero dizer que os elementos irão mudar as frações nas fórmulas para números inteiros. Assim, se

$$\mathbf{b} = \begin{bmatrix} 120 \\ -60 \\ 75 \end{bmatrix}$$

então,

$$x_1 = -\frac{2}{15}(120) + \frac{1}{15}(-60) + \frac{2}{15}(75) = -16 - 4 + 10 = -10$$
$$x_2 = \frac{19}{60}(120) + \frac{13}{60}(-60) - \frac{1}{15}(75) = 38 - 13 - 5 = 20$$
$$x_3 = -\frac{1}{5}(120) - \frac{2}{5}(-60) + \frac{1}{5}(75) = -24 + 24 + 15 = 15$$

a equação de vetor-matriz é lida como:

$$A\mathbf{x} = \mathbf{b}$$
$$\begin{bmatrix} -1 & 4 & 2 \\ 3 & 0 & -2 \\ 5 & 4 & 3 \end{bmatrix} \begin{bmatrix} -10 \\ 20 \\ 15 \end{bmatrix} = \begin{bmatrix} 120 \\ -60 \\ 75 \end{bmatrix}$$

Mas, a beleza desta equação da matriz vetorial é que qualquer número real pode ser usado para elementos no vetor **b**. Você ainda pode usar esses números "inconvenientes" como $b_1 = 1$, $b_2 = 2$, e $b_3 = -3$ para obter:

$$x_1 = -\frac{2}{15}(1) + \frac{1}{15}(2) + \frac{2}{15}(-3) = -\frac{2}{15} + \frac{2}{15} - \frac{6}{15} = -\frac{6}{15} = -\frac{2}{5}$$
$$x_2 = \frac{19}{60}(1) + \frac{13}{60}(2) - \frac{1}{15}(-3) = \frac{19}{60} + \frac{26}{60} + \frac{3}{15} = \frac{57}{60} = \frac{19}{20}$$
$$x_3 = -\frac{1}{5}(1) - \frac{2}{5}(2) + \frac{1}{5}(-3) = -\frac{1}{5} - \frac{4}{5} - \frac{3}{5} = -\frac{8}{5}$$

resultando na equação:

$$A\mathbf{x} = \mathbf{b}$$

$$\begin{bmatrix} -1 & 4 & 2 \\ 3 & 0 & -2 \\ 5 & 4 & 3 \end{bmatrix} \begin{bmatrix} -\frac{2}{5} \\ \frac{19}{20} \\ -\frac{8}{5} \end{bmatrix} = \begin{bmatrix} 1 \\ 2 \\ -3 \end{bmatrix}$$

Ok, eu chamo isso de "inconveniente" para dizer que as soluções não aparecem como bons e inofensivos números inteiros. Se você não achá-los tão "inconvenientes" assim, pode chamá-los como quiser.

Ficando mais seletivo com algumas soluções

Agora, se você está disposto e sente-se capaz de ser flexível com as entradas no vetor **b**, você pode criar uma solução especializada para a equação de matriz vetorial $A\mathbf{x} = \mathbf{b}$.

Faça com que matriz A e o vetor **b** tenham os seguintes valores:

$$A = \begin{bmatrix} -1 & 2 & 4 \\ 5 & -3 & 3 \\ 3 & 1 & 11 \end{bmatrix} \quad \text{e} \quad \mathbf{b} = \begin{bmatrix} b_1 \\ b_2 \\ b_3 \end{bmatrix}$$

Escreva a matriz aumentada e faça as reduções de linha:

$$\left[\begin{array}{ccc|c} -1 & 2 & 4 & b_1 \\ 5 & -3 & 3 & b_2 \\ 3 & 1 & 11 & b_3 \end{array}\right] -1L_1 \to L_1 \left[\begin{array}{ccc|c} 1 & -2 & -4 & -b_1 \\ 5 & -3 & 3 & b_2 \\ 3 & 1 & 11 & b_3 \end{array}\right]$$

$$\begin{array}{c} -5L_1 + L_2 \to L_2 \\ -3L_1 + L_3 \to L_3 \end{array} \left[\begin{array}{ccc|c} 1 & -2 & -4 & -b_1 \\ 0 & 7 & 23 & 5b_1 + b_2 \\ 0 & 7 & 23 & 3b_1 + b_3 \end{array}\right]$$

$$-1L_2 + L_3 \to L_3 \left[\begin{array}{ccc|c} 1 & -2 & -4 & -b_1 \\ 0 & 7 & 23 & 5b_1 + b_2 \\ 0 & 0 & 0 & -2b_1 - b_2 + b_3 \end{array}\right]$$

A equação correspondente para as últimas linhas da matriz lê-se : $0x_1 + 0x_2 + 0x_3 = -2b_1 - b_2 + b_3$. A equação não é igual a 0 para muitas opções de b_1, b_2, e b_3. Por exemplo, se você optar por deixar o vetor **b** ter os valores $b_1 = 1$, $b_2 = -1$, e $b_3 = 1$, então você pode substituir esses valores e concluir o trabalho sobre matriz aumentada. Note que eu escolhi aleatoriamente números que fizeram o valor de $-2b_1 - b_2 + b_3$ ser igual a 0. As três entradas na última coluna tornam-se $-b1 = -1$, $5b_1 + b_2 = 5\ (1) + (-1) = 4$, e $-2b_1 - b_2 + b_3 = -2(1) - (-1) + 1 = 0$. Usando os números da última coluna e uma matriz original, eu agora realizo operações de linha na matriz aumentada.

$$\left[\begin{array}{ccc|c} 1 & -2 & -4 & -1 \\ 0 & 7 & 23 & 4 \\ 0 & 0 & 0 & 0 \end{array}\right] \frac{1}{7} L_2 \rightarrow L_2 \left[\begin{array}{ccc|c} 1 & -2 & -4 & -1 \\ 0 & 1 & \frac{23}{7} & \frac{4}{7} \\ 0 & 0 & 0 & 0 \end{array}\right]$$

$$2L_2 + L_1 \rightarrow L_1 \left[\begin{array}{ccc|c} 1 & 0 & \frac{18}{7} & \frac{1}{7} \\ 0 & 1 & \frac{23}{7} & \frac{4}{7} \\ 0 & 0 & 0 & 0 \end{array}\right]$$

As equações correspondentes às duas primeiras linhas na leitura da matriz são $x_1 + {}^{18}/_7, x_3 = {}^1/_7$, e $x_2 + {}^{23}/_7\, x_3 = {}^4/_7$. Escolhendo k como parâmetro para substituir x_3, então o vetor **x** para esta situação em particular é

$$\begin{bmatrix} \frac{1}{7} - \frac{18}{7}k \\ \frac{4}{7} - \frac{23}{7}k \\ k \end{bmatrix}$$

Agora, considerando $k = 2$ (eu apenas escolhi o 2 aleatoriamente, tentando conseguir números inteiros para os elementos), você obtém:

$$\begin{bmatrix} -5 \\ -6 \\ 2 \end{bmatrix}$$

A equação de matriz vetorial é:

$$\begin{bmatrix} -1 & 2 & 4 \\ 5 & -3 & 3 \\ 3 & 1 & 11 \end{bmatrix} \begin{bmatrix} -5 \\ -6 \\ 2 \end{bmatrix} = \begin{bmatrix} 1 \\ -1 \\ 1 \end{bmatrix}$$

CUIDADO!

Mesmo que muitas soluções sejam possíveis para esta equação matricial, lembre-se de que as soluções são cuidadosamente construídas depois de escolhidos os números para representar os elementos em **b**.

Chegando a lugar nenhum porque não há nenhuma solução

Às vezes, uma equação que parece perfeitamente simpática e inofensiva não se comporta muito bem. Você analisa um vetor solução, e descobre que não há nada para ser obtido. Resolver um vetor-matriz parece ser uma situação bastante simples: basta encontrar alguns elementos de um vetor para multiplicar por uma matriz para que você tenha um enunciado verdadeiro. Você não é exigente com a sua resposta. Você ficaria satisfeito com os números negativos ou frações, ou ambos. No entanto, não se pode ter tudo o que se deseja.

Tentando encontrar números para fazer isto funcionar

Por exemplo, faça a matriz A e o vetor b assumirem as seguintes funções:

$$A = \begin{bmatrix} 2 & -1 & 1 \\ 1 & 1 & -1 \\ 3 & -1 & 1 \end{bmatrix} \text{ e } \mathbf{b} = \begin{bmatrix} 1 \\ 2 \\ 0 \end{bmatrix}$$

Em seguida, use o método de uma matriz aumentada e operações de linha:

$$\left[\begin{array}{ccc|c} 2 & -1 & 1 & 1 \\ 1 & 1 & -1 & 2 \\ 3 & -1 & 1 & 0 \end{array}\right] L_1 \leftrightarrow L_2 \left[\begin{array}{ccc|c} 1 & 1 & -1 & 2 \\ 2 & -1 & 1 & 1 \\ 3 & -1 & 1 & 0 \end{array}\right]$$

$$\begin{array}{r} -2L_1 + L_2 \to L_2 \\ -3L_1 + L_3 \to L_3 \end{array} \left[\begin{array}{ccc|c} 1 & 1 & -1 & 2 \\ 0 & -3 & 3 & -3 \\ 0 & -4 & 4 & -6 \end{array}\right]$$

$$\begin{array}{r} -\frac{1}{3}L_2 \to L_2 \\ -\frac{1}{4}L_3 \to L_3 \end{array} \left[\begin{array}{ccc|c} 1 & 1 & -1 & 2 \\ 0 & 1 & -1 & 1 \\ 0 & 1 & -1 & \frac{3}{2} \end{array}\right]$$

$$-1L_2 + L_3 \to L_3 \left[\begin{array}{ccc|c} 1 & 1 & -1 & 2 \\ 0 & 1 & -1 & 1 \\ 0 & 0 & 0 & \frac{1}{2} \end{array}\right]$$

Tudo estava indo maravilhosamente bem até o último passo na redução de linhas. A última linha da matriz possui três 0s e, então, uma fração. Traduzindo isto em uma equação, você tem $0x_1 + 0x_2 + 0x_3 = 1/2$. A afirmação é impossível. Quando você multiplica por 0, você sempre terá 0, e não algum outro número. Assim, a equação vetorial da matriz não tem solução.

Expandindo sua busca na esperança de uma solução

Considere a matriz C e o vetor **d**.

$$C = \begin{bmatrix} 1 & a \\ -1 & 3 \\ b & 7 \end{bmatrix} \quad \text{e} \quad \mathbf{d} = \begin{bmatrix} 2 \\ 13 \\ 17 \end{bmatrix}$$

Ao determinar se as incógnitas a e b têm quaisquer valores que tornam a equação $C\mathbf{x} = \mathbf{d}$ um enunciado verdadeiro, você pode usar o mesmo método de escrever uma matriz aumentada. Escrevendo a matriz aumentada e utilizando operações de linha,

$$\left[\begin{array}{cc|c} 1 & a & 2 \\ -1 & 3 & 13 \\ b & 7 & 17 \end{array}\right] \begin{array}{c} L_1 + L_2 \to L_2 \\ -bL_1 + L_3 \to L_3 \end{array} \left[\begin{array}{cc|c} 1 & a & 2 \\ 0 & a+3 & 15 \\ 0 & -ab+7 & -2b+17 \end{array}\right]$$

$$\frac{1}{a+3}L_2 \to L_2 \left[\begin{array}{cc|c} 1 & a & 2 \\ 0 & 1 & \dfrac{15}{a+3} \\ 0 & -ab+7 & -2b+17 \end{array}\right]$$

$$\begin{array}{c} -aL_2 + L_1 \to L_1 \\ (ab-7)L_2 + L_3 \to L_3 \end{array} \left[\begin{array}{cc|c} 1 & 0 & \dfrac{-13a+6}{a+3} \\ 0 & 1 & \dfrac{15}{a+3} \\ 0 & 0 & \dfrac{13ab+17a-6b-54}{a+3} \end{array}\right]$$

a última linha tem zeros e a expressão fracionária. O valor de

$$\frac{13ab + 17a - 6b - 54}{a+3}$$

deve ser igual a 0. Assim, por exemplo, se você considerar , $a = 2$ e $b = 1$ (visando um resultado de 0), então os elementos da última coluna são

$$\frac{-13a+6}{a+3}=\frac{-13(2)+6}{2+3}=-4$$

$$\frac{15}{a+3}=\frac{15}{2+3}=3$$

$$\frac{13ab+17a-6b-54}{a+3}=\frac{13(2)(1)+17(2)-6(1)-54}{2+3}=0$$

Portanto, a equação C**x** = **d** pode ser escrita

$$C\mathbf{x}=\mathbf{d}$$

$$\begin{bmatrix}1 & 2\\ -1 & 3\\ 1 & 7\end{bmatrix}\begin{bmatrix}-4\\ 3\end{bmatrix}=\begin{bmatrix}2\\ 13\\ 17\end{bmatrix}$$

Enquanto a e b forem convenientemente escolhidos de forma a criar um 0 no último elemento da terceira linha, você vai ter uma solução. A única vez que uma solução *não* é possível é se você escolher $a = -3$. A soma no denominador não deve ser igual a 0, por isso a não pode ser -3.

Capítulo 7

Focando Sistemas Homogêneos e Independência Linear

Neste Capítulo

- Trabalhando através de sistemas de equações homogêneas
- Resolvendo soluções não triviais de sistemas homogêneos
- Investigando a independência linear
- Rompendo o tema da base
- Estendendo a base para polinômios e matrizes
- Investigando a dimensão com referência na base

A resolução de equações de vetor matriz adquire um novo sabor neste capítulo. Você encontra conjuntos de 0s iguais às somas dos termos lineares em vez de números diferentes de zero. Os sistemas de equações homogêneas são iguais a 0, e então, tente encontrar soluções diferentes de zero, um desafio interessante.

Além disso, neste capítulo, relaciono a independência linear com o espaço gerado para produzir um novo conceito completo chamado de *base*. Técnicas familiares e antigas são usadas para investigar as novas ideias e regras.

Buscando Soluções de Sistemas Homogêneos

Um sistema de equações lineares é considerado homogêneo se for da forma:

$$\begin{cases} a_{11}x_1 + a_{12}x_2 + \cdots + a_{1n}x_n = 0 \\ a_{21}x_1 + a_{22}x_2 + \cdots + a_{2n}x_n = 0 \\ \vdots \\ a_{m1}x_1 + a_{m2}x_2 + \cdots + a_{mn}x_n = 0 \end{cases}$$

onde cada x_i é uma variável e cada a_{ij} é um coeficiente de número real.

O que é especial sobre um sistema homogêneo de equações lineares é que cada soma do coeficiente variável múltiplo é igual a 0. Se você criar uma matriz $m \times n$ dos coeficientes das variáveis, x_i, e chamá-la de A, então você pode escrevê-lo como a equação de vetor matriz correspondente $A\mathbf{x} = \mathbf{0}$. O $\mathbf{x}$ representa o *vetor das variáveis* e o $\mathbf{0}$ representa o *vetor zero* $m \times 1$. Para mais informações sobre equações de vetor matriz de forma $A\mathbf{x} = \mathbf{b}$, você deve consultar o Capítulo 6.

Ao contrário de um sistema geral de equações lineares, um sistema homogêneo de equações lineares *sempre* possui pelo menos uma solução — isso é garantido. Ela ocorre quando você considera cada variável igual a 0. A solução onde tudo é 0 é chamada de *solução trivial*. Nela, cada elemento do vetor $\mathbf{x}$ é igual a 0. Ok, está não é a solução mais interessante do mundo — talvez você se sinta um zero à esquerda (desculpe, não pude evitar o trocadilho). O mais interessante em um sistema homogêneo de equações são as soluções não triviais, se houver alguma.

Determinar a diferença entre soluções triviais e não triviais

Um sistema de equações lineares, em geral, pode ter uma, várias ou nenhuma solução. Para um sistema de equações lineares ter exatamente uma solução, o número de variáveis não pode exceder o número de equações. Mas, apenas seguir a orientação de ter menos variáveis do que equações não garante uma única solução (ou qualquer solução); é apenas um requisito para que a solução única ocorra.

Um sistema de equações lineares pode ter mais de uma solução. Muitas soluções ocorrem quando o número de equações é menor que o número de variáveis. Para identificar as soluções, você atribui uma das variáveis como um *parâmetro* (algum número real) e determina os valores das outras variáveis com base em fórmulas desenvolvidas a partir das relações estabelecidas nas equações.

No caso de um sistema homogêneo de equações, você sempre tem pelo menos uma solução. A solução garantida é a solução trivial em que cada variável é igual a 0. Se um sistema homogêneo tem uma solução não trivial, então ele deve apresentar um requisito especial envolvendo o número de equações e o número de variáveis no sistema.

LEMBRE-SE

Se um sistema homogêneo de equações lineares tem menos equações do que incógnitas, então ele tem uma solução não trivial. Além disso, ele tem uma solução não trivial se, e somente se, o sistema tiver pelo menos uma variável livre. Uma *variável livre* (também chamada de parâmetro) é uma variável que pode assumir, aleatoriamente um valor numérico. As outras variáveis são relacionadas às variáveis livres através de algumas regras algébricas.

Banalizando a situação com um sistema trivial

O sistema homogêneo de equações mostrado a seguir tem apenas uma solução trivial — e nenhuma solução não trivial.

$$\begin{cases} 3x + 4y = 0 \\ 4x - 2y = 0 \end{cases}$$

Se você multiplicar a segunda equação por 2 e adicioná-la à primeira equação, você obtém $11x = 0$, a qual lhe dá $x = 0$. Ao substituir $x = 0$ em ambas as equações, você obtém $y = 0$. Quando as variáveis são iguais a 0, a solução é considerada trivial.

Nem sempre é tão fácil dizer se um sistema tem apenas uma solução trivial. Na seção " Formulando a forma de uma solução", mais adiante, mostro a você como determinar, através das etapas, se você tem mais do que uma solução trivial.

Tomando a trivial e adicionando mais algumas soluções

O próximo sistema de equações não possui soluções triviais. Embora, à primeira vista, você veja três equações e três incógnitas, sendo cada equação considerada igual a 0, o sistema *cumpre* o requisito de que haja menos equações do que incógnitas. O requisito é cumprido porque uma das equações foi criada, na verdade, ao adicionar um múltiplo de uma das outras equações à terceira equação. Na próxima seção, mostro a você como determinar quando uma equação é uma combinação linear de duas outras, resultando em uma equação menor do que o sistema original.

Então, volte para o sistema de equações:

$$\begin{cases} x_1 + 3x_2 - 5x_3 = 0 \\ 3x_1 - x_2 + 5x_3 = 0 \\ 3x_1 + 2x_2 - x_3 = 0 \end{cases}$$

A variável x_3 é uma *variável livre*. E, ao considerar $x_3 = k$, $x_1 = -k$, e $x_2 = 2k$, você pode encontrar todas as soluções. Como você sabe disso? Apenas confie em mim; eu só quero lhe mostrar como as soluções não triviais funcionam. (Mostrarei como encontrar estes valores na próxima seção.)

Por exemplo, para encontrar uma das soluções não triviais usando o parâmetro e fórmulas determinadas pelas equações, você poderia escolher $k = 3$, então $x_3 = 3$, $x_1 = -3$, e $x_2 = 6$. Ao substituir estes valores no sistema original de equações você obtém:

$$\begin{cases} -3+3(6)-5(3)=-3+18-15=0 \\ 3(-3)-6+5(3)=-9-6+15=0 \\ 3(-3)+2(6)-3=-9+12-3=0 \end{cases}$$

Você tem um número infinito de soluções possíveis. Escolha qualquer valor novo para k e você obterá um novo conjunto de números. Você também poderia considerar $k = 0$.

Formulando a forma de uma solução

Agora começo a falar sério e vou lhe mostrar como realizar as determinações em relação às soluções triviais e não triviais. Você pode dizer se um sistema de equações homogêneas possui apenas uma solução trivial ou se ele realmente não possui soluções triviais. Você pode realizar a tarefa por observação (no caso de sistemas pequenos e simples) ou por alteração do sistema para uma forma escalonada por sistemas mais complicados.

Viajando pela estrada com o trivial

Os sistemas de três equações lineares a seguir possuem uma solução trivial. Talvez você esteja um pouco desconfiado por haver apenas uma solução, porque você tem tantas equações quanto variáveis. Contudo, a situação de variável igual à equação não é suficiente para fazer, definitivamente, esta avaliação. Você precisa mostrar que nenhuma das equações pode ser eliminada porque são as combinações lineares das outras.

Então, para determinar se sua hipótese esta correta, você toma o sistema de equações e escreve sua matriz aumentada correspondente:

$$\begin{cases} x_1 - 2x_2 + 1x_3 = 0 \\ \quad\; 5x_2 - 3x_3 = 0 \\ x_1 - 2x_2 - x_3 = 0 \end{cases} \qquad \left[\begin{array}{ccc|c} 1 & -2 & 1 & 0 \\ 0 & 5 & -3 & 0 \\ 1 & -2 & -1 & 0 \end{array}\right]$$

Agora, ao realizar a operação de linha para multiplicar a primeira linha por -1 e adicioná-la à linha três para criar uma nova linha três, você obtém uma matriz na qual a última linha é escrita como $2x_3 = 0$ para sua equação correspondente.

$$\left[\begin{array}{ccc|c} 1 & -2 & 1 & 0 \\ 0 & 5 & -3 & 0 \\ 1 & -2 & -1 & 0 \end{array}\right] -1L_1 + L_3 \rightarrow L_3 \left[\begin{array}{ccc|c} 1 & -2 & 1 & 0 \\ 0 & 5 & -3 & 0 \\ 0 & 0 & -2 & 0 \end{array}\right]$$

Dividindo por 2, você obtém $x_3 = 0$. Ao substituir este 0 na segunda equação original, você sabe que x_2 também é igual a 0. E ao substituir novamente na primeira ou terceira equação, você tem 0 para x_1, também. A dica para a solução trivial neste caso foi o fato de que a última linha da matriz tinha todos os elementos iguais a 0, exceto um. Quando você tem todos os 0s em uma linha, você geralmente tem uma solução não trivial (se a eliminação da linha cria menos equações do que variáveis).

Participando da jornada do não trivial

Quando um sistema de equações lineares homogêneo não possui soluções triviais, você geralmente tem um número infinito de escolhas para satisfazer o sistema. É claro, você pode escolher quaisquer números a seu gosto. Você escolhe o primeiro, e então os outros entram em fila atrás desta escolha. Você encontra os números secundários usando as regras que envolvem expressões algébricas.

Por exemplo, considere o próximo sistema de quatro equações lineares com quatro incógnitas. Você não pode ter soluções não triviais a menos que você tenha menos equações independentes (onde nenhuma é uma combinação linear das outras) do que incógnitas, então você muda para uma matriz aumentada, operações de linhas, e altera a forma escalonada da matriz. Primeiro, o sistema de equações:

$$\begin{cases} x_1 + 2x_2 + 3x_3 + 2x_4 = 0 \\ x_1 + 3x_2 + 5x_3 + 5x_4 = 0 \\ 2x_1 + 4x_2 + 7x_3 + x_4 = 0 \\ -x_1 - 2x_2 - 6x_3 + 7x_4 = 0 \end{cases}$$

E a matriz aumentada correspondente:

$$\left[\begin{array}{cccc|c} 1 & 2 & 3 & 2 & 0 \\ 1 & 3 & 5 & 5 & 0 \\ 2 & 4 & 7 & 1 & 0 \\ -1 & -2 & -6 & 7 & 0 \end{array}\right]$$

Agora, ao realizar operações de linha, eu altero a matriz à forma escalonada de linha reduzida. (Precisa refrescar a memória sobre notação de operações de linha? Volte ao Capítulo 3.) Note que na terceira etapa, a última linha muda para todos os 0s, significando que era uma combinação linear das outras equações. O número de equações é reduzido para três, então as soluções não triviais devem ser encontradas.

$$\left[\begin{array}{cccc|c} 1 & 2 & 3 & 2 & 0 \\ 1 & 3 & 5 & 5 & 0 \\ 2 & 4 & 7 & 1 & 0 \\ -1 & -2 & -6 & 7 & 0 \end{array}\right] \begin{array}{c} -1L_1 + L_2 \rightarrow L_2 \\ -2L_1 + L_3 \rightarrow L_3 \\ 1L_1 + L_4 \rightarrow L_4 \end{array} \left[\begin{array}{cccc|c} 1 & 2 & 3 & 2 & 0 \\ 0 & 1 & 2 & 3 & 0 \\ 0 & 0 & 1 & -3 & 0 \\ 0 & 0 & -3 & 9 & 0 \end{array}\right]$$

$$-2L_2 + L_1 \rightarrow L_1 \left[\begin{array}{cccc|c} 1 & 0 & -1 & -4 & 0 \\ 0 & 1 & 2 & 3 & 0 \\ 0 & 0 & 1 & -3 & 0 \\ 0 & 0 & -3 & 9 & 0 \end{array}\right]$$

$$\begin{array}{c} 1L_3 + L_1 \rightarrow L_1 \\ -2L_3 + L_2 \rightarrow L_2 \\ 3L_3 + L_4 \rightarrow L_4 \end{array} \left[\begin{array}{cccc|c} 1 & 0 & 0 & -7 & 0 \\ 0 & 1 & 0 & 9 & 0 \\ 0 & 0 & 1 & -3 & 0 \\ 0 & 0 & 0 & 0 & 0 \end{array}\right]$$

Ao escrever as equações correspondentes para a forma escalonar de linha reduzida, a linha de cima corresponde a $x_1 - 7x_4 = 0$, a segunda linha corresponde a $x_2 + 9x_4 = 0$, e a terceira linha corresponde a $x_3 - 3x_4 = 0$. Considerando $x_4 = k$, as outras variáveis são alguns múltiplos de k: $x_1 = 7k$, $x_2 = -9k$ e $x_3 = 3k$. Então, se eu considerar $k = -2$, por exemplo, terei $x_1 = -14$, $x_2 = 18$, $x_3 = -6$ e $x_4 = -2$. Aqui está como a solução particular funciona no sistema de equações.

$$\begin{cases} x_1 + 2x_2 + 3x_3 + 2x_4 = -14 + 2(18) + 3(-6) + 2(-2) = -14 + 36 - 18 - 4 = 0 \\ x_1 + 3x_2 + 5x_3 + 5x_4 = -14 + 3(18) + 5(-6) + 5(-2) = -14 + 54 - 30 - 10 = 0 \\ 2x_1 + 4x_2 + 7x_3 + x_4 = 2(-14) + 4(18) + 7(-6) - 2 = -28 + 72 - 42 - 2 = 0 \\ -x_1 - 2x_2 - 6x_3 + 7x_4 = -(-14) - 2(18) - 6(-6) + 7(-2) = 14 - 36 + 36 - 14 = 0 \end{cases}$$

Aprofundando-se na Independência Linear

O termo independência tem significados distintos para diferentes pessoas. Minha mãe não quer desistir de seu carro e perder sua independência. Todos os anos, o Brasil celebra o Dia da Independência. No entanto, se você é um matemático, você tem uma opinião diferente sobre independência. A palavra *independência*, em termos matemáticos, muitas vezes tem a ver com um conjunto de vetores e com a relação entre os vetores neste conjunto.

Um conjunto de vetores pode ser tanto *linearmente independente* como *linearmente dependente*.

Os vetores $\{\mathbf{v}_1, \mathbf{v}_2, ..., \mathbf{v}_n\}$ são linearmente independentes se a equação envolve combinações lineares, $a_1\mathbf{v}_1 + a_2\mathbf{v}_2 + ... + a_n\mathbf{v}_n = 0$, é verdadeira apenas quando os escalares (a_i) são *todos* iguais a 0. Os vetores são *linearmente dependentes* se a equação possui uma solução quando no mínimo um dos escalares não é igual a 0.

A descrição de *independência linear* é outra forma de falar sobre sistemas homogêneos de equações lineares. Em vez de discutir as equações algébricas e a matriz aumentada correspondente, a discussão agora foca em vetores e equações vetoriais. Verdade, você ainda está usando a matriz aumentada em suas pesquisas, mas a matriz agora é criada pelos vetores. Então, analisando sob a perspectiva do sistema de equações homogêneas, você tem uma independência linear se houver apenas uma solução trivial, e uma dependência linear se os escalares, nem todos 0, existirem para resultarem em 0 na equação vetorial.

Testando a dependência ou independência

Por exemplo, considere o seguinte conjunto de vetores e teste se os vetores no conjunto são linearmente dependentes ou independentes.

$$\left\{\begin{bmatrix}1\\-2\\0\end{bmatrix},\begin{bmatrix}4\\0\\8\end{bmatrix},\begin{bmatrix}3\\-1\\5\end{bmatrix}\right\}$$

Para testar sob quais circunstâncias a equação $a_1\mathbf{v}_1 + a_2\mathbf{v}_2 + a_3\mathbf{v}_3 = 0$, escreva a equação com os vetores.

$$a_1\begin{bmatrix}1\\-2\\0\end{bmatrix}+a_2\begin{bmatrix}4\\0\\8\end{bmatrix}+a_3\begin{bmatrix}3\\-1\\5\end{bmatrix}=\begin{bmatrix}0\\0\\0\end{bmatrix}$$

Então, escreva a matriz aumentada com os vetores como colunas, e realize reduções de linha.

$$\left[\begin{array}{ccc|c} 1 & 4 & 3 & 0 \\ -2 & 0 & -1 & 0 \\ 0 & 8 & 5 & 0 \end{array}\right] 2L_1 + L_2 \rightarrow L_2 \left[\begin{array}{ccc|c} 1 & 4 & 3 & 0 \\ 0 & 8 & 5 & 0 \\ 0 & 8 & 5 & 0 \end{array}\right]$$

$$-1L_2 + L_3 \rightarrow L_3 \left[\begin{array}{ccc|c} 1 & 4 & 3 & 0 \\ 0 & 8 & 5 & 0 \\ 0 & 0 & 0 & 0 \end{array}\right]$$

$$\frac{1}{8}L_2 \rightarrow L_2 \left[\begin{array}{ccc|c} 1 & 4 & 3 & 0 \\ 0 & 1 & \frac{5}{8} & 0 \\ 0 & 0 & 0 & 0 \end{array}\right]$$

$$\frac{1}{8}L_2 \rightarrow L_2 \left[\begin{array}{ccc|c} 1 & 4 & 3 & 0 \\ 0 & 1 & \frac{5}{8} & 0 \\ 0 & 0 & 0 & 0 \end{array}\right]$$

$$-4L_2 + L_1 \rightarrow L_1 \left[\begin{array}{ccc|c} 1 & 0 & \frac{1}{2} & 0 \\ 0 & 1 & \frac{5}{8} & 0 \\ 0 & 0 & 0 & 0 \end{array}\right]$$

A linha inferior tem todos os 0s, então você sabe que possui soluções não triviais para os sistemas de equações. (Se necessário, consulte "Viajando pela estrada com o trivial" para mais informações.) O conjunto de vetores é linearmente dependente. No entanto, há muitos casos em que uma combinação linear de vetores é igual a 0 quando os vetores, por si só, não são 0.

Eu demonstro o fato de que você possui mais do que apenas uma solução trivial ao reduzir a forma da matriz reescrevendo a equação vetorial.

$$a_1 \begin{bmatrix} 1 \\ 0 \\ 0 \end{bmatrix} + a_2 \begin{bmatrix} 0 \\ 1 \\ 0 \end{bmatrix} + a_3 \begin{bmatrix} \frac{1}{2} \\ \frac{5}{8} \\ 0 \end{bmatrix} = \begin{bmatrix} 0 \\ 0 \\ 0 \end{bmatrix}$$

$$a_1 + {}^{1}/_{2}\, a_3 = 0 \text{ e } a_2 + {}^{5}/_{8}\, a_3 = 0$$

Considerando $a_3 = k$, eu também tenho $a_2 = -5/8$ e $a_1 = -1/2\, k$. Então a equação vetorial original é lida

$$-\frac{1}{2}k\begin{bmatrix}1\\-2\\0\end{bmatrix}-\frac{5}{8}k\begin{bmatrix}4\\0\\8\end{bmatrix}+k\begin{bmatrix}3\\-1\\5\end{bmatrix}=\begin{bmatrix}0\\0\\0\end{bmatrix}$$

Por exemplo, se $k = 8$, você teria:

$$-\frac{1}{2}(8)\begin{bmatrix}1\\-2\\0\end{bmatrix}-\frac{5}{8}(8)\begin{bmatrix}4\\0\\8\end{bmatrix}+8\begin{bmatrix}3\\-1\\5\end{bmatrix}=-4\begin{bmatrix}1\\-2\\0\end{bmatrix}-5\begin{bmatrix}4\\0\\8\end{bmatrix}+8\begin{bmatrix}3\\-1\\5\end{bmatrix}$$

$$=\begin{bmatrix}-4\\8\\0\end{bmatrix}+\begin{bmatrix}-20\\0\\-40\end{bmatrix}+\begin{bmatrix}24\\-8\\40\end{bmatrix}=\begin{bmatrix}-4-20+24\\8+0-8\\0-40+40\end{bmatrix}=\begin{bmatrix}0\\0\\0\end{bmatrix}$$

Um requisito para a dependência linear é que você tenha mais que apenas uma solução trivial para o sistema de equações relacionado. As soluções não triviais ocorrem quando você tem menos equações do que variáveis. Então, no próximo exemplo, tentei criar a situação de mais equações do que variáveis. Assim, começando com apenas três vetores, possuo mais equações do que variáveis.

Aqui está o conjunto de vetores que estou utilizando:

$$\left\{\begin{bmatrix}1\\2\\1\\4\end{bmatrix},\begin{bmatrix}0\\1\\1\\1\end{bmatrix},\begin{bmatrix}2\\0\\1\\7\end{bmatrix}\right\}$$

Para verificar a independência linear, escrevo a equação vetorial e a matriz aumentada correspondente.

$$a_1\begin{bmatrix}1\\2\\1\\4\end{bmatrix}+a_2\begin{bmatrix}0\\1\\1\\1\end{bmatrix}+a_3\begin{bmatrix}2\\0\\1\\7\end{bmatrix}=\begin{bmatrix}0\\0\\0\\0\end{bmatrix}\qquad\left[\begin{array}{ccc|c}1&0&2&0\\2&1&0&0\\1&1&1&0\\4&1&7&0\end{array}\right]$$

$$\begin{bmatrix} 1 & 0 & 2 & \vdots & 0 \\ 2 & 1 & 0 & \vdots & 0 \\ 1 & 1 & 1 & \vdots & 0 \\ 4 & 1 & 7 & \vdots & 0 \end{bmatrix} \begin{matrix} -2L_1 + L_2 \rightarrow L_2 \\ -1L_1 + L_3 \rightarrow L_3 \\ -4L_1 + L_4 \rightarrow L_4 \end{matrix} \begin{bmatrix} 1 & 0 & 2 & \vdots & 0 \\ 0 & 1 & -4 & \vdots & 0 \\ 0 & 1 & -1 & \vdots & 0 \\ 0 & 1 & -1 & \vdots & 0 \end{bmatrix}$$

$$\begin{matrix} -1L_2 + L_3 \rightarrow L_3 \\ -1L_2 + L_4 \rightarrow L_4 \end{matrix} \rightarrow \begin{bmatrix} 1 & 0 & 2 & \vdots & 0 \\ 0 & 1 & -4 & \vdots & 0 \\ 0 & 0 & 3 & \vdots & 0 \\ 0 & 0 & 0 & \vdots & 0 \end{bmatrix}$$

$$\begin{matrix} -1L_2 + L_3 \rightarrow L_3 \\ -1L_2 + L_4 \rightarrow L_4 \end{matrix} \rightarrow \begin{bmatrix} 1 & 0 & 2 & \vdots & 0 \\ 0 & 1 & -4 & \vdots & 0 \\ 0 & 0 & 3 & \vdots & 0 \\ 0 & 0 & 0 & \vdots & 0 \end{bmatrix}$$

$$\frac{1}{3}L_3 \rightarrow L_3 \begin{bmatrix} 1 & 0 & 2 & \vdots & 0 \\ 0 & 1 & -4 & \vdots & 0 \\ 0 & 0 & 1 & \vdots & 0 \\ 0 & 0 & 0 & \vdots & 0 \end{bmatrix}$$

$$\begin{matrix} -2L_3 + L_1 \rightarrow L_1 \\ 4L_3 + L_2 \rightarrow L_2 \end{matrix} \rightarrow \begin{bmatrix} 1 & 0 & 0 & \vdots & 0 \\ 0 & 1 & 0 & \vdots & 0 \\ 0 & 0 & 1 & \vdots & 0 \\ 0 & 0 & 0 & \vdots & 0 \end{bmatrix}$$

Executando as operações de linha para reduzir a matriz à forma escalonada, eu obtenho:

A única solução ocorre quando todos os escalares são 0: $a_1 = a_2 = a_3 = 0$, então os vetores são linearmente independentes.

Caracterizando conjuntos de vetores linearmente independentes

Você sempre tem em mãos o método infalível de examinar a relação dos vetores em um conjunto usando a matriz aumentada. Quando houver dúvida, vá para a forma matricial. No entanto, se você está frente a alguma característica mais óbvia do conjunto de vetores que está utilizando, você pode economizar algum tempo distinguindo o conjunto independente do dependente sem ter todo esse trabalho. Você gostaria de decidir com apenas uma simples inspeção do conjunto de vetores, se possível. Ao aplicar as seguintes regras, você sempre assume que a dimensão de cada vetor no conjunto é o mesmo. Ou seja, você não possui um vetor 2 x 1 e um vetor 3 x 1 no mesmo conjunto.

Questionando quando um conjunto possui apenas um vetor

Um conjunto, em matemática é uma coleção de objetos. Um conjunto pode ter quaisquer números de elementos ou objetos, então, também pode conter apenas um elemento. Sim, você também pode classificar um conjunto com um único elemento como independente ou dependente.

Um conjunto que contém apenas um vetor é linearmente independente se este único vetor *não* for um vetor zero.

Então, dos quatro conjuntos mostrados a seguir, apenas o conjunto D é dependente; os demais são todos independentes.

$$A = \left\{ \begin{bmatrix} 1 \\ 0 \\ 1 \\ 4 \end{bmatrix} \right\} \quad B = \left\{ \begin{bmatrix} 9 \\ -8 \end{bmatrix} \right\} \quad C = \left\{ \begin{bmatrix} 0 \\ 0 \\ 7 \end{bmatrix} \right\} \quad D = \left\{ \begin{bmatrix} 0 \\ 0 \\ 0 \\ 0 \end{bmatrix} \right\}$$

Duplicando sua satisfação com dois vetores

Um conjunto que contém dois vetores pode ser linearmente independente ou dependente. Se você é bom em tabuada, então será "o cara" ao determinar a independência linear de conjuntos de dois vetores.

Um conjunto que contém dois vetores é linearmente independente assim como um dos vetores *não* é múltiplo do outro.

Aqui estão dois conjuntos contendo dois vetores. O conjunto E é linearmente independente. O conjunto F é linearmente dependente, porque cada elemento do segundo vetor é metade do elemento correspondente no primeiro vetor.

$$E = \left\{ \begin{bmatrix} 1 \\ 0 \\ -4 \\ 8 \end{bmatrix}, \begin{bmatrix} 2 \\ -2 \\ 1 \\ 3 \end{bmatrix} \right\} \quad F = \left\{ \begin{bmatrix} 8 \\ -6 \\ 0 \end{bmatrix}, \begin{bmatrix} 4 \\ -3 \\ 0 \end{bmatrix} \right\}$$

Três é demais, quatro é mais que demais

Um conjunto contendo vetores contém todos eles com a mesma dimensão. Estas dimensões entram em jogo quando fazemos uma rápida observação sobre dependência ou independência linear.

Um conjunto que contém vetores n x 1 possui vetores dependentes linearmente se o número de vetores no conjunto é maior que n.

Então, não importa o quanto você está esperançoso para que este próximo conjunto de vetores seja linearmente independente, ele não pode ser. Os vetores são todos 4 x 1 e eu possuo cinco vetores no conjunto.

$$\left\{\begin{bmatrix}1\\2\\3\\5\end{bmatrix},\begin{bmatrix}7\\11\\13\\17\end{bmatrix},\begin{bmatrix}19\\23\\29\\31\end{bmatrix},\begin{bmatrix}37\\41\\43\\47\end{bmatrix},\begin{bmatrix}53\\59\\61\\67\end{bmatrix}\right\}$$

Depois de mostrar este exemplo terrível de vetores — apenas arbitrariamente colocando o número 1 e um grupo de números primos para os elementos —, comecei a me perguntar se poderia demonstrar para você que realmente o conjunto é linearmente dependente, que um dos vetores é uma combinação linear dos outros. Assim, sem mostrar a vocês cada detalhe sórdido (sinta-se livre, é claro, para verificar o meu trabalho), a forma escalonada reduzida da matriz aumentada utilizada é:

$$\begin{bmatrix}1&0&0&0&-\frac{2}{5}\\0&1&0&0&\frac{47}{150}\\0&0&1&0&-\frac{1}{5}\\0&0&0&1&\frac{223}{150}\end{bmatrix}\rightarrow\left\{\begin{bmatrix}1\\0\\0\\0\end{bmatrix},\begin{bmatrix}0\\1\\0\\0\end{bmatrix},\begin{bmatrix}0\\0\\1\\0\end{bmatrix},\begin{bmatrix}0\\0\\0\\1\end{bmatrix},\begin{bmatrix}\frac{2}{5}\\-\frac{47}{150}\\\frac{1}{5}\\-\frac{223}{150}\end{bmatrix}\right\}$$

O último vetor é uma combinação linear dos quatro primeiros vetores. Usando os valores da última coluna da forma escalonada como multiplicadores, você vê a combinação linear que cria o vetor final.

$$-\frac{2}{5}\begin{bmatrix}1\\2\\3\\5\end{bmatrix}+\frac{47}{150}\begin{bmatrix}7\\11\\13\\17\end{bmatrix}-\frac{1}{5}\begin{bmatrix}19\\23\\29\\31\end{bmatrix}+\frac{223}{150}\begin{bmatrix}37\\41\\43\\47\end{bmatrix}=\begin{bmatrix}53\\59\\61\\67\end{bmatrix}$$

Os números não são bonitos, mas, eu nunca pretendi demonstrar a propriedade com este conjunto de vetores. É bom saber que o princípio mantém-se — bonito ou não.

Acabando com a dependência linear

Ter o vetor zero como o único vetor de um conjunto é um motivo claro para ter sua dependência linear, mas o que acontece com a introdução do vetor zero para outro conjunto perfeitamente legal de vetores diferentes de zero?

Um conjunto contendo o vetor zero é sempre linearmente dependente.

A melhor e mais rápida maneira de convencer você de que o vetor zero é o sabotador, é dizer que o vetor zero é um múltiplo de qualquer outro vetor no conjunto — é outro vetor vezes o escalar 0.

Reduzindo o número de vetores em um conjunto

Se você já tem um conjunto de vetores linearmente independente, o que acontece se você eliminar um dos vetores do conjunto? O conjunto novo e reduzido também é linearmente independente, ou você deve alterar o plano?

Se os vetores são linearmente independentes, então a remoção de um vetor arbitrário, $\mathbf{v}_i$, não afeta a independência linear.

Unificando a situação com vetores unitários

Um vetor *unitário* tem um elemento que é 1, enquanto os demais elementos são 0s. Por exemplo, os cinco vetores unitários com dimensão 5 × 1 são:

$$\begin{bmatrix}1\\0\\0\\0\\0\end{bmatrix},\begin{bmatrix}0\\1\\0\\0\\0\end{bmatrix},\begin{bmatrix}0\\0\\1\\0\\0\end{bmatrix},\begin{bmatrix}0\\0\\0\\1\\0\end{bmatrix},\begin{bmatrix}0\\0\\0\\0\\1\end{bmatrix}$$

Por que os vetores unitários são especiais ao se considerar a independência linear?

Se o conjunto de vetores $\{\mathbf{v}_1, \mathbf{v}_2, ..., \mathbf{v}_n\}$ contém todos os vetores unitários distintos (diferentes), então, esse conjunto tem independência linear.

Conectando Tudo à Base

No Capítulo 13, você encontra material sobre uma estrutura matemática chamada *espaço vetorial*. O que é um espaço vetorial, você se pergunta? Uma resposta curta e grossa é que um espaço vetorial é um lugar onde orbitam os vetores, e esta resposta não está muito longe da verdade. Neste capítulo, lido apenas com os vetores que pertencem a um espaço vetorial. No Capítulo 13, você encontra os outros processos importantes e as propriedades necessárias para criar um espaço vetorial.

Chegando à primeira base com a base de um espaço vetorial

No início deste capítulo, em "Três é demais, quatro é mais que demais", eu disse a você que um conjunto de vetores não pode ser linearmente independente se você tem mais vetores do que linhas em cada vetor. Quando você tem um conjunto de vetores linearmente independente, você tem uma espécie de núcleo de vetores dos quais outros vetores são derivados utilizando combinações lineares. Mas, quando analisamos um conjunto de vetores, quais são os vetores fundamentais e quais são aqueles criados a partir do núcleo? Existe uma rima ou razão? As respostas a essas questões têm a ver com a base.

Um conjunto de vetores $\{\mathbf{v}_1, \mathbf{v}_2, ..., \mathbf{v}_n\}$ é dito para formar uma *base* para um espaço vetorial se ambos a seguir forem verdadeiros:

- Os vetores $\mathbf{v}_1, \mathbf{v}_2..., \mathbf{v}_n$ expandem o espaço vetorial.
- Os vetores $\mathbf{v}_1, \mathbf{v}_2.., \mathbf{v}_n$ são linearmente independentes.

Você encontrará informações sobre independência linear no início deste capítulo. Há uma discussão completa sobre o *espaço gerado* de um conjunto de vetores no Capítulo 5. Mas por ora, para utilizar o *espaço gerado,* em apenas algumas palavras: Um vetor **v** está no espaço gerado de um conjunto de vetores, S, se **v** é o resultado de uma combinação linear dos vetores em S. Assim, o conceito *base* reúne duas outras propriedades ou conceitos: espaço gerado e independência linear.

Ampliando seus horizontes com uma base natural

O maior exemplo de uma base para um conjunto envolve os vetores unitários. Os vetores unitários 3 × 1 formam uma base para todos os possíveis vetores em R^3.

$$\begin{bmatrix}1\\0\\0\end{bmatrix}, \begin{bmatrix}0\\1\\0\end{bmatrix}, \begin{bmatrix}0\\0\\1\end{bmatrix}$$

Os vetores unitários são linearmente independentes, e você pode encontrar uma combinação linear composta pelos vetores unitários para criar qualquer vetor em R^3. Por exemplo, para demonstrar a combinação linear dos vetores unitários que produzem o vetor especial com a data comemorando o dia em que a Apollo 11 pousou na Lua, então você deve usar os seguintes:

$$7\begin{bmatrix}1\\0\\0\end{bmatrix} + 20\begin{bmatrix}0\\1\\0\end{bmatrix} + 1969\begin{bmatrix}0\\0\\1\end{bmatrix} = \begin{bmatrix}7\\20\\1969\end{bmatrix}$$

Assim, os vetores unitários 3 × 1 são uma *base* para todos os vetores 3× 1 possíveis. Quando os vetores unitários são utilizados como base para um espaço vetorial, você se refere a isso como a *base natural* ou *base canônica*.

Alternando a sua perspectiva com uma base alternada

A base mais simples, mais *natural*, para todos os vetores 3 × 1, é o conjunto dos três vetores unitários. Mas os vetores unitários não são os únicos conjuntos de vetores possíveis usados para criar todos os outros vetores 3 × 1. Por exemplo, o conjunto de vetores mostrado a seguir é a base para todos os vetores 3 x 1 (eles expandem *IR³*):

$$\begin{bmatrix}1\\1\\1\end{bmatrix}, \begin{bmatrix}0\\1\\0\end{bmatrix}, \begin{bmatrix}1\\2\\3\end{bmatrix}$$

Usando o conjunto mostrado aqui, você pode escrever qualquer vetor 3 × 1 possível como uma combinação linear de vetores do conjunto. Na verdade, tenho uma fórmula para determinar quais multiplicadores escalares na combinação linear correspondem a um vetor aleatório. Se você tiver algum vetor

$$\begin{bmatrix}x\\y\\z\end{bmatrix}$$

use a combinação linear

$$a_1\begin{bmatrix}1\\1\\1\end{bmatrix} + a_2\begin{bmatrix}0\\1\\0\end{bmatrix} + a_3\begin{bmatrix}1\\2\\3\end{bmatrix} = \begin{bmatrix}x\\y\\z\end{bmatrix}$$

para criar o vetor no qual

$$a_1 = \frac{3x - z}{2},\ a_2 = \frac{2y - x - z}{2},\ a_3 = \frac{z - x}{2}$$

Assim, para criar o vetor que representa o pouso na Lua pelos tripulantes da Apollo 11, use a configuração para a combinação linear, substitua os números de destino nas fórmulas de escalares, e verifique a multiplicação e adição.

$$\begin{bmatrix} 7 \\ 20 \\ 1969 \end{bmatrix} = a_1 \begin{bmatrix} 1 \\ 1 \\ 1 \end{bmatrix} + a_2 \begin{bmatrix} 0 \\ 1 \\ 0 \end{bmatrix} + a_3 \begin{bmatrix} 1 \\ 2 \\ 3 \end{bmatrix}$$

$$a_1 = \frac{3x - z}{2} = \frac{3(7) - 1969}{2} = \frac{-1948}{2} = -974$$

$$a_2 = \frac{2y - x - z}{2} = \frac{2(20) - 7 - 1969}{2} = \frac{-1936}{2} = -968$$

$$a_3 = \frac{z - x}{2} = \frac{1969 - 7}{2} = \frac{1962}{2} = 981$$

$$-974\begin{bmatrix} 1 \\ 1 \\ 1 \end{bmatrix} - 968\begin{bmatrix} 0 \\ 1 \\ 0 \end{bmatrix} + 981\begin{bmatrix} 1 \\ 2 \\ 3 \end{bmatrix} = \begin{bmatrix} -974 - 0 + 981 \\ -974 - 968 + 1962 \\ -974 - 0 + 2943 \end{bmatrix} = \begin{bmatrix} 7 \\ 20 \\ 1969 \end{bmatrix}$$

Tenho certeza de que você está se perguntando em que lugar do mundo consegui as lindas fórmulas para os escalares na combinação linear. Eu vou mostrar a você as técnicas na seção "Determinando a base estendendo-se em uma busca pelo espaço gerado". Por enquanto, apenas quis demonstrar que é possível ter mais de uma base para um espaço vetorial particular.

Traçando o curso para determinar a base

Um conjunto de vetores B é a *base* para outro conjunto de vetores V se os vetores em B tiverem independência linear e se os vetores em B *gerarem* V. Então, se você estiver considerando alguns vetores, como uma base, você tem duas coisas para verificar: a independência linear e o espaço gerado. Abordo a independência linear no início deste capítulo e o espaço gerado no Capítulo 5, agora vou me concentrar apenas em distinguir as bases que funcionam das que não funcionam.

Determinando a base estendendo-se em uma busca pelo espaço gerado

Um conjunto de vetores pode ser bastante diminuto ou imensamente grande. Quando você está tentando criar todos os vetores de uma determinada dimensão, então você identifica todos os vetores usando a notação IR^n, na qual n refere-se ao número de linhas nos vetores. Mostrarei alguns conjuntos de vetores mais gerenciáveis, para iniciantes, e expandirei meus horizontes para conjuntos infinitamente grandes.

Por exemplo, considere os oito vetores mostrados aqui e como eu encontro uma base dos vetores.

$$\begin{bmatrix}1\\2\\1\end{bmatrix},\begin{bmatrix}-1\\-1\\1\end{bmatrix},\begin{bmatrix}1\\4\\5\end{bmatrix},\begin{bmatrix}3\\4\\-1\end{bmatrix},\begin{bmatrix}0\\1\\2\end{bmatrix},\begin{bmatrix}4\\9\\6\end{bmatrix},\begin{bmatrix}-2\\-3\\0\end{bmatrix},\begin{bmatrix}1\\0\\-3\end{bmatrix}$$

Claramente os vetores não são linearmente independentes, pois você vê mais vetores do que linhas. (Abordei este tema anteriormente em "Três é demais, quatro é mais que demais").

Quero encontrar uma base para o espaço gerado dos oito vetores. O conjunto de vetores unitários é natural, mas eu posso partir com menos de três vetores para uma base particular? Tenho um procedimento para determinar o que exatamente pode constituir uma base para um espaço gerado.

Se você tiver vetores $\mathbf{V}_1, \mathbf{V}_2, ..., \mathbf{V}_n$, para encontrar vetores que formam uma base para o espaço gerado dos vetores dados, você:

1. **Forma a combinação linear $\mathbf{a_1v_1 + a_2v_2 + ... + a_nv_n = 0}$, na qual cada $\mathbf{a}_i$ é um número real.**

2. **Constrói a matriz aumentada correspondente.**

3. **Transforma a matriz na forma escalonada de linha reduzida por linhas.**

4. **Identifica os vetores da matriz original correspondentes às colunas na matriz reduzida que contêm 1s (o primeiro elemento diferente de zero na linha é 1).**

Assim, usando os oito vetores como uma demonstração, eu escrevo a matriz aumentada e realizo as reduções de linha.

$$\left[\begin{array}{cccccccc|c}1 & -1 & 1 & 3 & 0 & 4 & -2 & 1 & 0\\2 & -1 & 4 & 4 & 1 & 9 & -3 & 0 & 0\\1 & 1 & 5 & -1 & 2 & 6 & 0 & -3 & 0\end{array}\right]$$

$$\begin{matrix}-2L_1 + L_2 \rightarrow L_2\\-1L_1 + L_3 \rightarrow L_3\end{matrix}\left[\begin{array}{cccccccc|c}1 & -1 & 1 & 3 & 0 & 4 & -2 & 1 & 0\\0 & 1 & 2 & -2 & 1 & 1 & 1 & -2 & 0\\0 & 2 & 4 & -4 & 2 & 2 & 2 & -4 & 0\end{array}\right]$$

$$\begin{matrix}L_2 + L_1 \rightarrow L_1\\-2L_2 + L_3 \rightarrow L_3\end{matrix}\left[\begin{array}{cccccccc|c}1 & 0 & 3 & 1 & 1 & 5 & -1 & -1 & 0\\0 & 1 & 2 & -2 & 1 & 1 & 1 & -2 & 0\\0 & 0 & 0 & 0 & 0 & 0 & 0 & 0 & 0\end{array}\right]$$

As duas primeiras colunas da forma escalonada reduzida têm o pivô 1. A duas primeiras colunas correspondem aos dois primeiros vetores no conjunto. Assim, uma base para os oito vetores é um conjunto contendo os dois primeiros:

$$\begin{bmatrix}1\\2\\1\end{bmatrix},\begin{bmatrix}-1\\-1\\1\end{bmatrix}$$

Mas, espere um minuto! E se você tivesse escrito os vetores em uma ordem diferente? O que isso faz com a base? Considere os mesmos vetores em uma ordem diferente.

$$\begin{bmatrix}3\\4\\-1\end{bmatrix},\begin{bmatrix}0\\1\\2\end{bmatrix},\begin{bmatrix}4\\9\\6\end{bmatrix},\begin{bmatrix}1\\2\\1\end{bmatrix},\begin{bmatrix}1\\4\\5\end{bmatrix},\begin{bmatrix}-2\\-3\\0\end{bmatrix},\begin{bmatrix}-1\\-1\\1\end{bmatrix},\begin{bmatrix}1\\0\\-3\end{bmatrix}$$

Agora, escrevo a matriz aumentada e executo as operações de linha.

$$\left[\begin{array}{cccccccc|c}3 & 0 & 4 & 1 & 1 & -2 & -1 & 1 & 0\\4 & 1 & 9 & 2 & 4 & -3 & -1 & 0 & 0\\-1 & 2 & 6 & 1 & 5 & 0 & 1 & -3 & 0\end{array}\right]$$

$$-1L_3 \leftrightarrow L_1\left[\begin{array}{cccccccc|c}1 & -2 & -6 & -1 & -5 & 0 & -1 & 3 & 0\\4 & 1 & 9 & 2 & 4 & -3 & -1 & 0 & 0\\3 & 0 & 4 & 1 & 1 & -2 & -1 & 1 & 0\end{array}\right]$$

$$\begin{array}{r}-4L_1 + L_2 \rightarrow L_2\\-3L_1 + L_3 \rightarrow L_3\end{array}\left[\begin{array}{cccccccc|c}1 & -2 & -6 & -1 & -5 & 0 & -1 & 3 & 0\\0 & 9 & 33 & 6 & 24 & -3 & 3 & -12 & 0\\0 & 6 & 22 & 4 & 16 & -2 & 2 & -8 & 0\end{array}\right]$$

$$\frac{1}{9}L_2 \rightarrow L_2\left[\begin{array}{cccccccc|c}1 & -2 & -6 & -1 & -5 & 0 & -1 & 3 & 0\\0 & 1 & \frac{11}{3} & \frac{2}{3} & \frac{8}{3} & -\frac{1}{3} & \frac{1}{3} & -\frac{4}{3} & 0\\0 & 6 & 22 & 4 & 16 & -2 & 2 & -8 & 0\end{array}\right]$$

$$\begin{array}{r}2L_2 + L_1 \rightarrow L_1\\-6L_2 + L_3 \rightarrow L_3\end{array}\left[\begin{array}{cccccccc|c}1 & 0 & \frac{4}{3} & \frac{1}{3} & \frac{1}{3} & -\frac{2}{3} & -\frac{1}{3} & \frac{1}{3} & 0\\0 & 1 & \frac{11}{3} & \frac{2}{3} & \frac{8}{3} & -\frac{1}{3} & \frac{1}{3} & -\frac{4}{3} & 0\\0 & 0 & 0 & 0 & 0 & 0 & 0 & 0 & 0\end{array}\right]$$

Novamente, as duas primeiras colunas da matriz reduzida têm pivô 1. Assim, o dois primeiros vetores na nova listagem também podem ser uma base para a extensão de vetores.

Atribuindo uma base para uma lista com uma regra

Ao invés de listar todos os vetores em um conjunto particular — se é que isso é possível — muitas vezes você pode descrevê-los em um conjunto com uma regra. Por exemplo, você pode ter um conjunto de vetores 3 × 1 onde o primeiro e o segundo elementos são aleatoriamente escolhidos e o terceiro é duas vezes o primeiro menos três vezes o segundo. Você escreve a regra:

$$\left\{\begin{bmatrix} x_1 \\ x_2 \\ 2x_1 - 3x_2 \end{bmatrix}\right\}$$

Agora você quer a base para alguns vetores, mesmo que você não tenha uma listagem completa. Em vez disso, escreva uma expressão na qual a regra mostrada no vetor seja a soma de dois múltiplos escalares.

$$\begin{bmatrix} x_1 \\ x_2 \\ 2x_1 - 3x_2 \end{bmatrix} = x_1\begin{bmatrix} 1 \\ 0 \\ 2 \end{bmatrix} + x_2\begin{bmatrix} 0 \\ 1 \\ -3 \end{bmatrix}$$

Os dois vetores da combinação linear são linearmente independentes, porque nenhum é múltiplo do outro. Os vetores com todas as especificações podem ser escritos como combinações lineares dos dois. Assim, a base dos vetores é escrita com a regra

$$\begin{bmatrix} 1 \\ 0 \\ 2 \end{bmatrix}, \begin{bmatrix} 0 \\ 1 \\ -3 \end{bmatrix}$$

Estendendo a base para matrizes e polinômios

A base de um conjunto de vetores $n \times 1$ atende aos requisitos da independência linear e do espaço gerado. A base deve abranger o conjunto dos vetores — você deve ser capaz de construir combinações lineares que resultem em todos os vetores — e os vetores na base devem ser linearmente independentes. Nesta seção, explico como a base se aplica às matrizes, em geral, e até mesmo a polinômios.

Movendo as matrizes para a arena

Quando lidamos com espaço gerado e independência linear em vetores $n \times 1$, todos os vetores em consideração devem ter o mesmo número de linhas. Da mesma forma, as matrizes em uma base devem ter todas a mesma dimensão.

Por exemplo, considere as matrizes 3×2 mostradas aqui:

$$\begin{bmatrix} 1 & 0 \\ 0 & 0 \\ 0 & 1 \end{bmatrix}, \begin{bmatrix} 0 & 1 \\ 0 & 0 \\ 1 & 0 \end{bmatrix}, \begin{bmatrix} 0 & 0 \\ 0 & 1 \\ 0 & 1 \end{bmatrix}, \begin{bmatrix} 0 & 0 \\ 1 & 0 \\ 0 & 0 \end{bmatrix}$$

A extensão das matrizes consiste em todas as combinações lineares de forma:

$$a_1 \begin{bmatrix} 1 & 0 \\ 0 & 0 \\ 0 & 1 \end{bmatrix} + a_2 \begin{bmatrix} 0 & 1 \\ 0 & 0 \\ 1 & 0 \end{bmatrix} + a_3 \begin{bmatrix} 0 & 0 \\ 0 & 1 \\ 0 & 1 \end{bmatrix} + a_4 \begin{bmatrix} 0 & 0 \\ 1 & 0 \\ 0 & 0 \end{bmatrix} = \begin{bmatrix} a_1 & a_2 \\ a_4 & a_3 \\ a_2 & a_1 + a_3 \end{bmatrix}$$

Então todas as matrizes 3×2 resultantes da combinação linear dos escalares e matrizes estão no espaço geral das matrizes. Para determinar se as quatro formam uma base para todas as matrizes no espaço, você precisa saber se elas são linearmente independentes. Neste caso, você quer determinar se há mais do que apenas a solução trivial ao definir a combinação linear igual à matriz zero.

$$a_1 \begin{bmatrix} 1 & 0 \\ 0 & 0 \\ 0 & 1 \end{bmatrix} + a_2 \begin{bmatrix} 0 & 1 \\ 0 & 0 \\ 1 & 0 \end{bmatrix} + a_3 \begin{bmatrix} 0 & 0 \\ 0 & 1 \\ 0 & 1 \end{bmatrix} + a_4 \begin{bmatrix} 0 & 0 \\ 1 & 0 \\ 0 & 0 \end{bmatrix} = \begin{bmatrix} 0 & 0 \\ 0 & 0 \\ 0 & 0 \end{bmatrix}$$

$$\begin{bmatrix} a_1 & a_2 \\ a_4 & a_3 \\ a_2 & a_1 + a_3 \end{bmatrix} = \begin{bmatrix} 0 & 0 \\ 0 & 0 \\ 0 & 0 \end{bmatrix}$$

As equações lineares resultantes da equação matricial são $a_1 = 0$, $a_2 = 0$ $a_3 = 0$, $a_4 = 0$, e $a_3 + a_1 = 0$. A única solução para este sistema de equações é a trivial, em que cada $a_i = 0$. Assim, as matrizes são linearmente independentes, e o conjunto S é a base do conjunto de todas as matrizes que formam o modelo preestabelecido.

Voltando aos polinômios

Ao lidar com vetores $n \times 1$, você encontra IR^2, IR^3, IR^4, de modo a representar todos os possíveis vetores nos quais $n = 2$, $n = 3$ e $n = 4$, respectivamente. Agora eu introduzo P^2, P^3, P^4, e assim por diante para representar polinômios de segundo, terceiro, quarto grau, e assim por diante, respectivamente.

Um polinômio é a soma das variáveis e seus coeficientes, onde as variáveis são elevadas a potências de número inteiro. O formato geral para um polinômio é $a_n x^n + a_{n-1}x^{n-1} + \ldots + a_2 x^2 + a_1 x^1 + a_0$; o grau do polinômio é a maior potência de qualquer variável.

Os termos do conjunto $\{x^2, x, 1\}$ são uma extensão de P^2, porque todos os polinômios de segundo grau são o resultado de uma combinação linear $a_2x^2 + a_1x + a_0(1)$. Os elementos do conjunto são linearmente independentes, pois $a_2x^2 + a_1x + a_0 = 0$ é verdadeiro apenas no caso da solução trivial em que cada coeficiente é 0. Assim, o elementos no conjunto formam a base para P^2.

Agora considere uma base para P^3. Considere o conjunto $Q = \{x^3 + 3, 2x^2 - x, x + 1, 2\}$ e determine se Q gera P^3 e se os elementos em Q são linearmente independentes.

Escrevendo a combinação linear $a_1 (x^3 + 3) + a_2 (2x^2 - x) + a_3 (x + 1)\ {}_2a_4$, a expressão é simplificada para $a_1x^3 + 2a_2x^2 + (- a_2 + a_3)\, x + (3a_1 + a_3 2a_4)$. Agora, considere um polinômio de terceiro grau geral, sendo representado por $ax^3 + bx^2 + cx + d$. Eu configuro um sistema de equações correspondente a múltiplos escalares com coeficientes de forma que eu possa encontrar cada a_i em termos dos coeficientes no polinomial.

$$\begin{cases} a_1 = a \\ 2a_2 = b \\ -a_2 + a_3 = c \\ 3a_1 + a_3 + 2a_4 = d \end{cases}$$

Encontrando os valores de cada a_i,

$$a_1 = a,\ a_2 = \frac{b}{2},\ a_3 = \frac{b+2c}{2},\ a_4 = \frac{-6a - b - 2c + 2d}{4}$$

O conjunto Q gera um polinômio de terceiro grau quando os multiplicadores assumem os valores determinados pelos coeficientes e constantes nos polinômios.

Por exemplo, para determinar os multiplicadores dos termos em Q, é necessário escrever o polinômio $x^3 + 4x^2 - 5x + 3$; você considera $a = 1$, $b = 4$, $c = -5$, e $d = 3$. A combinação linear torna-se:

$$1\left(x^3+3\right) + \frac{4}{2}\left(2x^2 - x\right) + \frac{4+2(-5)}{2}\left(x+1\right) + \frac{-6(1) - 4 - 2(-5) + 2(3)}{4}(2)$$
$$= 1\left(x^3+3\right) + 2\left(2x^2 - x\right) + (-3)\left(x+1\right) + \left(\frac{3}{2}\right)(2)$$
$$= x^3 + 3 + 4x^2 - 2x - 3x - 3 + 3$$
$$= x^3 + 4x^2 - 5x + 3$$

Legendre

Adrien-Marie Legendre foi um matemático francês que viveu no final de 1700 até o início de 1800. Ele fez contribuições significativas a várias áreas da matemática, estatística e física. Dando seus primeiros passos com trajetórias de balas de canhão, Legendre, então, migrou para vários desafios na matemática. Quando você olhar para a lua, pode até mesmo reconhecer a cratera Legendre, nomeada em homenagem a este matemático.

Legendre teve um bom começo, produzindo cálculos que mais tarde foram concluídos ou comprovados por outros. Mas, por conta própria, ele é creditado com o desenvolvimento do método dos mínimos quadrados utilizados em linhas de montagem e curvas para conjuntos de dados. Além disso, Legendre trabalhou com polinômios, começando com as descobertas que envolvem as raízes de polinômios e culminando com a criação de estruturas chamadas de polinômios de Legendre, que são encontradas em aplicações matemáticas, bem como na física e engenharia.

Legendre sofreu um forte revés que iniciou na queda da Bastilha em 1789 e continuou durante a Revolução Francesa – fazendo-o perder todo o seu dinheiro. Ele continuou a trabalhar em matemática e manteve-se longe de qualquer militância política durante a revolução, dando contribuições importantes.

E, finalmente, para verificar a independência linear, determine se você tem mais que apenas a solução trivial. Resolva o sistema de equações que envolvem os multiplicadores em que a combinação linear é igual a 0.

$$\begin{cases} a_1 = 0 \\ 2a_2 = 0 \\ -a_2 + a_3 = 0 \\ 3a_1 + a_3 + 2a_4 = 0 \end{cases}$$

Os multiplicadores a_1 e a_2 são iguais a 0. Substituindo 0 para a_2 na terceira equação, você tem $a_3 = 0$. E ao substituir 0 por a_1 e a_3 na quarta equação, você tem $a_4 = 0$. Apenas a solução trivial existe, portanto, os elementos são linearmente independentes, e Q é uma base para P^3.

Encontrando a dimensão com base na base

A dimensão de uma matriz ou vetor é vinculada ao número de linhas e colunas nesta matriz ou vetor. A dimensão de um espaço vetorial (ver Capítulo 13) é o número de vetores na base do espaço vetorial. Eu abordo a dimensão aqui, para relacionar o conceito para o panorama geral da base neste capítulo.

Em "Determinando a base estendendo-se em uma busca pelo Espaço Gerado", anteriormente neste capítulo, mostro que é possível ter mais de uma base para um espaço gerado particular – há mais de uma maneira de criar um conjunto de vetores de um conjunto menor. Mas não importa quantas bases um espaço gerado pode ter, é sempre o mesmo número de vetores da base. Olhe para os dois conjuntos de vetores, F e T a seguir:

$$F = \left\{ \begin{bmatrix} 1 \\ 0 \\ 0 \\ 0 \end{bmatrix}, \begin{bmatrix} 1 \\ 1 \\ 1 \\ 1 \end{bmatrix}, \begin{bmatrix} 0 \\ 1 \\ 0 \\ 1 \end{bmatrix}, \begin{bmatrix} 0 \\ 1 \\ 1 \\ 0 \end{bmatrix} \right\} \qquad T = \left\{ \begin{bmatrix} 1 \\ 4 \end{bmatrix}, \begin{bmatrix} 2 \\ -3 \end{bmatrix} \right\}$$

Então, se o conjunto F é uma base para IR^4 e T é a base para IR^2, então, o espaço gerado de F tem dimensão 4, porque contém quatro vetores, e T tem dimensão 2, porque esta base contém dois vetores.

Considere a seguinte situação onde você tem um conjunto de vetores, V, que gera outro conjunto de vetores, A. Você quer encontrar a base para V, que irá ajudar mais na determinação do conjunto A.

$$V = \left\{ \begin{bmatrix} 1 \\ -2 \\ 5 \end{bmatrix}, \begin{bmatrix} -2 \\ 4 \\ -10 \end{bmatrix}, \begin{bmatrix} 3 \\ 1 \\ 1 \end{bmatrix}, \begin{bmatrix} 1 \\ 5 \\ -9 \end{bmatrix}, \begin{bmatrix} 5 \\ -3 \\ 11 \end{bmatrix} \right\}$$

Para encontrar a base, escreva os vetores em V como uma matriz aumentada e faça as reduções de linha.

$$V = \begin{bmatrix} 1 & -2 & 3 & 1 & 5 \\ -2 & 4 & 1 & 5 & -3 \\ 5 & -10 & 1 & -9 & 11 \end{bmatrix} \rightarrow \begin{bmatrix} 1 & -2 & 3 & 1 & 5 \\ 0 & 0 & 7 & 7 & 7 \\ 0 & 0 & -14 & -14 & -14 \end{bmatrix}$$

$$\rightarrow \begin{bmatrix} 1 & -2 & 3 & 1 & 5 \\ 0 & 0 & 1 & 1 & 1 \\ 0 & 0 & 0 & 0 & 0 \end{bmatrix} \rightarrow \begin{bmatrix} 1 & -2 & 0 & -2 & 2 \\ 0 & 0 & 1 & 1 & 1 \\ 0 & 0 & 0 & 0 & 0 \end{bmatrix}$$

Na forma escalonada reduzida, a matriz tem o pivô na primeira e terceira colunas, correspondentes ao primeiro e terceiro vetores em V. Portanto, a base é

$$\left\{ \begin{bmatrix} 1 \\ -2 \\ 5 \end{bmatrix}, \begin{bmatrix} 3 \\ 1 \\ 1 \end{bmatrix} \right\}$$

e a dimensão é 2.

O conjunto V contém cinco vetores, mas o quê pode ser dito sobre o conjunto de vetores – todos os vetores – que estão no espaço da base? Talvez você queira ser capaz de gerar o seu conjunto de vetores para mais do que cinco. Escreva as combinações lineares dos vetores da base e das equações correspondentes.

$$a_1\begin{bmatrix}1\\-2\\5\end{bmatrix} + a_2\begin{bmatrix}3\\1\\1\end{bmatrix} = \begin{bmatrix}x\\y\\z\end{bmatrix}$$

$$\begin{cases} a_1 + 3a_2 = x \\ -2a_1 + a_2 = y \\ 5a_1 + a_2 = z \end{cases}$$

Encontrando a_1 e a_2, você obtém

$$a_1 = \frac{x - 3y}{7},\ a_2 = \frac{2x + y}{7},\ \text{ou}\ a_3 = \frac{-5x + z}{-14}$$

Como as escolhas de *x*, *y* e *z* não tem limitações, você pode criar qualquer vetor 3 × 1. Você tem uma base de R^3.

Capítulo 8

Fazendo Mudanças com Transformações Lineares

Neste Capítulo

- Descrevendo e investigando transformações lineares
- Lendo com atenção as propriedades associadas às transformações lineares
- Interpretando transformações lineares como rotações, reflexões e translação
- Saudando o núcleo e observando o intervalo de uma transformação linear

Se você é velho o bastante(ou jovem de coração), você deve se lembrar dos brinquedos Transformers – e toda a "febre" que causaram. Mal sabia você (se você fosse um fã de Transformers) que estava sendo preparado para um assunto matemático muito sério. Algumas transformações encontradas na geometria são executadas por objetos que se movem ao redor de forma sistemática e não alteram a sua forma ou tamanho. Outras transformações tornam as alterações de figuras geométricas mais drásticas. As transformações lineares até incorporam alguns dos processos de transformação geométricos. No entanto, as transformações lineares neste capítulo têm algumas restrições, bem como a abertura de muitas outras possibilidades matemáticas.

Neste capítulo, descrevo o que são as transformações lineares. Então, levo você através de alguns exemplos e mostro as muitas propriedades operacionais que as acompanham. Finalmente, descrevo o núcleo e o intervalo de uma transformação linear, dois conceitos que são muito diferentes, mas ligados pelo operador da transformação.

Formulando as Transformações Lineares

As *transformações lineares* são tipos muito específicos de processos em matemática. Elas frequentemente envolvem estruturas matemáticas, como vetores e matrizes; também incorporam as operações matemáticas. Algumas das operações usadas pelas transformações lineares são a adição e multiplicação do dia a dia, outras são específicas para o tipo de estrutura matemática para qual a operação está sendo realizada.

Nesta seção, exponho as bases que constituem uma transformação linear. Nas seções posteriores, mostro exemplos de diferentes tipos de transformações lineares, inclusive utilizando gráficos, quando apropriado.

Detalhando o jargão transformação linear

Na matemática, a *transformação* é uma operação, função, ou mapeamento em que um conjunto de elementos é transformado em outro conjunto de elementos. Por exemplo, a função $f(x) = 2x$ toma um número qualquer no conjunto de números inteiros e o transforma em um número par (se já não for). A função de valor absoluto, $f(x) = |x|$ toma qualquer número e o transforma em um número não negativo (se o número for positivo). E as funções trigonométricas são realmente surpreendentes. As funções trigonométricas, tais como sen x, tomam as medidas do ângulo (em graus ou radianos) e as transformam em números reais.

Uma *transformação linear* é um tipo particular de transformação onde um conjunto de vetores é transformado em outro vetor definido com algum *operador linear*. Também fazem parte da definição de uma transformação linear os conjuntos e o operador que estão vinculados pelas seguintes propriedades:

- Realizar a transformação da soma de quaisquer dois vetores no conjunto tem o mesmo resultado que executar a transformação nos vetores de forma independente e então, adicionar os vetores resultantes juntos.
- Realizar a transformação em um múltiplo escalar de um vetor tem o mesmo resultado que realizar a transformação no vetor e, em seguida, multiplicar por este escalar.

Examinando como uma transformação se transforma

Você pode descrever em palavras como a transformação linear de um conjunto de vetores altera outro conjunto, mas geralmente é mais útil para ilustrar como uma transformação linear funciona utilizar alguns exemplos.

Considere a seguinte transformação linear, a qual nomeio com a letra maiúscula T. A descrição de T é:

T: $IR^3 \rightarrow IR^3$ a qual

$$T\left(\begin{bmatrix} x \\ y \\ z \end{bmatrix}\right) \rightarrow \begin{bmatrix} x+y \\ y-z \end{bmatrix}$$

que é lida: "A transformação T toma um vetor 3×1 e transforma em um vetor 2×1. Os elementos do vetor 2×1 são a soma e a diferença de alguns elementos do vetor 3×1 ".

Depois de definir o que uma transformação particular faz, você indica que deseja executar essa transformação em um vetor **v** ao escrever T (**v**).

Então, se você quiser T(**v**) quando **v** é o vetor a seguir, você obtém:

$$\mathbf{v} = \begin{bmatrix} 4 \\ 2 \\ -3 \end{bmatrix} \quad T(\mathbf{v}) = T\left(\begin{bmatrix} 4 \\ 2 \\ -3 \end{bmatrix}\right) = \begin{bmatrix} 4+2 \\ 2-(-3) \end{bmatrix} = \begin{bmatrix} 6 \\ 5 \end{bmatrix}$$

O operador linear (regra que descreve a transformação) de uma transformação linear pode também envolver a multiplicação de uma matriz pelo vetor sendo operado. Por exemplo, se você tiver uma matriz A, então a notação: T(**x**) = A**x** é lida: "A transformação T no vetor **x** é realizada através da multiplicação da matriz A pelo vetor **x**". Quando uma transformação linear é definida de acordo com a multiplicação de matrizes, os vetores de entrada têm uma dimensão prescrita para que a matriz possa multiplicá-los. (A necessidade pela dimensão correta é detalhada no Capítulo 3.)

Por exemplo, considere a transformação que envolve a matriz A, mostrada a seguir. A transformação T (**x**) = A**x** (também escrita A · **x**). A Matriz A pode multiplicar qualquer vetor 3×1, e o resultado será um vetor 3×1.

$$A = \begin{bmatrix} 2 & 0 & 1 \\ 3 & 1 & -1 \\ 4 & 3 & 0 \end{bmatrix}$$

Executando a transformação linear T sobre o vetor **x** como mostrado abaixo,

$$\mathbf{x} = \begin{bmatrix} 5 \\ 1 \\ -2 \end{bmatrix} \quad T(\mathbf{x}) = A \cdot \mathbf{x} = \begin{bmatrix} 2 & 0 & 1 \\ 3 & 1 & -1 \\ 4 & 3 & 0 \end{bmatrix} \cdot \begin{bmatrix} 5 \\ 1 \\ -2 \end{bmatrix}$$

$$= \begin{bmatrix} 10+0-2 \\ 15+1+2 \\ 20+3+0 \end{bmatrix} = \begin{bmatrix} 8 \\ 18 \\ 23 \end{bmatrix}$$

Outro exemplo de uma matriz envolvida no operador de transformação é aquele em que a matriz, os vetores que estão sendo operados, e todos os vetores resultantes têm dimensões diferentes. Por exemplo, olhe para a transformação linear W na qual W(**v**) = B**v**. Note que a matriz B tem dimensão 2 × 3, o vetor **v** é 3 × 1, e os vetores resultantes são 2 × 1.

$$\mathrm{B} = \begin{bmatrix} 2 & 3 & 0 \\ -1 & -2 & 3 \end{bmatrix} \quad \mathbf{v} = \begin{bmatrix} 5 \\ 1 \\ -2 \end{bmatrix}$$

$$\mathrm{W}(\mathbf{v}) = \mathrm{B}\cdot\mathbf{v} = \begin{bmatrix} 2 & 3 & 0 \\ -1 & -2 & 3 \end{bmatrix} \cdot \begin{bmatrix} 5 \\ 1 \\ -2 \end{bmatrix} = \begin{bmatrix} 10+3+0 \\ -5-2-6 \end{bmatrix} = \begin{bmatrix} 13 \\ -13 \end{bmatrix}$$

Novamente, para saber como e por que essa mudança ocorre na dimensão após a multiplicação de matrizes, consulte o material do Capítulo 3.

Completando o quadro com os requisitos da transformação linear

As duas propriedades necessárias para fazer uma transformação atuar como uma transformação linear envolvem questões além do vetor e da multiplicação escalar. Ambas as propriedades exigem que você obtenha o mesmo resultado na realização da transformação em uma soma ou o produto após a operação, como você faria se realizasse a transformação e então a operação.

LEMBRE-SE

Se T é uma transformação linear e **u** e **v** são vetores e *c* é um escalar, então:

- T(**u** + **v**) = T(**u**) + T(**v**)
- T(*c***v**) = cT(**v**)

Por exemplo, considere a transformação linear T que transforma vetores 2 × 1 em vetores 3 × 1.

$$\mathrm{T}\left(\begin{bmatrix} x \\ y \end{bmatrix}\right) \rightarrow \begin{bmatrix} x-y \\ x+y \\ 3x \end{bmatrix}$$

Eu demonstro o primeiro dos dois requisitos – o requisito aditivo – necessário para que a transformação T seja uma transformação linear, utilizando vetores aleatórios **u** e **v**. Primeiro, os dois vetores são adicionados e as transformação realizadas sobre o resultado. Depois, mostro como realizar a transformação nos dois vetores originais e adicionar os resultados transformados.

$$\mathbf{u} = \begin{bmatrix} 6 \\ -5 \end{bmatrix}, \mathbf{v} = \begin{bmatrix} -4 \\ -1 \end{bmatrix} \quad T\left(\begin{bmatrix} x \\ y \end{bmatrix}\right) \to \begin{bmatrix} x-y \\ x+y \\ 3x \end{bmatrix}$$

$$T(\mathbf{u}+\mathbf{v}) = T\left(\begin{bmatrix} 6 \\ -5 \end{bmatrix} + \begin{bmatrix} -4 \\ -1 \end{bmatrix}\right) = T\left(\begin{bmatrix} 2 \\ -6 \end{bmatrix}\right) = \begin{bmatrix} 2-(-6) \\ 2+(-6) \\ 3(2) \end{bmatrix} = \begin{bmatrix} 8 \\ -4 \\ 6 \end{bmatrix}$$

$$T(\mathbf{u})+T(\mathbf{v}) = T\left(\begin{bmatrix} 6 \\ -5 \end{bmatrix}\right) + T\left(\begin{bmatrix} -4 \\ -1 \end{bmatrix}\right)$$

$$= \begin{bmatrix} 6-(-5) \\ 6+(-5) \\ 3(6) \end{bmatrix} + \begin{bmatrix} -4-(-1) \\ -4+(-1) \\ 3(-4) \end{bmatrix} = \begin{bmatrix} 11 \\ 1 \\ 18 \end{bmatrix} + \begin{bmatrix} -3 \\ -5 \\ -12 \end{bmatrix} = \begin{bmatrix} 8 \\ -4 \\ 6 \end{bmatrix}$$

Os resultados finais são os mesmos, como deveriam ser.

Agora, usando o vetor **u** e um escalar $c = 5$, mostro o requisito que envolve a multiplicação escalar.

$$T(c\mathbf{u}) = T\left(5\begin{bmatrix} 6 \\ -5 \end{bmatrix}\right) = T\left(\begin{bmatrix} 30 \\ -25 \end{bmatrix}\right) = \begin{bmatrix} 30-(-25) \\ 30+(-25) \\ 3(30) \end{bmatrix} = \begin{bmatrix} 55 \\ 5 \\ 90 \end{bmatrix}$$

$$cT(\mathbf{u}) = 5T\left(\begin{bmatrix} 6 \\ -5 \end{bmatrix}\right) = 5\begin{bmatrix} 6-(-5) \\ 6+(-5) \\ 3(6) \end{bmatrix} = 5\begin{bmatrix} 11 \\ 1 \\ 18 \end{bmatrix} = \begin{bmatrix} 55 \\ 5 \\ 90 \end{bmatrix}$$

Novamente, os resultados são os mesmos.

Reconhecendo quando uma transformação é uma transformação linear

Na seção "Completando o quadro com os requisitos de transformação linear", mostro a você como as regras para uma transformação linear funcionam. Eu começo com uma transformação linear, então, naturalmente, a regras funcionam. Mas como você sabe que uma transformação é realmente uma transformação linear? Se você tem um exemplo e quer determinar se ele é uma transformação linear, você pode selecionar vetores aleatórios e tentar utilizar as regras, mas você pode ter muita sorte e vir a escolher, acidentalmente, os únicos vetores que funcionam, evitando todos aqueles que não funcionam com as regras de adição e multiplicação. Em vez de tentar imaginar todos os vetores possíveis (o que é geralmente impraticável, se não impossível), você aplica a regra de transformação para alguns vetores gerais e determina se as regras funcionam.

Estabelecendo um processo para determinar se você tem uma transformação linear

Por exemplo, usando a mesma transformação T, descrita na seção anterior, e dois vetores gerais **u** e **v**, primeiramente vou provar que a transformação de uma soma vetorial é a mesma que a soma das transformações no vetor.

T e os vetores **u** e **v**:

$$\mathrm{T}\left(\begin{bmatrix} x \\ y \end{bmatrix}\right) \to \begin{bmatrix} x-y \\ x+y \\ 3x \end{bmatrix}, \mathbf{u} = \begin{bmatrix} x_1 \\ x_2 \end{bmatrix}, \mathbf{v} = \begin{bmatrix} v_1 \\ v_2 \end{bmatrix}$$

Eu agora determino se a regra envolvendo adição e transformação serve para todos os vetores em questão.

$$\begin{aligned}
\mathrm{T}(\mathbf{u}+\mathbf{v}) &= \mathrm{T}\left(\begin{bmatrix} u_1 \\ u_2 \end{bmatrix} + \begin{bmatrix} v_1 \\ v_2 \end{bmatrix}\right) = \mathrm{T}\left(\begin{bmatrix} u_1+v_1 \\ u_2+v_2 \end{bmatrix}\right) \\
&= \begin{bmatrix} u_1+v_1-(u_2+v_2) \\ u_1+v_1+(u_2+v_2) \\ 3(u_1+v_1) \end{bmatrix} = \begin{bmatrix} u_1+v_1-u_2-v_2 \\ u_1+v_1+u_2+v_2 \\ 3u_1+3v_1 \end{bmatrix} \\
\mathrm{T}(\mathbf{u})+\mathrm{T}(\mathbf{v}) &= \mathrm{T}\left(\begin{bmatrix} u_1 \\ u_2 \end{bmatrix}\right) + \mathrm{T}\left(\begin{bmatrix} v_1 \\ v_2 \end{bmatrix}\right) \\
&= \begin{bmatrix} u_1-u_2 \\ u_1+u_2 \\ 3u_1 \end{bmatrix} + \begin{bmatrix} v_1-v_2 \\ v_1+v_2 \\ 3v_1 \end{bmatrix} = \begin{bmatrix} u_1+v_1-u_2-v_2 \\ u_1+v_1+u_2+v_2 \\ 3u_1+3v_1 \end{bmatrix}
\end{aligned}$$

As somas (e diferenças) nos dois resultados finais são as mesmas.

Agora, para mostrar que a transformação do escalar múltiplo é igual ao escalar vezes a transformação:

$$T(c\mathbf{u}) = T\left(c\begin{bmatrix} u_1 \\ u_2 \end{bmatrix}\right) = T\left(\begin{bmatrix} cu_1 \\ cu_2 \end{bmatrix}\right) = \begin{bmatrix} cu_1 - cu_2 \\ cu_1 + cu_2 \\ 3cu_1 \end{bmatrix}$$

$$cT(\mathbf{u}) = cT\left(\begin{bmatrix} u_1 \\ u_2 \end{bmatrix}\right) = c\begin{bmatrix} u_1 - u_2 \\ u_1 + u_2 \\ 3u_1 \end{bmatrix} = \begin{bmatrix} c(u_1 - u_2) \\ c(u_1 + u_2) \\ c(3u_1) \end{bmatrix} = \begin{bmatrix} cu_1 - cu_2 \\ cu_1 + cu_2 \\ 3cu_1 \end{bmatrix}$$

Voilá! Aqui está a confirmação.

Classificando as transformações que não são lineares

A transformação não é chamada de transformação linear a menos que as duas qualificações operacionais sejam cumpridas. Por exemplo, a transformação W, mostrada a seguir, falha quando a propriedade aditiva é aplicada.

$$W\left(\begin{bmatrix} x \\ y \end{bmatrix}\right) \rightarrow \begin{bmatrix} x + y \\ y + 1 \end{bmatrix} \quad \mathbf{u} = \begin{bmatrix} u_1 \\ u_2 \end{bmatrix}, \mathbf{v} = \begin{bmatrix} v_1 \\ v_2 \end{bmatrix}$$

$$W(\mathbf{u} + \mathbf{v}) = W\left(\begin{bmatrix} u_1 \\ u_2 \end{bmatrix} + \begin{bmatrix} v_1 \\ v_2 \end{bmatrix}\right) = W\left(\begin{bmatrix} u_1 + v_1 \\ u_2 + v_2 \end{bmatrix}\right) = \begin{bmatrix} u_1 + v_1 + u_2 + v_2 \\ u_2 + v_2 + 1 \end{bmatrix}$$

$$W(\mathbf{u}) + W(\mathbf{v}) = W\left(\begin{bmatrix} u_1 \\ u_2 \end{bmatrix}\right) + W\left(\begin{bmatrix} v_1 \\ v_2 \end{bmatrix}\right)$$

$$= \begin{bmatrix} u_1 + u_2 \\ u_2 + 1 \end{bmatrix} + \begin{bmatrix} v_1 + v_2 \\ v_2 + 1 \end{bmatrix} = \begin{bmatrix} u_1 + v_1 + u_2 + v_2 \\ u_2 + v_2 + 2 \end{bmatrix}$$

Os vetores finais não se correspondem.

E a próxima transformação, S, não cumpre as propriedades da multiplicação escalar.

$$S\left(\begin{bmatrix} x \\ y \\ z \end{bmatrix}\right) \rightarrow \begin{bmatrix} 1 \\ z \\ x \end{bmatrix}, \quad \mathbf{u} = \begin{bmatrix} u_1 \\ u_2 \\ u_3 \end{bmatrix}$$

$$S(c\mathbf{u}) = S\left(c\begin{bmatrix} u_1 \\ u_2 \\ u_3 \end{bmatrix}\right) = S\left(\begin{bmatrix} cu_1 \\ cu_2 \\ cu_3 \end{bmatrix}\right) = \begin{bmatrix} 1 \\ cu_3 \\ cu_1 \end{bmatrix}$$

$$cS(\mathbf{u}) = cS\left(\begin{bmatrix} u_1 \\ u_2 \\ u_3 \end{bmatrix}\right) = c\begin{bmatrix} 1 \\ u_3 \\ u_1 \end{bmatrix} = \begin{bmatrix} c \\ cu_3 \\ cu_1 \end{bmatrix}$$

Os elementos principais dos dois resultados finais não são iguais; os vetores são diferentes; logo, não pode ser chamada de transformação.

Propondo Propriedades de Transformações Lineares

A definição de uma transformação linear envolve duas operações e suas propriedades. Muitas outras propriedades da álgebra também se aplicam a operações lineares quando um ou mais vetores ou transformações estão envolvidos. Algumas propriedades algébricas que você encontra associadas com as transformações lineares são as de comutatividade, associatividade, distribuição e as que trabalham com elemento neutro.

Resumindo as propriedades da soma

Em álgebra, a *propriedade associativa* da *adição* estabelece que, ao adicionar os três termos x, y, e z, você obtém o mesmo resultado da soma de x e y para z como você faria se adicionasse x para a soma de y e z. Em símbolos algébricos, a propriedade associativa da adição é $(x + y) + z = x + (y + z)$.

A propriedade associativa da adição aplica-se às transformações lineares quando você executa mais de uma transformação em um vetor.

Dado o vetor **v** e as transformações lineares T_1, T_2, e T_3:

$$[T_1(\mathbf{v}) + T_2(\mathbf{v})] + T_3(\mathbf{v}) = T_1(\mathbf{v}) + [T_2(\mathbf{v}) + T_3(\mathbf{v})]$$

ou, dito de forma mais simples:

$$[T_1 + T_2] + T_3 = T_1 + [T_2 + T_3]$$

Por exemplo, sejam T_1, T_2 e T_3 transformações lineares definidas, como mostrado a seguir:

$$T_1\left(\begin{bmatrix} x \\ y \end{bmatrix}\right) \to \begin{bmatrix} x \\ 2x \\ -y \end{bmatrix},\ T_2\left(\begin{bmatrix} x \\ y \end{bmatrix}\right) \to \begin{bmatrix} y \\ 2y \\ x+y \end{bmatrix},\ T_3\left(\begin{bmatrix} x \\ y \end{bmatrix}\right) \to \begin{bmatrix} 2x \\ x \\ 3y \end{bmatrix}$$

Comparando os dois grupos diferentes, definidos pela propriedade associativa, e aplicando as transformações, você obtém o mesmo resultado.

$$\left[T_1\left(\begin{bmatrix} v_1 \\ v_2 \end{bmatrix}\right) + T_2\left(\begin{bmatrix} v_1 \\ v_2 \end{bmatrix}\right)\right] + T_3\left(\begin{bmatrix} v_1 \\ v_2 \end{bmatrix}\right) =$$

$$\left[\begin{bmatrix} v_1 \\ 2v_1 \\ -v_2 \end{bmatrix} + \begin{bmatrix} v_2 \\ 2v_2 \\ v_1+v_2 \end{bmatrix}\right] + \begin{bmatrix} 2v_1 \\ v_1 \\ 3v_2 \end{bmatrix} = \begin{bmatrix} v_1+v_2 \\ 2v_1+2v_2 \\ v_1 \end{bmatrix} + \begin{bmatrix} 2v_1 \\ v_1 \\ 3v_2 \end{bmatrix} = \begin{bmatrix} 3v_1+v_2 \\ 3v_1+2v_2 \\ v_1+3v_2 \end{bmatrix}$$

$$T_1\left(\begin{bmatrix} v_1 \\ v_2 \end{bmatrix}\right) + \left[T_2\left(\begin{bmatrix} v_1 \\ v_2 \end{bmatrix}\right) + T_3\left(\begin{bmatrix} v_1 \\ v_2 \end{bmatrix}\right)\right] =$$

$$\begin{bmatrix} v_1 \\ 2v_1 \\ -v_2 \end{bmatrix} + \left[\begin{bmatrix} v_2 \\ 2v_2 \\ v_1+v_2 \end{bmatrix} + \begin{bmatrix} 2v_1 \\ v_1 \\ 3v_2 \end{bmatrix}\right] = \begin{bmatrix} v_1 \\ 2v_1 \\ -v_2 \end{bmatrix} + \begin{bmatrix} 2v_1+v_2 \\ v_1+2v_2 \\ v_1+4v_2 \end{bmatrix} = \begin{bmatrix} 3v_1+v_2 \\ 3v_1+2v_2 \\ v_1+3v_2 \end{bmatrix}$$

A propriedade comutativa é importante na álgebra e em outras áreas matemáticas, porque você tem mais flexibilidade quando a ordem não importa. A adição dos números reais é comutativa, pois você pode somar dois números em qualquer ordem e obter a mesma resposta: $x + y = y + x$. A subtração não é comutativa, porque você tem uma resposta diferente se subtrair 10 - 7 ou subtrair 7 - 10.

A propriedade comutativa da adição aplica-se às transformações lineares quando você executa mais de uma transformação em um vetor.

Dado o vetor **v** e as transformações lineares T_1 e T_2:

$$T_1(\mathbf{v}) + T_2(\mathbf{v}) = T_2(\mathbf{v}) + T_1(\mathbf{v})$$

ou, simplesmente:

$$T_1 + T_2 = T_2 + T_1$$

Assim, usando as duas transformações T_1 e T_2 dadas a seguir, você vê que mudar a ordem não altera o resultado final.

$$T_1\left(\begin{bmatrix} x \\ y \end{bmatrix}\right) \rightarrow \begin{bmatrix} x \\ 2x \\ x+3y \end{bmatrix}, \quad T_2\left(\begin{bmatrix} x \\ y \end{bmatrix}\right) \rightarrow \begin{bmatrix} y \\ -2y \\ x+y \end{bmatrix}$$

$$T_1\left(\begin{bmatrix} v_1 \\ v_2 \end{bmatrix}\right) + T_2\left(\begin{bmatrix} v_1 \\ v_2 \end{bmatrix}\right) = \begin{bmatrix} v_1 \\ 2v_1 \\ v_1+3v_2 \end{bmatrix} + \begin{bmatrix} v_2 \\ -2v_2 \\ v_1+v_2 \end{bmatrix} = \begin{bmatrix} v_1+v_2 \\ 2v_1-2v_2 \\ 2v_1+4v_2 \end{bmatrix}$$

$$T_2\left(\begin{bmatrix} v_1 \\ v_2 \end{bmatrix}\right) + T_1\left(\begin{bmatrix} v_1 \\ v_2 \end{bmatrix}\right) = \begin{bmatrix} v_2 \\ -2v_2 \\ v_1+v_2 \end{bmatrix} + \begin{bmatrix} v_1 \\ 2v_1 \\ v_1+3v_2 \end{bmatrix} = \begin{bmatrix} v_1+v_2 \\ 2v_1-2v_2 \\ 2v_1+4v_2 \end{bmatrix}$$

CUIDADO!

Uma vez que a adição de vetores e matrizes deve seguir as normas que envolvem dimensões apropriadas, esta propriedade comutativa se aplica apenas quando isto faz qualquer sentido. Consulte o Capítulo 3 para mais informações sobre a dimensão e adição de matrizes.

Apresentando a composição da transformação e algumas propriedades

A composição da transformação na verdade parece mais com uma operação incorporada. Quando você executar a composição da transformação T_1 seguida pela transformação T_2, você primeiro executa a transformação T_2 no vetor **v** e depois executa a transformação T_1 no resultado.

LEMBRE-SE

A composição da transformação é definida como $(T_1T_2)(\mathbf{v}) = T_1\,(T_2(\mathbf{v}))$.

Ser capaz de realizar a composição da transformação depende da dimensão correta dos vetores e matrizes. Quando a transformação T_1 tiver uma regra que atue nos vetores 3 × 1, então a transformação T_2 deverá ter uma saída ou resultado dos vetores 3 × 1.

Por exemplo, considere as duas transformações, T_1 e T_2 a seguir e a operação de composição da transformação no vetor selecionado:

$$T_1\left(\begin{bmatrix} x \\ y \\ z \end{bmatrix}\right) \rightarrow \begin{bmatrix} x-y \\ 2z \\ x-3y \end{bmatrix}, T_2\left(\begin{bmatrix} x \\ y \end{bmatrix}\right) \rightarrow \begin{bmatrix} y \\ -2y \\ x+3y \end{bmatrix}$$

$$T_1\left(T_2\left(\begin{bmatrix} 4 \\ -3 \end{bmatrix}\right)\right) = T_1\left(\begin{bmatrix} -3 \\ 6 \\ -5 \end{bmatrix}\right) = \begin{bmatrix} -9 \\ -10 \\ -21 \end{bmatrix}$$

Executando primeiramente T_2, no vetor 2×1, o resultado é um vetor 3×1. T_1 é então realizado neste resultado.

E, em geral, a composição destas duas transformações é

$$T_1\left(T_2\left(\begin{bmatrix} v_1 \\ v_2 \end{bmatrix}\right)\right) = T_1\left(\begin{bmatrix} v_2 \\ -2v_2 \\ v_1 + 3v_2 \end{bmatrix}\right) = \begin{bmatrix} v_2 + 2v_2 \\ 2(v_1 + 3v_2) \\ v_2 - 3(-2v_2) \end{bmatrix} = \begin{bmatrix} 3v_2 \\ 2v_1 + 6v_2 \\ 7v_2 \end{bmatrix}$$

Associando vetores e a propriedade associativa da composição

A propriedade associativa tem a ver com o agrupamento das transformações, e não com a ordem. Em geral, você não pode alterar a ordem de execução das transformações e obter o mesmo resultado. Mas, com arranjos cuidadosos de transformações e dimensão, você consegue ver a propriedade associativa em ação ao compor as transformações. A propriedade associativa afirma que quando você executa a composição de transformação na primeira de duas transformações resultando em uma terceira, você obtém o mesmo resultado como na realização da composição nas duas últimas transformações e, então, executa a transformação descrita pela primeira sobre o resultado das outras duas. Ufa! É mais compreensível escrito simbolicamente:

LEMBRE-SE

Dado o vetor **v** e as transformações lineares T_1, T_2, e T_3:

Por exemplo, tome T_1, T_2 e T_3 como transformações lineares definidas, conforme demonstrado a seguir:

$$T_1(\mathbf{x}) = A_1\mathbf{x} \quad \text{onde } A_1 = \begin{bmatrix} 1 & 0 \\ 0 & 2 \end{bmatrix}$$

$$T_2(\mathbf{x}) = A_2\mathbf{x} \quad \text{onde } A_2 = \begin{bmatrix} 1 & 1 \\ 0 & 1 \end{bmatrix}$$

$$T_3(\mathbf{x}) = A_3\mathbf{x} \quad \text{onde } A_3 = \begin{bmatrix} 1 & -1 \\ 3 & 1 \end{bmatrix}$$

Os resultados da realização das transformações são mostrados aqui.

$$
\begin{aligned}
([T_1T_2]T_3)(\mathbf{x}) &= \\
&\left(\left[T_1\left(\begin{bmatrix}1 & 1\\0 & 1\end{bmatrix}\right)\right]T_3\right)(\mathbf{x}) \\
&= \left(\begin{bmatrix}1 & 1\\0 & 2\end{bmatrix}T_3\right)(\mathbf{x}) \\
&= \begin{bmatrix}4 & 0\\6 & 2\end{bmatrix}(\mathbf{x})
\end{aligned}
$$

$$
\begin{aligned}
(T_1[T_2T_3])(\mathbf{x}) &= \\
&= \left(T_1\left[T_2\left(\begin{bmatrix}1 & -1\\3 & 1\end{bmatrix}\right)\right]\right)(\mathbf{x}) \\
&= \left(T_1\left(\begin{bmatrix}4 & 0\\3 & 1\end{bmatrix}\right)\right)(\mathbf{x}) \\
&= \begin{bmatrix}4 & 0\\6 & 2\end{bmatrix}(\mathbf{x})
\end{aligned}
$$

Devido a multiplicação de vetores e matrizes seguir as regras que envolvem as dimensões apropriadas, esta propriedade associativa só se aplica quando fizer sentido.

Reduzindo o processo de multiplicação escalar

Realizar a multiplicação escalar de matrizes ou vetores equivale a multiplicar cada elemento na matriz ou vetor por um número constante. Eu abordo a multiplicação escalar exaustivamente no Capítulo 3, se você deseja apenas um pouco mais de informações sobre este assunto. Como as transformações realizadas em vetores resultam em outros vetores, as propriedades da multiplicação escalar funcionam na multiplicação de transformação. Na verdade, o escalar pode ser introduzido em qualquer um dos três lugares na multiplicação.

Dado o vetor **v** e as transformações lineares T_1 e T_2:

$$c([T_1T_2])(\mathbf{v}) = ([cT_1]T_2)(\mathbf{v}) = (T_1[cT_2])(\mathbf{v})$$

ou,

$$c[T_1T_2] = [cT_1]T_2 = T_1[cT_2]$$

Não importa onde você introduz o múltiplo escalar, o resultado é o mesmo.

Controlando a identidade com transformações de identidade

A adição e multiplicação de números reais incluem diferentes elementos de *identidade* para cada operação. O elemento neutro para a adição é o 0, e o elemento neutro para multiplicação é o 1. Quando você adiciona qualquer número a 0 (ou adiciona 0 a um número), você não muda a identidade do número. O mesmo acontece com a multiplicação e o número 1. E, como este capítulo lida com as transformações lineares, vou apresentar as *transformações de identidade*.

Adicionando com a transformação de identidade aditiva

A transformação de identidade aditiva, T_0, transforma um vetor em um vetor zero.

A transformação linear $T_0(\mathbf{v}) = \mathbf{0}$.

Então, se você tem um vetor 2 × 1, a identidade aditiva o transforma no vetor zero 2 × 1. Aqui está a identidade aditiva funcionando:

$$T_0\left(\begin{bmatrix} 2 \\ 3 \end{bmatrix}\right) = \begin{bmatrix} 0 \\ 0 \end{bmatrix}, T_0\left(\begin{bmatrix} -5 \\ 0 \\ 4 \end{bmatrix}\right) = \begin{bmatrix} 0 \\ 0 \\ 0 \end{bmatrix}, T_0\left(\begin{bmatrix} x \\ y \\ z \\ w \end{bmatrix}\right) = \begin{bmatrix} 0 \\ 0 \\ 0 \\ 0 \end{bmatrix}$$

Agora, vou mostrar como a identidade aditiva se comporta quando combinada com outras transformações.

Ao combinar a identidade aditiva T_0 com outra transformação linear T você obtém:

$$T_0(\mathbf{v}) + T(\mathbf{v}) = T(\mathbf{v}) + T_0(\mathbf{v}) = T(\mathbf{v})$$

ou

$$T_0 + T = T + T_0 = T$$

Por exemplo, considere a seguinte transformação, T, e o vetor, **v**:

$$T\left(\begin{bmatrix} x \\ y \\ z \end{bmatrix}\right) \rightarrow \begin{bmatrix} 2x \\ z \\ -3y \end{bmatrix}, \quad \mathbf{v} = \begin{bmatrix} 4 \\ 5 \\ 6 \end{bmatrix}$$

$$T_0\left(\begin{bmatrix} 4 \\ 5 \\ 6 \end{bmatrix}\right) + T\left(\begin{bmatrix} 4 \\ 5 \\ 6 \end{bmatrix}\right) = T\left(\begin{bmatrix} 4 \\ 5 \\ 6 \end{bmatrix}\right) + T_0\left(\begin{bmatrix} 4 \\ 5 \\ 6 \end{bmatrix}\right)$$

$$\begin{bmatrix} 0 \\ 0 \\ 0 \end{bmatrix} + \begin{bmatrix} 8 \\ 6 \\ -15 \end{bmatrix} = \begin{bmatrix} 8 \\ 6 \\ -15 \end{bmatrix} + \begin{bmatrix} 0 \\ 0 \\ 0 \end{bmatrix} = \begin{bmatrix} 8 \\ 6 \\ -15 \end{bmatrix}$$

Progredindo com a identidade multiplicativa

Em geral, a propriedade comutativa da multiplicação *não* se aplica a transformações lineares quando você executa mais de uma transformação em um vetor. A exceção entra em cena quando lidamos com elemento neutro das transformações lineares.

LEMBRE-SE

A transformação linear I é o elemento neutro da multiplicação da transformação quando, dado o vetor v,

$$I(\mathbf{v}) = \mathbf{v}$$

Ilustrar como a transformação de identidade funciona é muito simples: você executa a transformação em qualquer vetor e não o altera em nada.

$$I\left(\begin{bmatrix} x \\ y \\ z \end{bmatrix}\right) = \begin{bmatrix} x \\ y \\ z \end{bmatrix}, \; I\left(\begin{bmatrix} 3 \\ 4 \end{bmatrix}\right) = \begin{bmatrix} 3 \\ 4 \end{bmatrix}, \; I\left(\begin{bmatrix} 1 \\ 0 \\ -1 \\ 1 \end{bmatrix}\right) = \begin{bmatrix} 1 \\ 0 \\ -1 \\ 1 \end{bmatrix}$$

O que quero mostrar aqui são apenas três transformações de identidades diferentes. Cada uma delas é diferente, mas têm a mesma propriedade de preservação do vetor.

Além disso, ao multiplicar a identidade multiplicativa I e algumas outras transformações lineares T, você tem comutatividade:

$$(I \cdot T)(\mathbf{v}) = (T \cdot I)(\mathbf{v}) = T(\mathbf{v})$$

ou

$$IT = TI = T$$

Novamente, as dimensões dos vetores precisam fazer com que a multiplicação tenha sentido.

Aprofundando-se na propriedade distributiva

A propriedade distributiva da álgebra envolve dividir ou *distribuir* o produto de algum fator sobre a soma de dois ou mais termos. Por exemplo, distribuir o número 2 sobre três termos da variável: $2(x + 2y + 3z) = 2x + 4y + 6z$. As transformações lineares também têm leis distributivas.

LEMBRE-SE

Dado o vetor **v** e as transformações lineares T_1, T_2, e T_3:

$$(T_1 \cdot [T_2 + T_3])(\mathbf{v}) = (T_1 \cdot T_2)(\mathbf{v}) + (T_1 \cdot T_3)(\mathbf{v})$$

e

$$([T_1 + T_2] \cdot T_3)(\mathbf{v}) = (T_1 \cdot T_3)(\mathbf{v}) + (T_2 \cdot T_3)(v)$$

ou simplesmente

$$T_1[T_2 + T_3] = T_1T_2 + T_1T_3$$

e

$$[T_1 + T_2]T_3 = T_1T_3 + T_2T_3$$

As qualificações das dimensões devem prevalecer, é claro.

E, finalmente, a distribuição de subordinação, a multiplicação escalar, e uma das principais propriedades das transformações lineares:

$$T(c_1\mathbf{v}_1 + c_2\mathbf{v}_2 + c_3\mathbf{v}_3 + \ldots + c_k\mathbf{v}_k) = c_1T\mathbf{v}_1 + c_2T\mathbf{v}_2 + c_3T\mathbf{v}_3 + \ldots + c_kT\mathbf{v}_k$$

Escrevendo a matriz de uma transformação linear

Uma maneira de descrever uma transformação linear é estabelecer regras envolvendo os elementos do vetor de entrada e, em seguida, o vetor de saída. As seções anteriores deste capítulo abordam várias regras para mostrar o que a transformação linear faz. Outra forma de descrever uma transformação linear é a utilização de um multiplicador de matriz em vez de uma regra, tornando os cálculos mais rápidos e fáceis.

Por exemplo, considere a seguinte transformação linear T e sua regra:

$$T\left(\begin{bmatrix} x \\ y \end{bmatrix}\right) \rightarrow \begin{bmatrix} -x \\ y \end{bmatrix}$$

A regra é bastante simples. A transformação, quando aplicada em um vetor 2 × 1, muda o primeiro elemento para o seu oposto deixando o vetor em outra posição.

A multiplicação da matriz correspondente para esta determinada regra, na qual A é uma matriz 2 × 2 é a seguinte:

$$A = \begin{bmatrix} -1 & 0 \\ 0 & 1 \end{bmatrix}$$

$$T(\mathbf{v}) = A \cdot \begin{bmatrix} x \\ y \end{bmatrix} = \begin{bmatrix} -1 & 0 \\ 0 & 1 \end{bmatrix} \cdot \begin{bmatrix} x \\ y \end{bmatrix} = \begin{bmatrix} -x+0 \\ 0+y \end{bmatrix} = \begin{bmatrix} -x \\ y \end{bmatrix}$$

Assim, neste caso T (**v**) = A · **v**.

Fabricando uma matriz para substituir uma regra

Na seção anterior, aparentemente em um passe de mágica eu introduzi uma matriz A para ser usada com uma transformação linear. Mas, na verdade, eu não a inventei ou ela caiu do céu, eu a encontrei usando os múltiplos escalares de dois vetores. Começando com a regra para a transformação T, eu escrevi a soma dos dois elementos do vetor original multiplicado pelo vetor contendo os coeficientes de elementos no vetor resultante.

$$\begin{bmatrix} -x \\ y \end{bmatrix} = \begin{bmatrix} -1x+0y \\ 0x+y \end{bmatrix} = x\begin{bmatrix} -1 \\ 0 \end{bmatrix} + y\begin{bmatrix} 0 \\ 1 \end{bmatrix}$$

Então eu usei os dois vetores de coeficientes para criar uma matriz cujas colunas são os vetores.

$$\begin{bmatrix} -1 \\ 0 \end{bmatrix} \text{ e } \begin{bmatrix} 0 \\ 1 \end{bmatrix} \rightarrow \begin{bmatrix} -1 & 0 \\ 0 & 1 \end{bmatrix}$$

Ok, esse exemplo foi fácil porque eu comecei com a resposta. Agora, permita-me mostrar a você como *partir do zero*. Considere a seguir a próxima regra dada para a transformação S:

$$S\left(\begin{bmatrix} x \\ y \\ z \end{bmatrix}\right) \to \begin{bmatrix} y-2z \\ -2x+y-3z \\ x+3y \end{bmatrix}$$

Escrevendo a regra como a soma dos três elementos vezes os três vetores de coeficientes:

$$\begin{bmatrix} y-2z \\ -2x+y-3z \\ x+3y \end{bmatrix} = \begin{bmatrix} 0+1y-2z \\ -2x+1y-3z \\ 1x+3y+0z \end{bmatrix} \to x\begin{bmatrix} 0 \\ -2 \\ 1 \end{bmatrix} + y\begin{bmatrix} 1 \\ 1 \\ 3 \end{bmatrix} + z\begin{bmatrix} -2 \\ -3 \\ 0 \end{bmatrix}$$

E então, ao escrever a matriz de transformação, A, utilizando os vetores como colunas:

$$A = \begin{bmatrix} 0 & 1 & -2 \\ -2 & 1 & -3 \\ 1 & 3 & 0 \end{bmatrix}$$

A transformação S é igual ao produto da matriz A vezes um vetor 3×1. Agora eu vou lhe mostrar a matriz em ação com um exemplo.

$$S\left(\begin{bmatrix} 2 \\ 4 \\ 5 \end{bmatrix}\right) = A \cdot \begin{bmatrix} 2 \\ 4 \\ 5 \end{bmatrix} = \begin{bmatrix} 0 & 1 & -2 \\ -2 & 1 & -3 \\ 1 & 3 & 0 \end{bmatrix} \cdot \begin{bmatrix} 2 \\ 4 \\ 5 \end{bmatrix} = \begin{bmatrix} 0+4-10 \\ -4+4-15 \\ 2+12+0 \end{bmatrix} = \begin{bmatrix} -6 \\ -15 \\ 14 \end{bmatrix}$$

Visualizando transformações que envolvem rotações e reflexões

Uma maneira muito boa para ilustrar o efeito de uma transformação linear é desenhar um gráfico. E alguns dos pontos mais importantes a se considerar estão nestes dois espaços que envolvem a rotação sobre a origem, as reflexões sobre uma linha, as traduções ao longo de uma linha, e mudanças de tamanho. Nesta seção, vou mostrar como as rotações e reflexões são escritas como regras e multiplicações de matrizes.

Rotacionando sobre a origem

As rotações sobre a origem ocorrem tipicamente em um sentido anti-horário. Na Figura 8-1, por exemplo, vou mostrar o ponto (6,4) sendo girado 90 graus para a esquerda – sentido anti- horário. A distância entre o ponto original (6,4) para a origem permanece a mesma, e o ângulo medido a partir do ponto inicial para o ponto final (com o vértice na origem) é de 90 graus.

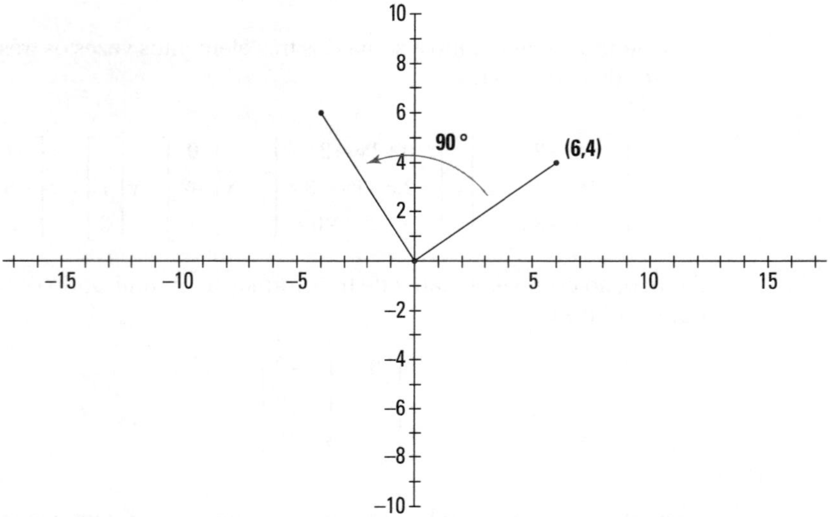

Figura 8-1: O ponto gira para a esquerda.

Você diz: "Tudo bem, mas quais são as coordenadas do ponto resultante da rotação?". Para determinar as coordenadas, em primeiro lugar eu lhe mostro o formato geral de uma matriz usada em qualquer rotação anti-horário sobre a origem.

LEMBRE-SE

Ao girar o ponto (x, y) θ graus sobre a origem em um sentido anti-horário, vamos multiplicar a matriz A pelo vetor **v**, contendo as coordenadas do ponto, o que resulta nas coordenadas do ponto final.

$$A = \begin{bmatrix} \cos\theta & -\sin\theta \\ \sin\theta & \cos\theta \end{bmatrix}$$

$$A \,.\, \mathbf{v} = \begin{bmatrix} \cos\theta & -\sin\theta \\ \sin\theta & \cos\theta \end{bmatrix} \cdot \begin{bmatrix} x \\ y \end{bmatrix} = \begin{bmatrix} x\cos\theta - y\sin\theta \\ x\sin\theta + y\cos\theta \end{bmatrix}$$

Você vai encontrar os valores do seno e cosseno dos ângulos básicos na Folha de Cola deste livro.

Girando o ponto (6,4) 90 graus para um ponto no segundo quadrante, você multiplica a matriz A pelo vetor formado a partir das coordenadas. O seno de 90 graus é 1, e o cosseno de 90 graus é 0.

$$\begin{aligned} A \cdot \mathbf{v} &= \begin{bmatrix} \cos 90° & -\sin 90° \\ \sin 90° & \cos 90° \end{bmatrix} \cdot \begin{bmatrix} 6 \\ 4 \end{bmatrix} \\ &= \begin{bmatrix} 0 & -1 \\ 1 & 0 \end{bmatrix} \cdot \begin{bmatrix} 6 \\ 4 \end{bmatrix} = \begin{bmatrix} 0 \cdot 6 - 1 \cdot 4 \\ 1 \cdot 6 + 0 \cdot 4 \end{bmatrix} = \begin{bmatrix} -4 \\ 6 \end{bmatrix} \end{aligned}$$

As coordenadas do ponto após a rotação são (-4,6). Se você quiser escrever a transformação como uma regra, em vez de uma multiplicação de matriz, você tem:

$$T\left(\begin{bmatrix} x \\ y \end{bmatrix}\right) \to \begin{bmatrix} -y \\ x \end{bmatrix}$$

A matriz A também corresponde à soma dos dois vetores:

$$\begin{bmatrix} -y \\ x \end{bmatrix} = x\begin{bmatrix} 0 \\ 1 \end{bmatrix} + y\begin{bmatrix} -1 \\ 0 \end{bmatrix} = \begin{bmatrix} 0 & -1 \\ 1 & 0 \end{bmatrix} \cdot \begin{bmatrix} x \\ y \end{bmatrix} = A\begin{bmatrix} x \\ y \end{bmatrix}$$

Agora, usando um exemplo não tão legal, eu giro o ponto (-2,4) sobre a origem, com um ângulo de 30 graus. Eu disse que o exemplo não é tão legal, porque o valor do seno de 30 graus é a fração 1/2, e o cosseno de 30 graus tem um radical nele. Frações e radicais não são tão bons quanto 1, 0 e 1, em uma matriz.

$$\begin{aligned} \begin{bmatrix} \cos 30° & -\sin 30° \\ \sin 30° & \cos 30° \end{bmatrix} \cdot \begin{bmatrix} -2 \\ 4 \end{bmatrix} &= \begin{bmatrix} \frac{\sqrt{3}}{2} & -\frac{1}{2} \\ \frac{1}{2} & \frac{\sqrt{3}}{2} \end{bmatrix} \cdot \begin{bmatrix} -2 \\ 4 \end{bmatrix} \\ &= \begin{bmatrix} -\sqrt{3} - 2 \\ -1 + 2\sqrt{3} \end{bmatrix} \approx \begin{bmatrix} -3{,}73 \\ 2{,}46 \end{bmatrix} \end{aligned}$$

Arredondando para o centésimo mais próximo, as coordenadas do ponto resultante da rotação são (-3,73; 2,46).

Refletindo em um eixo ou linha

Quando um ponto é refletido através de uma linha, o ponto da imagem está à mesma distância da linha como o ponto inicial, e o segmento desenhado entre o ponto original e sua imagem é perpendicular à linha de reflexão. Na Figura 8-2, eu mostro quatro diferentes reflexões. O lado esquerdo mostra o ponto (-2,4) refletido sobre os eixos x e y. O segundo esboço mostra este mesmo ponto, (-2,4) refletido sobre a linha y = x e a reta y = - x.

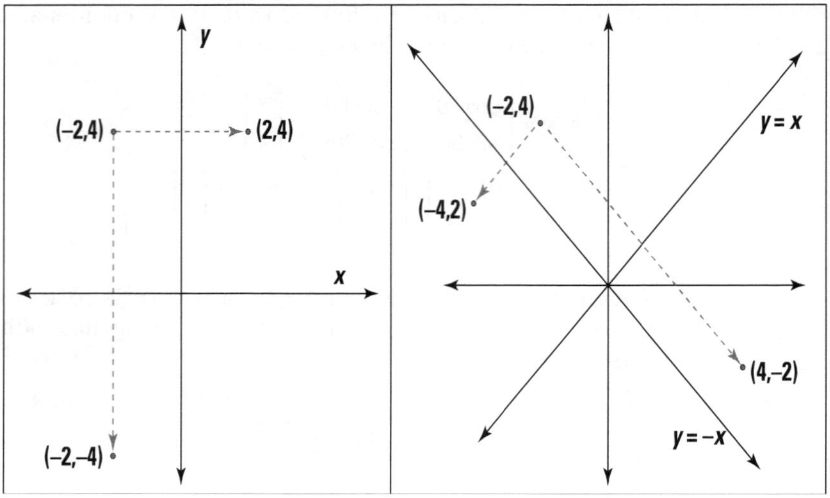

Figura 8-2: Um ponto refletido em quatro diferentes linhas.

As transformações lineares, resultando em reflexos de um ponto ao longo de um eixo ou uma das linhas mostradas na figura são escritas como multiplicações de matriz e as regras são dadas aqui:

- Reflexão sobre o eixo x:

$$A\begin{bmatrix} x \\ y \end{bmatrix} = \begin{bmatrix} 1 & 0 \\ 0 & -1 \end{bmatrix}\begin{bmatrix} x \\ y \end{bmatrix} = \begin{bmatrix} x \\ -y \end{bmatrix}$$

- Reflexão sobre o eixo y:

$$A\begin{bmatrix} x \\ y \end{bmatrix} = \begin{bmatrix} -1 & 0 \\ 0 & 1 \end{bmatrix}\begin{bmatrix} x \\ y \end{bmatrix} = \begin{bmatrix} -x \\ y \end{bmatrix}$$

- Reflexão sobre a linha y = x:

$$A\begin{bmatrix} x \\ y \end{bmatrix} = \begin{bmatrix} 0 & 1 \\ 1 & 0 \end{bmatrix}\begin{bmatrix} x \\ y \end{bmatrix} = \begin{bmatrix} y \\ x \end{bmatrix}$$

- Reflexão sobre a linha y = -x:

$$A\begin{bmatrix} x \\ y \end{bmatrix} = \begin{bmatrix} 0 & -1 \\ -1 & 0 \end{bmatrix}\begin{bmatrix} x \\ y \end{bmatrix} = \begin{bmatrix} -y \\ -x \end{bmatrix}$$

Insira a sua coordenada favorita para x e y e é só refletir!

Transladando, dilatando e contrastando.

O título desta seção soa como se você chegasse à sala de parto em um país estrangeiro. Desculpe, nenhum saco de risadas está em produção aqui, mas os resultados são matematicamente divertidos!

Matematicamente falando, uma *translação* é um declive. Em dois espaços, uma translação ocorre quando um ponto desliza de uma posição para outra ao longo de uma linha reta.

Quando o ponto (x, y) move-se a uma distância x_0 paralela ao eixo x e move se a uma distância y_0 paralela ao eixo y, então a transformação linear T e a multiplicação da matriz A resultam no ponto da imagem:

$$T\left(\begin{bmatrix} x \\ y \end{bmatrix}\right) = \begin{bmatrix} x + x_0 \\ y + y_0 \end{bmatrix}$$

$$A\begin{bmatrix} x \\ y \\ 1 \end{bmatrix} = \begin{bmatrix} 1 & 0 & x_0 \\ 0 & 1 & y_0 \end{bmatrix}\begin{bmatrix} x \\ y \\ 1 \end{bmatrix} = \begin{bmatrix} x + x_0 \\ y + y_0 \end{bmatrix}$$

Por exemplo, se você quer transladar o ponto (-2, 4) a uma distância de cinco unidades à direita e três unidades abaixo, então $x_0 = 5$ e $y_0 = -3$. E a transformação realizada é:

$$A\begin{bmatrix} -2 \\ 4 \\ 1 \end{bmatrix} = \begin{bmatrix} 1 & 0 & 5 \\ 0 & 1 & -3 \end{bmatrix}\begin{bmatrix} -2 \\ 4 \\ 1 \end{bmatrix} = \begin{bmatrix} -2+5 \\ 4+(-3) \end{bmatrix} = \begin{bmatrix} 3 \\ 1 \end{bmatrix}$$

Eu mostro a você a translação do ponto (-2, 4) cinco unidades à direita e três unidades abaixo na Figura 8-3.

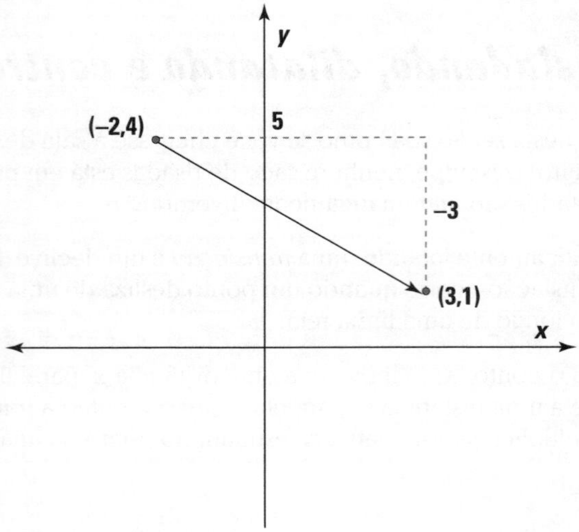

Figura 8-3: As distâncias são medidas paralelamente aos eixos.

A *dilatação* aumenta o módulo de um vetor e uma contração o reduz. No capítulo 2, descrevo o módulo de um vetor – que é ilustrado como o seu comprimento quando se trabalha em espaços bidimensionais e tridimensionais A transformação linear mostrada a seguir é D, que duplica o módulo do vetor. Eu também mostro o que a faz a transformação D para o vetor v.

$$D = \begin{bmatrix} 2 & 0 \\ 0 & 2 \end{bmatrix}, \mathbf{v} = \begin{bmatrix} 4 \\ -3 \end{bmatrix}$$

$$D \cdot \mathbf{v} = \begin{bmatrix} 2 & 0 \\ 0 & 2 \end{bmatrix} \cdot \begin{bmatrix} 4 \\ -3 \end{bmatrix} = \begin{bmatrix} 8 \\ -6 \end{bmatrix}$$

Comparando os módulos do início e final dos vetores:

$$\mathbf{v} = \begin{bmatrix} 4 \\ -3 \end{bmatrix}, |\mathbf{v}| = \sqrt{4^2 + (-3)^2} = \sqrt{16+9} = \sqrt{25} = 5$$

$$\mathbf{v} = \begin{bmatrix} 8 \\ -6 \end{bmatrix}, |\mathbf{v}| = \sqrt{8^2 + (-6)^2} = \sqrt{64+36} = \sqrt{100} = 10$$

Como você pode ver, o módulo dobrou como resultado da transformação. Uma contração funciona da mesma maneira, exceto que, em uma contração, os elementos diferentes de zero na matriz de transformação são sempre entre 0 e 1 (resultando em um módulo menor).

Portanto, em geral, ao aplicar uma transformação de dilatação ou de contração para um vetor, você tem o mesmo multiplicador ao longo da diagonal principal e 0s em todas as outras posições da matriz. Se esse multiplicador é maior que 1, então você tem uma dilatação. Se o multiplicador está entre 0 e 1, você tem uma contração. Um multiplicador de 1 não tem qualquer efeito; você está multiplicando pela matriz que atua como elemento neutro da multiplicação.

Determinando o Núcleo e o Intervalo de uma Transformação Linear

As transformações lineares realizadas em vetores resultam em outros vetores. Às vezes, os vetores resultantes são da mesma dimensão como os primeiros, e às vezes o resultado tem uma dimensão diferente. Um resultado especial de uma transformação linear é aquele em que cada elemento no vetor resultante é 0. O núcleo de uma transformação linear também é conhecido como o *espaço nulo*. O núcleo e o intervalo de uma transformação linear estão relacionados, já que ambos são resultados da execução da transformação linear. O núcleo é uma parte específica, e o intervalo é tudo o que acontece.

Acompanhando o Núcleo

Quando a transformação linear T de um dado conjunto de vetores para outro conjunto de vetores resulta em um ou mais vetores 0, então os vetores originais, $\mathbf{v}_1$, $\mathbf{v}_2$, $\mathbf{v}_3$,... para os quais T ($\mathbf{v}$) = 0 são chamados de *núcleo* ou *espaço nulo* do conjunto de vetores.

Note que T não é o vetor de elemento neutro da adição, T_0, que muda todos os vetores para vetores zero.

Por exemplo, considere a transformação T mostrada a seguir e seu efeito sobre o vetor **v**.

$$T\left(\begin{bmatrix} x \\ y \\ z \end{bmatrix}\right) = \begin{bmatrix} x-z \\ x+y \\ y+z \end{bmatrix}, \mathbf{v} = \begin{bmatrix} 1 \\ -1 \\ 1 \end{bmatrix}$$

$$T\left(\begin{bmatrix} 1 \\ -1 \\ 1 \end{bmatrix}\right) = \begin{bmatrix} 1-1 \\ 1+(-1) \\ -1+1 \end{bmatrix} = \begin{bmatrix} 0 \\ 0 \\ 0 \end{bmatrix}$$

O vetor resultante da realização de T em **v** é um vetor zero, assim o vetor **v** deve estar no núcleo do conjunto de vetores. A pergunta seguinte é "Existem outros vetores no núcleo ou espaço nulo?"

Para determinar os vetores em um núcleo, você determina quais os elementos dos vetores do espaço nulo devem estar inclusos para satisfazer a declaração T(**v**) = **0**, onde **0** é um vetor zero. Usando a transformação T mostrada no exemplo anterior, cada um dos elementos do vetor resultante deve ser igual a 0.

$$T\left(\begin{bmatrix} x \\ y \\ z \end{bmatrix}\right) = \begin{bmatrix} x - z \\ x + y \\ y + z \end{bmatrix} = \begin{bmatrix} 0 \\ 0 \\ 0 \end{bmatrix}$$

Para determinar quais os elementos desejados (aqueles no núcleo) deverão estar, você resolve o sistema de equações homogêneas. O Capítulo 7 abrange os sistemas de equações homogêneas e como encontrar as soluções. O sistema de equações a ser resolvido é

$$\begin{cases} x - z = 0 \\ x + y = 0 \\ y + z = 0 \end{cases}$$

Resolvendo o sistema, você obtém que x = z e y = - z, então qualquer vetor da forma

$$\begin{bmatrix} a \\ -a \\ a \end{bmatrix}$$

(na qual o primeiro e o último são os mesmos e o elemento do meio é o contrário dos outros dois) está no núcleo do conjunto de vetores.

Parando para encontrar o intervalo

O intervalo de uma transformação linear T é o conjunto de todos os vetores que resultam da aplicação da transformação de T(**v**) na qual **v** está em um determinado conjunto de vetores.

O intervalo de uma transformação linear pode ser bastante restrito, ou infinitamente grande. O intervalo é dependente do conjunto de vetor que a transformação está sendo aplicada e da forma em que a transformação é definida.

Por exemplo, uma transformação T muda um vetor de 4×1 em um vetor 2×1 da seguinte forma:

$$T\left(\begin{bmatrix} x \\ y \\ z \\ w \end{bmatrix}\right) \rightarrow \begin{bmatrix} x-z \\ y+w \end{bmatrix}$$

A forma T é definida, qualquer matriz 2×1 está no intervalo da transformação.

O intervalo de uma transformação linear pode ser restringido por algum formato ou regra. Por exemplo, a transformação S pode ser definida pela multiplicação de matrizes. Considere a seguinte transformação:

$$S(\mathbf{v}) = A\ \mathbf{v} = \begin{bmatrix} 1 & -2 \\ -1 & 3 \\ 2 & -2 \end{bmatrix} \cdot \begin{bmatrix} x \\ y \end{bmatrix}$$

O intervalo de S é o vetor resultante da seguinte multiplicação:

$$\begin{bmatrix} 1 & -2 \\ -1 & 3 \\ 2 & -2 \end{bmatrix} \cdot \begin{bmatrix} x \\ y \end{bmatrix} = \begin{bmatrix} x-2y \\ -x+3y \\ 2x-2y \end{bmatrix}$$

Crie uma matriz aumentada em que os elementos do vetor resultante sejam representados por v_1, v_2 e v_3. Em seguida, reduza a matriz para resolver os elementos do vetor resultante da transformação das entradas da matriz. Para mais informações sobre matrizes aumentadas e sistemas de resolução usando a forma escalonada de linha reduzida, consulte o Capítulo 4.

$$\begin{bmatrix} x-2y \\ -x+3y \\ 2x-2y \end{bmatrix} = \begin{bmatrix} v_1 \\ v_2 \\ v_3 \end{bmatrix}$$

$$\left[\begin{array}{cc|c} 1 & -2 & v_1 \\ -1 & 3 & v_2 \\ 2 & -2 & v_3 \end{array}\right] \begin{array}{c} L_1 + L_2 \rightarrow L_2 \\ -2L_1 + L_3 \rightarrow L_3 \end{array} \left[\begin{array}{cc|c} 1 & -2 & v_1 \\ 0 & 1 & v_1 + v_2 \\ 0 & 2 & v_3 - 2v_1 \end{array}\right]$$

$$\begin{array}{c} 2L_2 + L_1 \rightarrow L_1 \\ -2L_2 + L_3 \rightarrow L_3 \end{array} \left[\begin{array}{cc|c} 1 & 0 & 3v_1 + v_2 \\ 0 & 1 & v_1 + v_2 \\ 0 & 0 & -4v_1 - 2v_2 + v_3 \end{array}\right]$$

A última linha da forma escalonada reduzida lhe diz que $v_3 = 4v_1 + 2v_2$. A primeira entrada indica que $x = 3v_1 + v_2$ e a segunda entrada tem $y = v_1 + v_2$. Assim, cada vetor, no intervalo, deve ter a seguinte forma:

$$\begin{bmatrix} v_1 \\ v_2 \\ 4v_1 + 2v_2 \end{bmatrix}$$

Parte III

Avaliando Determinantes

A 5ª Onda Por Rich Tennant

"Ele fez algumas equações lineares, jogou em alguns teoremas, e, antes que eu percebesse, estava comprando ferrugem."

Nesta parte...

Entre na fila do DMV! Você não dirige? Não tem problema. Nesta parte, você viaja com determinantes, matrizes e vetores. Aprenda as regras da estrada para a avaliação de determinantes, e evite radares de velocidade ao manipular matrizes correspondentes aos determinantes. Ponha o cinto de segurança e prepare-se para a corrida de sua vida!

Nota: DMV - Departament of Motor Vehicles - equivale ao Detran.

Capítulo 9

Mantendo as Coisas em Ordem com Permutações

Neste Capítulo

- Contando o número de arranjos possíveis
- Fazendo listas das diferentes permutações
- Envolvendo inversões em permutações

De quantas maneiras diferentes você pode organizar os membros da sua família para o retrato anual? Você não pode colocar Emily ao lado de Tommy? Então você dispõe de menos arranjos do que você teria se Tommy não ficasse sempre puxando o cabelo de Emily.

Não se preocupe, este capítulo não é sobre os problemas de um fotógrafo. Esta é apenas a minha maneira de apresentá-lo ao tipo de situação em que você pode aplicar permutações. Uma permutação é um arranjo ou uma ordenação dos elementos de um conjunto. Uma permutação das letras GATO é AGOT. Na verdade, as letras na palavra "gato" podem ser organizadas de 24 maneiras diferentes: GATO, GAOT, GOAT, GOTA, GTAO, GTOA, AGTO, AGOT, AOGT, AOTG, ATGO, ATOG, TAGO, TAOG, TOAG, TOGA, TGAO, TGOA, OGTA, OGAT, OATG, OAGT, OTAG e OTGA. Nem todos os arranjos são legítimos em palavras da Língua Portuguesa, é claro, mas estas são todas as ordenações possíveis.

Descobrir quantas são as permutações possíveis é o primeiro passo para realmente listar esses arranjos. Se você sabe quantos arranjos são possíveis, você sabe quando parar de procurar por mais.

Neste capítulo, eu também apresento as *inversões* (circunstâncias especiais decorrentes em algumas permutações). Todas essas preocupações com as contagens são importantes quando você lida com os determinantes (ver Capítulo 10).

Calculando e Investigando Permutações

Uma permutação é uma ordenação dos elementos de um conjunto. Na introdução deste capítulo, eu mostro as vinte e quatro maneiras diferentes de ordenar as letras da palavra "gato". Agora, veja o conjunto contendo as quatro primeiras letras do alfabeto e como as letras podem ser ordenadas. As quatro letras no conjunto {a, b, c, d} tem 24 permutações: abcd, abdc, acbd, acdb, adcb, adbc, bacd, badc, bcad, bcda, bdac, bdca, cabd, cadb, cbad, cbda, cdab cdba, dabc, dacb, dbac, dbca, bcad, ou dcba. O número de permutações possíveis é dependente do número de elementos envolvidos.

Contando com aprender como contar

A primeira tarefa na determinação e listagem de todas as permutações de um conjunto de itens é quantas permutações ou ordenações podem ser encontradas. A *quantidade* é a parte fácil. A parte difícil é incorporar algum tipo de método sistemático para listar todas essas variantes – se você realmente precisa de uma lista delas.

Antes de mostrar a fórmula que conta quantas permutações você tem em um conjunto específico, deixe-me apresentar uma operação matemática chamada *fatorial*. A operação fatorial, designada pelo símbolo **!**, indica que você multiplica o número na frente do símbolo do fatorial por cada número inteiro positivo menor do que o número:

$$n! = n \cdot (n - 1) \cdot (n - 2) \ldots 4 \cdot 3 \cdot 2 \cdot 1$$

Você começa com o número n, diminui n por 1 e o multiplica pelo primeiro número, o diminui por 1 e o multiplica pelos dois primeiros, e continua fazendo a diminuição e multiplicando até chegar ao número 1 – sempre o menor número no produto. Então $4! = 4 \cdot 3 \cdot 2 \cdot 1 = 24$ e $7! = 7 \cdot 6 \cdot 5 \cdot 4 \cdot 3 \cdot 2 \cdot 1 = 5040$. Além disso, por convenção, o valor de $0! = 1$. Atribuir a 0! o valor de 1 faz com que algumas outras fórmulas matemáticas funcionem corretamente.

Agora, sabendo o que significa a notação fatorial, mostro como encontrar o número de permutações que você tem ao escolher um número de itens para permutar:

- Se você deseja o número de permutações de todos os itens n de uma lista, então o número de permutações é n!
- Se você deseja o número de permutações de r dos itens escolhidos de toda a lista de n itens, então você usa a seguinte fórmula:

$$ {}_{n}P_{r} = \frac{n!}{(n-r)!} $$

Então, se você tem dez pessoas na sua família e deseja alinhar todas elas lado a lado para uma foto, você tem 10! = 10 • 9 • 7• 8 • 5 • 6 • 4 • 3 • 2 • 1 = 3.628.800 maneiras diferentes de organizá-las. Claro, se Emily e Tommy não podem estar um ao lado do outro, você tem que eliminar poucas opções (mas nós não queremos ver isso agora).

Às vezes, você possui um conjunto de itens dentre os quais precisa selecionar quais ocuparão a 1ª, 2ª e 3ª posições, ainda que possua mais de três itens. Por exemplo, se você tem sete CDs e quer ouvir três deles no CD player do seu carro, quantos arranjos diferentes (permutações ou ordenações) são possíveis? Neste caso, utilizando a fórmula, n é 7 e r é 3.

$$ {}_{7}P_{3} = \frac{7!}{(7-3)!} = \frac{7!}{4!} = \frac{7 \cdot 6 \cdot 5 \cdot \not{4} \cdot \not{3} \cdot \not{2} \cdot \not{1}}{\not{4} \cdot \not{3} \cdot \not{2} \cdot \not{1}} = 7 \cdot 6 \cdot 5 = 210 $$

Outra maneira de analisar o resultado é que você tem sete opções para o primeiro CD que ouvir, restando seis opções para o segundo CD, e cinco para o terceiro CD. Você tem 210 maneiras diferentes de escolher e ordenar três CDs.

Fazendo uma lista e verificando duas vezes

Depois de determinar quantos arranjos diferentes você pode criar a partir de uma lista de itens, você tem que listar todos esses arranjos. A chave para fazer uma lista longa (ou até mesmo uma lista não tão longa) é usar algum tipo de sistema. Dois métodos muito eficazes de listar todas as diferentes permutações é fazer uma listagem sistemática como uma tabela e fazer uma árvore.

Listando as permutações racionais de tabela

A melhor forma de explicar como listar todas as permutações de um conjunto é fazendo. Por exemplo, digamos que eu queira listar todos os arranjos dos dígitos 1, 2, 3, e 4 sendo cada arranjo formado por três deles ao mesmo tempo. O primeiro passo é determinar sobre quantos arranjos estou falando.

Considerando $n = 4$ e $r = 3$ na fórmula,

$$_4P_3 = \frac{4!}{(4-3)!} = \frac{4!}{1!} = \frac{4 \cdot 3 \cdot 2 \cdot 1}{1} = 24$$

Eu preciso de uma lista de 24 arranjos diferentes.

Dos 24 arranjos, 6 devem começar com 1, 6 com 2, 6 com 3, e 6 com 4. (Eu tenho apenas os quatro números para escolher) eu escrevo os seis 1 em uma fileira, deixando espaço para mais dois dígitos após cada um.

1 1 1 1 1 1

Então, depois de dois dos 1 eu coloco 2; após os próximos dois 1, eu coloquei 3; e após os últimos dois 1 eu coloquei 4.

12 12 13 13 14 14

Após a listagem de 12 nas duas primeiras posições, minhas únicas opções para terminar o arranjo são de 3 ou 4. Após as 13 listagens, eu posso terminar com um 2 ou 4, e depois das 14 listagens, eu posso acabar com um 2 ou 3.

123 124 132 134 142 143

Isso me dá os primeiros seis arranjos –todos os arranjos começando com o dígito 1. Eu faço a mesma coisa com a 2, 3 e 4. Escrevo o primeiro dígito para cada agrupamento (seis deles começam com dois, seis com três, seis com 4).

2	2	2	2	2	2
3	3	3	3	3	3
4	4	4	4	4	4

Os próximos dígitos após 2 podem ser 1, 3, ou 4, e assim por diante.

21	21	23	23	24	24
31	31	32	32	34	34
41	41	42	42	43	43

Por fim, termine com as duas últimas opções para cada um.

213	214	231	234	241	243
312	314	321	324	341	342
412	413	421	423	431	432

Com estes últimos 18 arranjos, além dos seis anteriores, temos 24 arranjos possíveis de três dos quatro primeiros dígitos.

Ramificando-se com uma árvore

Uma maneira muito eficaz e visual de listar todos os possíveis arranjos de números é com uma árvore horizontal em movimento. A única desvantagem do uso do método de árvore é que, se o conjunto de objetos é muito grande, a árvore pode ficar um pouco trabalhosa.

Eu vou mostrar a metade de cima de uma árvore usada para produzir as 24 permutações de três dos quatro primeiros dígitos na Figura 9-1. Note que a árvore é a ramificação da esquerda para a direita.

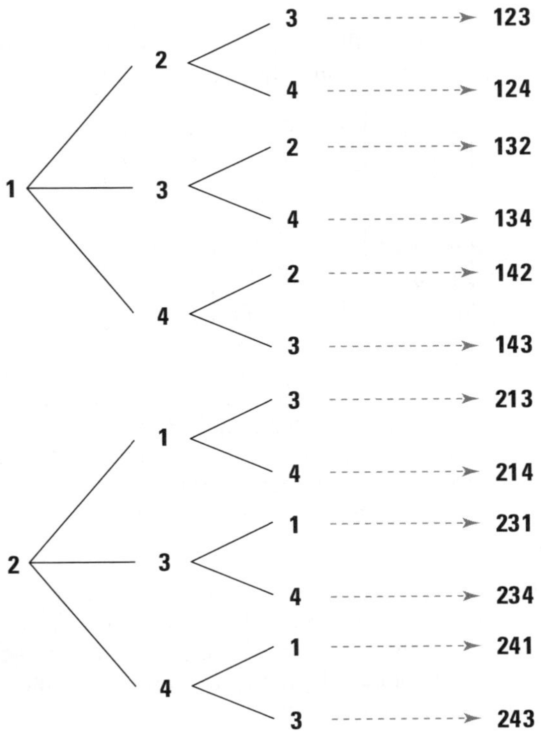

Figura 9-1: Criando uma árvore para a lista de permutações.

À esquerda, os primeiros dígitos (você poderia chamá-los de troncos dos quais os ramos são construídos) são 1s, então os seguintes são 2s. Se você pudesse ver a metade inferior da árvore, você veria 3s e 4s. Após cada dígito inicial, você tem três opções para o segundo dígito, que são mostrados no final dos três ramos. Cada um dos três segundos dígitos tem duas opções a mais porque você não está repetindo os dígitos. Você lê as ordenações da esquerda para a direita, listando os dígitos que encontra a partir do ramo da esquerda para a ponta do último ramo.

Trazendo as permutações para as matrizes (ou matrizes para permutações)

Reorganizando os elementos de uma lista de resultados em uma permutação de números – uma ordenação. Ao trabalhar com autovalores e autovetores no Capítulo 16, às vezes é importante ser capaz de reconhecer uma *matriz de permutação.*

LEMBRE-SE

Uma matriz de permutação é formada pelo rearranjo das colunas de uma matriz de identidade.

Por exemplo, a matriz de identidade 3 × 3 tem seis diferentes matrizes de permutação (incluindo a matriz de identidade original):

$$\begin{bmatrix} 1 & 0 & 0 \\ 0 & 1 & 0 \\ 0 & 0 & 1 \end{bmatrix}, \begin{bmatrix} 1 & 0 & 0 \\ 0 & 0 & 1 \\ 0 & 1 & 0 \end{bmatrix}, \begin{bmatrix} 0 & 1 & 0 \\ 1 & 0 & 0 \\ 0 & 0 & 1 \end{bmatrix}$$

$$\begin{bmatrix} 0 & 0 & 1 \\ 1 & 0 & 0 \\ 0 & 1 & 0 \end{bmatrix}, \begin{bmatrix} 0 & 1 & 0 \\ 0 & 0 & 1 \\ 1 & 0 & 0 \end{bmatrix}, \begin{bmatrix} 0 & 0 & 1 \\ 0 & 1 & 0 \\ 1 & 0 & 0 \end{bmatrix}$$

Uma forma de identificar as matrizes de permutações diferentes é a utilização de números tais como 312 ou 213 para indicar onde o dígito 1 é posicionado em uma determinada linha. Por exemplo, a permutação 312 é representada pela quarta matriz, porque a linha 1 tem o seu 1 na terceira coluna, a linha 2 tem seu 1 na primeiro coluna, e a linha 3, tem 1 na segunda coluna.

A matriz de identidade 3 × 3 mostrada aqui tem 3! = 6 matrizes de permutação. Você conta o número de matrizes de permutação associada a cada matriz de identidade usando a fórmula de permutação n**!**. Se *n* é o número de linhas e colunas da matriz de identidade, então n**!** é o número de matrizes de permutação possível.

Envolvendo Inversões na Contagem

A permutação de um conjunto de números tem uma *inversão* se um dígito maior precede o dígito menor. Por exemplo, considere a permutação 5423. O 5 precede 4, o 5 precede 2, o 5 precede 3, o 4 precede 2, e 4 precede 3. Você conta cinco inversões neste número. ***Lembre-se***: eu disse que você conta quando um dígito maior vem antes de um menor – quando eles parecem estar fora da ordem natural.

Investigando inversões

Uma permutação de um conjunto de números tem um número contável das inversões – mesmo que esse número seja zero. A permutação 5423 tem cinco inversões. Outra maneira de analisar as inversões é que elas são o número mínimo de inter-trocas de elementos consecutivos necessário para organizar os números em sua ordem natural. Este processo de ordenação é fundamental para muitas tarefas de programação de computador.

Por exemplo, veja como eu reorganizo a permutação de 5423 alternando dois números consecutivos (adjacentes) de cada vez. Minha demonstração não é a única maneira possível. Você poderia fazer isso de muitas outras formas, mas qualquer escolha levará a cinco alternâncias:

- Altere o 4 e o 2: 5243
- Altere o 5 e o 2: 2543
- Altere o 4 e o 3: 2534
- Altere o 5 e o 3: 2354
- Altere o 5 e o 4: 2345

Você acha que pode ordenar a permutação em menos etapas utilizando elementos consecutivos? Vamos experimentar! Agora eu vou apresentá-lo ao *inverso* de uma permutação.

LEMBRE-SE

Uma *permutação inversa* é uma permutação em que cada número e o número do lugar que esta ocupa são trocados.

Por exemplo, considere a permutação dos cinco primeiros inteiros positivos: 25413. A permutação inversa associada a este arranjo particular é: 41532. A forma como o inverso funciona é esta, na permutação original,

- O 1 estava na quarta posição, então eu coloquei o 4 na primeira posição.
- O 2 estava na primeira posição, então eu coloquei o 1 na segunda posição.

- O 3 estava na quinta posição, então eu coloquei o 5 na terceira posição.
- O 4 estava na terceira posição, então eu coloquei o 3 na a quarta posição.
- O 5 estava na segunda posição, então eu coloquei o 2 na quinta posição.

Outra maneira de pensar sobre a permutação inversa é olhar para as permutações da matriz envolvida. A permutação 25413 é representada pela matriz A 5×5. E a permutação 41532 é representada pela matriz B. Eu declaro que A e B são inversas uma das outras e mostro isto ao multiplicar as duas matrizes juntas – resultando na matriz de identidade 5×5.

$$A = \begin{bmatrix} 0 & 1 & 0 & 0 & 0 \\ 0 & 0 & 0 & 0 & 1 \\ 0 & 0 & 0 & 1 & 0 \\ 1 & 0 & 0 & 0 & 0 \\ 0 & 0 & 1 & 0 & 0 \end{bmatrix}, \; B = \begin{bmatrix} 0 & 0 & 0 & 1 & 0 \\ 1 & 0 & 0 & 0 & 0 \\ 0 & 0 & 0 & 0 & 1 \\ 0 & 0 & 1 & 0 & 0 \\ 0 & 1 & 0 & 0 & 0 \end{bmatrix}$$

$$A\,B = \begin{bmatrix} 0 & 1 & 0 & 0 & 0 \\ 0 & 0 & 0 & 0 & 1 \\ 0 & 0 & 0 & 1 & 0 \\ 1 & 0 & 0 & 0 & 0 \\ 0 & 0 & 1 & 0 & 0 \end{bmatrix} \cdot \begin{bmatrix} 0 & 0 & 0 & 1 & 0 \\ 1 & 0 & 0 & 0 & 0 \\ 0 & 0 & 0 & 0 & 1 \\ 0 & 0 & 1 & 0 & 0 \\ 0 & 1 & 0 & 0 & 0 \end{bmatrix}$$

$$= \begin{bmatrix} 1 & 0 & 0 & 0 & 0 \\ 0 & 1 & 0 & 0 & 0 \\ 0 & 0 & 1 & 0 & 0 \\ 0 & 0 & 1 & 0 & 0 \\ 0 & 0 & 0 & 0 & 1 \end{bmatrix} = I$$

E agora, eu vou contar um fato interessante sobre uma permutação e seu inverso.

LEMBRE-SE

O número de inversões em uma permutação é igual ao número de inversões em seu inverso.

Assim, considerando a permutação 25413 e o seu inverso, 41532, eu conto o número de inversões em cada uma. A inversão 25413 tem seis inversões: 21, 54, 51, 53, 41 e 43. A inversão 41532 também tem seis inversões: 41, 43, 42, 53, 52 e 32. As inversões são diferentes, mas a sua contagem é a mesma.

Convidando inversões pares e ímpares para a festa

Uma permutação (ou ordenação) é chamada de par se tiver um número *par* de inversões, e será ímpar se tiver um número ímpar de inversões. Algo mais simples que isto é impossível. E com a categorização de inversões de permutação como par ou ímpar, você encontra algumas propriedades interessantes das inversões.

Se um conjunto tem n elementos, e $n \geq 2$, então há permutações $n! \div 2$ pares e $n! \div 2$ impares do conjunto. Por exemplo, o conjunto {1, 2, 3} tem três elementos, assim você vai encontrar $3! \div 2 = [3 \cdot (3\text{-}1) \cdot (3\text{-}2)] \div 2 = 3$ permutações pares e 3 permutações ímpares. As três permutações pares (aquelas com um número par de inversões) são 123 (com zero inversões), 312 (com duas inversões) e 231 (com duas inversões). As três permutações ímpares são 132 (com uma inversão), 213 (com uma inversão), e 321 (com três inversões).

Outra propriedade interessante das inversões tem a ver com fazer alterações para uma permutação particular.

Se você formar uma nova permutação de uma permutação dada de um conjunto de números trocando dois elementos, então a diferença entre o número de inversões nas duas permutações é sempre um número ímpar.

Por exemplo, considere a permutação 543672, que tem oito inversões: 54, 53, 52, 43, 42, 32, 62, 72. Eu alterno 5 e 2, resultando em 243675, que tem apenas três inversões: 43, 65, 75. A diferença entre o número de inversões é $8 - 3 = 5$. Vá em frente e tente você mesmo!

Capítulo 10

Determinando Valores de Determinantes

Neste Capítulo

- Determinando como calcular determinantes
- Ligando permutações a determinantes
- Usando a expansão como fator para avaliar determinantes maiores
- Calculando a área e o volume de figuras em espaços bidimensionais e tridimensionais

Os determinantes são ligados com as matrizes quadradas. Você calcula determinantes de matrizes usando os elementos nas matrizes. Os determinantes são usados em muitas aplicações que você encontra nesta parte. Neste capítulo, você verá como calcular a área e o volume usando determinantes.

Os valores dos fatores determinantes são calculados usando vários métodos e podem ser avaliados usando uma calculadora gráfica ou um programa de computador. A beleza de ser capaz de usar uma calculadora ou um computador para calcular determinantes é especialmente evidente quando determinantes aumentam – mais de três linhas e colunas. O processo de expansão do cofator se estende a todos os tamanhos de matrizes quadradas e se presta muito bem a um bom programa de computador.

Avaliando os Determinantes de Matrizes 2 × 2

Um determinante é um número associado a uma matriz quadrada, o determinante é um número de valor único. O número que você obtiver para um determinante é criado utilizando produtos de elementos da matriz, juntamente com as somas e as diferenças desses produtos. Os produtos envolvem permutações dos elementos na matriz, e os sinais (que indicam uma soma ou uma diferença) dos produtos são dependentes do número de inversões encontradas nas permutações. Se você precisa refrescar a memória sobre permutações ou inversões, veja o Capítulo 9.

Envolvendo permutações na determinação do determinante

Uma matriz 2 × 2 tem um determinante envolvendo 2! = 2 produtos dos elementos na matriz. Uma matriz 3 × 3 tem um determinante envolvendo 3!= 6 produtos dos elementos na matriz. Uma matriz 4 × 4 tem um determinante envolvendo 4! = 24 produtos dos elementos na matriz. O padrão continua conforme a matriz se torna maior. Eu facilito o processo de cálculo do determinante iniciando com a matriz 2 × 2.

Combatendo primeiro o determinante 2 × 2

Veja a matriz 2 × 2.

$$\begin{bmatrix} a_{11} & a_{12} \\ a_{21} & a_{22} \end{bmatrix}$$

Os produtos envolvidos no cálculo do determinante de uma matriz 2 × 2 consistem na multiplicação dos elementos na forma geral:

$$a_{1j_1}a_{2j_2}$$

O 1 e 2 nos índices indicam as linhas da matriz, e os índices j_1 e j_2 representam o número de colunas que estão sendo permutados – neste caso, apenas duas delas.

Ao se referir aos elementos de uma matriz, você pode usar os subscritos (índices) para indicar a linha e a coluna de onde o elemento pertence. Assim, o elemento a_{13} refere-se ao elemento na primeira linha e terceira coluna. Para mais informações sobre matrizes e seus elementos, consulte o Capítulo 3.

Em uma matriz 2 × 2, você encontra duas colunas e precisa de duas permutações dos números 1 e 2. As duas permutações são 12 e 21. Ao substituir j em

$$a_{1j_1}a_{2j_2}$$

com 12 e 21, você obtém os dois produtos e $a_{11}a_{22}$ e $a_{12}a_{21}$.

Os produtos $a_{11}a_{22}$ e $a_{12}a_{21}$ são criados com a linha e estrutura da coluna dos índices e também são encontrados através da multiplicação em cruz – multiplicando-se o elemento superior esquerdo pelo elemento inferior direito e fazendo do mesmo com o elemento superior direito pelo elemento inferior esquerdo. O produto $a_{11}a_{22}$ não possui inversões (pares), e o produto $a_{12}a_{21}$ possui uma inversão (ímpar). As denominações pares e ímpares são usadas para determinar se -1 ou 1 multiplicam os produtos.

Ao determinar o sinal do produto dos elementos em um determinante, se os índices dos elementos de um produto têm um número ímpar de inversões, então o produto é multiplicado por -1. Se o produto tem um número par de inversões dos índices, então o produto é multiplicado por 1 (permanece o mesmo).

Agora, depois de lidar com os cálculos preliminares, eu defino os necessários para o determinante. O determinante da matriz A é designado com *detA* ou simplesmente D.

Para uma matriz 2 × 2, o determinante é:

$$\begin{vmatrix} a_{11} & a_{12} \\ a_{21} & a_{22} \end{vmatrix} = a_{11}a_{22} - a_{12}a_{21}$$

O produto $a_{11}a_{22}$ tem um número par de inversões, então ele é multiplicado por 1, e o produto $a_{12}a_{21}$ tem um número ímpar de inversões, por isso é multiplicado por -1.

Aqui está o valor numérico associado a uma matriz particular 2 × 2:

$$\begin{vmatrix} 4 & -2 \\ 5 & -3 \end{vmatrix} = 4(-3)-(-2)(5) = -12-(-10) = -2$$

Outra forma de descrever o valor do determinante de uma matriz 2 × 2 é dizer que esta é a diferença entre os produtos cruzados.

Triunfando com um determinante 3 × 3

Os produtos envolvidos no cálculo do determinante de uma matriz 3 × 3 consistem nos elementos gerais:

$$a_{1j_1}a_{2j_2}a_{3j_3}$$

Cada produto envolve três elementos da matriz, uma de cada linha. Os j dos índices indicam colunas, uma coluna diferente em cada produto. Você tem um total de 3! = 6 produtos diferentes, todos criados usando as permutações dos números 1, 2 e 3 para as linhas e colunas. Os seis produtos são $a_{11}a_{22}a_{33}$, $a_{11}a_{23}a_{32}$, $a_{12}a_{22}a_{33}$, $a_{12}a_{23}a_{31}$, $a_{13}a_{21}a_{32}$ e $a_{13}a_{22}a_{31}$. Note que cada produto tem cada linha em cada coluna.

O produto $a_{11}a_{22}a_{33}$ não tem inversões (pares) e é positivo, o produto $a_{11}a_{23}a_{32}$ tem uma inversão (ímpar) e é negativo, o produto $a_{12}a_{22}a_{33}$ tem uma inversão e é negativo, o produto $a_{12}a_{23}a_{31}$ tem duas inversões (pares) e é positivo, o produto $a_{13}a_{21}a_{32}$ tem duas inversões (pares) e é positivo; e o produto $a_{13}a_{22}a_{31}$ tem três inversões (ímpares) e é negativo.

LEMBRE-SE

Para uma matriz 3 × 3, o determinante é:

$$\begin{vmatrix} a_{11} & a_{12} & a_{13} \\ a_{21} & a_{22} & a_{23} \\ a_{31} & a_{32} & a_{33} \end{vmatrix} = a_{11}a_{22}a_{33} - a_{11}a_{23}a_{32} - a_{12}a_{21}a_{33} + a_{12}a_{23}a_{31} + a_{13}a_{21}a_{32} - a_{13}a_{22}a_{31}$$

"Por Deus!" Você diz. Não, por favor, não atire o seu lápis pela sala em desespero (como meu irmão fez, há alguns anos, quando eu tentei ajudá-lo em álgebra). Eu lhe mostrei a definição de um determinante 3 × 3 e porque os sinais diferentes nos diferentes produtos funcionam, mas agora eu posso mostrar uma maneira muito rápida e prática de calcular o determinante de uma matriz 3 × 3, sem contar as inversões e os sinais.

O método rápido e fácil e sem rodeios envolve a cópia da primeira e da segunda coluna do lado de fora do determinante para a direita do determinante.

$$\begin{vmatrix} a_{11} & a_{12} & a_{13} \\ a_{21} & a_{22} & a_{23} \\ a_{31} & a_{32} & a_{33} \end{vmatrix} \begin{matrix} a_{11} & a_{12} \\ a_{21} & a_{22} \\ a_{31} & a_{32} \end{matrix}$$

Agora, os produtos positivos (pares) se encontram ao longo das linhas diagonais, começando no topo das três colunas no interior do determinante e movendo-se para à direita. Os produtos negativos (ímpares) começam no topo da última coluna do determinante e as duas colunas para fora do determinante e avançam para a esquerda.

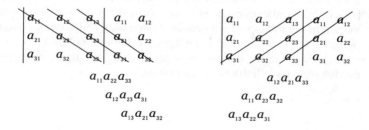

$a_{11}a_{22}a_{33}$ $a_{12}a_{21}a_{33}$

$a_{12}a_{23}a_{31}$ $a_{11}a_{23}a_{32}$

$a_{13}a_{21}a_{32}$ $a_{13}a_{22}a_{31}$

Você pode adicionar os produtos das inclinações da esquerda para a direita, e subtrair (multiplicar por -1) dos produtos das inclinações da direita para a esquerda:

$$\begin{vmatrix} a_{11} & a_{12} & a_{13} \\ a_{21} & a_{22} & a_{23} \\ a_{31} & a_{32} & a_{33} \end{vmatrix} \begin{matrix} a_{11} & a_{12} \\ a_{21} & a_{22} \\ a_{31} & a_{32} \end{matrix}$$

$$= \left(a_{11}a_{22}a_{33} + a_{12}a_{23}a_{31} + a_{13}a_{21}a_{32} \right) - \left(a_{13}a_{22}a_{31} + a_{11}a_{23}a_{32} + a_{12}a_{21}a_{33} \right)$$

Aqui está um exemplo usando os números reais:

$$\begin{vmatrix} 3 & 0 & -1 \\ 2 & 4 & 1 \\ 7 & 2 & 3 \end{vmatrix} \rightarrow \begin{vmatrix} 3 & 0 & -1 \\ 2 & 4 & 1 \\ 7 & 2 & 3 \end{vmatrix} \begin{matrix} 3 & 0 \\ 2 & 4 \\ 7 & 2 \end{matrix}$$

$$= 3(4)(3) + 0(1)(7) + (-1)(2)(2) - \left[(-1)(4)(7) + 3(1)(2) + 0(2)(3) \right]$$

$$= 36 + 0 - 4 - \left[-28 + 6 + 0 \right] = 32 - \left[-22 \right] = 54$$

Lidando com a expansão do cofator

Você avalia os determinantes de uma matriz quadrada de qualquer tamanho, mas, como você vê a partir do determinante 3×3 simples, o número de produtos para considerar cresce rapidamente – você pode até dizer *permutacionalmente*. (Bem, na verdade ninguém diria isso.)

Enfim, o determinante de uma matriz 4×4 envolve $4! = 24$ produtos, metade das quais têm permutações pares dos índices e metade permutações ímpares. O determinante de uma matriz 5×5 envolve $5! = 120$ produtos, e assim por diante. A melhor maneira de lidar com os determinantes maiores é reduzir os problemas grandes em diversos problemas menores e mais administráveis. O método que eu estou me referindo é a *expansão do cofator*. Avaliar os determinantes usando as quantidades de expansão do cofator para escolher uma linha ou coluna da matriz alvo e multiplicando tanto na versão positiva ou negativa de cada elemento na linha escolhida, ou coluna vezes um determinante menor formado pela eliminação da linha e da coluna do elemento. Hã? Repita. Não, eu não vou fazer isso, mas eu vou explicar com uma demonstração de o que quero dizer com os elementos e seus respectivos menores.

LEMBRE-SE

O *menor* de um determinante é um determinante menor criado pela eliminação de uma linha específica e a coluna da matriz original.

Por exemplo, um menor da matriz 4 × 4 A é formado quando você remove a segunda linha e terceira coluna, de A para formar uma matriz 3 × 3 C.

$$A = \begin{bmatrix} 1 & 4 & -5 & 6 \\ 3 & 5 & 2 & 0 \\ 1 & 1 & 8 & 6 \\ 4 & 5 & 6 & 7 \end{bmatrix}$$

$$\text{eliminate } \square \rightarrow \begin{bmatrix} 1 & 4 & \boxed{-5} & 6 \\ \boxed{3} & \boxed{5} & \boxed{2} & \boxed{0} \\ 1 & 1 & \boxed{8} & 6 \\ 4 & 5 & \boxed{6} & 7 \end{bmatrix}$$

$$C_{23} = \begin{bmatrix} 1 & 4 & 6 \\ 1 & 1 & 6 \\ 4 & 5 & 7 \end{bmatrix}$$

Uma vez que o menor foi criado pela eliminação da segunda linha e terceira coluna, você identifica o menor com C_{23}. Ao usar a *expansão do cofator* para avaliar um fator determinante, você cria vários menores de determinantes e os multiplica por versões positivas ou negativas dos elementos de uma linha ou coluna. Aqui está uma explicação formal desta expansão:

O valor do determinante de uma matriz A é:

$$det\text{A} = \sum \left(-1\right)^{i+j} a_{ij}\, detC_{ij}$$

A fórmula é lida: *O determinante da matriz A é a soma dos produtos formados pela multiplicação do número -1 elevado a potência i + j, o elemento* a_{ij}, *e* $detC_{ij}$, *o determinante do menor associado ao elemento* a_{ij}. Os elementos a_{ij} são extraídos de uma linha selecionada ou coluna da matriz A original.

O número obtido a partir de $(-1)^{i+j} detC_{ij}$ é chamado de $cofator_{ij}$ da matriz A.

Por exemplo, considere a matriz A 4 × 4 mostrada aqui:

$$A = \begin{bmatrix} 1 & 2 & -5 & 6 \\ 3 & 5 & 2 & 0 \\ 1 & 1 & 8 & 6 \\ 4 & 5 & 6 & 0 \end{bmatrix}$$

Eu escolhi fazer o desenvolvimento ao longo da primeira linha da matriz. Assim, o somatório dos produtos ao longo dessa linha é o seguinte:

$$detA = (-1)^{1+1} a_{11} detC_{11} + (-1)^{1+2} a_{12} detC_{12} + (-1)^{1+3} a_{13} detC_{13} + (-1)^{1+4} a_{14} detC_{14}$$

Você vê como os fatores -1 estão sendo elevados à potência e formados a partir da soma dos números no índice do elemento em particular. O $detC_{ij}$ é o determinante da menor matriz associada com o elemento em particular.

$$detA = (-1)^2(1)\begin{vmatrix} 5 & 2 & 0 \\ 1 & 8 & 6 \\ 5 & 6 & 0 \end{vmatrix} + (-1)^3(2)\begin{vmatrix} 3 & 2 & 0 \\ 1 & 8 & 6 \\ 4 & 6 & 0 \end{vmatrix}$$
$$+(-1)^4(-5)\begin{vmatrix} 3 & 5 & 0 \\ 1 & 1 & 6 \\ 4 & 5 & 0 \end{vmatrix} + (-1)^5(6)\begin{vmatrix} 3 & 5 & 2 \\ 1 & 1 & 8 \\ 4 & 5 & 6 \end{vmatrix}$$

Em seguida, as potências de -1 e o elemento multiplicador são combinados para simplificar o enunciado:

$$= 1\begin{vmatrix} 5 & 2 & 0 \\ 1 & 8 & 6 \\ 5 & 6 & 0 \end{vmatrix} - 2\begin{vmatrix} 3 & 2 & 0 \\ 1 & 8 & 6 \\ 4 & 6 & 0 \end{vmatrix} - 5\begin{vmatrix} 3 & 5 & 0 \\ 1 & 1 & 6 \\ 4 & 5 & 0 \end{vmatrix} - 6\begin{vmatrix} 3 & 5 & 2 \\ 1 & 1 & 8 \\ 4 & 5 & 6 \end{vmatrix}$$

E então os determinantes 3×3 são avaliados e todos os produtos formados. Os resultados são então combinados e a resposta simplificada:

$$= 1[0 + 60 + 0 - (0 + 180 + 0)] - 2[0 + 48 + 0 - (0 + 108 + 0)]$$
$$- 5[0 + 120 + 0 - (0 + 90 + 0)] - 6[18 + 160 + 10 - (8 + 120 + 30)]$$
$$= 1[60 - 180] - 2[48 - 108] - 5[120 - 90] - 6[188 - 158]$$
$$= - 120 + 120 - 150 - 180 = - 330$$

Você pode usar qualquer coluna ou linha quando realiza a expansão de cofator para avaliar um determinante. Portanto, faz mais sentido escolher uma coluna ou linha com um grande número de zeros, se isso for possível. No exemplo anterior, se eu tivesse usado a coluna quatro em vez da linha um, então, dois dos quatro produto seriam 0, porque o elemento multiplicador é 0. Aqui está como o cálculo parece quando se expande sobre a quarta coluna:

$$\begin{aligned}
detA &= (-1)^{4+1} a_{41}\, C_{41} + (-1)^{4+2} a_{42}\, C_{42} \\
&\quad + (-1)^{4+3} a_{43}\, C_{43} + (-1)^{4+4} a_{44}\, C_{44} \\
&= (-1)^5 (6) \begin{vmatrix} 3 & 5 & 2 \\ 1 & 1 & 8 \\ 4 & 5 & 6 \end{vmatrix} + 0 + (-1)^7 (6) \begin{vmatrix} 1 & 2 & -5 \\ 3 & 5 & 2 \\ 4 & 5 & 6 \end{vmatrix} + 0 \\
&= -6 \begin{vmatrix} 3 & 5 & 2 \\ 1 & 1 & 8 \\ 4 & 5 & 6 \end{vmatrix} - 6 \begin{vmatrix} 1 & 2 & -5 \\ 3 & 5 & 2 \\ 4 & 5 & 6 \end{vmatrix} \\
&= -6\left[18 + 160 + 10 - (8 + 120 + 30)\right] - 6\left[30 + 16 - 75 - (-100 + 10 + 36)\right] \\
&= -6\left[188 - 158\right] - 6\left[-29 - (-54)\right] = -180 - 150 = -330
\end{aligned}$$

É bom ter um número menor de cálculos para executar.

Utilizando determinantes com área e volume

Um determinante é um número associado a uma matriz quadrada. É o que você faz com um determinante que o torna útil e importante. Duas aplicações muito boas do valor de um determinante estão associadas com a área e o volume. Ao avaliar um determinante, é possível encontrar a área de um triângulo e os vértices, descritos no plano de coordenadas. E, melhor ainda, o valor de um determinante está ligado ao volume de um paralelepípedo.

DICA

Pense em um paralelepípedo como uma caixa de papelão na qual um lutador de MMA sentou em cima. Darei uma descrição melhor adiante, na seção "Pagando o pato com volumes de paralelepípedos".

Encontrando as áreas de triângulos

O método tradicional usado para encontrar a área de um triângulo é encontrar a altura medida a partir de um dos vértices, perpendicular ao lado oposto. Outro método envolve a fórmula de Heron, que você utiliza, caso saiba, o comprimento de cada lado do triângulo. Agora eu mostrarei um método para encontrar a área de um triângulo quando você sabe as coordenadas dos vértices do triângulo em dois espaços (sobre os eixos das coordenadas).

A área de um triângulo é encontrada tomando metade do valor absoluto do determinante da matriz formada usando as coordenadas do triângulo e uma coluna de 1s.

Levantando voo com a fórmula de Heron

Se você precisa calcular a área de uma figura triangular, você pode fazê-lo com as medidas dos lados do triângulo. A fórmula de Heron para a área de um triângulo, cujos lados medem a, b, e c, é

$$\text{Área} = \sqrt{s(s-a)(s-b)(s-c)}$$

na qual s é o semi perímetro (metade do perímetro do triângulo).

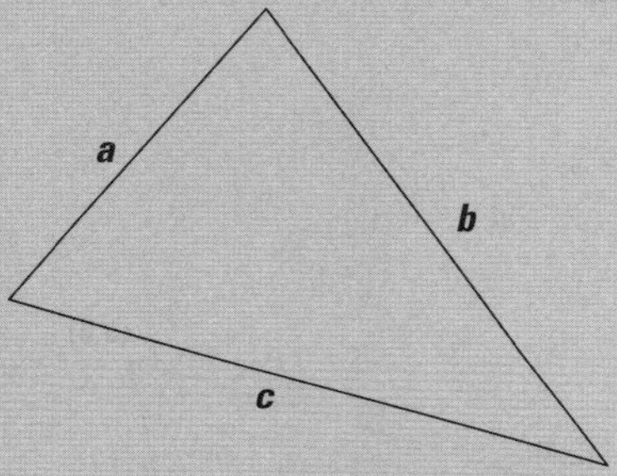

$$\textbf{perímetro} = p = a + b + c$$

$$\textbf{semiperímetro} = s = \frac{a+b+c}{2}$$

Por exemplo, se os lados de uma área triangular medem 5, 7 e 8 cm, então o perímetro é de 20 cm, o semiperímetro, s, é metade ou 10cm, e a área é

$$\begin{aligned}\text{Area} &= \sqrt{10(10-5)(10-7)(10-8)} \\ &= \sqrt{10(5)(3)(2)} = \sqrt{300} \approx 17.32 \text{ Centímetros quadrados}\end{aligned}$$

LEMBRE-SE

A área de um triângulo com coordenadas dos vértices (x_1, y_1), (x_2, y_2) e (x_3, y_3) é:

$$\text{Área} = \frac{1}{2}\left|\begin{vmatrix} x_1 & y_1 & 1 \\ x_2 & y_2 & 1 \\ x_3 & y_3 & 1 \end{vmatrix}\right|$$

O valor absoluto de um número *n* é mostrado com segmentos verticais, | *n* |, e o determinante de uma matriz também é designado com barras verticais. Então, você vê algumas barras *aninhadas* para mostrar tanto o valor absoluto quanto o do determinante. Esse tipo de notação pode ficar confuso, logo é uma forma alternativa. Com as letras det à frente dos colchetes das matrizes é melhor e mais usada para indicar o determinante da matriz. Então você veria:

$$\text{Área} = \frac{1}{2}\left|\det\begin{bmatrix} x_1 & y_1 & 1 \\ x_2 & y_2 & 1 \\ x_3 & y_3 & 1 \end{bmatrix}\right|$$

Um exemplo do uso do determinante para encontrar a área de um triângulo é quando os vértices do triângulo são (2,4), (9,6) e (7,-3), como mostrado na Figura 10-1. Você pode encontrar a área usando a fórmula de Heron, uma vez que você utilizar a fórmula da distância para encontrar os comprimentos dos três lados. Contudo, o método determinante será muito mais rápido e fácil.

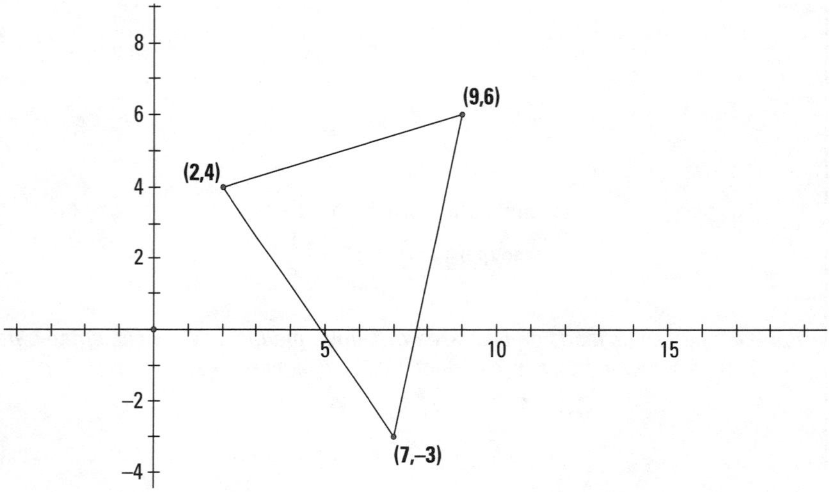

Figura 10-1: As coordenadas do triângulo agudo.

Realmente não importa qual coordenada você escolhe para ser (x_1, y_1), (x_2, y_2), ou (x_3, y_3). E a parte do valor absoluto da fórmula elimina a necessidade de precisar escolher entre mover no sentido horário ou anti-horário em torno do triângulo para selecionar os vértices. Então, colocando as coordenadas como elementos no determinante:

$$\text{Area} = \frac{1}{2}\left|\det\begin{bmatrix} 2 & 4 & 1 \\ 9 & 6 & 1 \\ 7 & -3 & 1 \end{bmatrix}\right|$$

$$= \frac{1}{2}\left|12 + 28 - 27 - (42 - 6 + 36)\right| = \frac{1}{2}\left|-59\right| = 29{,}5$$

A área do triângulo é de 29,5cm².

Em busca das áreas do paralelogramo

Um paralelogramo é um polígono de quatro lados onde os dois pares de lados opostos são paralelos uns aos outros e iguais em comprimento. O método tradicional de encontrar a área de um paralelogramo é multiplicar o comprimento de um dos lados pela distância perpendicular entre este lado e seu oposto. O maior obstáculo para encontrar a área de um paralelogramo é medir o comprimento necessário, especialmente esta distância perpendicular. Marcar um paralelogramo no plano da coordenada torna o cálculo muito mais fácil.

Um paralelogramo desenhado no plano da coordenada tem uma área que pode ser calculada usando um determinante. Uma de duas diferentes situações pode ocorrer com o paralelogramo desenhado em um espaço bidimensional: (1) Um dos vértices do paralelogramo está na origem, ou (2) nenhum dos vértices está na origem. Ter um vértice na origem torna o trabalho mais fácil, no entanto, não é tão difícil lidar com um paralelogramo que está fora da origem.

Originando paralelogramos com a origem

Para encontrar a área de um paralelogramo que possui apenas um dos seus vértices na origem, você só precisa das coordenadas dos vértices que estão diretamente ligadas à origem por um dos lados do paralelogramo. Na Figura 10-2, você vê um paralelogramo desenhado no primeiro quadrante. Os dois vértices conectados à origem por um dos lados do paralelogramo são os pontos (1,2) e (6,5).

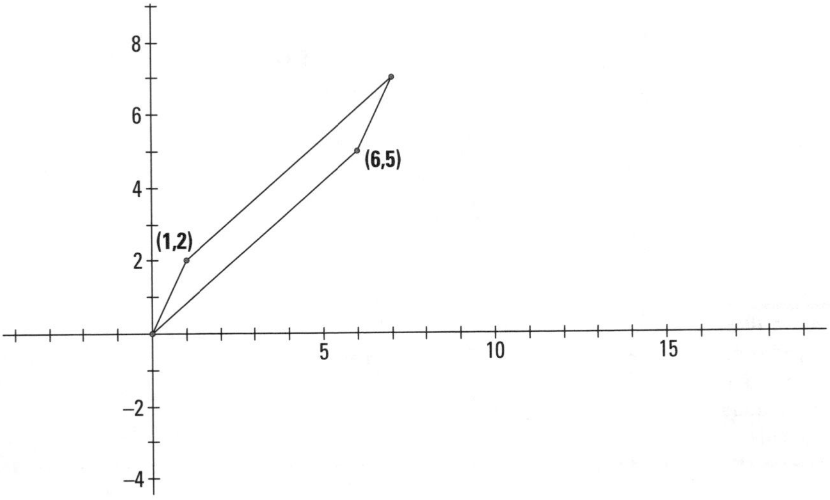

Figura 10-2: O paralelogramo é longo e estreito.

Os dois vértices se unem com a origem e determina-se o comprimento dos dois lados diferentes do paralelogramo. A área do paralelogramo é encontrada usando um determinante das coordenadas.

A área de um paralelogramo com um vértice na origem e com coordenadas dos pontos (x_1,y_1) e (x_2,y_2) conectando um lado do paralelogramo com a origem tem uma área igual ao valor absoluto do determinante formado conforme mostrado a seguir:

$$\begin{vmatrix} x_1 & y_1 \\ x_2 & y_2 \end{vmatrix}$$

Então, no caso do paralelogramo na Figura 10-2, a área é encontrada:

$$\text{Area} = \left| \det \begin{bmatrix} 1 & 6 \\ 2 & 5 \end{bmatrix} \right| = |5 - 12| = |-7| = 7$$

A área do paralelogramo tem 7 cm².

Diversificando com paralelogramos aleatórios em espaços bidimensionais

Quando um paralelogramo não possui um vértice na origem, você desloca ou translada o paralelogramo, mantendo seu tamanho e forma, até que um dos vértices termine na origem. Na Figura 10-3, você vê um paralelogramo com todos os vértices no primeiro quadrante.

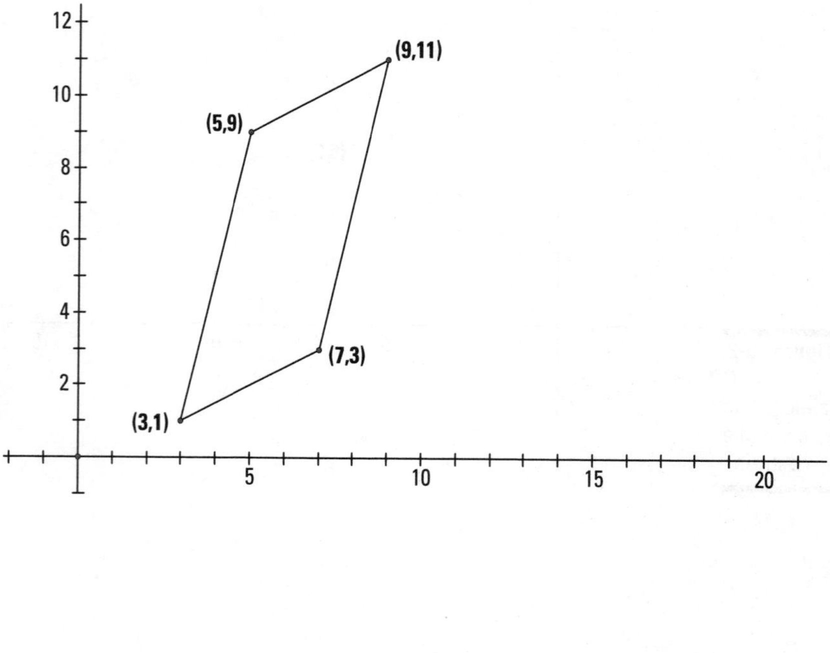

Figura 10-3: Todos os pontos têm coordenadas positivas.

Você pode deslizar o paralelograma da maneira que desejar para colocar qualquer um dos vértices na origem. Mas o movimento que faz mais sentido, e parece ser o mais fácil, é deslizar o paralelogramo até o vértice no ponto (3,1) encontrar com a origem.

Eu nomeei o movimento de um paralelogramo como deslizar. O termo apropriado na geometria transformacional é transladar. Você translada um ponto, segmento ou figura de uma posição à outra sem alterar as dimensões ou forma da figura. Ao realizar uma translação, as coordenadas de cada ponto mudam da mesma maneira.

LEMBRE-SE

Quando uma figura é transladada em um espaço bidimensional, cada ponto (x,y) é transformado em seu ponto de imagem (x',y') usando as fórmulas $x' = x + h$ e $y' = y + k$, nas quais h é a alteração horizontal ou direção horizontal, da translação e k é a alteração vertical ou direção vertical da translação.

Se o paralelogramo na Figura 10-3 é traduzido três unidades para a esquerda e uma unidade abaixo, então o vértice (3,1) terminará na origem. Aqui está o que acontece com os quatro vértices usando a translação mencionada acima $x' = x - 3$, $y' = y - 1$: $(3,1) \to (0,0)$, $(7,3) \to (4,2)$, $(9,11) \to (6,10)$, e $(5,9) \to (2,8)$. A Figura 10-4 mostra como o novo paralelogramo se parece.

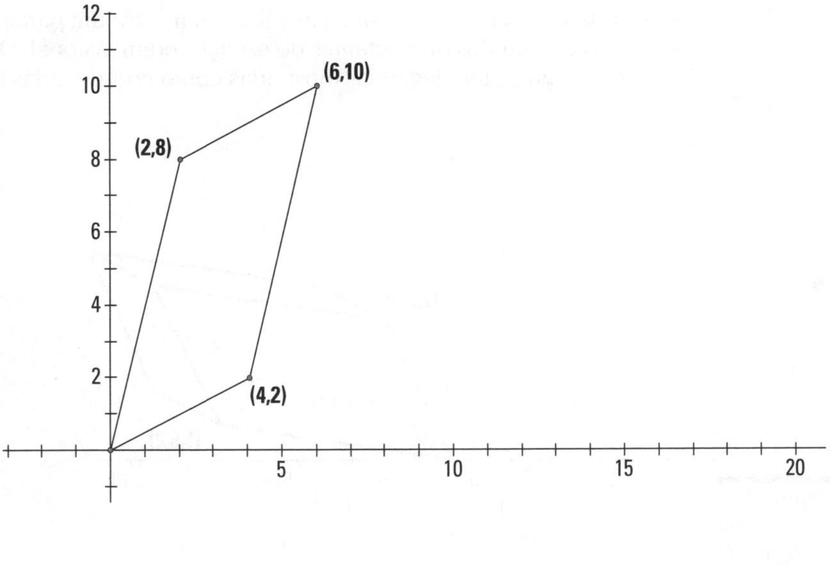

Figura 10-4: O tamanho e forma permanecem os mesmos com a tradução.

Agora você pode encontrar a área do paralelogramo usando o determinante e os vértices em (4,2) e (2,8).

$$\text{Area} = \left| \det \begin{bmatrix} 4 & 2 \\ 2 & 8 \end{bmatrix} \right| = |32 - 4| = 28$$

Aqui, temos exemplos envolvendo paralelogramos, nos quais os ângulos não são retos. Uma vez que retângulos, quadrados e losangos são paralelogramos especiais, você também pode usar este método determinante para encontrar as áreas destes quadriláteros especiais.

Pagando o pato com volumes de paralelepípedos

Um paralelepípedo é um nome pomposo para uma caixa deformada. Na verdade, eu estou esclarecendo uma estrutura matemática muito precisa. Apenas imagine uma figura de seis faces, como uma caixa de papelão, Com lados opostos paralelos uns aos outros e lados opostos da mesma dimensão. Além disso, um paralelepípedo não precisa de lados perpendiculares uns aos outros ou ângulos dos lados de 90 graus. Cada lado é um paralelogramo. Até mesmo uma caixa deformada é especial, com seus lados retangulares. Na Figura 10-5, eu mostro um paralelepípedo desenhado em um dos oito octantes do espaço tridimensional. Os vértices de três dos ângulos têm legendas mostradas como coordenadas (x, y, z).

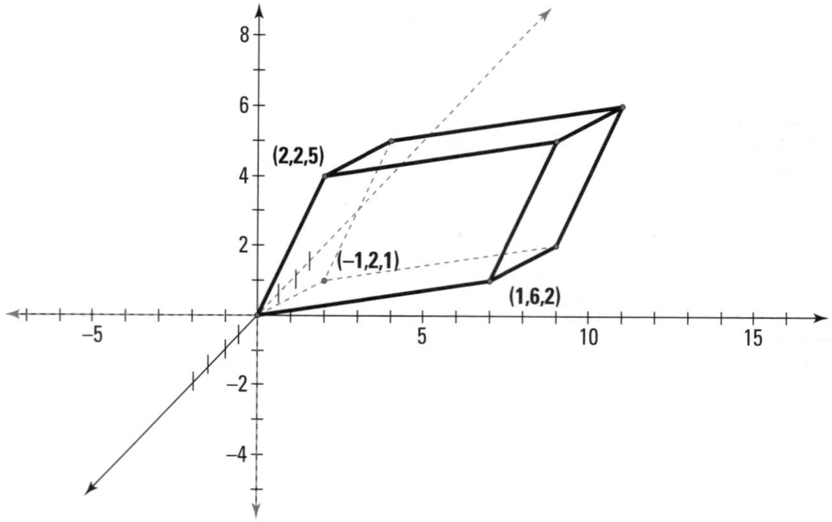

Figura 10-5: Um paralelepípedo tem três pares de lados congruentes.

Quando um paralelepípedo tem um de seus vértices na origem, então o volume deste paralelepípedo é encontrado com o determinante da matriz 3 x 3 usando as coordenadas dos vértices na outra extremidade dos lados do paralelepípedo que se encontram na origem.

LEMBRE-SE

O volume de um paralelepípedo é dado com um vértice na origem e com coordenadas dos pontos (x_1,y_1,z_1), (x_2, y_2,z_2) e (x_3,y_3,z_3) conectando uma aresta do paralelepípedo com a origem que possui o volume igual ao valor absoluto do determinante formado como mostrado a seguir:

$$\text{Volume} = \left| \det \begin{bmatrix} x_1 & y_1 & z_1 \\ x_2 & y_2 & z_2 \\ x_3 & y_3 & z_3 \end{bmatrix} \right|$$

Então, no caso do paralelepípedo encontrado na Figura 10-5, o volume é 38 unidades cúbicas.

$$V = \left| \det \begin{bmatrix} 1 & -1 & 2 \\ 6 & 2 & 2 \\ 2 & 1 & 5 \end{bmatrix} \right| = |38| = 38$$

Se nenhum dos vértices se situa na origem, então você pode fazer uma translação semelhante a esta no espaço bidimensional para obter um dos vértices na posição da origem.

Capítulo 11

Personalizando as Propriedades de Determinantes

Neste Capítulo

- Realizando operações e manipulações em determinantes
- Determinando como os valores de determinantes mudam
- Relacionando a manipulação com o cálculo, para facilitar
- Tirando vantagem das matrizes triangulares superiores e inferiores

Determinantes são funções aplicadas às matrizes quadradas. Quando os elementos das matrizes quadradas são todos números, o determinante resulta em um valor numérico único. No Capítulo 10, eu mostro como avaliar, de forma lógica, determinantes redimensionados e como executar a expansão de cofator para tornar o cálculo mais fácil.

Neste capítulo, mostro diferentes propriedades de determinantes, quais ações fazem com que o valor do determinante permaneça o mesmo e como este valor é alterado quando você realiza outras operações ou ações. Muitas das propriedades e dos processos envolvendo os determinantes que eu mostrei a você neste capítulo são relacionados às operações de matriz e matrizes, então uma voltinha pelo Capítulo 3 não é uma má ideia se você precisa de uma pincelada sobre estes processos.

As propriedades apresentadas neste capítulo têm uma aplicação muito útil ao trabalhar com determinantes. Tão interessantes como as propriedades são por si só, elas realmente tornam-se importantes quando você deseja fazer ajustes para matrizes cujo cálculo de seus determinantes é fácil. Neste capítulo, eu apresento as propriedades e mostro como elas são muito legais.

Transpondo e Invertendo Determinantes

A transposição de uma matriz toma cada linha desta e a transforma em uma coluna e, além de tomar cada coluna de uma matriz e a tornar uma linha. Eu abordo a transposição de matriz no Capítulo 3; no entanto, neste capítulo, você vê apenas matrizes quadradas e suas transposições. O inverso de uma matriz é outra que está intimamente ligada à primeira. Além disso, também no Capítulo 3, você verá que o produto de uma matriz e seu inverso é a matriz de identidade.

Eu abordo estas ideias de matrizes de transposição e de como encontrar os inversos de matrizes, uma vez que os processos estão intimamente relacionados ao transpor e encontrar determinantes de inversos de matrizes.

Determinando o determinante de uma transposição

Você pode calcular o determinante de uma matriz quadrada usando um dos vários métodos disponíveis (conforme encontrado no Capítulo 10) ou usando uma calculadora ou computador. Após encontrar o determinante de uma matriz, você não precisa trabalhar muito para encontrar o da matriz de transposição, principalmente porque eles são exatamente os mesmos.

O determinante da matriz A é igual ao da transposição da matriz A: $\det(A) = \det(A^T)$.

Por exemplo, veja a matriz A e sua transposição, a seguir:

$$A = \begin{bmatrix} 1 & 2 & 3 \\ 4 & 5 & 0 \\ 3 & 1 & 2 \end{bmatrix}, A^T = \begin{bmatrix} 1 & 4 & 3 \\ 2 & 5 & 1 \\ 3 & 0 & 2 \end{bmatrix}$$

A maneira fácil e rápida de avaliar os dois determinantes é escrever as primeiras três colunas à direita do determinante e multiplicar pelas diagonais (ver Capítulo 10 para mais informações sobre este procedimento).

$$\det(A) = \left|\begin{array}{ccc|cc} 1 & 2 & 3 & 1 & 2 \\ 4 & 5 & 0 & 4 & 5 \\ 3 & 1 & 2 & 3 & 1 \end{array}\right|$$
$$= 10 + 0 + 12 - (45 + 0 + 16) = 22 - 61 = -39$$
$$\det(A^T) = \left|\begin{array}{ccc|cc} 1 & 4 & 3 & 1 & 4 \\ 2 & 5 & 1 & 2 & 5 \\ 3 & 0 & 2 & 3 & 0 \end{array}\right|$$
$$= 10 + 12 + 0 - (45 + 0 + 16) = 22 - 61 = -39$$

Os valores dos determinantes são os mesmos. Se você fosse examinar os diferentes produtos criados nos determinantes de uma matriz e sua transposição, você encontraria as mesmas combinações de elementos alinhados aos outros, resultando na mesma resposta final.

Investigando o determinante do inverso

Ao multiplicar uma matriz pelo seu inverso, você obtém uma matriz de identidade. A matriz de identidade é quadrada com uma diagonal de 1s e o restante dos elementos 0s. Um tipo similar de produto ocorre quando você multiplica o determinante de uma matriz pelo determinante do inverso da matriz: você obtém o número 1, que representa a identidade multiplicativa.

O determinante da matriz A é igual ao inverso do determinante do inverso da matriz A:

$$\det(A) = \left[\det(A^{-1})\right]^{-1} = \frac{1}{\det(A^{-1})}$$

Preste atenção no subscrito -1. O inverso da matriz B é escrito B^{-1}; isto indica a matriz inversa. O determinante da matriz B, detB, pode ter um inverso (se não for zero). Você pode escrever $(\det B)^{-1}$.

O inverso de uma matriz existe apenas se o determinante não é igual a 0.

A matriz A deve ser *reversível*, ela deve ter um inverso. Por exemplo, a matriz B possui uma matriz B^{-1} inversa.

$$B = \begin{bmatrix} 1 & 3 & 3 \\ 1 & 6 & 3 \\ 1 & 3 & 4 \end{bmatrix}, B^{-1} = \begin{bmatrix} 5 & -1 & -3 \\ -\frac{1}{3} & \frac{1}{3} & 0 \\ -1 & 0 & 1 \end{bmatrix}$$

O produto de B e B^{-1} é a matriz de identidade.

$$BB^{-1} = \begin{bmatrix} 1 & 3 & 3 \\ 1 & 6 & 3 \\ 1 & 3 & 4 \end{bmatrix} \begin{bmatrix} 5 & -1 & -3 \\ -\frac{1}{3} & \frac{1}{3} & 0 \\ -1 & 0 & 1 \end{bmatrix}$$

$$= \begin{bmatrix} 1(5)+3\left(-\frac{1}{3}\right)+3(-1) & 1(-1)+3\left(\frac{1}{3}\right)+3(0) & 1(-3)+3(0)+3(1) \\ 1(5)+6\left(-\frac{1}{3}\right)+3(-1) & 1(-1)+6\left(\frac{1}{3}\right)+3(0) & 1(-3)+6(0)+3(1) \\ 1(5)+3\left(-\frac{1}{3}\right)+4(-1) & 1(-1)+3\left(\frac{1}{3}\right)+4(0) & 1(-3)+3(0)+4(1) \end{bmatrix}$$

$$= \begin{bmatrix} 1 & 0 & 0 \\ 0 & 1 & 0 \\ 0 & 0 & 1 \end{bmatrix}$$

Agora veja os valores dos determinantes de B e B^{-1}.

$$\det(B) = \begin{vmatrix} 1 & 3 & 3 \\ 1 & 6 & 3 \\ 1 & 3 & 4 \end{vmatrix} = 24+9+9-(18+9+12) = 42-39 = 3$$

$$\det\left(B^{-1}\right) = \begin{vmatrix} 5 & -1 & -3 \\ -\frac{1}{3} & \frac{1}{3} & 0 \\ -1 & 0 & 1 \end{vmatrix} = \frac{5}{3}+0+0-\left(1+0+\frac{1}{3}\right) = \frac{5}{3}-\frac{4}{3} = \frac{1}{3}$$

O determinante de B é o inverso do determinante de B^{-1}. O produto de 3 e $1/3$ é 1.

O determinante de uma matriz de identidade é sempre igual a 1.

Alternando Linhas e Colunas

Ao usar matrizes para resolver sistemas de equações, às vezes você alterna linhas de matrizes para fazer um arranjo conveniente, a fim de resolver o processo. Eu abordo detalhadamente a resolução dos sistemas de equações no Capítulo 4. Alternar linhas de uma matriz não tem efeito na resposta final de um sistema de equações - a solução é preservada. No entanto, alternar linhas em um determinante *tem* efeito, assim como na alternância de colunas.

Ao alternar ou intercalar uma linha ou coluna de um determinante, você apenas estará intercalando os elementos correspondentes. Eu mostro adiante o determinante da matriz A, com o que ele se parece quando você intercala a primeira e a terceira colunas, e como ele fica quando você intercala a segunda e a terceira.

$$\det(A) = \begin{vmatrix} 1 & 2 & 3 & 4 \\ 5 & 6 & 7 & 8 \\ 8 & 7 & 6 & 5 \\ 4 & 3 & 2 & 1 \end{vmatrix}$$

$$\det(L_1 \leftrightarrow L_3) = \begin{vmatrix} 8 & 7 & 6 & 5 \\ 5 & 6 & 7 & 8 \\ 1 & 2 & 3 & 4 \\ 4 & 3 & 2 & 1 \end{vmatrix} \quad \det(C_2 \leftrightarrow C_3) = \begin{vmatrix} 1 & 3 & 2 & 4 \\ 5 & 7 & 6 & 8 \\ 8 & 6 & 7 & 5 \\ 4 & 2 & 3 & 1 \end{vmatrix}$$

Intercalar duas linhas (ou colunas) de uma matriz resulta em um determinante de sinal oposto. Por exemplo, veja a matriz D e seu determinante. Eu vou alternar as colunas 2 e 3 e nomear a nova matriz D'; então, eu calcularei o determinante de D.

$$D = \begin{bmatrix} 1 & 3 & 5 \\ 1 & 6 & 0 \\ -2 & 3 & 4 \end{bmatrix}$$

$$\det(D) = 24 + 0 + 15 - (-60 + 0 + 12) = 39 + 48 = 87$$

$$D(C_2 \leftrightarrow C_3) = D' = \begin{bmatrix} 1 & 5 & 3 \\ 1 & 0 & 6 \\ -2 & 4 & 3 \end{bmatrix}$$

$$\det(D') = 0 - 60 + 12 - (15 + 0 + 24) = -48 - 39 = -87$$

Você deve se perguntar (*é claro*, isto está na ponta de sua língua), "O que acontece se você intercalar duas linhas e intercalar duas colunas da mesma matriz?" Você pode achar que as duas ações se cancelam. Acertou em cheio!

Dê uma olhada na matriz E, na qual intercalo a primeira e a terceira linhas e então, na nova matriz, intercalo a primeira e a segunda colunas. Eu comparo o valor do determinante de E com o determinante da nova, reviso a matriz E", a qual tem duas alternâncias realizadas.

$$E = \begin{bmatrix} 1 & -2 & 6 \\ 1 & 0 & 2 \\ -5 & 3 & 1 \end{bmatrix}$$

$$E(L_1 \leftrightarrow L_3) = E' = \begin{bmatrix} -5 & 3 & 1 \\ 1 & 0 & 2 \\ 1 & -2 & 6 \end{bmatrix}$$

$$E'(C_1 \leftrightarrow C_2) = E'' = \begin{bmatrix} 3 & -5 & 1 \\ 0 & 1 & 2 \\ -2 & 1 & 6 \end{bmatrix}$$

$$\det(E) = 0 + 20 + 18 - (0 + 6 - 2) = 38 - 4 = 34$$

$$\det(E'') = 18 + 20 + 0 - (-2 + 6 + 0) = 38 - 4 = 34$$

Zerando em Determinantes de Zero

Quando calculamos o valor de um determinante, você adiciona e subtrai os produtos dos números. Se você adicionar e subtrair a mesma quantia, então o valor do determinante é igual a 0. Ser capaz de reconhecer antecipadamente que o valor de um determinante é 0 pode auxiliá-lo. Você economiza o tempo que levaria para fazer todos os cálculos.

Encontrando uma linha ou coluna de zeros

Quando uma matriz tem uma linha ou coluna de zeros, então o valor do determinante é igual a 0. Apenas considere o que você obtém se avaliar tal matriz com uma linha ou coluna de zeros, em relação à expansão de cofator (ver Capítulo 10). Se você escolher a linha ou coluna de zeros para expandir, então cada produto incluiria um zero, então você não tem nada!

Se uma matriz tem uma linha ou coluna de zeros, então o determinante associado a esta matriz é igual a zero.

Zerando linhas ou colunas iguais

Outra propriedade interessante de determinantes — aquela que você ganha um zero grande e redondo — é a que se relaciona aos elementos em duas linhas ou duas colunas, quando os elementos correspondentes são os mesmos, o valor do determinante é 0.

Se os elementos correspondentes nas duas linhas (ou colunas) de uma matriz são todos iguais, então o valor deste determinante é zero.

Eu posso demorar um pouco mais para convencê-lo a respeito desta propriedade envolvendo linhas e colunas iguais, então permita-me começar com um exemplo. Considere a matriz F, na qual os elementos da segunda e quarta colunas são iguais uns aos outros. Eu calculo o valor do determinante usando a expansão de cofator ao longo da terceira linha, porque esta linha possui um 0 em si.

$$F = \begin{bmatrix} 2 & 5 & 6 & 5 \\ 3 & -2 & 5 & -2 \\ 0 & 6 & 1 & 6 \\ -3 & 1 & 4 & 1 \end{bmatrix}$$

$$\det(F) = 0 \cdot \begin{vmatrix} 5 & 6 & 5 \\ -2 & 5 & -2 \\ 1 & 4 & 1 \end{vmatrix} + (-1)6 \cdot \begin{vmatrix} 2 & 6 & 5 \\ 3 & 5 & -2 \\ -3 & 4 & 1 \end{vmatrix}$$

$$+1 \cdot \begin{vmatrix} 2 & 5 & 5 \\ 3 & -2 & -2 \\ -3 & 1 & 1 \end{vmatrix} + (-1)6 \cdot \begin{vmatrix} 2 & 5 & 6 \\ 3 & -2 & 5 \\ -3 & 1 & 4 \end{vmatrix}$$

$$= 0 - 6\big(10 + 36 + 60 - (-75 - 16 + 18)\big)$$

$$+1\big(-4 + 30 + 15 - (30 - 4 + 15)\big) - 6\big(-16 - 75 + 18 - (36 + 10 + 60)\big)$$

$$= 0 - 6(106 + 73) + 1(41 - 41) - 6(-73 - 106)$$

$$= 0 - 1\ 074 + 0 + 1{,}074 = 0$$

Você deve estar pensando que eu apenas escolhi uma matriz *conveniente*, uma que calhou de funcionar para mim. Então eu acho que posso mostrar de um jeito melhor porque esta propriedade particular funciona. Eu usarei novamente duas colunas e a expansão de cofator sobre uma linha aleatória. Desta vez, eu usarei os termos gerais para os elementos na matriz, deixando os elementos que são iguais serem iguais a *a*, *b* ,*c* e *d*, de forma que se destaquem mais. Primeiro veja minha nova matriz G com as colunas dois e quatro contendo elementos iguais.

$$G = \begin{bmatrix} g_{11} & a & g_{13} & a \\ g_{21} & b & g_{23} & b \\ g_{31} & c & g_{33} & c \\ g_{41} & d & g_{43} & d \end{bmatrix}$$

Eu avalio o determinante G usando a expansão de cofator sobre a primeira linha.

$$\det(G) = \begin{bmatrix} g_{11} & a & g_{13} & a \\ g_{21} & b & g_{23} & b \\ g_{31} & c & g_{33} & c \\ g_{41} & d & g_{43} & d \end{bmatrix}$$

$$\det(G) = g_{11} \cdot \begin{vmatrix} b & g_{23} & b \\ c & g_{33} & c \\ d & g_{43} & d \end{vmatrix} + (-1)a \cdot \begin{vmatrix} g_{21} & g_{23} & b \\ g_{31} & g_{33} & c \\ g_{41} & g_{43} & d \end{vmatrix}$$

$$+g_{13} \cdot \begin{vmatrix} g_{21} & b & b \\ g_{31} & c & c \\ g_{41} & d & d \end{vmatrix} + (-1)a \cdot \begin{vmatrix} g_{21} & b & g_{23} \\ g_{31} & c & g_{33} \\ g_{41} & d & g_{43} \end{vmatrix}$$

$$= g_{11}\left(bg_{33}d + g_{23}cd + bcg_{43} - \left(bg_{33}d + cg_{43}b + dg_{23}c\right)\right)$$

$$-a\left(g_{21}g_{33}d + g_{23}cg_{41} + bg_{31}g_{43} - \left(bg_{33}g_{41} + cg_{43}g_{21} + dg_{23}g_{31}\right)\right)$$

$$+g_{13}\left(g_{21}cd + bcg_{41} + bg_{31}d - \left(bcg_{41} + cdg_{21} + dbg_{31}\right)\right)$$

$$-a\left(g_{21}cg_{43} + bg_{33}g_{41} + g_{23}g_{31}d - \left(g_{23}cg_{41} + g_{33}dg_{21} + g_{44}bg_{31}\right)\right)$$

Olhe todas estas letras, com todos esses termos... e o resultado ainda tem que ser zero? Não se desespere. Você pode ver alguns padrões surgindo. Primeiro, veja as duas linhas começando com g_{11} e g_{13}. Se eu organizar os fatores em cada termo, então as letras b, c e d vêm primeiro, na ordem alfabética, seguidas por alguns g_{ij}, que você vê em cada termo adicionado ou subtraído, os mesmos números fazem parte do cálculo, então a soma é 0.

$$g_{11}\left(bdg_{33} + cdg_{23} + bcg_{43} - \left(bdg_{33} + bcg_{43} + cdg_{23}\right)\right) = g_{11}(0)$$

$$g_{13}\left(cdg_{21} + bcg_{41} + bdg_{31} - \left(bcg_{41} + cdg_{21} + bdg_{31}\right)\right) = g_{13}(0)$$

Agora veja as linhas no cálculo do determinante que começa com um multiplicador de a. Eu organizei os fatores em cada termo para que as letras venham primeiro e os elementos na matriz estejam em ordem. Você vê que cada elemento adicionado em uma linha é subtraído em outra linha. Então, após distribuir cada a, você obterá cada termo e seu oposto, o qual lhe dá um 0. No fim, 0 + 0 = 0.

$$-a\left(g_{21}g_{33}d + cg_{23}g_{41} + bg_{31}g_{43} - \left(bg_{33}g_{41} + cg_{21}g_{43} + dg_{23}g_{31}\right)\right)$$

$$-a\left(cg_{21}g_{43} + bg_{33}g_{41} + dg_{23}g_{31} - \left(cg_{23}g_{41} + dg_{21}g_{33} + bg_{31}g_{44}\right)\right)$$

Eu sei que mostrei apenas um exemplo geral — o determinante de uma matriz 4 x 4 com a expansão de cofator sobre uma linha específica. Na verdade, espero que seja o suficiente para lhe convencer sobre a propriedade onde, se você tem duas linhas ou colunas em uma matriz que são iguais, então o valor do determinante associado com a matriz é 0.

Manipulando Matrizes pela Multiplicação e Combinação

A maioria das matrizes e seus determinantes associados são muito bons na sua forma original, no entanto, algumas matrizes precisam ser melhoradas para que se tornem mais manejáveis. A melhora vem, é claro, com algumas regras básicas. A razão por trás das manipulações particulares é detalhada na seção seguinte "Em busca de determinantes de matrizes triangulares". Por enquanto, fique comigo e desfrute das propriedades descobertas.

Multiplicando uma linha ou coluna por um escalar

Você tem uma matriz perfeitamente normal com seu determinante e então você decide que a matriz não é boa o bastante. A segunda linha tem duas frações e você não gosta de frações. Então, você decide multiplicar cada termo na segunda linha por 6 para se livrar das frações. O que isto faz com a matriz? Isso altera a matriz, é claro! No entanto, a mudança para o determinante associado com a matriz é previsível. A mudança do determinante também se aplica para multiplicar uma coluna inteira por algum número.

Se cada elemento de uma linha (ou coluna) de uma matriz é multiplicado por um escalar *k* particular, então o determinante desta matriz é *k* vezes o determinante da matriz original. Por exemplo, considere a matriz G que tem frações na segunda linha. Você encontra o determinante de G, realizando a trabalhosa multiplicação:

$$G = \begin{bmatrix} 2 & 3 & 5 \\ \frac{1}{2} & 6 & \frac{5}{6} \\ -2 & 3 & 1 \end{bmatrix}$$

$$\begin{aligned} \det(G) &= 12 - 5 + \frac{15}{2} - \left(-60 + 5 + \frac{3}{2}\right) \\ &= \frac{29}{2} - \left(-\frac{107}{2}\right) = \frac{136}{2} = 68 \end{aligned}$$

Para ser completamente honesto, a multiplicação não é tão ruim, mas eu não quero lhe castigar com um exemplo chato. Mostrar a propriedade com esta matriz deve ser convincente o bastante. Agora, multiplique cada elemento na segunda linha da matriz por 6. O número 6 é o mínimo múltiplo comum dos denominadores das duas frações.

$$6L_2 \to L_2 \begin{bmatrix} 2 & 3 & 5 \\ 6\left(\frac{1}{2}\right) & 6(6) & 6\left(\frac{5}{6}\right) \\ -2 & 3 & 1 \end{bmatrix} = \begin{bmatrix} 2 & 3 & 5 \\ 3 & 36 & 5 \\ -2 & 3 & 1 \end{bmatrix}$$

Agora, ao calcular o determinante da nova matriz, você percebe que a regra funciona, e o valor do determinante é seis vezes o do determinante da matriz original: 6(68) = 408.

$$\begin{vmatrix} 2 & 3 & 5 \\ 3 & 36 & 5 \\ -2 & 3 & 1 \end{vmatrix} = 72 - 30 + 45 - (-360 + 30 + 9)$$
$$= 87 - (-321) = 408$$

Uma situação comum em matrizes usadas em aplicações práticas é que você possui um ou mais elementos que são decimais. Os elementos decimais variam frequentemente no número de casas; você até encontra algumas matrizes usando notação científica para representá-los. Na matriz H, a terceira coluna inteira consiste em números com no mínimo três dígitos à direita da vírgula, e a primeira linha tem quatro números escritos na notação científica.

$$H = \begin{bmatrix} 2\times10^{-4} & 5\times10^{-5} & 6\times10^{-6} & 5\times10^{-4} \\ 3 & -2 & 0{,}00005 & -2 \\ 0 & 6 & 0{,}0001 & 6 \\ -3 & 1 & 0{,}004 & 1 \end{bmatrix}$$

Um número escrito na notação científica consiste em produtos de um número entre 0 e 10 e uma potência de 10. Expoentes positivos em 10 são usados para números maiores que 10 e os números originais são recriados movendo a vírgula para a direita. Expoentes negativos indicam números menores que 1, e você recria o número original ao mover a vírgula para a esquerda. Por exemplo, 5,0 x 10^5 é outra forma de dizer 500.000 e 5.0 x 10^{-5} é outra forma de dizer 0,00005.

Na matriz H, você multiplica cada elemento na primeira linha por 10^6, ou 1.000.000 para eliminar todos os expoentes negativos e números decimais.

$$10^6 \cdot L_1 \to L_1 \begin{bmatrix} 200 & 50 & 6 & 500 \\ 3 & -2 & 0{,}00005 & -2 \\ 0 & 6 & 0{,}0001 & 6 \\ -3 & 1 & 0{,}004 & 1 \end{bmatrix}$$

Agora, multiplique cada elemento na terceira coluna por 100.000 para eliminar todos os números decimais.

$$100\ 000 \cdot C_3 \to C_3 \begin{bmatrix} 200 & 50 & 600{,}000 & 500 \\ 3 & -2 & 5 & -2 \\ 0 & 6 & 10 & 6 \\ -3 & 1 & 400 & 1 \end{bmatrix}$$

Todos os números decimais e notações científicas saíram, mas agora a matriz tem uma série de números grandes. O determinante desta nova matriz é 1.000.000 vezes 100.000, ou 100.000.000.000, vezes maior que o determinante da matriz original. Sem mostrar a você os detalhes sórdidos, aqui estão as matrizes (inicial e final) e seus respectivos determinantes:

$$\begin{vmatrix} 2\times10^{-4} & 5\times10^{-5} & 6\times10^{-6} & 5\times10^{-4} \\ 3 & -2 & 0{,}00005 & -2 \\ 0 & 6 & 0{,}0001 & 6 \\ -3 & 1 & 0{,}004 & 1 \end{vmatrix} = -3{,}294\times10^{-5}$$

$$\begin{vmatrix} 200 & 50 & 600\ 000 & 500 \\ 3 & -2 & 5 & -2 \\ 0 & 6 & 10 & 6 \\ -3 & 1 & 400 & 1 \end{vmatrix} = -3\ 294\ 000$$

O determinante da matriz original é –0,00003294 e o determinante da matriz revisada é –3.294.000. Ao multiplicar –0,00003294 por cem bilhões (–0,00003294) • 100 000 000 000= –3 294 000, a vírgula se move 11 casas à direita. Então, a questão é “Você prefere notações científicas e decimais ou números grandes?”

Adicionando o múltiplo de uma linha ou coluna à outra linha ou coluna

Ao resolver sistemas de equações usando tanto equações quanto matrizes, uma técnica comum aplicada é adicionar um múltiplo de uma linha à outra linha. O processo geralmente resulta na redução do número de variáveis que você tem no problema. (Intrigado? Volte ao Capítulo 4 para saber mais). O processo de adicionar um múltiplo de uma linha à outra (ou uma coluna à outra) em uma matriz tem um resultado surpreendente: O determinante de uma matriz não muda.

Eu suponho que você esteja surpreso com essa sucessão de eventos. Apesar de tudo, multiplicar uma linha ou coluna por um escalar *k* faz o determinante de uma nova matriz *k* vezes aquela matriz original. E agora, ao envolver uma linha adicional (ou coluna), o efeito de multiplicar parece ser anulado.

Permita-me começar com um exemplo. Na matriz J, eu mudo a terceira linha ao adicionar duas vezes cada elemento da segunda linha ao elemento correspondente na terceira linha:

$$J = \begin{bmatrix} 2 & 3 & 5 \\ -3 & 6 & 5 \\ -2 & 3 & 1 \end{bmatrix}$$

$$2L_2 + L_3 \rightarrow L_3 \begin{bmatrix} 2 & 3 & 5 \\ -3 & 6 & 5 \\ -8 & 15 & 11 \end{bmatrix}$$

Os determinantes são os mesmos. Esta propriedade é muito útil quando se está organizando matrizes, você não tem que se preocupar em ficar de olho nos múltiplos que você introduziu.

$$\begin{vmatrix} 2 & 3 & 5 \\ -3 & 6 & 5 \\ -2 & 3 & 1 \end{vmatrix} = 12 - 30 - 45 - \left(-60 + 30 - 9\right)$$

$$= -63 - \left(-39\right) = -24$$

$$\begin{vmatrix} 2 & 3 & 5 \\ -3 & 6 & 5 \\ -8 & 15 & 11 \end{vmatrix} = 132 - 120 - 225 - \left(-240 + 150 - 99\right)$$

$$= -213 - \left(-189\right) = -24$$

Lidando com Matrizes Triangulares Superiores ou Inferiores

Uma matriz triangular superior ou inferior é uma matriz quadrada com todos os 0s abaixo ou acima da diagonal principal que vai do canto superior esquerdo para o canto inferior direito. No Capítulo 3, apresento a ideia de ter as matrizes triangulares e de como as características das matrizes triangulares tornam alguns cálculos mais fáceis. Nesta seção, você verá como criar matrizes triangulares a partir de matrizes previamente não triangulares, e depois descobrirá como é maravilhoso ter uma matriz triangular superior ou inferior.

Em busca dos determinantes das matrizes triangulares

Matrizes triangulares são cheias de 0s. Todos os elementos acima ou abaixo da diagonal principal de uma matriz triangular são 0. Outros elementos da matriz podem ser 0 também, mas veja os elementos em relação à diagonal principal e determine se você tem uma matriz triangular.

Por que eu estou ficando tão animada com essas matrizes triangulares? Por que alguém iria gastar tanto tempo falando sobre elas? A resposta é simples: O determinante de uma matriz triangular é calculado apenas olhando para os elementos da diagonal principal.

A diagonal principal de uma matriz quadrada ou determinante vai do elemento superior esquerdo até o elemento inferior direito. A diagonal principal é a grande jogada quando se avalia os determinantes das matrizes triangulares superiores e inferiores.

LEMBRE-SE

Se a matriz A é uma matriz triangular superior (ou inferior), então o determinante de A é igual ao produto dos elementos situados na diagonal principal. Considere, por exemplo, a matriz N.

$$N = \begin{bmatrix} 2 & 1 & 4 & 3 \\ 0 & -2 & 1 & -6 \\ 0 & 0 & 7 & 2 \\ 0 & 0 & 0 & 3 \end{bmatrix}$$

De acordo com a regra, o determinante |N| = 2(–2)(7)(3) = –84. Parece muito fácil. E é mesmo! Agora você vê porque passo pelo árduo trabalho de mudar uma matriz para uma matriz triangular na seção "Inventando uma matriz triangular a partir do zero" a seguir.

Só para mostrar uma comparação, eu vou calcular o determinante de uma matriz P. Primeiro, eu uso o método infalível da multiplicação das diagonais. Então eu comparo a primeira resposta àquela obtida apenas multiplicando ao longo da diagonal principal.

$$P = \begin{bmatrix} 2 & 0 & 0 \\ 7 & 1 & 0 \\ 5 & -3 & 1 \end{bmatrix}$$

$$\det(P) = 2 + 0 + 0 - (0 + 0 + 0) = 2$$

$$\det(P) = 2 \text{ usando produtos ao longo da diagonal principal}$$

Isto realmente não prova nada para qualquer tamanho de matrizes quadradas, mas você pode ver como todos os 0s se introduzem nos produtos para produzir termos nulos.

Uma matriz muito especial é considerada tanto triangular superior quanto inferior. A matriz a qual estou me referindo é a matriz de identidade.

LEMBRE-SE

O determinante de uma matriz de identidade é igual a 1.

Uma vez que você tem 0s acima e abaixo da diagonal principal de uma matriz identidade, você encontra o valor do determinante multiplicando ao longo da diagonal principal. O único produto que você sempre vai obter, independente do tamanho da matriz de identidade, é 1.

Inventando uma matriz triangular a partir do zero

Uma matriz triangular superior ou inferior tem 0s abaixo ou acima da diagonal principal.

Aqui estão alguns exemplos dos dois tipos:

$$\begin{bmatrix} 2 & 3 & 6 & 5 \\ 0 & -2 & 4 & -2 \\ 0 & 0 & 1 & 6 \\ 0 & 0 & 0 & 1 \end{bmatrix} \quad \begin{bmatrix} 2 & 0 & 0 & 0 \\ 3 & -2 & 0 & 0 \\ 0 & 6 & 1 & 0 \\ -3 & 1 & 4 & 1 \end{bmatrix}$$

Se você não possui uma matriz que é triangular superior ou inferior, é possível realizar uma operação de linha (coluna) para alterar sua matriz original para uma matriz triangular. E, acontece que na linha (ou na coluna), é possível realizar operações que são exatamente como algumas das descritas anteriormente neste capítulo: trocas de linhas, ou colunas, multiplicação de uma linha ou coluna por um escalar, e adição de um múltiplo de uma linha ou coluna a outra linha ou coluna. O desafio está em determinar exatamente o que você precisa fazer para criar a matriz desejada.

Dando um passo ao adicionar um múltiplo de uma coluna à outra coluna

Na matriz k, mostrada a seguir, você quase vê uma matriz triangular inferior. Se o 3 na segunda linha, terceira coluna, fosse um 0, então você teria uma matriz triangular.

$$K = \begin{bmatrix} 2 & 0 & 0 \\ -5 & 1 & 3 \\ -2 & 3 & 1 \end{bmatrix}$$

A forma de mudar a matriz atual para uma matriz triangular é adicionar o múltiplo escalar -3 vezes a segunda coluna para a primeira coluna.

$$-3C_2 + C_3 \rightarrow C_3 \begin{bmatrix} 2 & 0 & 0 \\ -5 & 1 & 0 \\ -2 & 3 & -8 \end{bmatrix}$$

O processo também muda o último elemento na terceira linha. A importância (ou falta dela) da mudança está clara na seção "Em busca de determinantes de matrizes triangulares" encontrada no início deste capítulo.

Planejando mais do que uma manipulação

A matriz K, na seção anterior, necessita apenas de uma operação para se tornar uma matriz triangular. Mesmo que seja mais trabalhoso, você vai perceber, ao calcular os determinantes, que o esforço extra para criar uma matriz triangular vale muito a pena.

Veja a matriz L de ordem ou dimensão 4 × 4. Você vê três 0s no lado inferior esquerdo. Se os elementos: 3, -3, e 1 na parte inferior esquerda fossem 0s, então você teria uma matriz triangular superior.

$$L = \begin{bmatrix} 2 & 1 & 4 & 3 \\ 3 & -2 & 1 & -6 \\ 0 & 0 & 1 & 2 \\ -3 & 1 & 0 & 1 \end{bmatrix}$$

As operações requeridas para mudar a matriz L para uma matriz triangular superior envolvem multiplicar uma linha por um escalar e adicioná-la à outra linha.

$$\begin{bmatrix} 2 & 1 & 4 & 3 \\ 3 & -2 & 1 & -6 \\ 0 & 0 & 1 & 2 \\ -3 & 1 & 0 & 1 \end{bmatrix} \quad L_4 + L_2 \to L_2 \begin{bmatrix} 2 & 1 & 4 & 3 \\ 0 & -1 & 1 & -5 \\ 0 & 0 & 1 & 2 \\ -3 & 1 & 0 & 1 \end{bmatrix}$$

$$\frac{3}{2}L_1 + L_4 \to L_4 \begin{bmatrix} 2 & 1 & 4 & 3 \\ 0 & -1 & 1 & -5 \\ 0 & 0 & 1 & 2 \\ 0 & \frac{5}{2} & 6 & \frac{11}{2} \end{bmatrix}$$

No caso de mudança da matriz L, eu escolho criar 0s abaixo do 2 na primeira linha, primeira coluna. Esta escolha conta com meus dois primeiros passos. Eu tenho 0s abaixo do 2, mas infelizmente eu perdi um dos 0s originais. No entanto, não tenha medo das operações de linha. Em seguida, concentre-se em obter 0s abaixo do -1 na diagonal principal.

$$\begin{bmatrix} 2 & 1 & 4 & 3 \\ 0 & -1 & 1 & -5 \\ 0 & 0 & 1 & 2 \\ 0 & \frac{5}{2} & 6 & \frac{11}{2} \end{bmatrix} \quad \frac{5}{2}L_2 + L_4 \to L_4 \begin{bmatrix} 2 & 1 & 4 & 3 \\ 0 & -1 & 1 & -5 \\ 0 & 0 & 1 & 2 \\ 0 & 0 & \frac{17}{2} & -7 \end{bmatrix}$$

Agora o $^{17}/_{2}$ é o único elemento no caminho para que eu tenha uma matriz triangular inferior. Apenas mais uma operação cuida disso.

$$\begin{bmatrix} 2 & 1 & 4 & 3 \\ 0 & -1 & 1 & -5 \\ 0 & 0 & 1 & 2 \\ 0 & 0 & \frac{17}{2} & -7 \end{bmatrix} \quad -\frac{17}{2}L_3 + L_4 \to L_4 \begin{bmatrix} 2 & 1 & 4 & 3 \\ 0 & -1 & 1 & -5 \\ 0 & 0 & 1 & 2 \\ 0 & 0 & 0 & -24 \end{bmatrix}$$

A última matriz é triangular inferior. Pronto para a ação? Que ação? Direi na próxima seção.

Valorizando Vandermonde

Alexandre-Théophile Vandermonde nasceu em Paris em 1735 e lá morreu em 1796. Como o pai de Vandermonde insistiu muito em que Alexandre seguisse uma carreira musical, suas contribuições para a matemática não foram muitas. No entanto, o que lhe faltava em quantidade, lhe sobrava em qualidade. Vandermonde é mais conhecido por seu trabalho em determinantes (embora há quem diga que o determinante atribuído a ele não deveria ter sido, na verdade, porque na verdade não foi encontrado em seu trabalho, alguém interpretou mal suas notações). A matriz de Vandermonde, composta por linhas que são potências de números fixos, é utilizada em aplicações tais como códigos de correção de erros e de processamento de sinais. Apesar de Vandermonde ter começado tarde, foi outro matemático (além de Carnot, Monge, e outros) politicamente envolvido na Revolução Francesa, que fez contribuições significativas para a teoria dos determinantes.

Criando uma matriz triangular superior ou inferior

É bom e elegante usar a regra da multiplicação ao longo da diagonal principal para avaliar o determinante de uma matriz triangular, mas o que acontece se a sua matriz não é triangular, ou é *quase* triangular? Primeiro você determina se os cálculos e manipulações necessários para mudar a sua matriz para uma triangular valem a pena, se é menos incômodo e trabalhoso do que apenas avaliar o determinante da matriz do jeito que está. Nesta seção, vou mostrar algumas situações nas quais as manipulações necessárias parecem valer a pena. Você pode ser o juiz.

Refletindo sobre os efeitos de uma reflexão

Uma matriz triangular superior ou inferior tem 0s tanto no canto inferior direito quanto no canto superior esquerdo. Mas, a posição dos zeros faz diferença? E se você tiver uma matriz de 0s no canto superior *esquerdo* ou no canto inferior *direito*? A matriz P, mostrada a seguir, tem zeros no canto inferior direito e uma diagonal que vai da direita superior para a esquerda inferior.

$$P = \begin{bmatrix} 2 & 1 & 4 & 3 \\ 6 & -2 & 1 & 0 \\ -1 & 2 & 0 & 0 \\ 4 & 0 & 0 & 0 \end{bmatrix}$$

Se você pudesse mudar as posições das colunas, trocar a primeira e a quarta colunas e a segunda e terceira colunas, então você teria uma matriz triangular inferior.

$$\begin{matrix} \\ C_1 \leftrightarrow C_4 \\ C_2 \leftrightarrow C_3 \\ \\ \end{matrix} \begin{bmatrix} 3 & 4 & 1 & 2 \\ 0 & 1 & -2 & 6 \\ 0 & 0 & 2 & -1 \\ 0 & 0 & 0 & 4 \end{bmatrix}$$

Conforme mencionei na seção "Intercalando linhas e colunas", cada alternância resulta na mudança de sinais do determinante. Por eu ter feito duas trocas, o sinal mudou uma vez e depois mudou novamente. Portanto, o valor do determinante de P é o mesmo que o valor do determinante da matriz modificada. O determinante é igual ao produto da diagonal principal da nova matriz: 3 (1) (2) (4) = 24. Neste caso, você obtém o valor do determinante quando multiplica ao longo da diagonal *inversa*.

Você provavelmente está se perguntando se esta multiplicação ao longo de *qualquer* diagonal funciona em todas as matrizes quadradas. A resposta: não. Por exemplo, uma matriz quadrada 6 × 6 exigiria três alternâncias para tornar a diagonal inversa uma diagonal principal, que é um número ímpar de alternância, então você teria três multiplicadores (-1). O valor do determinante de uma matriz 6 × 6 é o *oposto* do produto ao longo da diagonal *inversa*.

LEMBRE-SE

Se uma matriz quadrada tem 0s acima ou abaixo da diagonal *inversa* (oposta a diagonal principal), então o valor do determinante da matriz é tanto o produto dos elementos ao longo dessa diagonal inversa quanto (-1) vezes o produto dos elementos nesta diagonal. Se o número de linhas e colunas, *n*, é um múltiplo de 4 ou superior a um múltiplo de 4 (escrito $4k$ ou $4k + 1$), então o produto ao longo da diagonal inversa é utilizado. Multiplique o produto ao longo da diagonal inversa por (-1) em todos os outros casos.

Por exemplo, as matrizes Q e R, nas quais Q tem dimensão 5 × 5 e R tem dimensão 6 × 6. Como 5 é maior do que um múltiplo de 4, então o determinante de Q é o produto ao longo da diagonal inversa. No caso da matriz R, o determinante é igual a (-1) vezes o produto ao longo da diagonal principal, porque o número 6 não é um múltiplo de 4 ou 1 maior do que um múltiplo de 4.

$$Q = \begin{bmatrix} 1 & 2 & 6 & 4 & 3 \\ -3 & 0 & -2 & 4 & 0 \\ 1 & 4 & 5 & 0 & 0 \\ 3 & 2 & 0 & 0 & 0 \\ -1 & 0 & 0 & 0 & 0 \end{bmatrix} \qquad R = \begin{bmatrix} 0 & 0 & 0 & 0 & 0 & 7 \\ 0 & 0 & 0 & 0 & 1 & -1 \\ 0 & 0 & 0 & -1 & 2 & 3 \\ 0 & 0 & 2 & 3 & 4 & 2 \\ 0 & 1 & 4 & -6 & 3 & 5 \\ -2 & 5 & 4 & 3 & -4 & 6 \end{bmatrix}$$

$$|Q| = 3(4)(5)(2)(-1) = -120 \qquad |R| = -1[7(1)(-1)(2)(1)(-2)] = -28$$

Realizar uma ou mais manipulações para criar a matriz que você quer

Existem várias possibilidades para alterar a matriz a seu gosto. Você só precisa ter em mente como estas *oportunidades* afetam o valor do determinante, se o fazem em tudo. A transposição das matrizes não tem nenhum efeito sobre os respectivos determinantes. Multiplicar uma linha ou coluna *pode* ter um efeito, bem como alternar linhas ou colunas. Eu mostro todos os detalhes sobre os efeitos dos fatores determinantes nas seções anteriores deste capítulo. Aqui vou mostrar vários exemplos de alterações de matrizes antes de avaliar os determinantes.

No primeiro exemplo, vou lhe mostrar uma matriz T de ordem ou dimensão 3 × 3. Para encontrar o determinante de T, eu posso usar a regra rápida para uma matriz 3 × 3, ou eu posso mudar o determinante correspondente ao triangular superior e multiplicar ao longo das diagonais principais. Mesmo que eu veja o 0 na segunda linha, terceira coluna, prefiro aproveitar o 1 na primeira linha, primeira coluna. Ao adicionar múltiplos de uma linha para outra, o número 1 torna-se muito acessível.

Adicionar o múltiplo de uma linha para outra não altera o valor do determinante (consulte "Adicionando o múltiplo de uma linha ou coluna à outra linha ou coluna", anteriormente neste capítulo), então eu mostro estas duas manipulações, acrescentando -4 vezes a primeira linha para a segunda linha e adicionando -3 vezes a primeira linha para a terceira linha.

$$\det(T)=\begin{vmatrix}1&2&3\\4&5&0\\3&1&2\end{vmatrix},\quad \begin{matrix}-4L_1+L_2\to L_2\\-3L_1+L_3\to L_3\end{matrix}\begin{vmatrix}1&2&3\\0&-3&-12\\0&-5&-7\end{vmatrix}=\det(T)$$

Agora tudo que eu preciso para um formato triangular é ter um 0 para o elemento na terceira linha, segunda coluna. O processo será mais fácil se eu dividir cada elemento na segunda linha por -3, desta forma, o elemento na segunda linha, segunda coluna, é 1. Dividir por -3 é o mesmo que multiplicar por $-^1/_3$. Na seção "Multiplicando uma linha ou coluna por um escalar", você verá que o valor do determinante é alterado pela quantidade do múltiplo. Como eu quero preservar o valor do determinante original, eu preciso fazer um ajuste para compensar a multiplicação escalar.

Se os elementos de uma linha ou coluna de um determinante são multiplicados pelo escalar k (enquanto k não for 0), então o valor do determinante original é igual a $1/k$ vezes o valor do novo determinante.

Então, eu multiplico os elementos da segunda linha por -1/3 e ajusto para esta operação, multiplicando o determinante pelo inverso de -1/3, que é -3.

$$-\frac{1}{3}L_2 \rightarrow L_2 \begin{vmatrix} 1 & 2 & 3 \\ 0 & 1 & 4 \\ 0 & -5 & -7 \end{vmatrix}$$

$$\det(T) = -3\begin{vmatrix} 1 & 2 & 3 \\ 0 & 1 & 4 \\ 0 & -5 & -7 \end{vmatrix}$$

Agora eu executo uma operação que *não* altera o valor do determinante, adicionando 5 vezes a segunda linha a linha três.

$$5L_2 + L_3 \rightarrow L_3 \begin{vmatrix} 1 & 2 & 3 \\ 0 & 1 & 4 \\ 0 & 0 & 13 \end{vmatrix}$$

$$\det(T) = -3\begin{vmatrix} 1 & 2 & 3 \\ 0 & 1 & 4 \\ 0 & 0 & 13 \end{vmatrix}$$

E, ao usar o produto ao longo da diagonal principal, o valor do determinante da matriz T é igual a -3 (1) (1) (13) = -39.

Às vezes, você não precisa fazer muito mais para um determinante do que algumas alterações e uma pequena adição de um múltiplo escalar para colocar o determinante na forma (a forma triangular, é claro). A matriz W, que eu mostro a seguir, tem cinco 0s. Através da troca de algumas colunas, eu quase obtenho um formato triangular inferior.

$$\det(W) = \begin{vmatrix} 0 & 3 & 3 & 0 \\ 0 & 3 & 1 & 0 \\ 0 & -6 & 5 & -1 \\ 4 & 3 & 7 & 5 \end{vmatrix}$$

$$\begin{matrix} C_1 \leftrightarrow C_3 \\ C_3 \leftrightarrow C_4 \end{matrix} \begin{vmatrix} 3 & 3 & 0 & 0 \\ 1 & 3 & 0 & 0 \\ 5 & -6 & -1 & 0 \\ 7 & 3 & 5 & 4 \end{vmatrix}, \quad \det(W) = \begin{vmatrix} 3 & 3 & 0 & 0 \\ 1 & 3 & 0 & 0 \\ 5 & -6 & -1 & 0 \\ 7 & 3 & 5 & 4 \end{vmatrix}$$

Ao alternar as colunas um e três, e, em seguida, trocar a nova coluna três com a coluna quatro, eu quase obtenho um formato triangular inferior. As duas trocas introduzem um multiplicador de -1 para o valor do determinante, mas (-1)(-1) = 1, então o determinante não tem nenhuma mudança real. Agora, ao multiplicar a linha dois por -1 e adicionar os elementos para a linha um, eu termino as manipulações.

$$-1L_2 + L_1 \rightarrow L_1 \begin{vmatrix} 2 & 0 & 0 & 0 \\ 1 & 3 & 0 & 0 \\ 5 & -6 & -1 & 0 \\ 7 & 3 & 5 & 4 \end{vmatrix}$$

Agora o valor do determinante de W é igual ao produto dos elementos ao longo da diagonal principal: 2(3) (-1)(4) = -24.

Determinantes de Produtos Matriciais

Você encontra regras muito específicas sobre a multiplicação de matrizes – que matrizes podem multiplicar outras matrizes dependendo das dimensões das matrizes envolvidas. No Capítulo 3, você encontra tudo o que você sempre quis saber sobre a multiplicação de duas matrizes. Neste capítulo, eu abordo apenas matrizes que têm determinantes: matrizes quadradas. E, aplicando as regras envolvendo multiplicação de matrizes, você vê que eu só posso multiplicar matrizes quadradas que tenham as mesmas dimensões.

Ao multiplicar duas matrizes $n \times n$, você obtém outra matriz $n \times n$. O produto dos determinantes de duas matrizes é igual ao determinante da matriz produto.

Se A e B são duas matrizes $n \times n$, então det (AB) = [det (A)] [det (B)].

Por exemplo, considere as matrizes A e B e o produto de A e B.

$$A = \begin{bmatrix} 1 & 2 & 3 \\ 4 & 5 & 0 \\ 3 & 1 & 2 \end{bmatrix}, \; B = \begin{bmatrix} 2 & 0 & -1 \\ 4 & 5 & 3 \\ 1 & 1 & 7 \end{bmatrix}$$

$$AB = \begin{bmatrix} 13 & 13 & 26 \\ 28 & 25 & 11 \\ 12 & 7 & 14 \end{bmatrix}$$

Os respectivos determinantes são $|A| = -39$, $|B| = 65$, e $|AB| = -2\,535 = (-39)(65)$. Vá em frente, verifique meu trabalho!

Ou, que tal um exemplo mais legal? Neste, mostro a vantagem de encontrar o determinante do produto, em vez dos determinantes das duas primeiras matrizes e, então os multiplico. Olhe as minhas matrizes C e D:

$$C = \begin{bmatrix} 10 & -2 & 10 \\ -4 & 1 & -4 \\ 12 & -3 & 15 \end{bmatrix}, \quad D = \begin{bmatrix} 1 & 0 & -1 \\ 4 & 5 & 0 \\ 0 & 1 & 1 \end{bmatrix}$$

O produto de C e D é uma matriz com elementos não nulos indo para baixo da diagonal principal e os 0s em outro lugar.

$$CD = \begin{bmatrix} 2 & 0 & 0 \\ 0 & 1 & 0 \\ 0 & 0 & 3 \end{bmatrix}$$

O determinante do produto de C e D é 6. Isso é muito mais fácil do que encontrar os determinantes da C e D e multiplicá-los juntos. Você ainda pode usar o produto e o valor do determinante de C ou D para encontrar rapidamente o valor do determinante da outra matriz.

Capítulo 12

Tirando Vantagem da Regra de Cramer

Neste Capítulo

- Unindo forças com uma matriz adjunta
- Encontrando matrizes inversas usando determinantes
- Resolvendo sistemas de equações usando a regra de Cramer
- Considerando as possibilidades de cálculos de calculadoras e computadores

Os determinantes têm muitas aplicações, e eu vou mostrar uma delas neste capítulo. A aplicação a que me refiro é a de usar determinantes para encontrar os inversos das matrizes quadradas. E, como bônus, eu começo a apresentar a matriz adjunta – outra coisa que é necessária para encontrar o inverso da matriz usando determinantes.

Além disso, neste capítulo, eu comparo "o bom, o mau e o feio" das partes que lidam com os determinantes de funções análogas realizadas utilizando a boa e velha álgebra ou operações de matriz. Estando informado sobre as possibilidades, você fica melhor preparado para tomar uma decisão. Então, eu mostro algumas possibilidades de encontrar os inversos das matrizes e espero que você possa usá-las para fazer as escolhas certas!

Convidando as Inversas Para a Festa com Determinados Determinantes

Muitas matrizes quadradas têm inversas. A forma de funcionamento das matrizes inversas é: se a matriz M tem um inverso, M^{-1}, então o produto de M e M^{-1} é uma matriz identidade, I. (eu abordo a matriz inversa e como encontrá-la no Capítulo 3, caso você precise de um pequeno lembrete de como elas funcionam.)

Nem todas as matrizes quadradas têm inversos; quando a matriz não tem um inverso, é denominada *singular*. Nesta seção, eu lido principalmente com matrizes que *têm* inversos e oferecem um método alternativo para encontrar este inverso – o que não pode ser feito se você não sabe como encontrar o determinante de uma matriz.

Definindo o cenário para encontrar inversos

No Capítulo 3, mostro como encontrar o inverso de uma matriz 2 × 2, usando um método rápido e sem rodeios de alternar e dividir, e depois eu mostro como encontrar o inverso de uma matriz quadrada de qualquer tamanho usando operações de linha. Com este método, o inverso da matriz A é encontrado ao realizar operações de linha para transformar A em uma matriz de identidade, enquanto realizamos estas mesmas operações de linha na matriz que já é de identidade. Por exemplo, aqui está a matriz A, a matriz aumentada utilizada para encontrar o inverso, e algumas operações de linha.

$$A = \begin{bmatrix} 1 & 2 & 3 & 4 \\ 0 & 1 & 2 & 1 \\ 0 & 0 & -1 & -5 \\ 1 & 0 & 0 & 6 \end{bmatrix}$$

$$\left[\begin{array}{cccc|cccc} 1 & 2 & 3 & 4 & 1 & 0 & 0 & 0 \\ 0 & 1 & 2 & 1 & 0 & 1 & 0 & 0 \\ 0 & 0 & -1 & -5 & 0 & 0 & 1 & 0 \\ 1 & 0 & 0 & 6 & 0 & 0 & 0 & 1 \end{array}\right]$$

$$-1L_1 + L_4 \rightarrow L_4 \quad \left[\begin{array}{cccc|cccc} 1 & 2 & 3 & 4 & 1 & 0 & 0 & 0 \\ 0 & 1 & 2 & 1 & 0 & 1 & 0 & 0 \\ 0 & 0 & -1 & -5 & 0 & 0 & 1 & 0 \\ 0 & -2 & -3 & 2 & -1 & 0 & 0 & 1 \end{array}\right]$$

$$\begin{array}{r} -2L_2 + L_1 \rightarrow L_1 \\ 2L_2 + L_4 \rightarrow L_4 \end{array} \quad \left[\begin{array}{cccc|cccc} 1 & 0 & -1 & 2 & 1 & -2 & 0 & 0 \\ 0 & 1 & 2 & 1 & 0 & 1 & 0 & 0 \\ 0 & 0 & -1 & -5 & 0 & 0 & 1 & 0 \\ 0 & 0 & 1 & 4 & -1 & 2 & 0 & 1 \end{array}\right]$$

As operações de linha são projetadas para transformar a parte do lado esquerdo da matriz em uma matriz de identidade. As operações são realizadas em todas as direções.

$$\begin{matrix} -1L_3+L_1\rightarrow L_1 \\ 2L_3+L_2\rightarrow L_2 \\ L_3+L_4\rightarrow L_4 \end{matrix} \left[\begin{array}{cccc|cccc} 1 & 0 & 0 & 7 & 1 & -2 & -1 & 0 \\ 0 & 1 & 0 & -9 & 0 & 1 & 2 & 0 \\ 0 & 0 & -1 & -5 & 0 & 0 & 1 & 0 \\ 0 & 0 & 0 & -1 & -1 & 2 & 1 & 1 \end{array}\right]$$

$$\begin{matrix} -1L_3\rightarrow L_3 \\ -1L_4\rightarrow L_4 \end{matrix} \left[\begin{array}{cccc|cccc} 1 & 0 & 0 & 7 & 1 & -2 & -1 & 0 \\ 0 & 1 & 0 & -9 & 0 & 1 & 2 & 0 \\ 0 & 0 & 1 & 5 & 0 & 0 & -1 & 0 \\ 0 & 0 & 0 & 1 & 1 & -2 & -1 & -1 \end{array}\right]$$

$$\begin{matrix} -7L_4+L_1\rightarrow L_1 \\ 9L_4+L_2\rightarrow L_2 \\ -5L_4+L_3\rightarrow L_3 \end{matrix} \left[\begin{array}{cccc|cccc} 1 & 0 & 0 & 0 & -6 & 12 & 6 & 7 \\ 0 & 1 & 0 & 0 & 9 & -17 & -7 & -9 \\ 0 & 0 & 1 & 0 & -5 & 10 & 4 & 5 \\ 0 & 0 & 0 & 1 & 1 & -2 & -1 & -1 \end{array}\right]$$

À esquerda, agora eu tenho uma matriz de identidade e à direita, eu tenho o inverso da matriz original. O produto A e seu inverso, A^{-1} é uma matriz identidade.

$$A.A^{-1} = \begin{bmatrix} 1 & 2 & 3 & 4 \\ 0 & 1 & 2 & 1 \\ 0 & 0 & -1 & -5 \\ 1 & 0 & 0 & 6 \end{bmatrix} \cdot \begin{bmatrix} -6 & 12 & 6 & 7 \\ 9 & -17 & -7 & -9 \\ -5 & 10 & 4 & 5 \\ 1 & -2 & -1 & -1 \end{bmatrix} = \begin{bmatrix} 1 & 0 & 0 & 0 \\ 0 & 1 & 0 & 0 \\ 0 & 0 & 1 & 0 \\ 0 & 0 & 0 & 1 \end{bmatrix}$$

Você encontra mais detalhes sobre matrizes inversas no Capítulo 3. Uso este exemplo para afinar o que eu ofereço neste capítulo como uma alternativa para encontrar inversos. Uma forma alternativa de encontrar o inverso de uma matriz é utilizar determinantes.

Introduzindo a adjunta de uma matriz

Nos capítulos 3 e 4, você encontra muitas informações sobre o inverso de uma matriz, a transposição de uma matriz, o determinante de uma matriz, e assim por diante. Agora eu apresento a você um personagem totalmente novo para este jogo: a *adjunta* ou matriz adjunta de uma matriz. A adjunta da matriz A, denotada adj (A), é usada no cálculo do inverso de uma matriz. Na verdade, você obtém o inverso de uma matriz dividindo a adjunta pelo determinante.

$$A^{-1} = \frac{\text{adj}(A)}{\det(A)}$$

O inverso só existe quando o det (A) *não* é igual a 0.

Ok, você tem agora a fórmula para calcular um inverso usando o determinante e a adjunta de uma matriz, mas provavelmente você está se perguntando, "Onde eu acho esse treco de adjunta?"

LEMBRE-SE

A *adjunta* da matriz A é uma matriz de cofatores de A que foi transposta. Assim, se C é a matriz dos cofatores de A, então a adj (A) = C^T. (Você encontra mais sobre transposição de uma matriz no Capítulo 3.)

Em uma matriz 4 × 4, a adjunta é a seguinte. (Note que as colunas e linhas são invertidas – como se criasse a transposição da posição original.)

$$\text{adj}(A) = \begin{bmatrix} C_{11} & C_{21} & C_{31} & C_{41} \\ C_{12} & C_{22} & C_{32} & C_{42} \\ C_{13} & C_{23} & C_{33} & C_{43} \\ C_{14} & C_{24} & C_{34} & C_{44} \end{bmatrix}$$

Por exemplo, para encontrar a adjunta da matriz A, primeiro lembre-se de que o cofator C_{ij} é formado multiplicando o determinante do menor vezes a potência $(-1)^{i+j}$, a potência adequada de -1 com base no índice do elemento. (Você pode encontrar tudo sobre determinantes nos Capítulos 10 e 11.) Aqui está a matriz e seus cofatores. Você identifica um cofator com C_{ij}, onde i e j são as linhas e colunas correspondentes.

$$A = \begin{bmatrix} 3 & -3 & -1 & 7 \\ 7 & -6 & -3 & 14 \\ 5 & -4 & -2 & 9 \\ -5 & 5 & 2 & -11 \end{bmatrix}$$

$$C_{11} = (-1)^2 \begin{vmatrix} -6 & -3 & 14 \\ -4 & -2 & 9 \\ 5 & 2 & -11 \end{vmatrix} = 1(1) = 1$$

$$C_{12} = (-1)^3 \begin{vmatrix} 7 & -3 & 14 \\ -5 & -2 & 9 \\ 5 & 2 & -11 \end{vmatrix} = -1(-2) = 2$$

$$C_{13} = (-1)^4 \begin{vmatrix} 7 & -6 & 14 \\ 5 & -4 & 9 \\ -5 & 5 & -11 \end{vmatrix} = 1(3) = 3$$

$$C_{14} = (-1)^5 \begin{vmatrix} 7 & -6 & -3 \\ 5 & -4 & -2 \\ -5 & 5 & 2 \end{vmatrix} = -1(-1) = 1$$

$$C_{21} = (-1)^3 \begin{vmatrix} -3 & -1 & 7 \\ -4 & -2 & 9 \\ 5 & 2 & -11 \end{vmatrix} = -1(1) = -1$$

Ok, você entendeu. Eu não preciso mostrar todas as etapas para o restante dos cofatores.

$$C_{22} = 1(2) = 2$$
$$C_{23} = -1(2) = -2$$
$$C_{24} = 1(1) = 1$$
$$C_{31} = 1(2) = 2$$
$$C_{32} = -1(1) = -1$$
$$C_{33} = 1(2) = 2$$
$$C_{34} = -1(1) = -1$$
$$C_{41} = -1(-1) = 1$$
$$C_{42} = 1(3) = 3$$
$$C_{43} = -1(-1) = 1$$
$$C_{44} = 1(1) = 1$$

Então, agora crie a adjunta da matriz A, adj(A), usando os cofatores.

$$\text{adj}(A) = \begin{bmatrix} C_{11} & C_{21} & C_{31} & C_{41} \\ C_{12} & C_{22} & C_{32} & C_{42} \\ C_{13} & C_{23} & C_{33} & C_{43} \\ C_{14} & C_{24} & C_{34} & C_{44} \end{bmatrix} = \begin{bmatrix} 1 & -1 & 2 & 1 \\ 2 & 2 & -1 & 3 \\ 3 & -2 & 2 & 1 \\ 1 & 1 & -1 & 1 \end{bmatrix}$$

Instigando os passos para o inverso

Para encontrar o inverso da matriz A, eu preciso do determinante de A mais a adjunta. Eu encontro o determinante de uma matriz 4 x 4 usando a expansão de cofator sobre uma linha ou coluna. Com todos os cofatores já calculados, eu escolho expandir sobre a primeira linha. (Nenhum dos elementos é zero, portanto não há vantagem de se utilizar uma determinada linha; a linha 1 funciona tão bem quanto qualquer outra).

$$\det(A) = 3(1) + (-3)(2) + (-1)(3) + 7(1) = 3 - 6 - 3 + 7 = 1$$

Consulte o Capítulo 10 se você precisar de um lembrete sobre a avaliação de determinantes, através da expansão de cofator sobre uma linha ou coluna.

Agora estou pronto para encontrar o inverso da matriz A com sua adjunta e o determinante. Cada termo na adjunta é dividido pelo valor do determinante. Sim, o determinante chega a ter um valor de 1, então você realmente não muda nada ao dividir, mas vou mostrar o formato para todos os casos e todos os determinantes — aqueles com números que não ajudam muito.

$$A^{-1} = \frac{\text{adj}(A)}{\det(A)} = \frac{\begin{bmatrix} 1 & -1 & 2 & 1 \\ 2 & 2 & -1 & 3 \\ 3 & -2 & 2 & 1 \\ 1 & 1 & -1 & 1 \end{bmatrix}}{1} = \begin{bmatrix} 1 & -1 & 2 & 1 \\ 2 & 2 & -1 & 3 \\ 3 & -2 & 2 & 1 \\ 1 & 1 & -1 & 1 \end{bmatrix}$$

Pode ser que você não esteja tão impressionado com este método particular de se encontrar uma relação inversa de uma matriz. Este método realmente é mais mais propício para ser programado em um computador ou quando usamos um aplicativo de matemática de computador. O maior benefício ocorre quando sua matriz tem uma ou mais variáveis como elementos.

Tomando medidas calculadas com elementos variáveis

Encontrar o inverso de uma matriz 3 × 3 é algo relativamente fácil de fazer usando o método de redução de linha ou o método de divisão da adjunta da matriz pelo seu determinante. O segundo método, usando a adjunta, é geralmente o método mais indicado quando um ou mais elementos são variáveis.

A matriz B contém as variáveis *a* e *b*. O determinante de B lhe dá informações sobre as restrições associadas aos valores de *a* e *b*, nesta matriz particular:

$$B = \begin{bmatrix} a & b & -b \\ 1 & 1 & 1 \\ 1 & a & a \end{bmatrix}$$

$$\det(B) = \begin{vmatrix} a & b & -b \\ 1 & 1 & 1 \\ 1 & a & a \end{vmatrix} = a^2 + b - ab - (-b + a^2 + ab)$$

$$= a^2 + b - ab + b - a^2 - ab = 2b - 2ab = 2b(1-a)$$

Você vê pelo determinante, $2b\ (1 - a)$, que *a* não pode ser 1 e *b* não pode ser 0, ou o determinante será igual a zero, e esses valores tornariam a matriz singular, isto é, sem inverso.

Agora vêm os cofatores:

$$\begin{aligned}
C_{11} &= 1(a-a) = 0 \\
C_{12} &= -1(a-1) = 1-a \\
C_{13} &= 1(a-1) = -(1-a) \\
C_{21} &= -1(ab+ab) = -2ab \\
C_{22} &= 1(a^2+b) = a^2+b \\
C_{23} &= -1(a^2-b) = b-a^2 \\
C_{31} &= 1(b+b) = 2b \\
C_{32} &= -1(a+b) = -(a+b) \\
C_{33} &= 1(a-b) = a-b
\end{aligned}$$

O inverso da matriz B é igual ao dos elementos na adjunta de B dividido pelo determinante de B.

$$B^{-1} = \frac{\text{adj}(B)}{\det(B)} = \frac{\begin{bmatrix} 0 & -2ab & 2b \\ 1-a & a^2+b & -(a+b) \\ -(1-a) & b-a^2 & a-b \end{bmatrix}}{2b(1-a)}$$

$$= \begin{bmatrix} \frac{0}{2b(1-a)} & \frac{-2ab}{2b(1-a)} & \frac{2b}{2b(1-a)} \\ \frac{1-a}{2b(1-a)} & \frac{a^2+b}{2b(1-a)} & \frac{-(a+b)}{2b(1-a)} \\ \frac{-(1-a)}{2b(1-a)} & \frac{b-a^2}{2b(1-a)} & \frac{a-b}{2b(1-a)} \end{bmatrix}$$

$$= \begin{bmatrix} 0 & -\frac{a}{1-a} & \frac{1}{1-a} \\ \frac{1}{2b} & \frac{a^2+b}{2b(1-a)} & -\frac{a+b}{2b(1-a)} \\ -\frac{1}{2b} & \frac{b-a^2}{2b(1-a)} & \frac{a-b}{2b(1-a)} \end{bmatrix}$$

Como os valores para a e b são escolhidos em uma aplicação, as substituições podem ser feitas na fórmula para o inverso da matriz particular. Por exemplo, se você tem uma situação na qual $a = -1$ e $b = 2$, então você substitui as variáveis nas matrizes para determinar a matriz e o seu inverso.

$$B = \begin{bmatrix} a & b & -b \\ 1 & 1 & 1 \\ 1 & a & a \end{bmatrix} = \begin{bmatrix} -1 & 2 & -2 \\ 1 & 1 & 1 \\ 1 & -1 & -1 \end{bmatrix}$$

$$B^{-1} = \begin{bmatrix} 0 & -\frac{a}{1-a} & \frac{1}{1-a} \\ \frac{1}{2b} & \frac{a^2+b}{2b(1-a)} & -\frac{a+b}{2b(1-a)} \\ -\frac{1}{2b} & \frac{b-a^2}{2b(1-a)} & \frac{a-b}{2b(1-a)} \end{bmatrix} = \begin{bmatrix} 0 & \frac{1}{2} & \frac{1}{2} \\ \frac{1}{4} & \frac{3}{8} & -\frac{1}{8} \\ -\frac{1}{4} & \frac{1}{8} & -\frac{3}{8} \end{bmatrix}$$

Resolvendo Sistemas Usando a Regra de Cramer

Sistemas de equações lineares são resolvidos de muitas maneiras diferentes. Você pode resolver o sistema de equações mostrado aqui de varias formas:

- Você pode resolver o sistema algebricamente, usando a eliminação ou substituição.
- Você pode usar matrizes aumentadas.
- Pode fazer o gráfico das linhas associadas com as equações.
- Pode ficar tentando adivinhar os números, colocá-los nas equações, e parar quando você finalmente conseguir um par de números que funcione.

$$\begin{cases} x+2y=5 \\ 2x+3y=6 \end{cases}$$

Não importa o caminho escolhido para resolver o sistema, você sempre obtém $x=-3$ e $y=4$. No Capítulo 4, eu abordo os métodos algébricos, matriciais e gráficos. Aceito palpites dos que se sentirem à vontade.

Nesta seção, apresento ainda outro método usado para resolver sistemas de equações. O método mostrado aqui faz uso dos determinantes de matrizes associadas com o sistema.

Atribuindo as posições para a regra de Cramer

Para usar a regra de Cramer, você escreve o sistema de equações lineares como o produto de matrizes e vetores. Então você deve mudar uma das matrizes através da inserção de vetores para mudar todas as colunas das matrizes originais. Eu vou mostrar como essa regra funciona com um exemplo.

Considere o sistema de equações lineares. Usando os métodos do Capítulo 4, você tem a solução $x=3$, $y=-2$, e $z=-1$:

$$\begin{cases} 2x-3y+z=11 \\ x+4y-2z=-3 \\ 4x-5y+3z=19 \end{cases}$$

O sistema pode ser escrito como uma matriz de coeficientes vezes uma matriz / vetor variável e conjunto igual ao vetor constante, $A\mathbf{x}=\mathbf{b}$. (No Capítulo 6, eu chamo esta equação de equação matricial).

$$A = \begin{bmatrix} 2 & -3 & 1 \\ 1 & 4 & -2 \\ 4 & -5 & 3 \end{bmatrix}, \mathbf{x} = \begin{bmatrix} x \\ y \\ z \end{bmatrix}, \mathbf{b} = \begin{bmatrix} 11 \\ -3 \\ 19 \end{bmatrix}$$

$$\begin{bmatrix} 2 & -3 & 1 \\ 1 & 4 & -2 \\ 4 & -5 & 3 \end{bmatrix} \cdot \begin{bmatrix} x \\ y \\ z \end{bmatrix} = \begin{bmatrix} 11 \\ -3 \\ 19 \end{bmatrix}$$

Agora descrevo como criar algumas matrizes modificadas, nas quais uma coluna inteira na matriz coeficiente é substituída com os elementos do vetor constante. Quando eu escrevo A_x (**b**), significa substituir a coluna x (primeira coluna) da matriz de coeficientes com os elementos do vetor **b** para criar a matriz nova e modificada. Da mesma forma, A_y (**b**) e A_z (**b**) indica que as colunas y e z da coluna da matriz A devem ser substituídas pelos elementos do vetor constante. Assim, no caso do sistema dado aqui, A_x (**b**) = A_x, A_y (**b**) = A_y e A_z (**b**) = A_z:

$$A_x = \begin{bmatrix} 11 & -3 & 1 \\ 3 & 4 & -2 \\ 19 & -5 & 3 \end{bmatrix}, A_y = \begin{bmatrix} 2 & 11 & 1 \\ 1 & -3 & -2 \\ 4 & 19 & 3 \end{bmatrix},$$

$$A_z = \begin{bmatrix} 2 & -3 & 11 \\ 1 & 4 & -3 \\ 4 & -5 & 19 \end{bmatrix}$$

Os jogadores (as matrizes modificadas) estão todos em posição, agora. Eu uso os determinantes de cada uma das matrizes para resolver o sistema de equações.

Aplicando regra de Cramer

A regra de Cramer para resolver sistemas de equações lineares diz que, para encontrar o valor de cada variável, você divide o determinante de cada matriz modificada correspondente pelo determinante da matriz de coeficientes.

$$x = \frac{\det(A_x)}{\det(A)}, \; y = \frac{\det(A_y)}{\det(A)}, \; z = \frac{\det(A_z)}{\det(A)}, \; \ldots$$

Então, encontro o determinante dos coeficientes da matriz e os determinantes das três matrizes modificadas.

$$\det(A) = \begin{vmatrix} 2 & -3 & 1 \\ 1 & 4 & -2 \\ 4 & -5 & 3 \end{vmatrix} = 24 + 24 - 5 - (6 + 20 - 9) = 43 - 27 = 16$$

$$\det(A_x) = \begin{vmatrix} 11 & -3 & 1 \\ -3 & 4 & -2 \\ 19 & -5 & 3 \end{vmatrix} = 132 + 114 + 15 - (76 + 110 + 27) = 261 - 213 = 48$$

$$\det(A_y) = \begin{vmatrix} 2 & 11 & 1 \\ 1 & -3 & -2 \\ 4 & 19 & 3 \end{vmatrix} = -18 - 88 + 19 - (-12 - 76 + 33) = -87 + 55 = -32$$

$$\det(A_z) = \begin{vmatrix} 2 & -3 & 11 \\ 1 & 4 & -3 \\ 4 & -5 & 19 \end{vmatrix} = 152 + 36 - 55 - (176 + 30 - 57) = 133 - 149 = -16$$

Usando a regra de Cramer e fazendo a divisão,

$$x = \frac{\det(A_x)}{\det(A)} = \frac{48}{16} = 3$$

$$y = \frac{\det(A_y)}{\det(A)} = \frac{-32}{16} = -2$$

$$z = \frac{\det(A_z)}{\det(A)} = \frac{-16}{16} = -1$$

Assim, a solução do sistema é $x = 3$, $y = -2$, $z = -1$.

Gabriel Cramer

Gabriel Cramer, mais conhecido pela regra de Cramer, foi um matemático suíço que viveu de 1704 a 1752. Sua inteligência e habilidade matemática extraordinárias foram reconhecidas muito cedo, ele recebeu seu doutorado aos 18 anos, apresentando uma tese sobre a teoria do som, e foi copresidente do departamento de matemática na Académie de Clavin, em Genebra, aos 20 anos. Enquanto ensinava e atuava em sua posição administrativa, Cramer apresentou uma grande inovação: ministrar suas aulas em Francês, em vez de latim. Cramer publicou muitos artigos sobre uma ampla gama de assuntos. Além de suas contribuições para a matemática, ele também escreveu sobre filosofia, a data da Páscoa, a aurora boreal, e Direito. Ele também propôs uma solução para o Paradoxo de São Petesburgo – uma situação clássica da teoria dos jogos e da probabilidade segundo a qual o resultado esperado é uma quantidade infinitamente grande. (Às vezes, a matemática real desafia o senso comum.)

Ter a regra de Cramer como uma alternativa lhe permite ter outra arma em seu arsenal ao resolver sistemas de equações. Criar e avaliar todos os determinantes necessários com este método exige tempo e seria algo muito complicado se o número de variáveis fosse grande. É aí que os computadores e seus programas entram — para realizar operações repetidas.

Reconhecendo e Lidando com uma Não Resposta

Nem todos os sistemas de equações lineares têm soluções, e alguns sistemas de equações têm um número infinito de soluções. Ao resolvê-los pela forma algébrica ou com operações de linha em matrizes, você tem indicadores que lhe informam quando a situação é infinita ou não.

Obtendo pistas a partir das soluções algébricas e das matrizes aumentadas

Quando não existe uma solução para um sistema de equações, você obtém *enunciados impossíveis* — enunciados que *nunca* são verdadeiros — ao trabalhar algebricamente, e você tem 0s equivalentes a um número diferente de zero em uma matriz. Por exemplo, considere a resolução do seguinte sistema de equações lineares:

$$\begin{cases} x + y - z = 2 \\ 2x - y + z = 1 \\ 3x - y + z = 1 \end{cases}$$

Trabalhando algebricamente, quando você adiciona a primeira e a segunda equação juntas, você obtém $3x = 3$, que tem uma solução de $x = 1$. Quando você adiciona a primeira e a quarta equação juntas, você obtém $4x = 3$, que diz que $x = {}^3/_4$. Você tem uma contradição. As duas equações não podem fornecer soluções para o mesmo sistema. Por exemplo, devido ao fato das equações dizerem que ambos os produtos da variável são iguais a 3, você pode definir $3x = 4x$. A única solução para esta equação é $x = 0$, e que não satisfaz $3x = 3$. Este é um exemplo do *enunciado impossível.* (Para mais informações sobre resolução de sistemas de equações, consulte o Capítulo 4.)

Talvez você prefira resolver sistemas de equações lineares usando matrizes e operações de linha. Usando o mesmo sistema de equações lineares, você começa com a matriz aumentada que eu mostro aqui, e, após várias operações, você termina com a última matriz.

$$\left[\begin{array}{ccc|c} 1 & 1 & -1 & 2 \\ 2 & -1 & 1 & 1 \\ 3 & -1 & 1 & 1 \end{array}\right] \rightarrow \cdots \rightarrow \left[\begin{array}{ccc|c} 1 & 1 & -1 & 2 \\ 0 & 1 & -1 & 1 \\ 0 & 0 & 0 & 1 \end{array}\right]$$

A última linha na matriz se traduz em 0 = 1. O enunciado é impossível como uma solução para o sistema.

Em contraste, quando um sistema de equações tem um número infinito de soluções, você acaba com equações e enunciados que são sempre verdadeiros. Por exemplo, o sistema mostrado aqui tem um número infinito de soluções:

$$\begin{cases} x + y - 2z = 1 \\ 2x - y + z = 3 \\ 4x + y - 3z = 5 \end{cases}$$

Resolvendo algebricamente, quando você adiciona a primeira e a segunda equação juntas, você obtém $3x - z = 4$. Você obtém a mesma equação quando adiciona -1 vezes a primeira equação para a terceira equação: $3x - z = 4$. A álgebra lhe dá 0 = 0. O enunciado 0 = 0 é *sempre* verdadeiro. Assim, o sistema de equações tem um número infinito de soluções, tudo em forma de tripla ordenada: $(k, 5k - 7, 3k - 4)$. Usando uma matriz aumentada, você pode acabar com toda a linha inferior sendo 0s — muito parecido com 0 = 0. Ambos são indicadores de que você tem várias soluções para o sistema de equações.

Agora que eu esbocei o que procurar ao resolver sistemas de equações usando as técnicas algébricas ou matrizes aumentadas, deixe-me mostrar como os indicadores funcionam ao utilizar a regra de Cramer.

Solucionando com Cramer quando não há solução

A regra de Cramer para resolver sistemas de equações lida com a divisão por um determinante. O determinante define se estamos em uma situação de números infinitos ou *nenhum*. Se você avaliar o primeiro determinante antes de fazer qualquer outro trabalho no problema, poupará muito tempo reconhecendo a situação inicial.

Em ambos os casos — não ter a solução ou um número infinito de soluções — o determinante da matriz dos coeficientes é igual a zero. Usando regra de Cramer, você vai dividir pela matriz dos coeficientes, então o zero o impede de passar por essa etapa. Depois de ter determinado que o determinante da matriz dos coeficientes é igual a zero, você investiga mais para saber com qual situação está lidando: números infinitos ou nenhum.

Um bom plano de ataque para encontrar a resposta à sua pergunta é partir para a matriz aumentada do sistema de equações e executar operações de linha para determinar se você tem um sistema sem soluções (obter uma linha de 0s terminando em um número diferente de zero) ou um sistema com infinitas soluções (tendo todos os 0s em uma linha).

No Caso de Calculadoras e Programas de Computador

Quando as matrizes e os seus determinantes e adjuntas tem um tamanho razoável (embora alguns digam que algo maior que 2 × 2 *não* é razoável), os cálculos e as manipulações necessários para executar as tarefas que devem ser executadas são relativamente fáceis de fazer. Só de partir para uma matriz 4 × 4, você, repentinamente, tem que recorrer a expansão de cofator. Imagine quanta diversão você teria com uma matriz 6 × 6 ou maior! Mas, na vida real e com as devidas proporções, as matrizes precisam ser cada vez maiores para lidar com todos os diferentes aspectos de um problema.

O que você encontra nesta seção não é só a forma de lidar com as matrizes menores, mas também a base para lidar com qualquer tamanho de matriz — se você tem a força e o poder para fazê-lo.

Calculando com uma calculadora

As calculadoras gráficas portáteis têm mais poder de cálculo do que aqueles trambolhos do início da era da informática — os que tomaram várias salas e exigiram todos aqueles cartões com buracos. Sendo assim, não se espante ao saber que você pode trabalhar de forma rápida e eficiente com matrizes usando calculadoras.

O principal problema com matrizes e calculadoras é que você tem que entrar em todos os elementos da matriz manualmente, ficar de olho no lugar que você colocou a matriz, e (muitas vezes) interpretar os valores decimais que resultam — mesmo quando cuidadosamente colocados em frações (não decimais). As matrizes maiores não podem ser vistas por inteiro — você tem que rolar a tela para as direções necessárias para poder ver partes dela. Mas, se para você isso não é um problema, uma calculadora gráfica é a ferramenta ideal para você.

A maioria das calculadoras gráficas têm botões especificamente designados para inserir matrizes e elementos nelas. Uma matriz é normalmente indicada com colchetes em torno do nome, como [A]. A notação de colchetes é consistente com sua escrita dos elementos de uma matriz, manualmente, dentro deste mesmo símbolo de agrupamento.

As calculadoras gráficas variam de fabricante, mas todas elas têm tipos semelhantes de funções quando se trata de matrizes. Aqui estão algumas das funções mais comuns e um tipo de representação de notação, indicando a função:

[A] 3 x 4	Nomear ou editar uma matriz e inserir a dimensão
Det ([A])	Calcular o determinante de uma matriz particular
[A]T	Realiza uma transposição de matriz
Dim ([A])	Dar a dimensão da matriz
Identity (*k*)	Criar uma matriz de identidade de dimensão *k* x *k*
rowSwap	Intercalar duas linhas
row+	Adicionar uma linha à outra
*row	Multiplicar uma linha por um escalar
*row+	Multiplicar uma linha por um escalar e adicioná-la à outra linha

Os recursos de operação de linha de calculadoras são maravilhosos, mas eles são especificamente escritos. Você precisa digitar nomes de matrizes e linhas e múltiplos escalares de forma exata, normalmente com uma vírgula separando partes da operação e não há comandos auxiliares. Quando eu uso a minha calculadora para fazer estas operações, costumo gravar uma listagem dos comandos na capa da calculadora, porque eles são difíceis de lembrar (e, sim, eu também deixo os meus alunos fazerem isso).

Às vezes você insere números inteiros ou frações perfeitamente e se depara com casas decimais longas e indistinguíveis. Uma forma de combater este problema é alterar o *modo* da sua calculadora para um número específico de casas — você pode ter a calculadora configurada para duas ou três casas decimais.

Outra opção é tentar mudar os decimais de volta para frações. Você não verá as frações na tela da calculadora — ela reverterá para os decimais — mas você pode anotar as frações em um papel. As calculadoras normalmente têm uma função que altera frações para decimais, mas a função falhará se a parte repetitiva for muito longa ou o número de dígitos muito curto. Você apenas precisa experimentar a fim de entender o que é preciso para obter um resultado.

Calculando com um computador

Uma coisa muito interessante sobre matrizes, determinantes e regra de Cramer é que os processos utilizados são repetidos e programáveis. Basta considerar a forma como os elementos de uma matriz são identificados:

$$A = \begin{bmatrix} a_{11} & a_{12} & \cdots & a_{1n} \\ a_{21} & a_{22} & \cdots & a_{2n} \\ \vdots & \vdots & \ddots & \vdots \\ a_{m1} & a_{m2} & \cdots & a_{mn} \end{bmatrix}$$

Cada elemento em uma matriz é identificado com a_{ij}, onde *i* representa a linha e *j* representa a coluna. Ao criar comandos usando o *i* e *j*, começando com um número em especial, aumentando mais um, e assim por diante, você pode executar operações de qualquer tamanho de matriz — deixando o computador fazer todos os cálculos. Os computadores são notoriamente mais precisos e confiáveis que os humanos. É claro, tudo o que vai, volta: Se você não programar o computador corretamente, você não vai obter suas respostas.

Você vai encontrar muitos utilitários de computador que já têm as operações de matriz configuradas. Por exemplo, Derive e Mathematica são muito populares em instituições de ensino. No entanto, eles roubaram toda a diversão das matrizes! Você apenas clica nos valores da matriz e obtém a resposta! (Você não vê o meu problema com isso? Ah, tudo bem.) Até as planilhas do Excel tem operações que lidam com matrizes. Uma das maiores vantagens de programas de computador e planilhas é que você também consegue uma cópia impressa do seu trabalho.

Parte IV
Conhecendo Espaços Vetoriais

A 5ª Onda Por Rich Tennant

Nesta parte...

Isso não é Brasil X Argentina ou Direita X Esquerda. Em vez de ser a favor ou contra alguma coisa, você deve apoiar e lutar sempre pelo espaço vetorial e por todos os temas legais que vêm com ele. Esta parte termina com autovalores X autovetores — e você é o vencedor!

Capítulo 13

Promovendo as Propriedades de Espaços Vetoriais

Neste Capítulo

- Definindo um espaço vetorial em termos de elementos e operações
- Buscando o fechamento com operações realizadas em elementos
- Investigando as propriedades associativa e comutativa em termos de operações vetoriais
- Zerando elementos neutros e inversos em espaços vetoriais

Na matemática, você encontra muitos exemplos em que uma coleção de objetos é identificada ou descrita e os objetos da coleção estão vinculados a algumas regras para que eles possam realmente fazer parte dessa coleção. O exemplo mais simples é o conjunto de números reais e a operação da adição. O conjunto A = {1, 2, 3,... } contém todos os números da contagem. A regra para pertencer a esse conjunto é que o menor elemento possível é 1, e todos os outros números são obtidos ao adicionar mais um e assim por diante, então... se você adicionar dois números do conjunto, você obtém outro número do conjunto. A operação matemática da adição é uma operação realizada por elementos do conjunto.

Neste capítulo, apresento uma coleção chamada de *espaço vetorial*. As qualificações para se tornar um membro de um espaço vetorial e as regras a serem cumpridas estão expostas e explicadas neste capítulo. E, para continuar a despertar o seu interesse, eu vou mostrar como um espaço vetorial não precisa conter vetores — como você os conhece.

Investigando o Espaço Vetorial

Um *espaço vetorial* é uma coleção de objetos chamados vetores, o nome *espaço vetorial* surgiu a partir das propriedades dos vetores e de como eles se comportam em duas operações específicas. Por enquanto, apenas pense nos vetores em um espaço vetorial em relação aos objetos descritos no Capítulo 2 e encontrados em todos os outros capítulos anteriores. (Eu abordo outros tipos de objetos mais adiante neste capítulo.)

Você pode pensar em um espaço vetorial como um espaço que contém vetores — o local onde todos se reúnem (sabe Deus para fazer o quê). Aqueles que ocupam este espaço vetorial têm que obedecer a algumas regras específicas e cooperar ao se envolverem nas duas operações.

Só para que você tenha a visão de espaços vetoriais dançando em sua cabeça, eu vou mostrar as duas versões mais simples de vetores e operações com vetores. Eu uso vetores 2 × 1, com a adição de vetores, ⊕, sendo o processo de adição tradicional, como descrito no Capítulo 2. Eu também defini a multiplicação vetorial,⊗, como a multiplicação escalar, também encontrada no Capítulo 2. Os vetores A e B são somados para dar vetor C. Eu, então, multiplico o vetor C pelo escalar 6.

$$A = \begin{bmatrix} 3 \\ -2 \end{bmatrix}, B = \begin{bmatrix} 4 \\ 8 \end{bmatrix}$$

$$A \oplus B = \begin{bmatrix} 3 \\ -2 \end{bmatrix} \oplus \begin{bmatrix} 4 \\ 8 \end{bmatrix} = \begin{bmatrix} 3+4 \\ -2+8 \end{bmatrix} = \begin{bmatrix} 7 \\ 6 \end{bmatrix} = C$$

$$6 \otimes C = 6 \otimes \begin{bmatrix} 7 \\ 6 \end{bmatrix} = \begin{bmatrix} 6 \cdot 7 \\ 6 \cdot 6 \end{bmatrix} = \begin{bmatrix} 42 \\ 36 \end{bmatrix}$$

LEMBRE-SE

Deixe-me dar uma definição formal de um espaço vetorial: Considere um conjunto de elementos, *V*, com os vetores **u**, **v** e **w** pertencentes a *V*, e os números reais *k* e *l*, em que as operações de ⊕ e ⊗, tem a seguintes propriedades:

- $\mathbf{v} \oplus \mathbf{u}$ também está em V. (O conjunto V é fechado sob a operação de ⊕.)
- $\mathbf{u} \oplus \mathbf{v} = \mathbf{v} \oplus \mathbf{u}$. (Existe comutatividade no âmbito da operação ⊕.)
- $\mathbf{u} \oplus (\mathbf{v} \oplus \mathbf{w}) = (\mathbf{u} \oplus \mathbf{v}) \oplus \mathbf{w}$. (Existe associatividade sob a operação ⊕.)
- Existe um elemento neutro da adição em V que tal $\mathbf{u} \oplus \mathbf{0} = \mathbf{0} \oplus \mathbf{u} = \mathbf{u}$ para qualquer elemento *u*. (Existe uma identidade para a operação de ⊕.)
- Para cada elemento **u** em V, existe um elemento **-u** que tal que $\oplus\ \mathbf{u} = 0$. (Existem inversos para a operação de ⊕.)
- $k \otimes \mathbf{u}$ também está em V. (O conjunto *V* é *fechado* sob a operação.) Para simplificar, a expressão de $k \otimes \mathbf{u}$ é muitas vezes escrito $k\mathbf{u}$ com a operação implícita.
- $k \otimes (\mathbf{u} \oplus \mathbf{v}) = k \otimes \mathbf{u} \oplus k \otimes \otimes\ \mathbf{v}$, também por escrito $k\ (\mathbf{v} \oplus \mathbf{u}) = k\mathbf{u} \oplus k\mathbf{v}$. (*k* escalar distribui sobre a operação de ⊕.)
- $(k \oplus l) \otimes \mathbf{u} = k \otimes \mathbf{u} \oplus l \otimes \mathbf{u}$ (também escrito $[k + l]\ \mathbf{u} = k\mathbf{u} \oplus l\mathbf{u}$.)
- $k \otimes (l \otimes \mathbf{u}) = (Kl) \otimes \mathbf{u}$.
- $1 \otimes \mathbf{u} = \mathbf{u}$.

Sim, você deve estar se perguntando sobre esses estranhos símbolos e perguntando se eu não poderia simplesmente ter usado (+) e (x). A resposta é um simples

"Não." As operações de ⊕ e ⊗, às vezes agem de forma similar às nossas de adição e multiplicação usuais, mas elas são, muitas vezes, bastante diferentes. As regras são muito rígidas e um pouco diferentes em espaços vetoriais ainda que tenhamos operações definidas de forma bem diferente. Mas uma nota brilhante é que os conjuntos contendo todas as matrizes de uma dimensão particular, $m \times n$, formarão um espaço vetorial. Nas próximas seções deste capítulo descrevo as operações de espaço vetorial e as regras em detalhes.

Descrevendo as Duas Operações

As duas operações associadas a um espaço vetorial são a *adição de vetores* (denotada ⊕) e a *multiplicação por escalar* (com o símbolo ⊗). As duas operações podem se comportar exatamente como você esperaria, considerando a sua vasta experiência com a adição e multiplicação. Mas as duas operações podem atingir um tipo completamente diferente de composição das atividades e operações.

Deixando espaços vetoriais crescerem com a adição de vetores

Um espaço vetorial é vinculado à operação de adição de vetores. A operação em si pode variar, dependendo do conjunto de objetos envolvidos, mas, em todos os casos, a adição de vetores é realizada em dois vetores (diferentemente da multiplicação de vetores). Por exemplo, considere o espaço vetorial, V, composto de todos os pares ordenados (x, y) que representam um vetor 2×1 na posição normal. (Consulte o Capítulo 2 para mais informações sobre como os vetores vêm de todos os tamanhos.) No caso destes pares ordenados, (x, y), a adição de vetores é definida como $(x_1, y_1) \oplus (x_2, y_2) = (x_1 + x_2, y_1 + y_2)$. Você pode adicionar as respectivas coordenadas simultaneamente para obter um novo conjunto de coordenadas. Assim, na adição de vetores, o formato é apenas um pouco diferente do que adicionar 2 + 3.

Outro exemplo de um espaço vetorial que utiliza um método familiar de adição de vetores é o conjunto de todas as matrizes 2×2 que têm um *traço* igual a zero.

PAPO DE ESPECIALISTA

O *traço* de uma matriz quadrada é a soma dos elementos que se encontram ao longo da diagonal principal. As matrizes mostradas aqui tem um *traço* igual a 0:

$$C = \begin{bmatrix} 7 & 3 \\ -5 & -7 \end{bmatrix}, B = \begin{bmatrix} 0 & 7 \\ -1 & 0 \end{bmatrix}, A = \begin{bmatrix} a_{11} & a_{12} \\ a_{21} & a_{22} \end{bmatrix}$$

Nas quais o traço $a_{11} + a_{22} = 0$.

Assim, a adição de vetores utiliza elementos do conjunto de todas as matrizes 2×2 cujo traço igual a zero é definido:

No Brasil, só usamos ⊕ e ⊗ neste caso, isto é quando definimos ou criamos operações completamente diferentes das usuais num espaço vetorial.

$$\begin{bmatrix} a_{11} & a_{12} \\ a_{21} & a_{22} \end{bmatrix} \oplus \begin{bmatrix} b_{11} & b_{12} \\ b_{21} & b_{22} \end{bmatrix} = \begin{bmatrix} a_{11}+b_{11} & a_{12}+b_{12} \\ a_{21}+b_{21} & a_{22}+b_{22} \end{bmatrix}$$

e $(a_{11} + b_{11}) + (a_{22} + b_{22}) = 0$

Qualquer matriz quadrada pode ter um traço de 0. Por exemplo, as matrizes D e E, mostradas aqui, têm adições de 0 ao longo da diagonal principal.

$$D = \begin{bmatrix} 2 & 8 & 0 \\ -6 & -1 & 5 \\ 4 & 2 & -1 \end{bmatrix}, E = \begin{bmatrix} -5 & 6 & 0 & 4 \\ 1 & -3 & 1 & -5 \\ 0 & 7 & 0 & -7 \\ 2 & 2 & 3 & 8 \end{bmatrix}$$

Agora deixe eu me despedir dos vetores ou matrizes no meu espaço vetorial e descrever Z, um espaço vetorial cujos elementos são números reais positivos. Eu defino a adição de vetores neste espaço vetorial da seguinte forma:

Considere x e y números reais positivos. Então $x \oplus y = xy$.

Por exemplo, neste espaço vetorial, se eu usar a adição de vetores de números 2 e 5, eu obtenho $2 \oplus 5 = 10$. Sim, eu posso fazer isso. Eu posso definir a minha adição de vetores de qualquer forma, desde que ela funcione com a minha aplicação particular. É claro que outras qualificações têm de ser cumpridas para que a minha adição de vetores se qualifique no espaço vetorial. Eu abordo as outras qualificações nas próximas seções deste capítulo.

Tornando a multiplicação vetorial significativa

A multiplicação vetorial é frequentemente referida como multiplicação por escalar, porque a operação envolve apenas um vetor e um número real, não dois vetores como na adição vetorial. Por exemplo, eu descrevo a multiplicação vetorial neste conjunto de matrizes 2×2, cujo traço é igual a 0. Considerando A como uma matriz do conjunto e k um número real, então:

$$k \otimes A = k \otimes \begin{bmatrix} a_{11} & a_{12} \\ a_{21} & a_{22} \end{bmatrix} = \begin{bmatrix} ka_{11} & ka_{12} \\ ka_{21} & ka_{22} \end{bmatrix}$$

e $ka_{11} + ka_{22} = k(a_{11} + a_{22}) = 0$

Além disso, partindo para outro espaço vetorial fora do padrão (sem usar vetores ou matrizes para os elementos), eu poderia definir a operação de multiplicação vetorial no conjunto dos números reais positivos como a seguir:

Se x é um número real positivo e k é qualquer número real, então $k \otimes x = x^k$.

Então, se você executar a multiplicação vetorial no número 2, onde k é 5, você obtém $5 \otimes 2 = 2^5 = 32$.

Olhando para o fechamento das operações vetoriais

Uma exigência de um espaço vetorial e de suas operações vetoriais é que o espaço deve ser *fechado* em ambas as operações. A designação fechada é utilizada sempre que os resultados de realizar uma operação especial em quaisquer elementos de um conjunto são sempre elementos no conjunto original. Por exemplo, os números 1, 2, 3,. . . estão fechados sob a adição, porque, ao adicionar dois números do conjunto, você sempre terá outro número do conjunto. Os números do conjunto não são fechados sob a subtração, porque às vezes você tem números negativos como resultado ao subtrair (números que não são do conjunto).

Considere o espaço vetorial que contém a matriz 2×2 com um traço de 0. Para que o conjunto de matrizes seja fechado sobre a adição vetorial, cada vez que você usa a operação de adição de duas das matrizes, você deve sempre obter outra matriz do conjunto. Por exemplo, considere as matrizes A e B que eu mostrar aqui, e a matriz resultante sobre a adição vetorial. As matrizes resultantes têm um traço de 0.

$$\mathrm{A} = \begin{bmatrix} 3 & -2 \\ 9 & -3 \end{bmatrix}, \mathrm{B} = \begin{bmatrix} -6 & 11 \\ 8 & 6 \end{bmatrix}$$

$$\mathrm{A} \oplus \mathrm{B} = \begin{bmatrix} 3 & -2 \\ 9 & -3 \end{bmatrix} \oplus \begin{bmatrix} -6 & 11 \\ 8 & 6 \end{bmatrix} = \begin{bmatrix} 3-6 & -2+11 \\ 9+8 & -3+6 \end{bmatrix} = \begin{bmatrix} -3 & 9 \\ 17 & 3 \end{bmatrix}$$

Eu escolhi por acaso um conjunto de matrizes que aparentam servir sob essas circunstâncias? Você pode ter certeza de que o traço resultante será sempre igual a 0, não importa com quais matrizes eu comece? Agora eu vou mostrar que o conjunto de matrizes é fechado sob a adição vetorial utilizando vetores generalizados:

$$\mathrm{A} = \begin{bmatrix} a_{11} & a_{12} \\ a_{21} & a_{22} \end{bmatrix}, \mathrm{B} = \begin{bmatrix} b_{11} & b_{12} \\ b_{21} & b_{22} \end{bmatrix}$$

$$\text{Traços}: a_{11} + a_{22} = 0 \text{ e } b_{11} + b_{22} = 0$$

$$\mathrm{A} \oplus \mathrm{B} = \begin{bmatrix} a_{11} + b_{11} & a_{12} + b_{12} \\ a_{21} + b_{21} & a_{22} + b_{22} \end{bmatrix}$$

$$\text{Traços: } a_{11} + b_{11} + a_{22} + b_{22} = (a_{11} + a_{22}) + (b_{11} + b_{22}) = 0 + 0 = 0$$

Qualquer matriz resultante desta adição de vetores ainda tem um traço igual a 0.

Como a adição vetorial no exemplo anterior está intimamente ligada à adição matricial, você pode querer ver algo um pouco diferente para se convencer completamente sobre esse tal de fechamento. Considere o espaço vetorial que consiste de números reais e com adição de vetores: $x \oplus y = xy$ (na qual x e y são dois dos números reais). Por exemplo, substitua o x e y pelos números 2 e 5. Ao realizar a adição vetorial, você obterá um resultado de 10, que é outro número real positivo. Multiplicando dois números reais positivos juntos você sempre terá como resultado um número real positivo (embora você provavelmente ainda esteja se perguntando por que eu chamo esta operação de adição).

Agora eu continuo com os números reais positivos e minha definição de multiplicação de vetores dada em "Tornando a multiplicação vetorial significativa." Se você definir a multiplicação vetorial $k \otimes x = x^k$, o resultado de elevar um número real positivo a uma potência é sempre outro número real positivo. Por exemplo, $3 \otimes 4 = 4^3 = 64$, e $-3 \otimes 4 = 4^{-3} = {}^1/_{64}$. O resultado será sempre um número real positivo (mesmo que seja uma fração).

Descobrindo as falhas para fechar

Eu continuo mostrando a vocês exemplos de espaços vetoriais e suas operações, e como sempre dão a impressão de fechamento. Em vez de você acreditar que, independente de elementos ou operações, você sempre terá fechamento, é melhor eu tornar as coisas mais claras agora.

Por exemplo, considere o conjunto das matrizes 2×2 da forma:

$$\begin{bmatrix} a & -b \\ b & 1 \end{bmatrix}$$

Nas quais a e b são números reais. Os elementos b e $-b$ são opostos um ao outro, e o número 1 está sempre na posição a_{22}. Vou deixar a adição vetorial ser apenas a adição de matrizes normais – nelas você adiciona os elementos nas posições correspondentes. Eu vou mostrar uma falha no fechamento com um exemplo simples de utilizar a adição de vetores em duas matrizes:

$$A = \begin{bmatrix} 3 & -2 \\ 2 & 1 \end{bmatrix}, B = \begin{bmatrix} -6 & 11 \\ -11 & 1 \end{bmatrix}$$

$$A \oplus B = \begin{bmatrix} 3 & -2 \\ 2 & 1 \end{bmatrix} \oplus \begin{bmatrix} -6 & 11 \\ -11 & 1 \end{bmatrix} = \begin{bmatrix} 3-6 & -2+11 \\ 2-11 & 1+1 \end{bmatrix} = \begin{bmatrix} -3 & 9 \\ -9 & 2 \end{bmatrix}$$

William Hamilton

William Rowan Hamilton foi um matemático irlandês, físico e astrônomo. Ele nasceu em Dublin, na Irlanda, em 1805, e ali morreu em 1865. William era praticamente uma criança prodígio, capaz de ler em grego, hebraico e latim aos 5 anos de idade, além de familiarizar-se com seis línguas asiáticas aos 10 anos de idade. Ele teve contato com a matemática formal aos 13 anos de idade — a matemática escrita em francês, idioma que ele era, então, fluente.

Hamilton era interessado na poesia quando jovem, mas não se dedicou muito a ela. Talvez a sua tendência para escrever cartas de 50 a 100 páginas (incluindo cada detalhe de um tema) possa ter sido o motivo da falta de sucesso na poesia.

Hamilton foi nomeado Astrônomo Real da Irlanda aos 22 anos de idade e foi condecorado por sua matemática e outras contribuições científicas aos 30. Hamilton é conhecido por sua descoberta dos quatérnios, uma extensão dos números complexos. Esta descoberta abriu caminho para uma liberdade que os matemáticos poderiam então desfrutar — ser capaz de descrever novas álgebras que não estavam presas às regras formais. As novas álgebras poderiam ser coleções de objetos específicos para realizar as operações e regras ditadas pela aplicação. Os quatérnios são usados hoje na computação gráfica, processamento de sinal, e na teoria de controle.

Na matriz final, os elementos de todas, menos as da segunda linha, devem estar na posição da segunda coluna. Todos os elementos são números reais, com os opostos ainda nas posições a_{12} e a_{21}, mas eu tenho um 2, onde deve haver 1. A matriz resultante não está no conjunto original. O conjunto não é fechado sob $\oplus$.

Um exemplo de falta de fechamento envolvendo a multiplicação vetorial ocorre quando o conjunto de elementos consiste nos vetores $(x, y, 2)$. Os vetores com este formato têm números reais, x e y para as duas primeiras coordenadas, e o número 2, pela terceira coordenada. Deixando a multiplicação vetorial ser definida, $k \otimes (x, y, 2) = (kx, ky, 2k)$, os vetores resultantes não seriam do conjunto original, porque a última coordenada não é um 2 a menos que o multiplicador, k, seja igual a 1.

Recordando as especificidades das propriedades do espaço vetorial

As várias propriedades e os requisitos dos elementos e das operações envolvidas em um espaço vetorial incluem o fechamento, a comutatividade, associatividade, os opostos, e as identidades. Eu abordo o encerramento na seção anterior, "Buscando o encerramento das operações vetoriais." Nesta seção, dirijo-me a outras propriedades, explicando as já estudadas de forma mais plena e mostrando exemplos de sucesso e fracasso (ao aplicar as propriedades).

Alterando a ordem com a comutatividade da adição vetorial

A operação de adição vetorial, ⊕, é realizada em dois vetores — resultando em outro vetor no espaço vetorial. Uma propriedade da operação de adição vetorial, que é muito interessante e muito útil, é a *comutatividade*. Quando uma operação vetorial permite comutatividade, você não precisa se preocupar em qual ordem os vetores estão quando você executa a operação em dois deles. Você obtém o mesmo resultado quando adiciona vetores **u** ⊕ **v** como quando você adiciona vetores **v** ⊕ **u**. Por exemplo, considere o espaço vetorial contendo matrizes 2×2 da forma:

$$\begin{bmatrix} a & b \\ -b & 0 \end{bmatrix}$$

Na qual a e b são números reais.

Quando realizamos a adição vetorial, a ordem não importa.

$$\begin{bmatrix} 4 & 9 \\ -9 & 0 \end{bmatrix} \oplus \begin{bmatrix} -5 & -6 \\ 6 & 0 \end{bmatrix} = \begin{bmatrix} -5 & -6 \\ 6 & 0 \end{bmatrix} \oplus \begin{bmatrix} 4 & 9 \\ -9 & 0 \end{bmatrix}$$

$$\begin{bmatrix} 4+(-5) & 9+(-6) \\ -9+6 & 0+0 \end{bmatrix} = \begin{bmatrix} -5+4 & -6+9 \\ 6+(-9) & 0+0 \end{bmatrix}$$

$$\begin{bmatrix} -1 & 3 \\ -3 & 0 \end{bmatrix} = \begin{bmatrix} -1 & 3 \\ -3 & 0 \end{bmatrix}$$

A comutatividade é válida para este exemplo, porque a definição da adição de vetores é baseada em nossa adição de números reais, que também é comutativa.

Agora deixe eu mostrar-lhe um exemplo que poderia servir para ilustrar a comutatividade da adição, apesar de não termos êxito no final. Seja o conjunto X consistido de seis matrizes 2×2 que representam reflexos e rotações de pontos no plano de coordenadas. Este conjunto é fechado sob ⊕, onde a adição significa executar a transformação e, em seguida, uma segunda transformação sobre os resultados da primeira. As matrizes e suas transformações são as seguintes:

$$X=\left\{\begin{bmatrix}-1&0\\0&1\end{bmatrix},\begin{bmatrix}1&0\\0&-1\end{bmatrix},\begin{bmatrix}1&0\\0&1\end{bmatrix},\begin{bmatrix}0&-1\\1&0\end{bmatrix},\begin{bmatrix}-1&0\\0&-1\end{bmatrix},\begin{bmatrix}0&1\\-1&0\end{bmatrix}\right\}$$

$\begin{bmatrix}-1&0\\0&1\end{bmatrix}$: Reflexão sobre o eixo y

$\begin{bmatrix}1&0\\0&-1\end{bmatrix}$: Reflexão sobre o eixo x

$\begin{bmatrix}1&0\\0&1\end{bmatrix}$: Rotação de 360º

$\begin{bmatrix}0&-1\\1&0\end{bmatrix}$: Rotação de 90º

$\begin{bmatrix}-1&0\\0&-1\end{bmatrix}$: Rotação de 180º

$\begin{bmatrix}0&1\\-1&0\end{bmatrix}$: Rotação de 270º

Consulte o Capítulo 8 para obter mais informações sobre matrizes que representam reflexões e rotações.

Ao executar a adição vetorial usando essas matrizes, você percebe que a adição de vetores sobre o conjunto X não é comutativa. Por exemplo, se você refletir o ponto (2,3) e sobre o eixo-y e em seguida, girá-lo 90 graus, você não obtém o mesmo resultado que girar 90 graus após refleti-lo sobre o eixo-y. Primeiro, deixe-me escrever a adição vetorial como $T_1(\mathbf{v}) \oplus T_2(\mathbf{v})$, que, neste caso, é $T_y(\mathbf{v}) \oplus T_{90}(\mathbf{v})$ para a primeira forma e $T_y(\mathbf{v}) \oplus T_{90}(\mathbf{v})$ para a segunda forma. O vetor da primeira entrada tem as coordenadas x e y. O resultado dessa primeira transformação lhe dá o vetor $\mathbf{v}'$, com coordenadas x' e y' — que são a entrada na segunda transformação.

Usando as transformações de matriz, como descrito anteriormente,

$$T_y(\mathbf{v})=\begin{bmatrix}-1&0\\0&1\end{bmatrix}\begin{bmatrix}x\\y\end{bmatrix},\ T_{90}(\mathbf{v})=\begin{bmatrix}0&-1\\1&0\end{bmatrix}\begin{bmatrix}x\\y\end{bmatrix}$$

e mostrando as duas operações realizadas em ordens opostas,

$$\begin{aligned}
T_y(\mathbf{v}) \oplus T_{90}(\mathbf{v}') &= T_{90}\left(T_y(\mathbf{v})\right) \\
&= T_{90}\left(\begin{bmatrix} -1 & 0 \\ 0 & 1 \end{bmatrix} \cdot \begin{bmatrix} 2 \\ 3 \end{bmatrix}\right) \\
&= T_{90}\left(\begin{bmatrix} -2 \\ 3 \end{bmatrix}\right) \\
&= \begin{bmatrix} 0 & -1 \\ 1 & 0 \end{bmatrix} \cdot \begin{bmatrix} -2 \\ 3 \end{bmatrix} = \begin{bmatrix} -3 \\ -2 \end{bmatrix}
\end{aligned}$$

$$\begin{aligned}
T_{90}(\mathbf{v}) \oplus T_y(\mathbf{v}) &= T_y\left(T_{90}(\mathbf{v})\right) \\
&= T_y\left(\begin{bmatrix} 0 & -1 \\ 1 & 0 \end{bmatrix} \cdot \begin{bmatrix} 2 \\ 3 \end{bmatrix}\right) \\
&= T_y\left(\begin{bmatrix} -3 \\ 2 \end{bmatrix}\right) \\
&= \begin{bmatrix} -1 & 0 \\ 0 & 1 \end{bmatrix} \cdot \begin{bmatrix} -3 \\ 2 \end{bmatrix} = \begin{bmatrix} 3 \\ 2 \end{bmatrix}
\end{aligned}$$

Os resultados da ordenação diferente das operações são completamente diferentes. A primeira ordem tem que acabar no ponto (-3, -2) e a segunda em (3,2). A comutatividade não existe para ⊕ na situação.

Reagrupamento com adição e multiplicação escalar

A propriedade associativa refere-se a agrupamentos em vez de ordenação. Quando você adiciona três números, como 47 + 8 + 2, obtém a mesma resposta que teria se adicionasse (47 + 8) + 2, como você faz quando adiciona 47 + (8 + 2). A segunda versão é mais fácil, porque você soma 47 com 10 e não dá de cara com nenhuma transposição na adição. Um espaço vetorial tem associatividade sob a adição, e você também encontrará a associatividade no trabalho ao multiplicar por mais de um escalar.

Primeiro, deixe-me mostrar como o espaço vetorial que consiste em vetores 2×2 da seguinte forma ilustra a propriedade de associatividade sobre a adição de vetores:

$$\mathbf{v} = \begin{bmatrix} a & b \\ -b & c \end{bmatrix}$$

Acrescento três vetores gerais da mesma forma em conjunto e observo que os resultados são os mesmos se você executar uma adição de vetor nos dois primeiros, seguido pelo terceiro, ou adicionar o primeiro para o resultado da adição vetorial nos dois segundos. A adição de vetores, +, é apenas a adição matricial normal.

$$\left(\begin{bmatrix} a & b \\ -b & c \end{bmatrix} \oplus \begin{bmatrix} d & e \\ -e & f \end{bmatrix}\right) \oplus \begin{bmatrix} g & h \\ -h & i \end{bmatrix} = \begin{bmatrix} a & b \\ -b & c \end{bmatrix} \oplus \left(\begin{bmatrix} d & e \\ -e & f \end{bmatrix} \oplus \begin{bmatrix} g & h \\ -h & i \end{bmatrix}\right)$$

$$\left(\begin{bmatrix} a+d & b+e \\ -(b+e) & c+f \end{bmatrix}\right) \oplus \begin{bmatrix} g & h \\ -h & i \end{bmatrix} = \begin{bmatrix} a & b \\ -b & c \end{bmatrix} \oplus \left(\begin{bmatrix} d+g & e+h \\ -(e+h) & f+i \end{bmatrix}\right)$$

$$\begin{bmatrix} a+d+g & b+e+h \\ -(b+e+h) & c+f+i \end{bmatrix} = \begin{bmatrix} a+d+g & b+e+h \\ -(b+e+h) & c+f+i \end{bmatrix}$$

Agora veja o que acontece quando você usa a propriedade associativa com duas multiplicações escalares sobre um vetor. Eu tenho que estar livre com o processo de multiplicação de dois escalares juntos — eu escolho a multiplicação regular — mas você deve ver a estrutura aqui:

$$k \otimes (l \otimes \mathbf{u}) = (kl) \otimes \mathbf{u}$$

Você percebe que o uso da multiplicação vetorial do escalar k sobre o resultado da multiplicação l vezes o vetor **u** é o mesmo que o da primeira multiplicação dos dois escalares juntos e, então, usando a multiplicação vetorial do resultado sobre o vetor é verificada a propriedade associativa.

Por exemplo, usando um vetor 2×2 e a multiplicação escalar normal de uma matriz, eu mostro os resultados dos dois métodos diferentes. Eu escolhi usar alguns números específicos, embora qualquer um vá funcionar.

$$2 \otimes \left(-5 \otimes \begin{bmatrix} 3 & 7 \\ -7 & 4 \end{bmatrix}\right) = 2 \otimes \begin{bmatrix} -15 & -35 \\ 35 & -20 \end{bmatrix} = \begin{bmatrix} -30 & -70 \\ 70 & -40 \end{bmatrix}$$

$$\left(2(-5)\right) \otimes \begin{bmatrix} 3 & 7 \\ -7 & 4 \end{bmatrix} = -10 \otimes \begin{bmatrix} 3 & 7 \\ -7 & 4 \end{bmatrix} = \begin{bmatrix} -30 & -70 \\ 70 & -40 \end{bmatrix}$$

Os resultados são os mesmos. Você escolhe um método sobre o outro quando um deles é mais conveniente, ou quando o cálculo é fácil de fazer.

Distribuindo a riqueza de escalares sobre vetores

A propriedade distributiva da álgebra pode ser representada por $a(b + c) = ab + ac$. A propriedade diz que você obtém o mesmo resultado quando multiplica um número vezes a soma de dois valores, como você faz quando multiplica o número vezes cada um dos dois valores e, em seguida, encontra a soma dos produtos. Você vê duas propriedades de espaços vetoriais que parecem agir como a propriedade distributiva.

Em primeiro lugar, $k \otimes (\mathbf{v} \oplus \mathbf{u}) = k \otimes \mathbf{u} + k \otimes \mathbf{v}$. Esta declaração diz que o escalar k distribui ou multiplica sobre a operação vetorial +. Você pode adicionar os dois vetores e depois executar a multiplicação escalar no resultado, ou realizar a multiplicação escalar primeiro. Deixe-me mostrar um exemplo de onde a adição de dois vetores juntos em primeiro lugar faz mais sentido. Eu vou mostrar dois vetores 1x3 de um espaço vetorial e a execução da propriedade.

$$\begin{aligned} &13 \otimes \left(\begin{bmatrix} 14 & 87 & -23 \end{bmatrix} \oplus \begin{bmatrix} -14 & -86 & 22 \end{bmatrix} \right) \\ &= 13 \otimes \left(\begin{bmatrix} 0 & 1 & -1 \end{bmatrix} \right) = \begin{bmatrix} 0 & 13 & -13 \end{bmatrix} \end{aligned}$$

Compare os cálculos anteriores com aqueles que são necessários se você não realizar a primeira adição.

$$\begin{aligned} &13 \otimes \left(\begin{bmatrix} 14 & 87 & -23 \end{bmatrix} \oplus \begin{bmatrix} -14 & -86 & 22 \end{bmatrix} \right) \\ &= \left(13 \otimes \begin{bmatrix} 14 & 87 & -23 \end{bmatrix} \right) \oplus \left(13 \otimes \begin{bmatrix} -14 & -86 & 22 \end{bmatrix} \right) \\ &= \begin{bmatrix} 182 & 1\,131 & -299 \end{bmatrix} \oplus \begin{bmatrix} -182 & -1\,118 & 286 \end{bmatrix} \\ &= \begin{bmatrix} 0 & 13 & -13 \end{bmatrix} \end{aligned}$$

Você quer aproveitar os cálculos mais fáceis. Como os vetores e as operações são parte de um espaço vetorial, você pode tomar o caminho mais sensato.

Agora, veja a outra forma da propriedade distributiva. Nesta propriedade, você verá que multiplicar um vetor pela soma de dois escalares é igual a distribuição de cada um dos escalares do vetor multiplicando e acrescentando os produtos: $(k + l) \otimes \mathbf{u} = k \otimes \mathbf{u} \oplus l \otimes \mathbf{u}$. Compare os dois resultados de igualdade com os cálculos que são necessários.

$$\begin{aligned} (-8+9) \otimes \begin{bmatrix} 14 & 87 & -23 \end{bmatrix} &= -8 \begin{bmatrix} 14 & 87 & -23 \end{bmatrix} \oplus 9 \begin{bmatrix} 14 & 87 & -23 \end{bmatrix} \\ 1 \otimes \begin{bmatrix} 14 & 87 & -23 \end{bmatrix} &= \begin{bmatrix} -112 & 696 & 184 \end{bmatrix} \oplus \begin{bmatrix} 126 & 783 & -207 \end{bmatrix} \\ \begin{bmatrix} 14 & 87 & -23 \end{bmatrix} &= \begin{bmatrix} 14 & 87 & -23 \end{bmatrix} \end{aligned}$$

Acabando com a ideia de um vetor zero

Um espaço vetorial deve ter um elemento de identidade ou um zero. O elemento neutro da adição dos números reais é 0. E a maneira como um zero se comporta é a que não mude a identidade de qualquer valor a que o zero é adicionado ou que é adicionado a ele. A mesma propriedade de zero existe com espaços vetoriais e com a adição de vetores. Em um espaço vetorial, você tem um vetor especial, designado **0**, onde **0** ⊕ **v** = **v**, e **v** ⊕ **0** = **v**.

Por exemplo, o espaço vetorial contendo matrizes 2×2 da seguinte forma tem um vetor zero, cujos elementos são todos os zeros.

$$\mathbf{v} = \begin{bmatrix} a & b \\ -b & 0 \end{bmatrix}$$

$$\begin{bmatrix} a & b \\ -b & 0 \end{bmatrix} \oplus \begin{bmatrix} 0 & 0 \\ 0 & 0 \end{bmatrix} = \begin{bmatrix} 0 & 0 \\ 0 & 0 \end{bmatrix} \oplus \begin{bmatrix} a & b \\ -b & 0 \end{bmatrix} = \begin{bmatrix} a & b \\ -b & 0 \end{bmatrix}$$

O vetor zero desempenha também um papel com o inverso de vetores, como você verá na próxima seção.

Acrescentando o inverso da adição

Em um espaço vetorial, cada elemento tem um inverso aditivo. Isto significa que, para cada vetor **u**, você também tem o inverso de **u**, o qual eu designo **-u**. Ao combinar **u** e o seu inverso com a adição de vetores, você obtém o vetor zero. Então **u** ⊕ **-u** = **-u** ⊕ **u** = **0**.

Por exemplo, o conjunto de vetores de 2×1 onde o segundo elemento é -3 vezes o primeiro elemento, forma um espaço vetorial com as definições usuais da adição de matrizes e da multiplicação por escalar. Assim, o vetor geral e seu inverso são

$$\mathbf{u} = \begin{bmatrix} a \\ -3a \end{bmatrix}, \ -\mathbf{u} = \begin{bmatrix} -a \\ 3a \end{bmatrix}$$

Ao adicionar os dois vetores você obtém o vetor zero. Qual é o inverso do vetor zero? Ora, o vetor zero é seu próprio inverso! Que legal!

Deliciando-se em alguns detalhes finais

Espaços vetoriais têm requisitos específicos e propriedades. Eu ofereço mais três enunciados ou propriedades que surgem a partir das propriedades originais — ou são apenas esclarecimentos sobre o que acontece:

- $0 \otimes \mathbf{u} = \mathbf{0}$: Sempre que você multiplica um vetor em um espaço vetorial pelo escalar 0, você acaba com o vetor zero deste espaço vetorial.
- $k \otimes \mathbf{0} = \mathbf{0}$: Não importa por qual escalar você multiplica o vetor zero, você ainda tem o vetor zero — o escalar não pode mudar isso.
- $-\mathbf{u} = (-1) \otimes \mathbf{u}$: O oposto de alguns vetores **u**, é escrito como **-u**, que é o equivalente a multiplicar o vetor original, **u**, pelo escalar -1.

Capítulo 14

Buscando Subespaços de um Espaço Vetorial

Neste Capítulo

- Determinando se um subconjunto é um subespaço de um espaço vetorial
- Expandindo o horizonte com conjuntos de extensão
- Entrando em sintonia com os espaços de colunas e espaços nulos

Você entra em uma lanchonete local e pede um sanduba. O que vai em seu sanduíche? Ora, tudo o que quiser — ou, pelo menos, o que tiver disponível na lanchonete. O sanduíche de uma pessoa é diferente do de outra pessoa, mas todos eles contêm ingredientes que estão disponíveis no cardápio. Agora que lhe deixei com água na boca, permita-me relacionar este devaneio culinário aos espaços vetoriais e subespaços.

A relação entre um *subespaço* e seu espaço vetorial é como um sanduíche formado por alguns dos ingredientes disponíveis. Ou, se preferir deixar o meu mundo de alimentos e ir para uma analogia matemática, pense em um subconjunto de um conjunto, uma vez que está relacionado com o seu *superconjunto*. Matematicamente falando, para um conjunto ser um subconjunto de outro conjunto (o superconjunto), o subconjunto tem que ser feito de elementos encontrados somente nesse superconjunto. Por exemplo, o conjunto $M = \{1, 2, 3, a, b, c\}$ é um subconjunto de $N = \{1, 2, 3, 4, a, b, c, d, e, \$, \#\}$ porque todos os elementos de M estão também em N. O conjunto N tem muitos outros subconjuntos possíveis que podem ser feitos de qualquer um dos elementos de N. E agora, para chegar ao assunto, eu vou abordar os espaços vetoriais e subespaços.

Para que um determinado conjunto de objetos seja chamado de *subespaço* de um espaço vetorial, o conjunto de objetos tem de cumprir algumas qualificações ou normas rígidas. As qualificações têm a ver com um determinado tipo de subconjunto e com o uso de algumas operações específicas. Eu mostro todos os detalhes sobre as condições de qualificação para *subespaços* neste capítulo.

Investigando as Propriedades Associadas a Subespaços

Para um conjunto W ser um subespaço do espaço vetorial V, então W deve ser um subconjunto não vazio de V. Ter apenas conjuntos não vazios é a primeira diferença entre a relação do conjunto e subconjunto e a relação vetor e subespaço. A outra qualificação é que o subconjunto W deve ser ele próprio um espaço vetorial em relação às mesmas operações como aquelas em V.

O conjunto W é um subespaço do espaço vetorial V se cumprir todas as seguintes condições:

- W é um subconjunto não vazio de V.
- W é um espaço vetorial.
- As operações de adição vetorial e multiplicação por escalar definidas em W, são também as mesmas operações encontradas em V.

Na verdade, isto é suficiente quando se determina se W é um subespaço de V para apenas mostrar que W é um subconjunto de V e W, que é *fechado* em relação às duas operações $\oplus$ e $\otimes$, que se aplicam a V. Em outras palavras, a soma $\mathbf{v}_1 \oplus \mathbf{v}_2$ pertence ao espaço vetorial V, se ambos os $\mathbf{v}_1$ e $\mathbf{v}_2$ estão em V e $c \otimes \mathbf{v}_1$ também está em V. Se você precisar de uma reciclagem sobre as operações associadas a um espaço vetorial, então consulte o Capítulo 13, onde você encontra todas as informações necessárias sobre as operações.

Em geral, espaços vetoriais têm um número infinito de vetores. O único espaço vetorial real com um número (contável) finito de vetores é o espaço do vetor contendo apenas o vetor zero.

Determinando se você tem um subconjunto

Se um conjunto W é mesmo para ser considerado como um subespaço de um espaço vetorial V, então primeiro você tem que determinar se até W se qualifica como um subconjunto de V. Por exemplo, aqui está um conjunto de vetores 2×1, A, onde os pares, x e y, representam todos os pontos no plano de coordenadas e x e y são números reais.

$$A = \left\{ \begin{bmatrix} x \\ y \end{bmatrix} \right\}, B = \left\{ \begin{bmatrix} x \\ 0 \end{bmatrix} \right\}$$

O conjunto B é um subconjunto de A, porque B contém todos os pontos no plano de coordenadas que têm uma coordenada $y = 0$. Outra forma de descrever os pontos representados em B é dizer que são todos os pontos que estão sobre o eixo x.

Construindo um subconjunto com uma regra

É fácil visualizar, com os conjuntos A e B, que B é um subconjunto de A. Quando você tem apenas um vetor e um formato para olhar, você facilmente detecta a relação entre todos os vetores nos dois conjuntos.

Agora pense em um novo conjunto, eu vou nomear de conjunto C. Não vou mostrar todos os elementos em C, mas eu digo que C é gerado por vetores no conjunto D, mostrado aqui:

$$D = \left\{ \begin{bmatrix} 1 \\ 0 \\ 0 \end{bmatrix}, \begin{bmatrix} 1 \\ 0 \\ 1 \end{bmatrix} \right\}$$

Dado um conjunto de vetores $\{\mathbf{v}_1, \mathbf{v}_2, \ldots, \mathbf{v}_k\}$, o conjunto de todas as *combinações lineares* deste conjunto é chamado de *Espaço Gerado*. (Você encontra muita informação sobre Espaço Gerado de um conjunto no Capítulo 5.)

Como os vetores no conjunto C se parecem? Eles também são vetores 3×1, e eles são todas as combinações lineares dos vetores no conjunto D. Por exemplo, dois vetores do conjunto C — $\mathbf{c}_1$ e $\mathbf{c}_2$ — são mostrados aqui (com as combinações lineares que produzem esses vetores):

$$\mathbf{c}_1 = \begin{bmatrix} 1 \\ 0 \\ -2 \end{bmatrix} = 3\begin{bmatrix} 1 \\ 0 \\ 0 \end{bmatrix} - 2\begin{bmatrix} 1 \\ 0 \\ 1 \end{bmatrix} \qquad \mathbf{c}_2 = \begin{bmatrix} 10 \\ 0 \\ 4 \end{bmatrix} = 6\begin{bmatrix} 1 \\ 0 \\ 0 \end{bmatrix} + 4\begin{bmatrix} 1 \\ 0 \\ 1 \end{bmatrix}$$

Colocando os dois vetores $\mathbf{c}_1$ e $\mathbf{c}_2$ em um conjunto E, eu produzo um subconjunto do conjunto C; E contém dois dos vetores que estão no conjunto C.

$$E = \left\{ \begin{bmatrix} 1 \\ 0 \\ -2 \end{bmatrix}, \begin{bmatrix} 10 \\ 0 \\ 4 \end{bmatrix} \right\}$$

Em geral, se C é o conjunto de vetores criados pelo Espaço Gerado do conjunto D, então, você cria qualquer vetor em C escrevendo uma combinação linear usando a_1 e a_2 como multiplicadores. Os elementos do vetor resultante em C são c_1, c_2 e c_3

$$a_1\begin{bmatrix} 1 \\ 0 \\ 0 \end{bmatrix} + a_2\begin{bmatrix} 1 \\ 0 \\ 1 \end{bmatrix} = \begin{bmatrix} c_1 \\ c_2 \\ c_3 \end{bmatrix} = \begin{bmatrix} a_1 + a_2 \\ 0 \\ a_2 \end{bmatrix}$$

Os vetores em C tem um formato específico. O segundo elemento, c_2, é sempre igual a 0. Também, desde que $a_1 + a_2 = c_1$ e c_3, e $a_2 = c_3$ você tem sempre uma relação entre o primeiro e o terceiro e o primeiro multiplicador: $a_1 = c_1 - c_3$.

Como se vê, até mesmo o conjunto E é um subconjunto do conjunto C, o conjunto E não é um subespaço de C. Eu vou mostrar o porquê disto na seção "Obtendo espaço com um subconjunto sendo um espaço vetorial" mais adiante neste capítulo.

Determinando se um conjunto é um subconjunto

No exemplo anterior, eu demonstro uma maneira de criar um subconjunto — construindo vetores que pertencem ao subconjunto. Mas e se você tiver um conjunto de vetores e precisar ver se todos eles pertencem a um subconjunto particular?

Aqui estão dois conjuntos. Os vetores no conjunto A geram um espaço vetorial, e o conjunto B será analisado: O conjunto B é um subconjunto do Espaço Gerado do conjunto A?

$$A = \left\{ \begin{bmatrix} 1 \\ -1 \\ -2 \end{bmatrix}, \begin{bmatrix} 2 \\ -1 \\ 3 \end{bmatrix} \right\}, B = \left\{ \begin{bmatrix} 2 \\ -3 \\ -9 \end{bmatrix}, \begin{bmatrix} 1 \\ 0 \\ -2 \end{bmatrix} \right\}$$

Primeiro, eu escrevo uma expressão para as combinações lineares dos vetores no conjunto A (que constitui a extensão de A).

$$a_1 \begin{bmatrix} 1 \\ -1 \\ -2 \end{bmatrix} + a_2 \begin{bmatrix} 2 \\ -1 \\ 3 \end{bmatrix} = \begin{bmatrix} a_1 + 2a_2 \\ -a_1 - a_2 \\ -2a_1 + 3a_2 \end{bmatrix}$$

Agora eu determino se os dois vetores de B são o resultado de uma combinação linear dos vetores em A. Tendo cada vetor separadamente:

$$\begin{bmatrix} a_1 + 2a_2 \\ -a_1 - a_2 \\ -2a_1 + 3a_2 \end{bmatrix} = \begin{bmatrix} 2 \\ -3 \\ -11 \end{bmatrix} \quad \begin{bmatrix} a_1 + 2a_2 \\ -a_1 - a_2 \\ -2a_1 + 3a_2 \end{bmatrix} = \begin{bmatrix} 1 \\ 0 \\ -2 \end{bmatrix}$$

$$\begin{cases} a_1 + 2a_2 = 2 \\ -a_1 - a_2 = -3 \\ -2a_1 + 3a_2 = -11 \end{cases} \quad \begin{cases} a_1 + 2a_2 = 1 \\ -a_1 - a_2 = 0 \\ -2a_1 + 3a_2 = -2 \end{cases}$$

O sistema de equações à esquerda, correspondente ao primeiro vetor em B, tem uma solução quando $a_1 = 4$ e $a_2 = -1$. (Não se lembra como resolver sistemas de equações? Consulte o Capítulo 4.) Até então, tudo bem. Mas o sistema de equações à direita, correspondente ao segundo vetor em B, não tem uma solução. Não há valores de a_1 e a_2,que lhe dê em todos os três elementos do vetor. B. Assim, o conjunto B não pode ser um subconjunto do espaço gerado do conjunto A.

Obtendo espaço com um subconjunto sendo um espaço vetorial

Anteriormente, na seção "Construindo um subconjunto de uma regra" eu mostro um subconjunto de um espaço vetorial e, em seguida, declaro que mesmo que você tenha um subconjunto, você não têm necessariamente um subconjunto que é um espaço vetorial. Um subespaço de um espaço vetorial não deve ser apenas um subconjunto não vazio, mas também um espaço vetorial por si só.

O conjunto E consiste em dois vetores e é o subconjunto do conjunto C que eu descrevi na seção anterior.

$$E = \left\{ \begin{bmatrix} 1 \\ 0 \\ -2 \end{bmatrix}, \begin{bmatrix} 10 \\ 0 \\ 4 \end{bmatrix} \right\}$$

Mas o conjunto E não é um espaço vetorial. Por um lado, E não está fechado sob a adição de vetores. (No Capítulo 13 explico o que isso significa para encerrar as operações relacionadas ao vetor.) Se você usar a adição vetorial em dois vetores no conjunto E, você obtém o seguinte resultado:

$$\begin{bmatrix} 1 \\ 0 \\ -2 \end{bmatrix} + \begin{bmatrix} 10 \\ 0 \\ 4 \end{bmatrix} = \begin{bmatrix} 11 \\ 0 \\ 2 \end{bmatrix}$$

O vetor resultante da adição de vetores não está no conjunto E, portanto, o conjunto não está fechado sob a operação. Além disso, E não pode ser um espaço vetorial, porque não tem vetor zero. E, como se isso não fosse suficiente para convencer-lhe, olhe para o número de vetores em E: Você só vê dois vetores. O espaço vetorial único com menos de um número infinito de vetores é o espaço do vetor contendo apenas o vetor zero.

Agora vou mostrar um exemplo de um subconjunto de um espaço vetorial que é um espaço vetorial em si e, portanto, um subespaço do espaço vetorial. Primeiro, considere o espaço vetorial, G, composto de todas as matrizes 2×4 possíveis. G é um espaço vetorial com a adição de matrizes e multiplicação por escalar usuais.

$$G = \begin{bmatrix} g_{11} & g_{12} & g_{13} & g_{14} \\ g_{21} & g_{22} & g_{23} & g_{24} \end{bmatrix}$$

Agora eu lhe apresento o conjunto H, um subconjunto de G:

$$H = \begin{bmatrix} h_{11} & h_{12} & h_{13} & h_{14} \\ 0 & h_{22} & 0 & 0 \end{bmatrix} \text{ onde } h_{14} = h_{11} + h_{12} + h_{13}$$

Eu preciso mostrar que H é um subespaço de G. Para mostrar que H é um subespaço, tudo o que tenho a fazer é mostrar que, assim como sendo um subconjunto de G, H também é fechado sob a adição matricial e multiplicação escalar. Primeiro demonstro o fechamento usando um exemplo para depois mostrar a forma generalizada.

Ao escolher dois vetores aleatórios em H, eu os adiciono juntos. Então eu multiplico o primeiro vetor pelo escalar 3.

$$\begin{bmatrix} 2 & 3 & 4 & 9 \\ 0 & -5 & 0 & 0 \end{bmatrix} \oplus \begin{bmatrix} -2 & 5 & -8 & -5 \\ 0 & 1 & 0 & 0 \end{bmatrix} = \begin{bmatrix} 0 & 8 & -4 & 4 \\ 0 & -4 & 0 & 0 \end{bmatrix}$$

$$3 \otimes \begin{bmatrix} 2 & 3 & 4 & 9 \\ 0 & -5 & 0 & 0 \end{bmatrix} = \begin{bmatrix} 6 & 9 & 12 & 27 \\ 0 & -15 & 0 & 0 \end{bmatrix}$$

Com este exemplo simples, parece que os vetores do conjunto são fechados sob as operações do vetor. Mas, para ter certeza, vou mostrar a adição de vetores em geral.

$$\begin{bmatrix} h_{11} & h_{12} & h_{13} & h_{14} \\ 0 & h_{22} & 0 & 0 \end{bmatrix} \oplus \begin{bmatrix} k_{11} & k_{12} & k_{13} & k_{14} \\ 0 & k_{22} & 0 & 0 \end{bmatrix}$$
$$= \begin{bmatrix} h_{11} + k_{11} & h_{12} + k_{12} & h_{13} + k_{13} & h_{14} + k_{14} \\ 0 & h_{22} + k_{22} & 0 & 0 \end{bmatrix}$$

Como as duas matrizes estão no conjunto H, então, $h_{11} + h_{12} + h_{13} = h_{14}$ e $k_{11} + k_{12} + k_{13} = k_{14}$. A soma do vetor de duas matrizes tem, como seu elemento na primeira linha, quarta coluna, $h_{14} + k_{14}$. Substituindo os valores equivalentes, você obtém

$$\begin{aligned} h_{14} + k_{14} &= h_{11} + h_{12} + h_{13} + k_{11} + k_{12} + k_{13} \\ &= (h_{11} + k_{11}) + (h_{12} + k_{12}) + (h_{13} + k_{13}) \end{aligned}$$

O subconjunto H é fechado para a soma de vetores. Da mesma forma, com a multiplicação escalar,

$$c \otimes \begin{bmatrix} h_{11} & h_{12} & h_{13} & h_{14} \\ 0 & h_{22} & 0 & 0 \end{bmatrix} = \begin{bmatrix} ch_{11} & ch_{12} & ch_{13} & ch_{14} \\ 0 & ch_{22} & 0 & 0 \end{bmatrix}$$

Ao verificar a relação entre os elementos da primeira linha, você percebe que $ch_{11} + ch_{12} + ch_{13} = c(h_{11} + h_{12} + h_{13}) = ch_{14}$. Assim, o subconjunto também é fechado sob a operação de multiplicação. Portanto, H é um subespaço de G.

Encontrando um Conjunto Gerador para um Espaço Vetorial

Espaços vetoriais têm um número infinito de vetores (exceto para o espaço vetorial que contém somente o vetor zero). Você determina se um certo conjunto abrange um espaço vetorial ou um subespaço de um espaço vetorial determinando se cada vetor no espaço vetorial pode ser obtido a partir de uma combinação linear dos vetores do conjunto de expansão. Um espaço vetorial normalmente tem mais de um conjunto gerador. O que eu vou lhe mostrar nesta seção é como encontrar um ou mais desses conjuntos geradores.

Verificando um candidato para o espaço gerado

O conjunto gerador mais simples de um espaço vetorial com elementos que são matrizes é a base natural. No Capítulo 7, eu falo sobre bases naturais para conjuntos de vetores, neste capítulo, vou ampliar a discussão sobre espaços vetoriais em geral.

O espaço vetorial que consiste em todas as matrizes 2×2 é gerado por um conjunto de vetores de T. T que também é uma base natural para o espaço vetorial.

$$T = \left\{ \begin{bmatrix} 1 & 0 \\ 0 & 0 \end{bmatrix}, \begin{bmatrix} 0 & 1 \\ 0 & 0 \end{bmatrix}, \begin{bmatrix} 0 & 0 \\ 1 & 0 \end{bmatrix}, \begin{bmatrix} 0 & 0 \\ 0 & 1 \end{bmatrix} \right\}$$

Mas o conjunto T não é o único conjunto gerador para todas as matrizes 2×2. Veja o conjunto U.

$$U = \left\{ \begin{bmatrix} 1 & 0 \\ 0 & 0 \end{bmatrix}, \begin{bmatrix} 1 & 1 \\ 0 & 0 \end{bmatrix}, \begin{bmatrix} 1 & 1 \\ 1 & 0 \end{bmatrix}, \begin{bmatrix} 1 & 0 \\ 1 & 1 \end{bmatrix} \right\}$$

Escrevo uma combinação linear geral das matrizes no conjunto U,

$$a_1\begin{bmatrix}1 & 0\\0 & 0\end{bmatrix}+a_2\begin{bmatrix}1 & 1\\0 & 0\end{bmatrix}+a_3\begin{bmatrix}1 & 1\\1 & 0\end{bmatrix}+a_4\begin{bmatrix}1 & 0\\1 & 1\end{bmatrix}=\begin{bmatrix}x_1 & x_2\\x_3 & x_4\end{bmatrix}$$

Agora, escrevo o sistema de equações associado aos elementos nas matrizes após a multiplicação pelos escalares.

$$\begin{cases}a_1 + a_2 + a_3 + a_4 = x_1\\ \quad a_2 + a_3 \qquad = x_2\\ \qquad a_3 + a_4 = x_3\\ \qquad\quad a_4 = x_4\end{cases}$$

Ao encontrar os valores dos escalares (cada a_i) em termos dos elementos da matriz 2 × 2, percebo que qualquer matriz 2 × 2 pode ser formada. Uma vez que eu tiver escolhido os elementos da matriz que eu quero, posso escrever uma combinação linear das matrizes em U para criar a matriz. Assim, o conjunto U também é um conjunto gerador para as matrizes 2 × 2.

$$\begin{bmatrix}a_1\\a_2\\a_3\\a_4\end{bmatrix}=\begin{bmatrix}x_1-a_2-a_3-a_4\\x_2-a_3\\x_3-a_4\\x_4\end{bmatrix}=\begin{bmatrix}x_1-x_2-x_4\\x_2-x_3+x_4\\x_3-x_4\\x_4\end{bmatrix}$$

Colocando polinômios na mistura de espaço gerado

LEMBRE-SE

Outro tipo de espaço vetorial envolve polinômios de graus variados. O símbolo P^2 representa todos os polinômios de grau 2 ou menos. O conjunto gerador padrão de tal espaço vetorial é {x2, x, 1}.

Um polinômio é uma função escrita na forma:

$$f(x) = c_n x_n + c_{n-1}\, x^{n-1} + \ldots + c_1 x^1 + c_0$$

na qual cada c_i é um número real e cada n é um número inteiro.

Outro conjunto gerador para P^2 é o conjunto $R = \{x^2 + 1, x^2 + x, x + 1\}$. R não é o único conjunto gerador para P^2, mas eu vou mostrar que R funciona ao escrever as combinações lineares dos elementos de R e determinar como eles criam um polinômio de segundo grau.

$$
\begin{aligned}
&a_1\left(x^2+1\right)+a_2\left(x^2+x\right)+a_3\left(x+1\right)\\
&=\left(a_1+a_2\right)x^2+\left(a_2+a_3\right)x+\left(a_1+a_3\right)1
\end{aligned}
$$

Se os coeficientes e constantes do polinômio são c_1, c_2 e c_3 como mostrado, então esses coeficientes e sua relação com os múltiplos escalares são:

$$
\left(a_1+a_2\right)x^2+\left(a_2+a_3\right)x+\left(a_1+a_3\right)1=c_2x^2+c_1x^1+c_0
$$

$$
\begin{cases}
a_1+a_2 \qquad\quad =c_2\\
\qquad a_2+a_3=c_1\\
a_1 \qquad\;\; +a_3=c_0
\end{cases}
$$

Encontrando os valores dos escalares,

$$
a_1=\frac{c_2-c_1+c_0}{2},\ a_2=\frac{c_2+c_1-c_0}{2},\ a_3=\frac{-c_2+c_1+c_0}{2}
$$

Por exemplo, a combinação linear necessária para escrever o polinômio de segundo grau $5x^2 + 2x + 1$ é encontrada da seguinte forma:

$$
\begin{aligned}
a_1&=\frac{c_2-c_1+c_0}{2}=\frac{5-2+1}{2}=2\\
a_2&=\frac{c_2+c_1-c_0}{2}=\frac{5+2-1}{2}=3\\
a_3&=\frac{-c_2+c_1+c_0}{2}=\frac{-5+2+1}{2}=-1
\end{aligned}
$$

Substituindo na equação envolvendo os múltiplos escalares,

$$
\begin{aligned}
&\left(a_1+a_2\right)x^2+\left(a_2+a_3\right)x+\left(a_1+a_3\right)1\\
&=\left(2+3\right)x^2+\left(3-1\right)x+\left(2-1\right)1\\
&=5x^2+2x+1
\end{aligned}
$$

Inclinando os resultados com uma matriz assimétrica

Uma matriz quadrada é chamada assimétrica se ela transpuser suas trocas com cada elemento desse elemento oposto (negativo). Você cria a transposição de uma matriz quadrada ao alternar elementos no lado oposto da diagonal principal. E o oposto de uma matriz de cada elemento alterado para o sinal oposto. (Volte ao Capítulo 3, se esses procedimentos parecerem estranhos para você; eu abordo as matrizes de forma detalhada lá). Esta *matriz assimétrica* leva um pouco de cada processo, transpondo e anulando, para produzir uma nova matriz.

LEMBRE-SE

As propriedades de uma *matriz assimétrica* A são

- A é uma matriz quadrada.
- A diagonal principal de A é representada por todos os zeros.
- A transposição de A é igual ao oposto de A, $A^T = -A$.
- Para cada elemento em A, $a_{ji} = -a_{ij}$.

Aqui está um exemplo de uma matriz 4 × 4 assimétrica:

$$\begin{bmatrix} 0 & 1 & 2 & -3 \\ -1 & 0 & 4 & 6 \\ -2 & -4 & 0 & -8 \\ 3 & -6 & 8 & 0 \end{bmatrix}$$

O conjunto de todas as matrizes 4 × 4 assimétricas é um subespaço do espaço vetorial de todas as matrizes 4 × 4. Se você quiser, pode facilmente mostrar que o conjunto apresenta a propriedade de fechamento sob a adição e multiplicação por escalar. Para criar um conjunto gerador para as matrizes assimétricas, em primeiro lugar considere um modelo generalizado para as matrizes assimétricas:

$$\begin{bmatrix} 0 & a_{12} & a_{13} & a_{14} \\ -a_{12} & 0 & a_{23} & a_{24} \\ -a_{13} & -a_{23} & 0 & a_{34} \\ -a_{14} & -a_{24} & -a_{34} & 0 \end{bmatrix}$$

Aqui estão os seis múltiplos escalares e as suas respectivas matrizes como combinações lineares. As seis matrizes formam um conjunto de expansão para as matrizes 4 × 4 assimétricas.

$$a_{12}\begin{bmatrix} 0 & 1 & 0 & 0 \\ -1 & 0 & 0 & 0 \\ 0 & 0 & 0 & 0 \\ 0 & 0 & 0 & 0 \end{bmatrix} + a_{13}\begin{bmatrix} 0 & 0 & 1 & 0 \\ 0 & 0 & 0 & 0 \\ -1 & 0 & 0 & 0 \\ 0 & 0 & 0 & 0 \end{bmatrix} + a_{14}\begin{bmatrix} 0 & 0 & 0 & 1 \\ 0 & 0 & 0 & 0 \\ 0 & 0 & 0 & 0 \\ -1 & 0 & 0 & 0 \end{bmatrix}$$
$$+ a_{23}\begin{bmatrix} 0 & 0 & 0 & 0 \\ 0 & 0 & 1 & 0 \\ 0 & -1 & 0 & 0 \\ 0 & 0 & 0 & 0 \end{bmatrix} + a_{24}\begin{bmatrix} 0 & 0 & 0 & 0 \\ 0 & 0 & 0 & 1 \\ 0 & 0 & 0 & 0 \\ 0 & -1 & 0 & 0 \end{bmatrix} + a_{34}\begin{bmatrix} 0 & 0 & 0 & 0 \\ 0 & 0 & 0 & 0 \\ 0 & 0 & 0 & 1 \\ 0 & 0 & -1 & 0 \end{bmatrix}$$

Definindo e Usando o Espaço Coluna

O espaço *coluna* de uma matriz é o conjunto de todas as combinações lineares das colunas da matriz. O espaço coluna da matriz é muitas vezes usado para descrever um subespaço de R^m, quando uma matriz tem dimensão $m \times n$.

Por exemplo, considere a matriz A, a qual tem dimensão 3 × 4. O espaço coluna para a matriz A consiste em quatro vetores 3 × 1. Os quatro vetores consistem em um conjunto gerador.

$$A = \begin{bmatrix} 1 & -1 & 2 & 0 \\ 3 & 2 & 0 & 1 \\ -1 & 0 & 1 & -2 \end{bmatrix}$$

$$\textit{Col}\ A = \textit{Espaço gerado por} \left\{ \begin{bmatrix} 1 \\ 3 \\ -1 \end{bmatrix}, \begin{bmatrix} -1 \\ 2 \\ 0 \end{bmatrix}, \begin{bmatrix} 2 \\ 0 \\ 1 \end{bmatrix}, \begin{bmatrix} 0 \\ 1 \\ -2 \end{bmatrix} \right\}$$

A notação *Col* A significa *espaço coluna da matriz* A, e Espaço gerado { } significa que os vetores são um conjunto gerador. Outra maneira de descrever o espaço coluna da uma matriz A é nomear os vetores colunas $\mathbf{a}_1$, $\mathbf{a}_2$, $\mathbf{a}_3$,... e escrever *Col* A = Espaço gerado $\{\mathbf{a}_1, \mathbf{a}_2, \mathbf{a}_3, \ldots\}$.

Uma vez que *Col* A é o conjunto de todas as combinações lineares dos vetores coluna $\mathbf{a}_i$, você pode definir $\mathbf{x}$ como algum vetor em IR^n e descrever como o vetor resultante, $\mathbf{b}$ como um produto de um espaço coluna e $\mathbf{x}$.

LEMBRE-SE

$$\textit{Col}A = \textit{Espaço gerado por}\ \{\mathbf{a}_1, \mathbf{a}_2, \mathbf{a}_3, \ldots\} = \{\mathbf{b} : \mathbf{b} = A\mathbf{x}\}$$

Se um vetor $\mathbf{b}$ está na *Col* A, então $\mathbf{b}$ é o resultado da combinação linear dos vetores coluna em A. Por exemplo, olhando para a matriz A, quero determinar se o vetor $\mathbf{b}$, mostrado aqui, está na *Col* A.

$$A = \begin{bmatrix} 1 & -1 & 2 & 0 \\ 3 & 2 & 0 & 1 \\ -1 & 0 & 1 & -2 \end{bmatrix}, \mathbf{b} = \begin{bmatrix} 13 \\ 1 \\ 0 \end{bmatrix}$$

$$A\mathbf{x} = \begin{bmatrix} 1 & -1 & 2 & 0 \\ 3 & 2 & 0 & 1 \\ -1 & 0 & 1 & -2 \end{bmatrix} \begin{bmatrix} x_1 \\ x_2 \\ x_3 \\ x_4 \end{bmatrix} = \begin{bmatrix} 13 \\ 1 \\ 0 \end{bmatrix} = \mathbf{b}$$

Isto é, eu preciso encontrar a combinação linear dos vetores coluna que resultem em **b**.

$$x_1\begin{bmatrix}1\\3\\-1\end{bmatrix}+x_2\begin{bmatrix}-1\\2\\0\end{bmatrix}+x_3\begin{bmatrix}2\\0\\1\end{bmatrix}+x_4\begin{bmatrix}0\\1\\-2\end{bmatrix}=\begin{bmatrix}13\\1\\0\end{bmatrix}$$

Para encontrar os elementos (cada x_i), eu utilizo uma matriz aumentada e faço reduções de linha. (Um pouco enferrujado para resolver sistemas de equações usando matrizes aumentadas? Volte ao Capítulo 4 e você obterá uma explicação completa.)

$$\left[\begin{array}{cccc|c}1&-1&2&0&13\\3&2&0&1&1\\-1&0&1&-2&0\end{array}\right]$$

$$\begin{array}{r}-3L_1+L_2\to L_2\\L_1+L_3\to L_3\end{array}\left[\begin{array}{cccc|c}1&-1&2&0&13\\0&5&-6&1&-38\\0&-1&3&-2&13\end{array}\right]$$

$$L_2\quad L_3\left[\begin{array}{cccc|c}1&-1&2&0&13\\0&-1&3&-2&13\\0&5&-6&1&-38\end{array}\right]$$

$$-L_2\to L_2\left[\begin{array}{cccc|c}1&-1&2&0&13\\0&1&-3&2&-13\\0&5&-6&1&-38\end{array}\right]$$

$$\begin{array}{r}L_2+L_1\to L_1\\-5L_2+L_3\to L_3\end{array}\left[\begin{array}{cccc|c}1&0&-1&2&0\\0&1&-3&2&-13\\0&0&9&-9&27\end{array}\right]$$

$$\frac{1}{9}L_3\to L_3\left[\begin{array}{cccc|c}1&0&-1&2&0\\0&1&-3&2&-13\\0&0&1&-1&3\end{array}\right]$$

$$\begin{array}{r}L_3+L_1\to L_1\\3L_3+L_2\to L_2\end{array}\left[\begin{array}{cccc|c}1&0&0&1&3\\0&1&0&-1&-4\\0&0&1&-1&3\end{array}\right]$$

As reduções de linha formam a seguinte relação $x_1 + x_4 = 3$, $x_2 - x_4 = -4$, e $x_3 - x_4 = 3$. Diferentes combinações de valores podem ser usadas para criar o vetor **b** a partir dos vetores coluna. Por exemplo, se eu escolher considerar $x_4 = 1$, eu obtenho $x_1 = 2$, $x_2 = -3$ e $x_3 = 4$. Ou eu poderia considerar $x_4 = -2$ e obter $x_1 = 5$, $x_2 = -6$, e $x_3 = 1$. Aqui estão as duas combinações lineares e você pode encontrar muitas outras.

$$2\begin{bmatrix}1\\3\\-1\end{bmatrix}-3\begin{bmatrix}-1\\2\\0\end{bmatrix}+4\begin{bmatrix}2\\0\\1\end{bmatrix}+1\begin{bmatrix}0\\1\\-2\end{bmatrix}=\begin{bmatrix}13\\1\\0\end{bmatrix}$$

$$5\begin{bmatrix}1\\3\\-1\end{bmatrix}-6\begin{bmatrix}-1\\2\\0\end{bmatrix}+1\begin{bmatrix}2\\0\\1\end{bmatrix}-2\begin{bmatrix}0\\1\\-2\end{bmatrix}=\begin{bmatrix}13\\1\\0\end{bmatrix}$$

Anteriormente, eu lhe mostrei como determinar se um vetor particular está na *Col* A ao escrever a combinação linear geral e encontrar os multiplicadores necessários. Em relação à matriz A e aos vetores **x**, eu essencialmente encontrei A**x** = **b**. Com tantas possibilidades para **x**, deixe-me criar um formato padrão para todas as soluções possíveis quando você precisa criar um vetor **b** particular.

Os elementos de um vetor **b** são b_1, b_2, e b_3. Eu ainda preciso da mesma combinação linear dos vetores para criar um vetor desejado.

$$x_1\begin{bmatrix}1\\3\\-1\end{bmatrix}+x_2\begin{bmatrix}-1\\2\\0\end{bmatrix}+x_3\begin{bmatrix}2\\0\\1\end{bmatrix}+x_4\begin{bmatrix}0\\1\\-2\end{bmatrix}=\begin{bmatrix}b_1\\b_2\\b_3\end{bmatrix}$$

Agora, passando pelas mesmas operações de linha que eu fiz no exemplo anterior e utilizando os elementos gerais para o vetor **b**,

$$\left[\begin{array}{rrrr|l} 1 & -1 & 2 & 0 & b_1 \\ 3 & 2 & 0 & 1 & b_2 \\ -1 & 0 & 1 & -2 & b_3 \end{array}\right]$$

$$\begin{array}{r} -3L_1 + L_2 \to L_2 \\ L_1 + L_3 \to L_3 \end{array} \left[\begin{array}{rrrr|l} 1 & -1 & 2 & 0 & b_1 \\ 0 & 5 & -6 & 1 & b_2 - 3b_1 \\ 0 & -1 & 3 & -2 & b_1 + b_3 \end{array}\right]$$

$$L_2 \quad L_3 \left[\begin{array}{rrrr|l} 1 & -1 & 2 & 0 & b_1 \\ 0 & -1 & 3 & -2 & b_1 + b_3 \\ 0 & 5 & -6 & 1 & b_2 - 3b_1 \end{array}\right]$$

$$-L_2 \to L_2 \left[\begin{array}{rrrr|l} 1 & -1 & 2 & 0 & b_1 \\ 0 & 1 & -3 & 2 & -b_1 - b_3 \\ 0 & 5 & -6 & 1 & b_2 - 3b_1 \end{array}\right]$$

$$\begin{array}{r} L_2 + L_1 \to L_1 \\ -5L_2 + L_3 \to L_3 \end{array} \left[\begin{array}{rrrr|l} 1 & 0 & -1 & 2 & -b_3 \\ 0 & 1 & -3 & 2 & -b_1 - b_3 \\ 0 & 0 & 9 & -9 & 2b_1 + b_2 + 5b_3 \end{array}\right]$$

$$\frac{1}{9}L_3 \to L_3 \left[\begin{array}{rrrr|l} 1 & 0 & -1 & 2 & -b_3 \\ 0 & 1 & -3 & 2 & -b_1 - b_3 \\ 0 & 0 & 1 & -1 & \frac{2}{9}b_1 + \frac{1}{9}b_2 + \frac{5}{9}b_3 \end{array}\right]$$

$$\begin{array}{r} L_3 + L_1 \to L_1 \\ 3L_3 + L_2 \to L_2 \end{array} \left[\begin{array}{rrrr|l} 1 & 0 & 0 & 1 & \frac{2}{9}b_1 + \frac{1}{9}b_2 - \frac{4}{9}b_3 \\ 0 & 1 & 0 & -1 & -\frac{1}{3}b_1 + \frac{1}{3}b_2 + \frac{2}{3}b_3 \\ 0 & 0 & 1 & -1 & \frac{2}{9}b_1 + \frac{1}{9}b_2 + \frac{5}{9}b_3 \end{array}\right]$$

Não fique desapontado por todas estas frações. Você ainda terá combinações de números que resultam em números inteiros no resultado final. Eu vou escolher sabiamente ao lhe mostrar o final da história.

Primeiro, veja os resultados das reduções de linha em termos de relações entre os múltiplos nas combinações lineares.

$$x_1 + x_4 = \frac{2}{9}b_1 + \frac{1}{9}b_2 - \frac{4}{9}b_3$$

$$x_2 - x_4 = -\frac{1}{3}b_1 + \frac{1}{3}b_2 + \frac{2}{3}b_3$$

$$x_3 - x_4 = \frac{2}{9}b_1 + \frac{1}{9}b_2 + \frac{5}{9}b_3$$

A variável x_4 aparece em cada equação. Substitua o x_4 pela constante k. Após ter escolhido um vetor para ser criado, eu considero k como um número real, o substituo nas equações e produzo as combinações lineares desejadas.

$$\begin{aligned} x_1 &= -k + \frac{2}{9}b_1 + \frac{1}{9}b_2 - \frac{4}{9}b_3 \\ x_2 &= k - \frac{1}{3}b_1 + \frac{1}{3}b_2 + \frac{2}{3}b_3 \\ x_3 &= k + \frac{2}{9}b_1 + \frac{1}{9}b_2 + \frac{5}{9}b_3 \end{aligned}$$

Por exemplo, você precisa das combinações lineares necessárias para criar o vetor:

$$\mathbf{b} = \begin{bmatrix} 3 \\ -2 \\ 1 \end{bmatrix}$$

Substitua os elementos do vetor nas equações:

$$\mathbf{b} = \begin{bmatrix} 3 \\ -2 \\ 1 \end{bmatrix} = \begin{bmatrix} b_1 \\ b_2 \\ b_3 \end{bmatrix}$$

$$\begin{aligned} x_1 &= -k + \frac{6}{9} - \frac{2}{9} - \frac{4}{9} = -k \\ x_2 &= k - 1 - \frac{2}{3} + \frac{2}{3} = k - 1 \\ x_3 &= k + \frac{2}{3} - \frac{2}{9} + \frac{5}{9} = k + 1 \\ x_4 &= k \end{aligned}$$

Agora, considerando k como o valor constante 4 (eu apenas escolhi um número aleatoriamente), você obtém valores para os multiplicadores na combinação linear.

$$\begin{aligned} x_1 &= -4 \\ x_2 &= 4 - 1 = 3 \\ x_3 &= 4 + 1 = 5 \\ x_4 &= 4 \end{aligned}$$

$$-4\begin{bmatrix} 1 \\ 3 \\ -1 \end{bmatrix} + 3\begin{bmatrix} -1 \\ 2 \\ 0 \end{bmatrix} + 5\begin{bmatrix} 2 \\ 0 \\ 1 \end{bmatrix} + 4\begin{bmatrix} 0 \\ 1 \\ -2 \end{bmatrix} = \begin{bmatrix} 3 \\ -2 \\ 1 \end{bmatrix}$$

Você obterá o mesmo resultado, não importa qual foi a sua escolha para k.

Conectando o Espaço Nulo e o Espaço Coluna

Eu falo sobre o espaço coluna na seção precedente. Agora, eu vou apresentá-lo a outra designação para interação com uma matriz: *espaço nulo*.

LEMBRE-SE

O *espaço nulo* de uma matriz A é o conjunto de todos os vetores, $\mathbf{x}_i$, para os quais A**x** = **0**. A notação para o espaço nulo de A é *Nul* A.

Você deve reconhecer a equação A**x** = **0** como um sistema homogêneo. (Se isto não lhe parece familiar, volte ao Capítulo 7).

Na seção "Definindo e usando um espaço coluna" anteriormente, eu mostro como encontrar combinações lineares que produzem um vetor particular. O especial desta seção é que o vetor **x** produz o vetor zero quando multiplicado por A. Para encontrar um espaço nulo, você isola todos os vetores $\mathbf{x}_i$ para que A**x** produza o vetor zero. Eu usarei combinações lineares com os elementos de **x**.

Por exemplo, considere a matriz A e o vetor **x**. Eu escolhi **x** porque ele está no espaço nulo da matriz A.

$$A = \begin{bmatrix} 3 & 4 & 11 & -4 \\ 3 & 2 & 1 & 10 \\ -2 & -3 & -9 & 5 \end{bmatrix}, \mathbf{x} = \begin{bmatrix} -8 \\ 7 \\ 0 \\ 1 \end{bmatrix}$$

O vetor **x** está em *Nul* A uma vez que A**x** é o vetor zero.

$$\begin{aligned} A\mathbf{x} &= -8\begin{bmatrix} 3 \\ 3 \\ -2 \end{bmatrix} + 7\begin{bmatrix} 4 \\ 2 \\ -3 \end{bmatrix} + 0\begin{bmatrix} 11 \\ 1 \\ -9 \end{bmatrix} + 1\begin{bmatrix} -4 \\ 10 \\ 5 \end{bmatrix} \\ &= \begin{bmatrix} -24+28+0-4 \\ -24+14+0+10 \\ 16-21+0+5 \end{bmatrix} = \begin{bmatrix} 0 \\ 0 \\ 0 \end{bmatrix} \end{aligned}$$

O espaço nulo é um conjunto de vetores. Os vetores geralmente têm um formato particular e são descritos como uma base para o conjunto. Por exemplo, aqui está a matriz B e o formato geral para o vetor **x**, o qual está em *Nul* B.

$$\mathbf{Bx} = \begin{bmatrix} 1 & 0 & -1 \\ -1 & 1 & 2 \\ 0 & 2 & 2 \end{bmatrix} \begin{bmatrix} x_1 \\ x_2 \\ x_3 \end{bmatrix} = \begin{bmatrix} 0 \\ 0 \\ 0 \end{bmatrix}$$

Para esta matriz particular B, os vetores em *Nul* B são todos da forma:

$$\begin{bmatrix} k \\ -k \\ k \end{bmatrix} = k \begin{bmatrix} 1 \\ -1 \\ 1 \end{bmatrix}$$

Então a base para *Nul* B é o vetor único 3 × 1 de 1° e 3° coordenada de 1s e 2° coordenada de a – 1. Por exemplo, se você considerar *k* como o número 3, então você tem:

$$\mathbf{Bx} = \begin{bmatrix} 1 & 0 & -1 \\ -1 & 1 & 2 \\ 0 & 2 & 2 \end{bmatrix} \begin{bmatrix} 3 \\ -3 \\ 3 \end{bmatrix} = \begin{bmatrix} 0 \\ 0 \\ 0 \end{bmatrix}$$

Capítulo 15

Pontuando com Bases de Espaços Vetoriais

Neste Capítulo

- Determinando bases alternadas para espaços vetoriais
- Reduzindo conjuntos geradores às bases
- Escrevendo bases ortogonais e ortonormais para espaços vetoriais
- Encontrando os escalares ao mudar bases

No Capítulo 14, eu abordo subespaços de espaços vetoriais e conjuntos geradores para espaços vetoriais. Neste capítulo, você encontra tópicos de vários capítulos anteriores relacionados com um objetivo comum de investigar as bases de espaços vetoriais. É claro, eu lhe encaminho aos capítulos apropriados, caso você precise de um empurrãozinho, encorajamento ou revisão.

Então, o que mais pode ser dito sobre a base de um espaço vetorial? Minha resposta: várias coisas. Os espaços vetoriais geralmente têm mais de uma base, no entanto, todas as bases de um espaço vetorial têm algo em comum: As bases de um espaço vetorial particular têm as mesmas dimensões. Além disso, um espaço vetorial pode ter bases ortogonais e ortonormais. Então, você pode alternar as bases (como um jogador de beisebol) ao ajustar os multiplicadores escalares.

É importante poder trabalhar com um espaço vetorial particular em termos de escolher o tipo de base. As aplicações funcionam melhor quando você pode usar um conjunto de vetores mais simples, mas equivalente. As circunstâncias ditam o formato que você quer. Neste capítulo, eu apresento a você opções para a base de um espaço vetorial.

Geometrizando com Espaços Vetoriais

Algumas linhas e planos são subespaços de $\mathbb{R}^n$. Uma razão pela qual eu discuto linhas e planos neste momento é que eu posso lhe mostrar, com um esboço, como é uma base.

Na verdade, nem todas as linhas e planos formam espaços vetoriais. Se eu limitar a discussão à apenas estas linhas e planos que passam pela origem, então estou segura que tenho espaços vetoriais.

Alinhando com linhas

A *forma inclinada-intercepto* da equação de uma linha é $y = mx + b$. O x e y representam as coordenadas x e y conforme elas estão esboçadas no plano de coordenadas. O m representa a inclinação da linha e o b representa o intercepto y. (Se você não está familiarizado a esta equação, refresque a memória sobre a álgebra com Álgebra Para Leigos, publicado pela Alta Books).

A equação vetorial geral de uma linha é escrita como a seguir:

$$v(x) = \begin{bmatrix} x \\ xm + b \end{bmatrix} = x\begin{bmatrix} 1 \\ m \end{bmatrix} + \begin{bmatrix} 0 \\ b \end{bmatrix}$$

Onde os vetores 2 x 1 representam os pontos (x, y) no plano de coordenadas. Na Figura 15-1, eu mostro as representações de vetores para duas linhas diferentes: $y = 2x + 3$ e $y = -2x$.

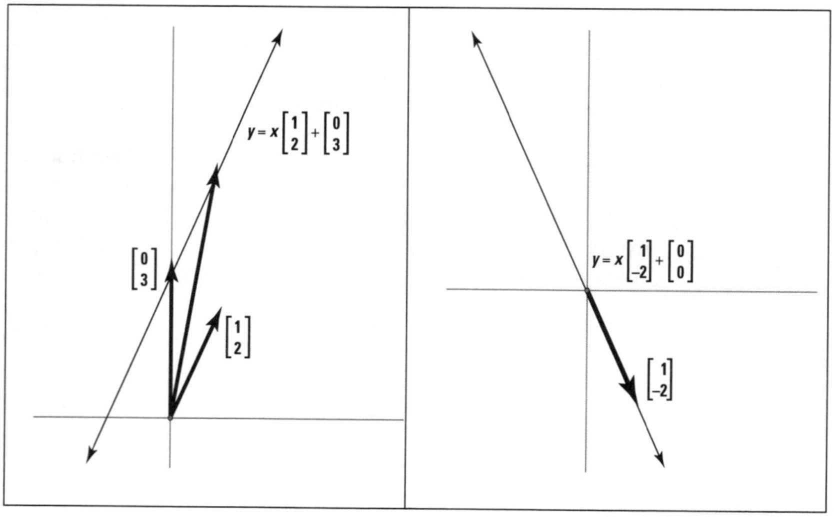

Figura 15-1: As linhas são representadas pela soma de vetores.

As duas linhas que eu mostro são de dois tipos diferentes. O primeiro tipo, representado por $y = 2x + 3$, são as linhas que *não* são espaços vetoriais. O segundo tipo, representado por $y = -2x$ são aquelas linhas que *são* espaços vetoriais. A principal diferença entre as duas linhas é o valor constante de 3, que é adicionado à primeira equação. Ao adicionar a constante, você pode apenas escrever um conjunto gerador e então uma base para os pontos na linha.

Então, as linhas no plano de coordenadas são espaços vetoriais gerados por todas as combinações lineares (múltiplos, neste caso) de números reais, x, multiplicando o seguinte vetor 2 x 1:

$$\begin{bmatrix} 1 \\ m \end{bmatrix}$$

Isto gera a base. Na verdade, qualquer múltiplo escalar de um vetor também pode formar uma base.

Esclarecendo os planos

Um plano é representado por uma superfície lisa. Na geometria, planos se estendem de forma infinita em todas as direções, determinados por três *distintos* (todos os pontos são diferentes), *pontos não colineares* (apenas dois pontos, em um momento, compartilham a mesma linha, eles não se encontram na mesma linha).

Como com as linhas, apenas os planos que passam pela origem são espaços vetoriais. Os planos de um espaço vetorial são gerados por dois vetores não paralelos. Aqui está a equação de vetor geral de um plano:

$$v(a_1, a_2) = a_1\mathbf{v}_1 + a_2\mathbf{v}_2 = a_1\begin{bmatrix} x_1 \\ y_1 \\ z_1 \end{bmatrix} + a_2\begin{bmatrix} x_2 \\ y_2 \\ z_2 \end{bmatrix}$$

A fim de mostrar-lhe um exemplo de um plano com uma equação vetorial e gráfico, eu escolherei dois vetores para criar um plano — um vetor termina atrás do plano vertical yz e outro vetor termina no primeiro octante frontal:

$$\mathbf{v}_1 = \begin{bmatrix} -1 \\ 2 \\ 1 \end{bmatrix}, \mathbf{v}_2 = \begin{bmatrix} 1 \\ 6 \\ 2 \end{bmatrix}$$

A Figura 15-2 mostra um plano descrito por esses vetores $\mathbf{v}_1$ e $\mathbf{v}_2$. Tente imaginar o plano se estendendo em todas as direções da superfície plana definida pelos vetores. Quando os vetores utilizados são linearmente independentes, você tem um plano. Se os vetores não são linearmente independentes, você tem uma única linha que passa pela origem.

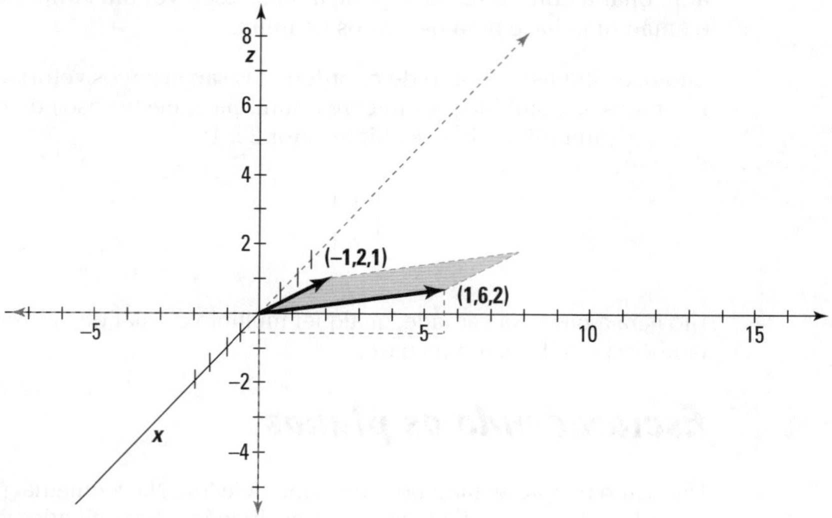

Figura 15-2: O plano se estende em todas as direções

Criando Bases para Conjuntos Geradores

Todas as bases dos espaços vetoriais são conjuntos geradores, mas nem todos os conjuntos geradores são bases. A única coisa que diferencia os conjuntos geradores das bases é a independência linear. (Eu falo sobre independência linear mais detalhadamente nos Capítulos 7 e 14.) Os vetores em uma base são linearmente independentes. Você pode ter mais de uma base para um espaço vetorial especial, mas cada base terá o mesmo número de vetores linearmente independentes. O número de vetores na base de um espaço vetorial é a *dimensão* do espaço vetorial. A base de um espaço vetorial não tem *redundância* — você não tem mais vetores do que precisa.

Se você tem um espaço vetorial com uma base contendo vetores *n*, então qualquer subconjunto do espaço vetorial com mais de *n* vetores tem alguns vetores linearmente dependentes nele.

Nesta seção, vou mostrar um conjunto gerador com muitos vetores, alguns são combinações lineares dos outros. Então, lhe mostro como eliminar os vetores redundantes e criar uma BASE para o espaço vetorial.

Considere o conjunto gerador, S, com cinco vetores de 4 × 1.S = $\{\mathbf{s}_1, \mathbf{s}_2, \mathbf{s}_3, \mathbf{s}_4, \mathbf{s}_5\}$. A BASE de S é um subespaço de IR^4.

$$S = \left\{ \begin{bmatrix} 1 \\ 1 \\ -2 \\ 1 \end{bmatrix}, \begin{bmatrix} 1 \\ 2 \\ 1 \\ 1 \end{bmatrix}, \begin{bmatrix} 2 \\ 1 \\ 4 \\ -1 \end{bmatrix}, \begin{bmatrix} -1 \\ 6 \\ 1 \\ 5 \end{bmatrix}, \begin{bmatrix} 0 \\ 3 \\ -2 \\ 3 \end{bmatrix} \right\}$$

Os vetores de S são linearmente dependentes. Escrevendo a matriz aumentada para a relação $a_1\mathbf{s}_1 + a_2\mathbf{s}_2 + a_3\mathbf{s}_3 + a_4\mathbf{s}_4 + a_5\mathbf{s}_5 = 0$ e reduzindo a forma escalonada (eu não vou mostrar todas as etapas, apenas o começo e o fim), você obtém

$$\left[\begin{array}{ccccc|c} 1 & 1 & 2 & -1 & 0 & 0 \\ 1 & 2 & 1 & 6 & 3 & 0 \\ -2 & 1 & 4 & 1 & -2 & 0 \\ 1 & 1 & -1 & 5 & 3 & 0 \end{array}\right] \rightarrow \left[\begin{array}{ccccc|c} 1 & 0 & 0 & -2 & 0 & 0 \\ 0 & 1 & 0 & 5 & -2 & 0 \\ 0 & 0 & 1 & -2 & -1 & 0 \\ 0 & 0 & 0 & 0 & 0 & 0 \end{array}\right]$$

A partir da forma escalonada, você obtém as seguintes relações entre as variáveis: $a_1 = 2a_4$, $a_2 = 5a_4 + 2a_5$, e $a_3 = 2a_4 + a_5$. Se os vetores são linearmente independentes, então as únicas soluções que tornam as equações do sistema iguais a 0 seriam um 0 para cada a_i. Como você vê, com as relações que encontrei na forma escalonada, você poderia fazer $a_3 = 0$ se $a_4 = 1$ e $a_5 = -2$. Também haveria outras combinações. Em qualquer caso, os vetores são linearmente dependentes e não formam uma base.

Você diz:"Ok, fiz meu trabalho". Então, como vamos eliminar um número suficiente de vetores para acabar com a dependência linear, mas mantendo o suficiente para formar uma base? Aqui está o plano:

1. **Escreva os vetores em uma matriz 4 × 5.**
2. **Mude a matriz para sua transposição.**
3. **Faça redução de linha da matriz transposta até que a mesma seja triangular.**
4. **Faça a transposição de volta para uma matriz 4 × 5.**
5. **Recolha os vetores zero como base.**

Se você precisar relembrar a transposição de matrizes e matrizes triangulares, consulte o Capítulo 3.

Assim, escrevendo os vetores originais de S em uma única matriz, e então a transposição, você obtém:

$$\begin{bmatrix} 1 & 1 & 2 & -1 & 0 \\ 1 & 2 & 1 & 6 & 3 \\ -2 & 1 & 4 & 1 & -2 \\ 1 & 1 & -1 & 5 & 3 \end{bmatrix}^T = \begin{bmatrix} 1 & 1 & -2 & 1 \\ 1 & 2 & 1 & 1 \\ 2 & 1 & 4 & -1 \\ -1 & 6 & 1 & 5 \\ 0 & 3 & -2 & 3 \end{bmatrix}$$

Agora, executando reduções de linha:

$$\begin{array}{r} \\ -1L_1 + L_2 \rightarrow L_2 \\ -2L_1 + L_3 \rightarrow L_3 \\ L_1 + L_4 \rightarrow L_4 \\ \\ \end{array} \begin{bmatrix} 1 & 1 & -2 & 1 \\ 0 & 1 & 3 & 0 \\ 0 & -1 & 8 & -3 \\ 0 & 7 & -1 & 6 \\ 0 & 3 & -2 & 3 \end{bmatrix}$$

$$\begin{array}{r} \\ L_2 + L_3 \rightarrow L_3 \\ -7L_2 + L_4 \rightarrow L_4 \\ -3L_2 + L_5 \rightarrow L_5 \\ \\ \end{array} \begin{bmatrix} 1 & 1 & -2 & 1 \\ 0 & 1 & 3 & 0 \\ 0 & 0 & 11 & -3 \\ 0 & 0 & -22 & 6 \\ 0 & 0 & -11 & 3 \end{bmatrix}$$

$$\begin{array}{r} 2L_3 + L_4 \rightarrow L_4 \\ L_3 + L_5 \rightarrow L_5 \end{array} \begin{bmatrix} 1 & 1 & -2 & 1 \\ 0 & 1 & 3 & 0 \\ 0 & 0 & 11 & -3 \\ 0 & 0 & 0 & 0 \\ 0 & 0 & 0 & 0 \end{bmatrix}$$

Em seguida, você transpõe a última matriz:

$$\begin{bmatrix} 1 & 1 & -2 & 1 \\ 0 & 1 & 3 & 0 \\ 0 & 0 & 11 & -3 \\ 0 & 0 & 0 & 0 \\ 0 & 0 & 0 & 0 \end{bmatrix}^T \rightarrow \begin{bmatrix} 1 & 0 & 0 & 0 & 0 \\ 1 & 1 & 0 & 0 & 0 \\ -2 & 3 & 11 & 0 & 0 \\ 1 & 0 & -3 & 0 & 0 \end{bmatrix}$$

Você escreve as colunas nulas como vetores e as coloca em um conjunto Z. Os vetores mostrados no conjunto Z são uma base para o subconjunto de S.

$$Z = \left\{ \begin{bmatrix} 1 \\ 1 \\ -2 \\ 1 \end{bmatrix}, \begin{bmatrix} 0 \\ 1 \\ 3 \\ 0 \end{bmatrix}, \begin{bmatrix} 0 \\ 0 \\ 11 \\ -3 \end{bmatrix} \right\}$$

O conjunto Z não é a única base, existem muitas bases diferentes possíveis.

Fazendo os Movimentos Certos com Bases Ortogonais

Quando você tem vetores 2 × 1 que são *ortogonais*, outra maneira de descrever a relação entre os dois vetores é dizer que eles são perpendiculares. No Capítulo 2, eu mostro como verificar a *ortogonalidade* dos vetores ao encontrar o seu *produto interno*. E, só para lembrá-lo sobre vetores perpendiculares ou ortogonais, ofereço o seguinte:

Dois vetores **u** e **v** são *ortogonais* se o seu produto interno, **u** · **v**, for igual a 0.

Os dois vetores **u** e **v** exibidos são ortogonais. Ao esboçar o vetor **u** no plano de coordenadas, temos seu ponto no segundo quadrante. No ângulo reto do vetor **u** está o vetor **v**, com seu ponto no terceiro quadrante. (No Capítulo 2, você vê um desenho de dois vetores perpendiculares.) O produto interno é, naturalmente, 0.

$$\mathbf{u} = \begin{bmatrix} -3 \\ 7 \end{bmatrix}, \mathbf{v} = \begin{bmatrix} -14 \\ -6 \end{bmatrix}$$

$$\mathbf{u} . \mathbf{v} = \begin{bmatrix} -3 & 7 \end{bmatrix} \begin{bmatrix} -14 \\ -6 \end{bmatrix} = 42 - 42 = 0$$

Você não está limitado a vetores 2 × 1 nem a vetores 3 × 1 quando se trata de ortogonalidade. Embora os vetores não possam ser representados graficamente, eles ainda são ortogonais se o produto interno for 0. Por exemplo, considere os dois vetores **w** e **z**:

$$\mathbf{w}=\begin{bmatrix}1\\0\\-3\\2\end{bmatrix},\ \mathbf{z}=\begin{bmatrix}-7\\8\\-5\\-4\end{bmatrix}$$

$$\mathbf{w}\cdot\mathbf{z}=\begin{bmatrix}1 & 0 & -3 & 2\end{bmatrix}\begin{bmatrix}-7\\8\\-5\\-4\end{bmatrix}=-7+0+15-8=0$$

Na verdade, **w** e **z** têm muitos outros vetores que são ortogonais a um ou a ambos.

Um conjunto *ortogonal* é um conjunto de vetores em que cada par de vetores é ortogonal (cada vetor é ortogonal a cada outro vetor no conjunto). Por exemplo, o conjunto P é ortogonal. Cada par de vetores tem um produto interno de 0.

$$P=\left\{\begin{bmatrix}1\\0\\2\end{bmatrix},\begin{bmatrix}-2\\3\\1\end{bmatrix},\begin{bmatrix}-6\\-5\\3\end{bmatrix}\right\}$$

$$\begin{bmatrix}1 & 0 & 2\end{bmatrix}\begin{bmatrix}-2\\3\\1\end{bmatrix}=-2+0+2=0$$

$$\begin{bmatrix}1 & 0 & 2\end{bmatrix}\begin{bmatrix}-6\\-5\\3\end{bmatrix}=-6+0+6=0$$

$$\begin{bmatrix}-2 & 3 & 1\end{bmatrix}\begin{bmatrix}-6\\-5\\3\end{bmatrix}=12-15+3=0$$

Então, o que os conjuntos de vetores ortogonais têm de bom? Eles são muito úteis quando se trabalha com várias bases dos espaços vetoriais.

Um conjunto ortogonal é linearmente independente enquanto o conjunto não contém o vetor **0**. Além disso, um conjunto ortogonal contendo vetores *n* é uma base para IR^n.

Criando uma base ortogonal

Um espaço vetorial pode ter mais de uma base. E, uma base especialmente útil de espaço vetorial, é a sua base ortogonal. Para criar uma base ortogonal a partir de uma base existente, utilize o *processo de ortogonalização de Gram-Schmidt*.

LEMBRE-SE

Se um subespaço, W, tem uma base que consiste nos vetores $\{\mathbf{w}_1, \mathbf{w}_2, \mathbf{w}_3 ...\}$, então uma base ortogonal para W, $U = \{\mathbf{u}_1, \mathbf{u}_2, \mathbf{u}_3 . . .\}$, encontra-se com o seguinte:

$$\mathbf{u}_1 = \mathbf{w}_1$$

$$\mathbf{u}_2 = \mathbf{w}_2 - \frac{\mathbf{u}_1 . \mathbf{w}_2}{\mathbf{u}_1 . \mathbf{u}_1}\mathbf{u}_1$$

$$\mathbf{u}_3 = \mathbf{w}_3 - \frac{\mathbf{u}_1 . \mathbf{w}_3}{\mathbf{u}_1 . \mathbf{u}_1}\mathbf{u}_1 - \frac{\mathbf{u}_2 . \mathbf{w}_3}{\mathbf{u}_2 . \mathbf{u}_2}\mathbf{u}_2$$

$$\vdots$$

$$\mathbf{u}_i = \mathbf{w}_i - \sum_{k-1}^{i-1} \frac{\mathbf{u}_k . \mathbf{w}_i}{\mathbf{u}_k . \mathbf{u}_k}\mathbf{u}_k, \; 2 \leq i \leq p$$

Usando esta fórmula no processo, o número de termos no cálculo de um vetor particular é um a mais do que para o vetor anterior. Os cálculos podem ficar muito longos, mas os computadores podem vir para o resgate, se necessário. Você pode usar uma planilha e inserir as fórmulas, é mais fácil de acompanhar tudo com um programa de computador do que com uma calculadora. A variável p na fórmula representa a *dimensão* (número de vetores) no subespaço.

Veja como criar uma base ortogonal da base dada de um conjunto, começando com o conjunto W, uma base para IR^3.

$$W = \left\{ \begin{bmatrix} 1 \\ -1 \\ 0 \end{bmatrix}, \begin{bmatrix} -2 \\ 3 \\ 1 \end{bmatrix}, \begin{bmatrix} 1 \\ 2 \\ 4 \end{bmatrix} \right\}$$

De acordo com o processo de Gram-Schmidt, o primeiro vetor da base ortogonal é o mesmo que o primeiro vetor da base de dados. Eu, agora, aplico o processo para encontrar os outros dois vetores.

$$W = \overset{\mathbf{w}_1}{\begin{bmatrix} 1 \\ -1 \\ 0 \end{bmatrix}}, \overset{\mathbf{w}_2}{\begin{bmatrix} -2 \\ 3 \\ 1 \end{bmatrix}}, \overset{\mathbf{w}_3}{\begin{bmatrix} 1 \\ 2 \\ 4 \end{bmatrix}}$$

$$\mathbf{u}_1 = \mathbf{w}_1 = \begin{bmatrix} 1 \\ -1 \\ 0 \end{bmatrix}$$

$$\mathbf{u}_2 = \mathbf{w}_2 - \frac{\mathbf{u}_1 . \mathbf{w}_2}{\mathbf{u}_1 . \mathbf{u}_1}\mathbf{u}_1 = \begin{bmatrix} -2 \\ 3 \\ 1 \end{bmatrix} - \frac{-5}{2}\begin{bmatrix} 1 \\ -1 \\ 0 \end{bmatrix}$$

$$= \begin{bmatrix} -2 + \frac{5}{2} \\ 3 - \frac{5}{2} \\ 1 + 0 \end{bmatrix} = \begin{bmatrix} \frac{1}{2} \\ \frac{1}{2} \\ 1 \end{bmatrix}$$

$$\mathbf{u}_3 = \mathbf{w}_3 - \frac{\mathbf{u}_1 . \mathbf{w}_3}{\mathbf{u}_1 . \mathbf{u}_1}\mathbf{u}_1 - \frac{\mathbf{u}_2 . \mathbf{w}_3}{\mathbf{u}_2 . \mathbf{u}_2}\mathbf{u}_2$$

$$= \begin{bmatrix} 1 \\ 2 \\ 4 \end{bmatrix} - \frac{-1}{2}\begin{bmatrix} 1 \\ -1 \\ 0 \end{bmatrix} - \frac{11}{3}\begin{bmatrix} \frac{1}{2} \\ \frac{1}{2} \\ 1 \end{bmatrix} = \begin{bmatrix} 1 + \frac{1}{2} - \frac{11}{6} \\ 2 - \frac{1}{2} - \frac{11}{6} \\ 4 + 0 - \frac{11}{3} \end{bmatrix} = \begin{bmatrix} -\frac{1}{3} \\ -\frac{1}{3} \\ \frac{1}{3} \end{bmatrix}$$

Ufa! Agora para fazer os próximos cálculos é mais fácil: multiplique o segundo vetor em U por 2 e o terceiro vetor por 3 para mudar todos os elementos para números inteiros.

$$U = \left\{ \begin{bmatrix} 1 \\ -1 \\ 0 \end{bmatrix}, \begin{bmatrix} 1 \\ 1 \\ 2 \end{bmatrix}, \begin{bmatrix} -1 \\ -1 \\ 1 \end{bmatrix} \right\}$$

Usando a base ortogonal para escrever a combinação linear

Uma das vantagens da base ortogonal é que você tem uma tarefa mais fácil quando se escreve uma combinação linear de um vetor particular dos vetores em um conjunto. Você escolhe seu vetor, alinha os vetores de sua base ortogonal, e então liga os valores em uma fórmula para encontrar os múltiplos escalares para cada vetor da base.

Se os vetores $\{\mathbf{u}_1, \mathbf{u}_2, \mathbf{u}_3, \ldots\}$ são a base ortogonal para algum subespaço U, então um vetor **v** pertencente a U é escrito como a combinação linear:

$$\mathbf{v} = a_1\mathbf{u}_1 + a_2\mathbf{u}_2 + a_3\mathbf{u}_3 + \ldots \text{ onde}$$

$$a_i = \frac{\mathbf{u}_i \cdot \mathbf{v}}{\mathbf{u}_i \cdot \mathbf{u}_i}$$

Por exemplo, usando a base ortogonal U, determino os escalares necessários para escrever o vetor **v** como uma combinação linear dos vetores em U.

$$U = \left\{ \begin{bmatrix} 1 \\ -1 \\ 0 \end{bmatrix}, \begin{bmatrix} 1 \\ 1 \\ 2 \end{bmatrix}, \begin{bmatrix} -1 \\ -1 \\ 1 \end{bmatrix} \right\}, \quad \mathbf{v} = \begin{bmatrix} -6 \\ 12 \\ 5 \end{bmatrix}$$

$$a_1 = \frac{\mathbf{u}_1 \cdot \mathbf{v}}{\mathbf{u}_1^T \cdot \mathbf{u}_1} = \frac{-18}{2} = -9, \quad a_2 = \frac{\mathbf{u}_2 \cdot \mathbf{v}}{\mathbf{u}_2 \cdot \mathbf{u}_2} = \frac{16}{6} = \frac{8}{3}$$

$$a_3 = \frac{\mathbf{u}_3 \cdot \mathbf{v}}{\mathbf{u}_3^T \cdot \mathbf{u}_3} = \frac{-1}{3} = -\frac{1}{3}$$

$$a_1\mathbf{u}_1 + a_2\mathbf{u}_2 + a_3\mathbf{u}_3 = -9\begin{bmatrix} 1 \\ -1 \\ 0 \end{bmatrix} + \frac{8}{3}\begin{bmatrix} 1 \\ 1 \\ 2 \end{bmatrix} - \frac{1}{3}\begin{bmatrix} -1 \\ -1 \\ 1 \end{bmatrix}$$

$$= \begin{bmatrix} -9 + \frac{8}{3} + \frac{1}{3} \\ 9 + \frac{8}{3} + \frac{1}{3} \\ 0 + \frac{16}{3} - \frac{1}{3} \end{bmatrix} = \begin{bmatrix} -6 \\ 12 \\ 5 \end{bmatrix}$$

Uau! Que coisa genial essa da base ortogonal!

Tornando o ortogonal ortonormal

Justo quando você pensou que não poderia ficar melhor, eu passo a adicionar algo ao seu repertório, mostrando mais um processo ou procedimento para alterar os vetores de uma base. Uma base ortonormal é apresentada por todos os vetores com módulo 1. (Eu discuto o módulo detalhadamente no Capítulo 2.)

O módulo de um vetor, designado $\|\mathbf{v}\|$ ou simplesmente $|\mathbf{v}|$ é a raiz quadrada da soma dos quadrados dos elementos do vetor.

Por exemplo, o módulo do vetor **w**, mostrado aqui, é 7.

$$\mathbf{w} = \begin{bmatrix} -2 \\ 0 \\ 6 \\ -3 \end{bmatrix}, \ \|\mathbf{w}\| = \sqrt{(-2)^2 + 0^2 + 6^2 + (-3)^2} = \sqrt{49} = 7$$

Em "Criando uma base ortogonal", anteriormente neste capítulo, eu mostro como transformar qualquer base anterior em uma base ortogonal. Agora eu dou um passo a mais e transformo uma base ortogonal para uma base ortonormal — todos os vetores da base tem módulo 1.

Na verdade, o processo necessário para mudar para uma base ortonormal é relativamente simples. Você apenas multiplica cada vetor na base ortogonal pelo inverso da raiz quadrada do seu produto interno. (Na verdade, as palavras que descrevem o multiplicador são piores que o número real).

LEMBRE-SE

Para alterar cada vetor $\mathbf{v}_i$ para um vetor com módulo 1, multiplique cada $\mathbf{v}_i$ por

$$a_i = \frac{1}{\sqrt{\mathbf{v}_i \cdot \mathbf{v}_i}}$$

Assim, para mudar a base ortogonal U para uma base ortonormal:

$$U = \overset{\mathbf{u}_1}{\begin{bmatrix} 1 \\ -1 \\ 0 \end{bmatrix}}, \overset{\mathbf{u}_2}{\begin{bmatrix} 1 \\ 1 \\ 2 \end{bmatrix}}, \overset{\mathbf{u}_3}{\begin{bmatrix} -1 \\ -1 \\ 1 \end{bmatrix}}$$

$$a_1\mathbf{u}_1 = \frac{1}{\sqrt{2}}\begin{bmatrix} 1 \\ -1 \\ 0 \end{bmatrix} = \begin{bmatrix} \frac{1}{\sqrt{2}} \\ -\frac{1}{\sqrt{2}} \\ 0 \end{bmatrix}, \ a_3\mathbf{u}_3 = \frac{1}{\sqrt{3}}\begin{bmatrix} -1 \\ -1 \\ 1 \end{bmatrix} = \begin{bmatrix} -\frac{1}{\sqrt{3}} \\ -\frac{1}{\sqrt{3}} \\ \frac{1}{\sqrt{3}} \end{bmatrix}$$

$$a_2\mathbf{u}_2 = \frac{1}{\sqrt{6}}\begin{bmatrix} 1 \\ 1 \\ 2 \end{bmatrix} = \begin{bmatrix} \frac{1}{\sqrt{6}} \\ \frac{1}{\sqrt{6}} \\ \frac{2}{\sqrt{6}} \end{bmatrix}$$

Os vetores são ortogonais *e* o módulo de cada vetor é 1.

Escrevendo o Mesmo Vetor após Alterar as Bases

Duas bases para IR^3 são W e U:

$$W = \left\{ \begin{bmatrix} 1 \\ -1 \\ 0 \end{bmatrix}, \begin{bmatrix} -2 \\ 3 \\ 1 \end{bmatrix}, \begin{bmatrix} 1 \\ 2 \\ 4 \end{bmatrix} \right\}, \; U = \left\{ \begin{bmatrix} 1 \\ -1 \\ 0 \end{bmatrix}, \begin{bmatrix} 1 \\ 1 \\ 2 \end{bmatrix}, \begin{bmatrix} -1 \\ -1 \\ 1 \end{bmatrix} \right\}$$

Você pode reconhecer as duas bases ao ler a seção anterior sobre as bases ortogonais. O conjunto U contém os vetores de uma base ortogonal.

Como ambos os conjuntos W e U são bases para IR^3, você pode escrever qualquer vetor 3×1 como uma combinação linear dos vetores em cada conjunto. Por exemplo, o vetor **v** mostrado aqui é escrito como combinações lineares dos vetores:

$$\mathbf{v} = \begin{bmatrix} 0 \\ 19 \\ 24 \end{bmatrix}$$

$$W = 3\begin{bmatrix} 1 \\ -1 \\ 0 \end{bmatrix} + 4\begin{bmatrix} -2 \\ 3 \\ 1 \end{bmatrix} + 5\begin{bmatrix} 1 \\ 2 \\ 4 \end{bmatrix} = \begin{bmatrix} 0 \\ 19 \\ 24 \end{bmatrix}$$

$$U = -\frac{19}{2}\begin{bmatrix} 1 \\ -1 \\ 0 \end{bmatrix} + \frac{67}{6}\begin{bmatrix} 1 \\ 1 \\ 2 \end{bmatrix} + \frac{5}{3}\begin{bmatrix} -1 \\ -1 \\ 1 \end{bmatrix} = \begin{bmatrix} 0 \\ 19 \\ 24 \end{bmatrix}$$

Você pode estar um pouco cético em relação aos múltiplos escalares de vetores em U, mas vá em frente, confira! Cético ou não, na verdade, você provavelmente está se perguntando de onde estes multiplicadores surgiram. Os escalares aqui não são os mesmos que em "Usando a base ortogonal para escrever a combinação linear".

Um método utilizado para resolver múltiplos escalares é criar matrizes aumentadas para cada conjunto de vetores, utilizar a redução de linha, e encontrar os multiplicadores. Outro método é resolver os múltiplos escalares usados em um dos conjuntos — os utilizados em uma combinação linear que você já conhece — e então usar a *mudança de base* matricial para calcular outros escalares para o novo conjunto de vetores.

Eu quero construir uma *matriz de transição* que levará os escalares a partir de uma combinação linear dos vetores em W e que me dará os escalares necessários nos vetores da U. Eu prefiro usar a base descrita pelos vetores em U, por algum motivo ou outro — talvez porque U seja a base ortogonal. Você pode criar uma matriz de transição para ir a qualquer direção: U para W ou W para a U. O processo para encontrar a matriz de transição de W para U é o seguinte:

1. **Escreva uma matriz aumentada que tenha os vetores do conjunto U à esquerda e os vetores do conjunto W à direita.**

$$\left[\begin{array}{ccc|ccc} 1 & 1 & -1 & 1 & -2 & 1 \\ -1 & 1 & -1 & -1 & 3 & 2 \\ 0 & 2 & 1 & 0 & 1 & 4 \end{array}\right]$$

   A matriz aumentada representa três equações diferentes envolvendo vetores e escalares múltiplos:

$$a_1\mathbf{u}_1 + a_2\mathbf{u}_2 + a_3\mathbf{u}_3 = \mathbf{w}_1$$

$$b_1\mathbf{u}_1 + b_2\mathbf{u}_2 + b_3\mathbf{u}_3 = \mathbf{w}_2$$

$$c_1\mathbf{u}_1 + c_2\mathbf{u}_2 + c_3\mathbf{u}_3 = \mathbf{w}_3$$

   Cada $\mathbf{u}_i$ representa um vetor no conjunto U, e cada $\mathbf{w}_i$ representa um vetor no conjunto W.

2. **Realize reduções de linhas na matriz aumentada para colocar a matriz na forma reduzida escalonada por linha.**

$$\left[\begin{array}{ccc|ccc} 1 & 1 & -1 & 1 & -2 & 1 \\ -1 & 1 & -1 & -1 & 3 & 2 \\ 0 & 2 & 1 & 0 & 1 & 4 \end{array}\right]$$

$$L_1 + L_2 \rightarrow L_2 \left[\begin{array}{ccc|ccc} 1 & 1 & -1 & 1 & -2 & 1 \\ 0 & 2 & -2 & 0 & 1 & 3 \\ 0 & 2 & 1 & 0 & 1 & 4 \end{array}\right]$$

$$\frac{1}{2}L_2 \rightarrow L_2 \left[\begin{array}{ccc|ccc} 1 & 1 & -1 & 1 & -2 & 1 \\ 0 & 1 & -1 & 0 & \frac{1}{2} & \frac{3}{2} \\ 0 & 2 & 1 & 0 & 1 & 4 \end{array}\right]$$

$$\begin{array}{l} -1L_2 + L_1 \rightarrow L_1 \\ -2L_2 + L_3 \rightarrow L_3 \end{array} \left[\begin{array}{ccc|ccc} 1 & 0 & 0 & 1 & -\frac{5}{2} & -\frac{1}{2} \\ 0 & 1 & -1 & 0 & \frac{1}{2} & \frac{3}{2} \\ 0 & 0 & 3 & 0 & 0 & 1 \end{array}\right]$$

$$\frac{1}{3}L_3 \rightarrow L_3 \left[\begin{array}{ccc|ccc} 1 & 0 & 0 & 1 & -\frac{5}{2} & -\frac{1}{2} \\ 0 & 1 & -1 & 0 & \frac{1}{2} & \frac{3}{2} \\ 0 & 0 & 1 & 0 & 0 & \frac{1}{3} \end{array}\right]$$

$$L_3 + L_2 \rightarrow L_2 \left[\begin{array}{ccc|ccc} 1 & 0 & 0 & 1 & -\frac{5}{2} & -\frac{1}{2} \\ 0 & 1 & 0 & 0 & \frac{1}{2} & \frac{11}{6} \\ 0 & 0 & 1 & 0 & 0 & \frac{1}{3} \end{array}\right]$$

A matriz da esquerda é a matriz de transição que você usa para encontrar as escalares necessárias para escrever a combinação linear dos vetores no conjunto U.

Aqui está a matriz de transição de W para U:

$$\begin{bmatrix} 1 & -\frac{5}{2} & -\frac{1}{2} \\ 0 & \frac{1}{2} & \frac{11}{6} \\ 0 & 0 & \frac{1}{3} \end{bmatrix}$$

Por exemplo, considere os seguintes vetores, **v**. Eu mostro o vetor e as combinações lineares correspondentes dos vetores da base W.

$$\mathbf{v} = \begin{bmatrix} -13 \\ -1 \\ -20 \end{bmatrix}$$

$$W: 1\begin{bmatrix} 1 \\ -1 \\ 0 \end{bmatrix} + 4\begin{bmatrix} -2 \\ 3 \\ 1 \end{bmatrix} - 6\begin{bmatrix} 1 \\ 2 \\ 4 \end{bmatrix} = \begin{bmatrix} -13 \\ -1 \\ -20 \end{bmatrix}$$

3. **Agora eu construo um vetor 3 × 1 dos escalares utilizados na combinação linear.**

$$\begin{bmatrix} 1 \\ 4 \\ -6 \end{bmatrix}$$

4. **Para encontrar os escalares necessários para uma combinação linear dos vetores da base U, multiplique a matriz de transição pelo vetor de escalares da combinação linear de W.**

$$\begin{bmatrix} 1 & -\frac{5}{2} & -\frac{1}{2} \\ 0 & \frac{1}{2} & \frac{11}{6} \\ 0 & 0 & \frac{1}{3} \end{bmatrix} \cdot \begin{bmatrix} 1 \\ 4 \\ -6 \end{bmatrix} = \begin{bmatrix} 1 - \frac{5}{2}(4) - \frac{1}{2}(-6) \\ 0(1) + \frac{1}{2}(4) + \frac{11}{6}(-6) \\ 0(1) + 0(4) + \frac{1}{3}(-6) \end{bmatrix} = \begin{bmatrix} -6 \\ -9 \\ -2 \end{bmatrix}$$

Usando os elementos da matriz resultante como multiplicadores escalares na combinação linear com os vetores em U, a matriz resultante é a mesma.

$$U: -6\begin{bmatrix} 1 \\ -1 \\ 0 \end{bmatrix} - 9\begin{bmatrix} 1 \\ 1 \\ 2 \end{bmatrix} - 2\begin{bmatrix} -1 \\ -1 \\ 1 \end{bmatrix} = \begin{bmatrix} -6-9+2 \\ 6-9+2 \\ 0-18-2 \end{bmatrix} = \begin{bmatrix} -13 \\ -1 \\ -20 \end{bmatrix}$$

Capítulo 16

De Olho em Autovalores e Autovetores

Neste Capítulo

- Mostrando como autovalores e autovetores estão relacionados
- Resolvendo autovalores e seus autovetores correspondentes
- Descrevendo autovetores em circunstâncias especiais
- Escavando a diagonalização

Os capítulos anteriores deste livro estão cheios de coisas divertidas para fazer com vetores e matrizes. Claro que são coisas *divertidas*! Toda a matemática é uma maravilha — você deve pensar assim, se estiver lendo este livro, certo?

O que eu vou mostrar neste capítulo é como obter alguns ingredientes básicos matemáticos, misturá-los criteriosamente, aquecer a mistura, e chegar a algo ainda mais intrigante do que antes. Você pega uma xícara de vetores e uma pitada de escalares, adiciona uma matriz, combina todos com um determinante e uma subtração e, em seguida aquece a mistura com a solução de uma equação usando a álgebra. Eu sei que você simplesmente não pode esperar para sentir o gostinho do que está por vir, então eu não vou tomar muito o seu tempo.

Resumindo a receita em poucas palavras (algo que eu tenho certeza que muitos cozinheiros fazem), o que eu vou mostrar neste capítulo é como encontrar vetores especiais para matrizes. Ao realizar operações com matrizes, as matrizes transformam os vetores em seus múltiplos.

Definindo Autovalores e Autovetores

Autovalores e autovetores são relacionados um ao outro através de uma matriz. Você olha para uma matriz e autovetores: "Eu me pergunto o que eu obtenho quando multiplico esta matriz por um vetor?" Claro, se você estiver familiarizado com o material do Capítulo 3, imediatamente dirá que o resultado da multiplicação de uma matriz vezes um vetor é outro vetor. O que está inserido neste capítulo, que é tão especial, é o *tipo* de vetor que se obtém como resultado.

Demonstrando autovetores de uma matriz

Dê uma olhada na matriz A e no vetor **v**. A matriz se parece com qualquer outra matriz 2 × 2. Não parece ser nem um pouco especial. E o vetor **v** não tem nada de espetacular, a não ser, claro, que você goste desse vetor, em particular.

$$A = \begin{bmatrix} -1 & 2 \\ 4 & 6 \end{bmatrix}, \mathbf{v} = \begin{bmatrix} 1 \\ 4 \end{bmatrix}$$

Agora eu realizo a multiplicação de um vetor pela matriz **v**. (Você pode descobrir como a multiplicação funciona no Capítulo 3.)

$$A\mathbf{v} = \begin{bmatrix} -1 & 2 \\ 4 & 6 \end{bmatrix}\begin{bmatrix} 1 \\ 4 \end{bmatrix} = \begin{bmatrix} -1+8 \\ 4+24 \end{bmatrix} = \begin{bmatrix} 7 \\ 28 \end{bmatrix}$$

A multiplicação foi relativamente tranquila, mas você notou alguma coisa em relação ao produto? Os dois elementos do vetor resultante são múltiplos do vetor original **v**.

$$\begin{bmatrix} 7 \\ 28 \end{bmatrix} = 7\begin{bmatrix} 1 \\ 4 \end{bmatrix}$$

O curioso aqui é que multiplicar a matriz A pelo vetor **v** lhe dá o mesmo resultado que você obteria apenas multiplicando o vetor v pelo escalar 7.

Quer me ver fazer isso de novo? Ok, eu posso fazê-lo mais uma vez com um novo vetor, **w**.

$$A = \begin{bmatrix} -1 & 2 \\ 4 & 6 \end{bmatrix}, \mathbf{w} = \begin{bmatrix} -2 \\ 1 \end{bmatrix}$$

$$A\mathbf{w} = \begin{bmatrix} -1 & 2 \\ 4 & 6 \end{bmatrix}\begin{bmatrix} -2 \\ 1 \end{bmatrix} = \begin{bmatrix} 2+2 \\ -8+6 \end{bmatrix} = \begin{bmatrix} 4 \\ -2 \end{bmatrix} = -2\begin{bmatrix} -2 \\ 1 \end{bmatrix}$$

Desta vez, a multiplicação da matriz pelo vetor **w** tem o mesmo efeito de multiplicar o vetor **w** pela escalar -2.

Ok, você pode achar que eu conheço alguns truques de mágica, mas, na verdade, conheço os autovalores.

Lidando com a definição autovetor

Todas as matrizes quadradas têm autovetores e seus autovalores relacionados. Mas nem todas as matrizes quadradas terão autovetores que são reais (algumas envolvem números imaginários). Quando autovalores são números reais e autovetores existem, o efeito de multiplicar o autovetor da matriz é o mesmo que multiplicar esse mesmo vetor por um escalar.

Um autovetor de uma matriz $n \times n$ é um vetor não nulo **x** tal que $A\mathbf{x} = \lambda\mathbf{x}$, no qual λ é um escalar. O escalar λ é chamado de *autovalor* de A, mas somente se houver uma solução *não trivial* (que não envolve todos os zeros) para **x** de $A\mathbf{x} = \lambda\mathbf{x}$. Você diz que **x** é um *autovetor* correspondente a λ.

A matriz em "Demonstrando autovetores de uma matriz" tem dois vetores, **v** e **w**. O autovetor **v** corresponde ao autovalor 7 e o autovetor **w** corresponde ao autovalor -2.

Ilustrando autovetores com reflexos e rotações

No Capítulo 8, eu lhe mostro as matrizes que representam rotações e dilatações de pontos no plano de coordenadas. Quando você gira um ponto sobre a origem, o ponto resultante está sempre a mesma distância da origem quanto o ponto inicial e, algumas vezes, um múltiplo do ponto original. Dilatar ou contrair pontos ou distâncias de segmentos altera as distâncias tornando-as maiores ou menores. Eu escolho usar estes dois tipos de transformações geométricas para ilustrar os autovetores.

Rodando com autovetores

Em geral, as rotações de pontos sobre a origem são executadas usando a seguinte matriz 2×2 como o operador linear:

$$\begin{bmatrix} \cos\theta & -\sin\theta \\ \sin\theta & \cos\theta \end{bmatrix}$$

Se você atribuir a θ o valor π com (180 graus), então você obtém a matriz:

$$\begin{bmatrix} \cos\pi & -\sin\pi \\ \sin\pi & \cos\pi \end{bmatrix} = \begin{bmatrix} -1 & 0 \\ 0 & -1 \end{bmatrix}$$

Uma rotação de 180 graus coloca pontos de um quadrante em um quadrante oposto e inverte os sinais das coordenadas. Girar um ponto que reside em um dos eixos de 180 graus resulta em outro ponto no mesmo eixo, mas do outro lado da origem. Por exemplo, eu multiplico a matriz de uma rotação de 180 graus pelos vetores que representam os pontos (3,4), (-2,7), (-5, -2) e (0,3).

$$\begin{bmatrix} -1 & 0 \\ 0 & -1 \end{bmatrix}\begin{bmatrix} 3 \\ 4 \end{bmatrix}=\begin{bmatrix} -3 \\ -4 \end{bmatrix} \quad \begin{bmatrix} -1 & 0 \\ 0 & -1 \end{bmatrix}\begin{bmatrix} -2 \\ 7 \end{bmatrix}=\begin{bmatrix} 2 \\ -7 \end{bmatrix}$$

$$\begin{bmatrix} -1 & 0 \\ 0 & -1 \end{bmatrix}\begin{bmatrix} -5 \\ -2 \end{bmatrix}=\begin{bmatrix} 5 \\ 2 \end{bmatrix} \quad \begin{bmatrix} -1 & 0 \\ 0 & -1 \end{bmatrix}\begin{bmatrix} 0 \\ 3 \end{bmatrix}=\begin{bmatrix} 0 \\ -3 \end{bmatrix}$$

Cada vetor resultante é um múltiplo do vetor original, e o multiplicador é o número -1. Essa transformação especial funciona em qualquer vetor 2 × 2, portanto, tecnicamente, para a matriz que executa a rotação de 180 graus, qualquer vetor que represente um ponto no plano de coordenadas é um autovetor com autovalor igual a -1. Na Figura 16-1, vou mostrar os quatro pontos originais e seus pontos correspondentes em uma rotação de 180 graus.

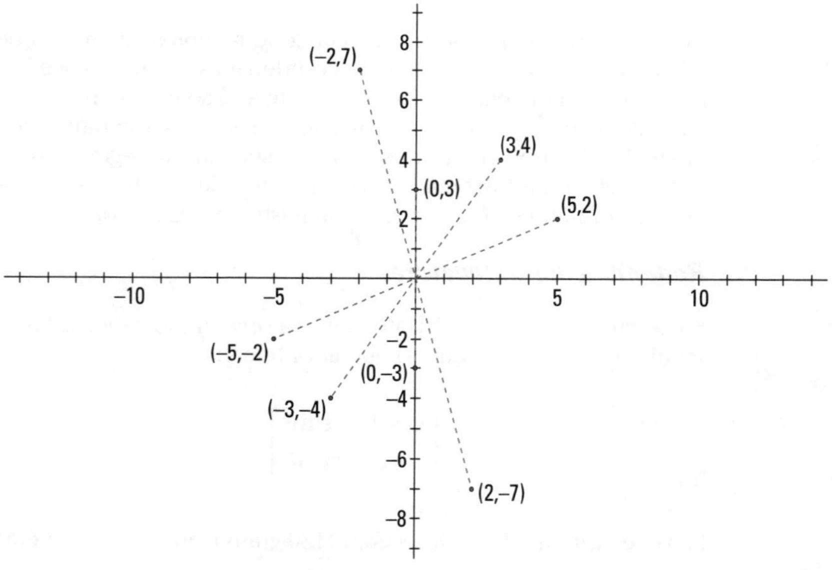

Figura 16-1: Pontos e imagens em uma rotação de 180 graus.

Dilatando e contraindo com autovetores

Dois outros tipos relacionados de transformações geométricas são dilatações e contrações. No Capítulo 8, vou mostrar como estas transformações funcionam. Nesta seção, vou mostrar como estas transformações estão relacionadas com autovetores e autovalores.

Considere a seguinte matriz e o que acontece quando se multiplica três vetores que representam as coordenadas no plano.

$$\begin{bmatrix} 2 & 0 \\ 0 & 2 \end{bmatrix}\begin{bmatrix} -1 \\ 2 \end{bmatrix}=\begin{bmatrix} -2 \\ 4 \end{bmatrix} \quad \begin{bmatrix} 2 & 0 \\ 0 & 2 \end{bmatrix}\begin{bmatrix} -1 \\ 1 \end{bmatrix}=\begin{bmatrix} -2 \\ 2 \end{bmatrix}$$

$$\begin{bmatrix} 2 & 0 \\ 0 & 2 \end{bmatrix}\begin{bmatrix} 3 \\ -1 \end{bmatrix}=\begin{bmatrix} 6 \\ -2 \end{bmatrix}$$

Na Figura 16-2, mostro os três pontos originais — todos relacionados com os segmentos. Então eu ligo os pontos com segmentos resultantes.

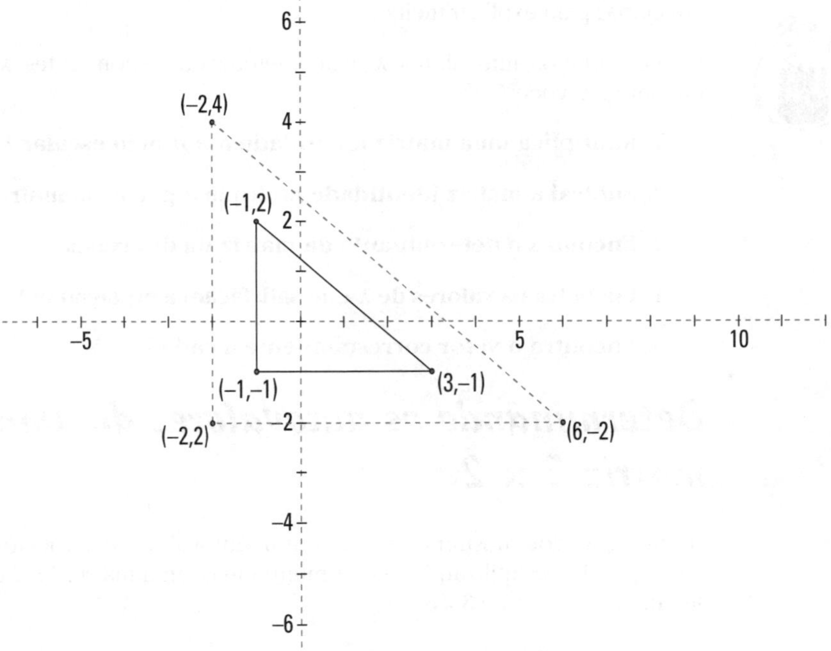

Figura 16-2: O triângulo se expande com a dilatação.

Cada lado do novo triângulo é o dobro do triângulo original, o que não é nenhuma surpresa, porque as coordenadas dobraram de tamanho. Além disso, cada novo ponto se encontra o dobro da distância da origem em relação ao ponto original. A matriz representa uma dilatação de 2 (que também é o autovalor). Usando um número entre 0 e 1, em vez do 2 na matriz, o resultado seria uma contração. De qualquer forma, a matriz executa a operação em qualquer vetor que representa um ponto no plano de coordenadas.

Encontrando Autovalores e Autovetores

Os autovetores de uma matriz são os vetores especiais que, quando multiplicados pela matriz, resultam em seus múltiplos. Um autovalor é um multiplicador constante que está associado ao vetor que é multiplicado.

Um processo utilizado para determinar os autovalores e autovetores correspondentes de uma matriz envolve resolver a equação: det(A - λ**I**) **x** = 0. Você encontra os valores que λ assume para tornar o determinante de uma matriz igual a 0. A matriz cujo determinante é usado é formada subtraindo-se o múltiplo da matriz identidade da matriz alvo A. Deixe-me colocar tudo isso em etapas para explicar melhor.

Para calcular os autovalores, λ_i, e autovetores correspondentes, $\mathbf{x}_i$, de $n \times n$ da matriz A, você:

1. **Multiplica uma matriz identidade $n \times n$ pelo escalar λ.**
2. **Subtrai a matriz identidade múltipla a partir da matriz A.**
3. **Encontra o determinante da matriz da diferença.**
4. **Encontra os valores de λ que satisfaçam a equação det(A - λ I) = 0.**
5. **Encontra o vetor correspondente a cada λ.**

Determinando os autovalores de uma matriz 2 × 2

Nesta seção, vou mostrar como encontrar autovalores e autovetores correspondentes utilizando, em primeiro lugar, uma matriz 2 × 2 e, em segunda, uma matriz 3 × 3.

Para este exemplo, comece com matriz A.

$$A = \begin{bmatrix} 7 & 3 \\ 3 & -1 \end{bmatrix}$$

1. **Multiplique a matriz identidade 2 × 2 pelo escalar λ.**

$$\lambda \begin{bmatrix} 1 & 0 \\ 0 & 1 \end{bmatrix} = \begin{bmatrix} \lambda & 0 \\ 0 & \lambda \end{bmatrix}$$

2. Subtraia o múltiplo da matriz identidade da matriz A.

$$A - \lambda \mathbf{I} = \begin{bmatrix} 7 & 3 \\ 3 & -1 \end{bmatrix} - \begin{bmatrix} \lambda & 0 \\ 0 & \lambda \end{bmatrix} = \begin{bmatrix} 7-\lambda & 3 \\ 3 & -1-\lambda \end{bmatrix}$$

3. Encontre o determinante da matriz encontrada na etapa 2 pelo cálculo da diferença dos produtos cruzados.

$$\begin{aligned} \det\begin{bmatrix} 7-\lambda & 3 \\ 3 & -1-\lambda \end{bmatrix} &= (7-\lambda)(-1-\lambda) - 3(3) \\ &= -7 - 6\lambda + \lambda^2 - 9 \\ &= \lambda^2 - 6\lambda - 16 \end{aligned}$$

Se você não se lembrar de como calcular determinantes, volte ao Capítulo 10.

4. Encontre os valores de λ que satisfaçam a equação encontrada, definindo a expressão igual a 0.

$$\begin{aligned} &\lambda^2 - 6\lambda - 16 = 0 \\ &(\lambda - 8)(\lambda + 2) = 0 \\ &\lambda = 8 \text{ or } \lambda = -2 \end{aligned}$$

Os autovalores da matriz A são 8 e -2.

5. Resolva os autovetores correspondentes.

Comece com $\lambda = 8$, e substitua cada λ na matriz de diferença por um 8.

$$\begin{aligned} \begin{bmatrix} 7-\lambda & 3 \\ 3 & -1-\lambda \end{bmatrix} &= \begin{bmatrix} 7-8 & 3 \\ 3 & -1-8 \end{bmatrix} \\ &= \begin{bmatrix} -1 & 3 \\ 3 & -9 \end{bmatrix} \end{aligned}$$

Agora, definitivamente, você resolve a equação matricial $A\mathbf{x} = \mathbf{0}$ para os valores de x. Realizando uma redução de linha, a linha de elementos diferentes de zero é usada para formar a equação $-x_1 + 3x_2 = 0$ ou que $x_1 = 3x_2$. Esta relação descreve o autovetor correspondente ao autovalor de 8.

$$\begin{bmatrix} -1 & 3 \\ 3 & -9 \end{bmatrix}\begin{bmatrix} x_1 \\ x_2 \end{bmatrix} = \begin{bmatrix} 0 \\ 0 \end{bmatrix}$$

$$\left[\begin{array}{cc|c} -1 & 3 & 0 \\ 3 & -9 & 0 \end{array}\right]$$

Ou, de uma forma mais simples:

Dividindo L_2 (linha 2) por +3 somando com a L_1 (linha 1) e colocando o resultado na L_2 simplifica para:

$$\begin{bmatrix} -1 & 3 \\ 3 & -9 \end{bmatrix} \rightarrow \begin{matrix} x_1 & x_2 \\ \begin{bmatrix} -1 & 3 \\ 0 & 0 \end{bmatrix} \end{matrix}$$

$$-x_1 + 3x_2 = 0$$

$$x_1 = 3x_2$$

$$\begin{bmatrix} x_1 \\ x_2 \end{bmatrix} = \begin{bmatrix} 3 \\ 1 \end{bmatrix}$$

Assim, quando o autovalor é 8, o produto da matriz e do autovetor correspondente é igual a 8 vezes o autovetor.

$$\begin{bmatrix} 7 & 3 \\ 3 & -1 \end{bmatrix}\begin{bmatrix} 3 \\ 1 \end{bmatrix} = \begin{bmatrix} 24 \\ 8 \end{bmatrix} = 8\begin{bmatrix} 3 \\ 1 \end{bmatrix}$$

Do mesmo modo, ao determinar o autovetor correspondente ao autovalor -2,

$$\begin{bmatrix} 7-(-2) & 3 \\ 3 & -1-(-2) \end{bmatrix} = \begin{bmatrix} 9 & 3 \\ 3 & 1 \end{bmatrix}$$

$$\begin{bmatrix} 9 & 3 \\ 3 & 1 \end{bmatrix} \rightarrow \begin{matrix} x_1 & x_2 \\ \begin{bmatrix} 3 & 1 \\ 0 & 0 \end{bmatrix} \end{matrix}$$

$$3x_1 + x_2 = 0$$

$$x_2 = -3x_1$$

$$\begin{bmatrix} x_1 \\ x_2 \end{bmatrix} = \begin{bmatrix} 1 \\ -3 \end{bmatrix}$$

e multiplicar o autovetor de uma matriz, você obtém um múltiplo -2 do vetor.

$$\begin{bmatrix} 7 & 3 \\ 3 & -1 \end{bmatrix}\begin{bmatrix} 1 \\ -3 \end{bmatrix} = \begin{bmatrix} -2 \\ 6 \end{bmatrix} = -2\begin{bmatrix} 1 \\ -3 \end{bmatrix}$$

Entrando em profundidade com uma matriz 3 × 3

À primeira vista, você não pode pensar que haveria muito mais a se fazer na resolução de autovalores de uma matriz 3 × 3. Apesar de tudo, esta vantagem é apenas das matrizes 2 × 2. Bem, eu detesto dar um banho de água fria, mas a menos que a matriz que você esteja trabalhando contenha uma boa quantidade de 0, a álgebra envolvida na resolução da equação encontrada a partir do determinante pode ser um pouco complicada.

Por exemplo, aqui está uma matriz A 3 x 3 relativamente bem comportada e os primeiros passos para a resolução dos autovalores:

$$A = \begin{bmatrix} 4 & -3 & 0 \\ 4 & -1 & -2 \\ 1 & -3 & 3 \end{bmatrix}$$

$$A - \lambda \mathbf{I} = \begin{bmatrix} 4 & -3 & 0 \\ 4 & -1 & -2 \\ 1 & -3 & 3 \end{bmatrix} - \begin{bmatrix} \lambda & 0 & 0 \\ 0 & \lambda & 0 \\ 0 & 0 & \lambda \end{bmatrix} = \begin{bmatrix} 4-\lambda & -3 & 0 \\ 4 & -1-\lambda & -2 \\ 1 & -3 & 3-\lambda \end{bmatrix}$$

Agora, avaliando o determinante da matriz de diferença, eu uso a técnica mostrada no Capítulo 10:

$$\det\begin{bmatrix} 4-\lambda & -3 & 0 \\ 4 & -1-\lambda & -2 \\ 1 & -3 & 3-\lambda \end{bmatrix}$$
$$= (4-\lambda)(-1-\lambda)(3-\lambda) + 6 + 0 - \left(0 + 6(4-\lambda) - 12(3-\lambda)\right)$$
$$= -\lambda^3 + 6\lambda^2 - 11\lambda + 6$$

Sim, eu sei que pulei todos os passos da adorável álgebra e não mostrei o produto dos três binômios e a distribuição de fatores sobre os outros termos. Eu pensei que você fosse preferir ignorar todos os detalhes e chegar ao polinômio resultante. Assim, supondo que está tudo certo para você, agora vou fatorar o polinômio, após defini-lo igual a 0.

Como eu fatorei um polinômio? Usei a divisão sintética. Se você não está familiarizado com a divisão sintética, verifique *Álgebra II Para Leigos* (Alta Books).

$$-\lambda^3 + 6\lambda^2 - 11\lambda + 6 = 0$$
$$-(\lambda - 1)(\lambda - 2)(\lambda - 3) = 0$$

Os autovalores são 1, 2 e 3. Resolvendo os autovetores correspondentes, eu começo com $\lambda = 1$.

$$\lambda = 1, \begin{bmatrix} 4-1 & -3 & 0 \\ 4 & -1-1 & -2 \\ 1 & -3 & 3-1 \end{bmatrix}$$
$$= \begin{bmatrix} 3 & -3 & 0 \\ 4 & -2 & -2 \\ 1 & -3 & 2 \end{bmatrix}$$

Realizando reduções de linhas na matriz resultante, obtenho:

$$\begin{bmatrix} 3 & -3 & 0 \\ 4 & -2 & -2 \\ 1 & -3 & 2 \end{bmatrix} \to \begin{bmatrix} 1 & -1 & 0 \\ 0 & 2 & -2 \\ 0 & -2 & 2 \end{bmatrix} \to \begin{bmatrix} 1 & -1 & 0 \\ 0 & 1 & -1 \\ 0 & 0 & 0 \end{bmatrix} \to \begin{matrix} x_1 & x_2 & x_3 \\ \end{matrix} \begin{bmatrix} 1 & 0 & -1 \\ 0 & 1 & -1 \\ 0 & 0 & 0 \end{bmatrix}$$

Das linhas da matriz, eu escrevo as equações $x_1 - x_3 = 0$ e $x_2 - x_3 = 0$. O vetor correspondente às relações entre os elementos é:

$$\begin{bmatrix} 1 \\ 1 \\ 1 \end{bmatrix}$$

Os autovetores correspondentes a $\lambda = 2$ são encontrados conforme a seguir. Eu omiti as etapas da redução de linhas, mas sinta-se livre para realizá-las por puro prazer.

$$\lambda = 2, \begin{bmatrix} 2 & -3 & 0 \\ 4 & -3 & -2 \\ 1 & -3 & 1 \end{bmatrix} \to \begin{bmatrix} 1 & -3 & 1 \\ 0 & 3 & -2 \\ 0 & 0 & 0 \end{bmatrix} \to \begin{bmatrix} 1 & 0 & -1 \\ 0 & 3 & -2 \\ 0 & 0 & 0 \end{bmatrix}$$

As equações que eu obtenho da matriz final são:

$$x_1 - x_3 = 0$$
$$x_1 = x_3$$

$$3x_2 - 2x_3 = 0$$
$$3x_2 = 2x_3$$
$$x_2 = \frac{2}{3}x_3$$

A partir das equações, eu obtenho o autovetor:

$$\begin{bmatrix} 1 \\ \frac{2}{3} \\ 1 \end{bmatrix} \text{ ou } \begin{bmatrix} 3 \\ 2 \\ 3 \end{bmatrix}$$

Eu multipliquei cada elemento por 3 para me livrar da fração.

Finalmente, quando $\lambda = 3$, obtenho:

$$\lambda = 3 \begin{bmatrix} 4-3 & -3 & 0 \\ 4 & -1-3 & -2 \\ 1 & -3 & 3-3 \end{bmatrix}$$

As equações da matriz são $x_1 - {}^3/_4\, x_3 = 0$ e $x_2 - 1/4\, x_3 = 0$. O autovetor resultante é:

$$\begin{bmatrix} \frac{3}{4} \\ \frac{1}{4} \\ 1 \end{bmatrix} \text{ ou } \begin{bmatrix} 3 \\ 1 \\ 4 \end{bmatrix}$$

Como você pode ver, os cálculos e a álgebra ficam mais difíceis conforme a matriz aumenta. Felizmente, temos tecnologia moderna. No entanto, algumas matrizes $n \times n$ tem valores próprios que são fáceis de determinar; as matrizes em questão são matrizes triangulares.

Circulando ao Redor das Circunstâncias Especiais

Autovalores de matrizes são determinados por dois métodos: palpite ou um testado e comprovado. Algumas boas propriedades dos autovalores de matrizes e várias matrizes relacionadas tornam os cálculos por computador mais fáceis e, às vezes, desnecessários. (Uma das propriedades, envolvendo competências das matrizes, é discutida com mais profundidade em "Fazendo certo com a diagonalização", mais adiante neste capítulo).

Transformando autovalores de uma matriz de transposição

Uma propriedade de matrizes e seus respectivos autovalores é que você não pode alterar os autovalores ao transpor a matriz. No Capítulo 3, eu defino para você uma transposição de matriz e mostro exemplos. Mas apenas para definir rapidamente a transposição: *transpor uma matriz* significa mudar todas as linhas e colunas (uma linha torna-se uma coluna, e assim por diante).

LEMBRE-SE

Os autovalores da matriz A e da matriz A^T são os mesmos.

Então, se você souber os autovalores da matriz, mostrada aqui, então você sabe os autovalores da matriz A^T.

$$A=\begin{bmatrix} a & b & c \\ d & e & f \\ g & h & i \end{bmatrix},\ A^T=\begin{bmatrix} a & d & g \\ b & e & h \\ c & f & i \end{bmatrix}$$

Apenas para demonstrar esta propriedade com as matrizes 3 × 3 gerais, aqui estão os termos dos determinantes de diferença respectiva:

$$\begin{aligned}
\det(A-\lambda\mathbf{I}) &= \det\begin{bmatrix} a-\lambda & b & c \\ d & e-\lambda & f \\ g & h & i-\lambda \end{bmatrix} \\
&= (a-\lambda)(e-\lambda)(i-\lambda)+bfg+cdh \\
&\quad -\big(cg(e-\lambda)+fh(a-\lambda)+bd(i-\lambda)\big) \\
\det(A^T-\lambda\mathbf{I}) &= \det\begin{bmatrix} a-\lambda & d & g \\ b & e-\lambda & h \\ c & f & i-\lambda \end{bmatrix} \\
&= (a-\lambda)(e-\lambda)(i-\lambda)+bfg+cdh \\
&\quad -\big(cg(e-\lambda)+fh(a-\lambda)+bd(i-\lambda)\big)
\end{aligned}$$

Os valores dos determinantes são os mesmos. O mesmo vale, é claro, para quaisquer matrizes $n \times n$.

Reciprocando com a reciprocidade do autovalor

Na verdade, a matriz não tem uma recíproca ou inverso. (A reciprocidade de um número é igual a 1 dividido pelo número.) Mas uma matriz pode ter uma *relação inversa*, que é outra matriz que, quando se multiplica a primeira matriz, dá uma matriz de identidade. Eu abordo detalhadamente as matrizes e suas inversas no Capítulo 3. Um escalar ou número múltiplo não tem reciprocidade (supondo que você não seja tolo o suficiente para ter o escalar igual a 0). Sendo assim, como matrizes inversas de escalares se relacionam? Estou aqui para mostrar-lhe como isso acontece.

Se a matriz A é não singular (tem um inverso) e λ é um autovalor da matriz A, então $^1/_\lambda$ é um autovalor do inverso da matriz, a matriz A^{-1}. Por exemplo, aqui está uma matriz:

$$A = \begin{bmatrix} 1 & 2 & 0 \\ 2 & 2 & 2 \\ 0 & 2 & 3 \end{bmatrix}$$

E aqui estão os autovalores da matriz A: $\lambda = 2$, $\lambda = 5$, $\lambda = -1$.

O inverso da matriz A é

$$A^{-1} = \begin{bmatrix} -0,2 & 0,6 & -0,4 \\ 0,6 & -0,3 & 0,2 \\ -0,4 & 0,2 & 0,2 \end{bmatrix}$$

E os autovalores de A-1 são $\lambda = {}^1/_2$, $\lambda = {}^1/_5$ e $\lambda = -1$.

Apenas para demonstrar, eu lhe mostro os autovetores correspondentes aos dois autovalores para a matriz e os autovalores correspondentes a 1/2 para a matriz A^{-1}.

$$A = \begin{bmatrix} 1 & 2 & 0 \\ 2 & 2 & 2 \\ 0 & 2 & 3 \end{bmatrix}, \lambda = 2,$$

$$\begin{bmatrix} 1 & 2 & 0 \\ 2 & 2 & 2 \\ 0 & 2 & 3 \end{bmatrix}\begin{bmatrix} 2 \\ 1 \\ -2 \end{bmatrix} = \begin{bmatrix} 4 \\ 2 \\ -4 \end{bmatrix} = 2\begin{bmatrix} 2 \\ 1 \\ -2 \end{bmatrix}$$

$$A^{-1} = \begin{bmatrix} -0.2 & 0.6 & -0.4 \\ 0.6 & -0.3 & 0.2 \\ -0.4 & 0.2 & 0.2 \end{bmatrix}, \lambda = \frac{1}{2}$$

$$\begin{bmatrix} -0.2 & 0.6 & -0.4 \\ 0.6 & -0.3 & 0.2 \\ -0.4 & 0.2 & 0.2 \end{bmatrix}\begin{bmatrix} 2 \\ 1 \\ -2 \end{bmatrix} = \begin{bmatrix} 1 \\ \frac{1}{2} \\ -1 \end{bmatrix} = \frac{1}{2}\begin{bmatrix} 2 \\ 1 \\ -2 \end{bmatrix}$$

Observe que os autovetores correspondentes a $\lambda = 2$ e $\lambda = 1/2$ são os mesmos.

Triangulando com matrizes triangulares

No Capítulo 3, você vê muitas maneiras diferentes de descrever matrizes. As matrizes podem ser quadradas, triangulares, zero, de identidade, singular, não singular, e assim por diante. Muitas matrizes cabem em mais de uma classificação.

As matrizes que eu discuto nesta seção são todas quadradas e triangulares ou quadradas e diagonais — essencialmente, elas são triangulares ou diagonais. Agora, se isto fosse uma discussão geométrica, você poderia me dizer que ambas não podem ser quadradas e triangulares. Você não está feliz que isso não é geometria?

LEMBRE-SE

Uma *matriz quadrada* tem um número igual de linhas e colunas.

Uma *matriz triangular* tem todos os 0s acima ou abaixo da diagonal principal. Se todos os elementos são 0s acima da diagonal principal, então a matriz é *triangular inferior*; se os 0s estão todos abaixo da diagonal principal, a matriz é *triangular superior* (você está identificando onde estão os elementos não nulos).

Agora, deixe-me mostrar algo legal sobre matrizes triangulares. Eu começo com a matriz triangular superior A e triangular inferior B:

$$A = \begin{bmatrix} 1 & 4 & 2 \\ 0 & 2 & -1 \\ 0 & 0 & -3 \end{bmatrix} \quad B = \begin{bmatrix} 3 & 0 & 0 \\ 1 & -4 & 0 \\ 0 & 1 & 2 \end{bmatrix}$$

O que há de especial na matriz triangular são os seus autovalores.

Os autovalores de uma matriz triangular estão todos ao longo da diagonal principal.

Então, se você olhar para as matrizes A e B, verá que os autovalores para a matriz A são $\lambda = 1$, 2 e -3, e os autovalores da matriz B são $\lambda = 3$, -4 e 2. Você não acredita? Eu vou dar uma demonstração rápida, usando a matriz A para mostrar por que a regra funciona para matrizes triangulares. Criei a matriz $A - \lambda\mathbf{I}$ para encontrar o determinante dessa diferença. Então eu encontro o determinante.

$$A - \lambda\mathbf{I} = \begin{bmatrix} 1-\lambda & 4 & 2 \\ 0 & 2-\lambda & -1 \\ 0 & 0 & -3-\lambda \end{bmatrix}$$

$$\det\begin{bmatrix} 1-\lambda & 4 & 2 \\ 0 & 2-\lambda & -1 \\ 0 & 0 & -3-\lambda \end{bmatrix}$$
$$= (1-\lambda)(2-\lambda)(-3-\lambda) + 0 + 0 - (0+0+0)$$
$$= (1-\lambda)(2-\lambda)(-3-\lambda)$$

Devido a todos os elementos 0 estarem em posições *estratégicas*, a única parte do determinante que não é 0 é o produto ao longo da diagonal principal. Definindo que o produto é igual a 0, você obtém autovalores iguais aos elementos ao longo dessa diagonal. A propriedade é verdadeira para todos os tamanhos das matrizes quadradas.

Elevando as potências das matrizes

Em várias aplicações que envolvem modelos de probabilidade e fabricação, você trabalha com potências de matrizes quadradas. Você resolve problemas elevando a matriz ao quadrado, à terceira ou quarta potências, ou até mais. Eu vou mostrar, em primeiro lugar, a relação entre os autovalores de uma matriz quadrada e os autovalores de potências de matrizes quadradas. Eu vou mostrar como fazer a potenciação de matrizes de uma forma mais fácil.

Se A é uma matriz $n \times n$ e λ é um autovalor de A, então λ^k é um autovalor de uma matriz A^k (para $k = 2, 3, 4,...$). Por exemplo, a matriz A mostrada aqui tem autovalores, de 7 e -2.

$$A = \begin{bmatrix} 3 & -5 \\ -4 & 2 \end{bmatrix}, \lambda = 7, -2$$

Eu elevo A à terceira potência e encontro os autovalores da matriz resultante:

$$A^3 = \begin{bmatrix} 187 & -195 \\ -156 & 148 \end{bmatrix}$$

$$\begin{aligned}\det\begin{bmatrix} 187-\lambda & -195 \\ -156 & 148-\lambda \end{bmatrix} &= (187-\lambda)(148-\lambda) - 30\,420 \\ &= 27\,676 - 335\lambda + \lambda^2 - 30\,420 \\ &= \lambda^2 - 335\lambda - 2\,744 \\ &= (\lambda - 343)(\lambda + 8)\end{aligned}$$

Os autovalores de A^3 são 343 e -8, que são os cubos de 7 e -2, respectivamente.

Felizmente temos tecnologia. Eu fui capaz de elevar a matriz A para a terceira potência com relativa facilidade usando minha calculadora gráfica. Você pode estar se perguntando se há uma alternativa para aqueles que não têm tanta sorte de possuir um dispositivo de cálculo acessível. Estou tão feliz que você está interessado, porque a resposta se encontra na próxima seção sobre diagonalização!

Fazendo Certo com a Diagonalização

Uma matriz diagonal é uma matriz quadrada em que os elementos diferentes de zero somente se situam ao longo da diagonal principal. Por exemplo, aqui estão três matrizes diagonais em três tamanhos diferentes:

$$A = \begin{bmatrix} 1 & 0 & 0 \\ 0 & 2 & 0 \\ 0 & 0 & -3 \end{bmatrix}, B = \begin{bmatrix} 7 & 0 \\ 0 & 4 \end{bmatrix}, C = \begin{bmatrix} 1 & 0 & 0 & 0 \\ 0 & 5 & 0 & 0 \\ 0 & 0 & -3 & 0 \\ 0 & 0 & 0 & 8 \end{bmatrix}$$

Uma das melhores coisas nas matrizes diagonais é a facilidade de calcular. Em particular, elevar matrizes diagonais a diversas potências é possível apenas elevando cada elemento ao longo da diagonal principal a essa potência. Então, elevando a matriz A à quarta potência,

$$A^4 = \begin{bmatrix} 1^4 & 0 & 0 \\ 0 & 2^4 & 0 \\ 0 & 0 & (-3)^4 \end{bmatrix} = \begin{bmatrix} 1 & 0 & 0 \\ 0 & 16 & 0 \\ 0 & 0 & 81 \end{bmatrix}$$

Se você, nas aplicações, só teve que elevar matrizes diagonais a potências mais altas, então você conseguiu. A próxima notícia boa, na verdade, é que muitas vezes você pode transformar uma matriz quadrada em uma matriz diagonal, que é *semelhante* à matriz, e executar cálculos sobre a nova matriz. As potências de uma matriz diagonal são muito mais fáceis de encontrar do que as potências de outras matrizes.

Além disso, como em uma matriz triangular, os autovalores de uma matriz diagonal se situam ao longo da diagonal principal. Assim, você pode construir uma matriz semelhante a uma matriz dada, uma vez que você encontrou os autovalores da matriz original.

LEMBRE-SE

Duas matrizes A e B são ditas *semelhante* se a matriz B é igual ao produto do inverso de uma matriz-não-singular S vezes a matriz A vezes a matriz S: $B = S^{-1}AS$.

LEMBRE-SE

Se duas matrizes são matrizes $n \times n$ semelhantes, então elas têm os mesmos autovalores.

Então, o que ocorre com todo este negócio de matrizes diagonais e matrizes semelhantes é que se você quiser uma matriz de potência elevada, você tenta encontrar uma matriz semelhante que é uma matriz diagonal. Você encontra a potência da matriz diagonal e, em seguida, altera a resposta de volta à forma original.

Por exemplo, se A é uma matriz $n \times n$, e se $B = S^{-1}AS$ na qual B é uma matriz diagonal, depois de elevar B à potência k, você pode usar a mesma matriz S e seu inverso e recuperar a potência relativa à A, com $A^k = SB^kS^{-1}$.

Uma matriz é *diagonalizável* (você pode encontrar uma matriz semelhante que é diagonal) somente se a matriz tiver autovetores que sejam linearmente independentes. Eu vou lhe mostrar como usar os autovetores de uma matriz para formar uma matriz diagonal semelhante.

A matriz A é diagonalizável, pois seus dois autovalores, $\lambda_1 = 1$ e $\lambda_2 = 6$, tem autovetores correspondentes, $\mathbf{u}_1$ e $\mathbf{u}_2$, que são linearmente independentes.

$$A = \begin{bmatrix} 4 & -1 \\ -6 & 3 \end{bmatrix}$$

$$\lambda_1 = 1,\ \mathbf{u}_1 = \begin{bmatrix} 1 \\ 3 \end{bmatrix}$$

$$\lambda_2 = 6,\ \mathbf{u}_2 = \begin{bmatrix} 1 \\ -2 \end{bmatrix}$$

Deixando os vetores $\mathbf{u}_1$ e $\mathbf{u}_2$ formarem as colunas de vetores S, eu encontro o inverso, S^{-1}.

$$S = \begin{bmatrix} 1 & 1 \\ 3 & -2 \end{bmatrix},\ S^{-1} = \begin{bmatrix} 0.4 & 0.2 \\ 0.6 & -0.2 \end{bmatrix}$$

Se você precisa rever como encontrar o inverso de uma matriz, vá para o Capítulo 3. Agora, ao encontrar o produto $S^{-1}AS$, primeiro eu multiplico a matriz A por S e depois o inverso de S pelo produto. Chamarei a nova matriz de B.

$$S^{-1}(AS) = S^{-1}\left(\begin{bmatrix} 4 & -1 \\ -6 & 3 \end{bmatrix}\begin{bmatrix} 1 & 1 \\ 3 & -2 \end{bmatrix}\right)$$

$$= S^{-1}\left(\begin{bmatrix} 1 & 6 \\ 3 & -12 \end{bmatrix}\right)$$

$$= \begin{bmatrix} 0.4 & 0.2 \\ 0.6 & -0.2 \end{bmatrix}\begin{bmatrix} 1 & 6 \\ 3 & -12 \end{bmatrix}$$

$$= \begin{bmatrix} 1 & 0 \\ 0 & 6 \end{bmatrix} = B$$

O vetor resultante deve vir sem nenhuma surpresa se você acreditou em mim quando eu disse que os dois vetores semelhantes, A e B, tinham os mesmos autovalores. Os autovalores da matriz diagonal se situam ao longo dessa diagonal principal. O objetivo agora é descobrir a potência da matriz A usando a matriz B.

Então, primeiro executo uma operação na matriz B: elevo B à quarta potência.

$$B^4 = \begin{bmatrix} 1 & 0 \\ 0 & 6 \end{bmatrix}^4 = \begin{bmatrix} 1^4 & 0 \\ 0 & 6^4 \end{bmatrix} = \begin{bmatrix} 1 & 0 \\ 0 & 1\,296 \end{bmatrix}$$

Em seguida eu recupero a matriz A original, ou seja, a quarta potência de A, com $A^4 = SB^4S^{-1}$.

$$S^{-1}(AS) = S^{-1}\left(\begin{bmatrix} 4 & -1 \\ -6 & 3 \end{bmatrix}\begin{bmatrix} 1 & 1 \\ 3 & -2 \end{bmatrix}\right)$$

$$= S^{-1}\left(\begin{bmatrix} 1 & 6 \\ 3 & -12 \end{bmatrix}\right)$$

$$= \begin{bmatrix} 0.4 & 0.2 \\ 0.6 & -0.2 \end{bmatrix}\begin{bmatrix} 1 & 6 \\ 3 & -12 \end{bmatrix}$$

$$= \begin{bmatrix} 1 & 0 \\ 0 & 6 \end{bmatrix} = B$$

Aqui está uma matriz 3 × 3 com autovalores λ_1, λ_2 e λ_3 e os autovetores correspondentes, $\mathbf{u}_1$, $\mathbf{u}_2$, $\mathbf{u}_3$. Eu quero elevar A à sexta potência.

$$A = \begin{bmatrix} 4 & -3 & 0 \\ 4 & -1 & -2 \\ 1 & -3 & 3 \end{bmatrix}$$

$$\lambda_1 = 1,\ \mathbf{u}_1 = \begin{bmatrix} 1 \\ 1 \\ 1 \end{bmatrix} \quad \lambda_2 = 2,\ \mathbf{u}_2 = \begin{bmatrix} 3 \\ 2 \\ 3 \end{bmatrix} \quad \lambda_3 = 3,\ \mathbf{u}_3 = \begin{bmatrix} 3 \\ 1 \\ 4 \end{bmatrix}$$

Usando os autovalores de A, eu escrevo uma matriz B, semelhante a A, criando uma matriz diagonal com os autovalores na diagonal. Então eu escrevo matriz S usando os autovetores e determino S^{-1}.

$$B = \begin{bmatrix} 1 & 0 & 0 \\ 0 & 2 & 0 \\ 0 & 0 & 3 \end{bmatrix},\ S = \begin{bmatrix} 1 & 3 & 3 \\ 1 & 2 & 1 \\ 1 & 3 & 4 \end{bmatrix},\ S^{-1} = \begin{bmatrix} -5 & 3 & 3 \\ 3 & -1 & -2 \\ -1 & 0 & 1 \end{bmatrix}$$

Eu elevo a matriz B à sexta potência e então encontro $A^6 = SB^6S^{-1}$.

$$B^6 = \begin{bmatrix} 1 & 0 & 0 \\ 0 & 2 & 0 \\ 0 & 0 & 3 \end{bmatrix}^6 = \begin{bmatrix} 1^6 & 0 & 0 \\ 0 & 2^6 & 0 \\ 0 & 0 & 3^6 \end{bmatrix} = \begin{bmatrix} 1 & 0 & 0 \\ 0 & 64 & 0 \\ 0 & 0 & 729 \end{bmatrix}$$

$$\begin{aligned}
\left(SB^6\right)S^{-1} &= \left(\begin{bmatrix} 1 & 3 & 3 \\ 1 & 2 & 1 \\ 1 & 3 & 4 \end{bmatrix}\begin{bmatrix} 1 & 0 & 0 \\ 0 & 64 & 0 \\ 0 & 0 & 729 \end{bmatrix}\right)S^{-1} \\
&= \left(\begin{bmatrix} 1 & 192 & 2\,187 \\ 1 & 128 & 729 \\ 1 & 192 & 2\,916 \end{bmatrix}\right)S^{-1} \\
&= \begin{bmatrix} 1 & 192 & 2\,187 \\ 1 & 128 & 729 \\ 1 & 192 & 2\,916 \end{bmatrix}\begin{bmatrix} -5 & 3 & 3 \\ 3 & -1 & -2 \\ -1 & 0 & 1 \end{bmatrix} \\
&= \begin{bmatrix} -1\,616 & -189 & 1\,806 \\ -350 & -125 & 476 \\ -2\,345 & -189 & 2\,535 \end{bmatrix} = A^6
\end{aligned}$$

Parte V

A Parte dos Dez

A 5ª Onda Por Rich Tennant

Nesta parte...

Um *X* representa dez e também marca um local. A parte dos dez inclui listas de itens relacionados com o X, todos os dados para que você coloque na sua lista dos X mais. Quer esteja relacionado a calculadoras, letras gregas, ou aplicações de matriz, você pode escolher a dedo ou levar todos os X.

Capítulo 17

Dez Formas de Utilizar as Matrizes no Mundo Real

Neste Capítulo

- Trabalhando com modelos biológicos e científicos
- Rastreando o tráfego e os movimentos populacionais
- Jogos e mensagens secretas

Caso você esteja se perguntando para que raios serve a álgebra linear, neste capítulo eu ofereço dez exemplos de matrizes funcionais. É claro, a minha resposta apropriada deve ser que a álgebra linear é bela por si só e não precisa ser convincente para quem acredita — mas uma pequena aplicação prática nunca fez mal a ninguém!

Neste capítulo, eu vou mostrar algumas aplicações bastante comuns em formatos muito breves — apenas o suficiente para convencê-lo.

Comendo Direito

Dieta e nutrição são preocupações em todas as idades. Você precisa de comida suficiente para manter-se saudável, mas não quer exagerar. Os idosos precisam de quantidades diferentes de vários nutrientes que os mais jovens e os bebês.

Considere uma situação em que uma gerente de restaurante usa, diariamente, arroz, macarrão, leite em pó desnatado e pão como parte das refeições preparadas. Em cada porção, o arroz contém 5 miligramas de sódio, 21 mg de carboidratos, e 2 gramas de proteína. O macarrão contém 1 mg de gordura, 1 mg de sódio, 28 gramas de carboidratos e 5 gramas de proteína. O leite contém 1 grama de gordura, 535 miligramas de sódio, 52 gramas de carboidratos e 36 gramas de proteína. E o pão contém 4 gramas de gordura, 530 miligramas de sódio, 47 gramas de carboidratos e 9 gramas de proteínas. A gerente tem que fornecer um mínimo de 12 gramas de gordura, 2 gramas de sódio, 265 gramas de carboidratos e 70 gramas de proteína para cada pessoa por dia. Ela não quer pedir demais ou muito pouco dos tipos de alimentos diferentes.

Então, como ela resolve este problema? Com as matrizes, é claro! Ela estabelece uma matriz aumentada usando os nutrientes e as quantidades de cada tipo de alimento. Todas as somas são apresentadas em termos de gramas, então 530 miligramas tornam-se 0,530 gramas.

	Mac	Lpd	Pão	Arroz	Total
Gor	1	1	4	0	12
Sod	.001	.535	.530	.005	2
Carb	28	52	47	21	265
Prot	5	36	9	2	70

E agora, para encontrar as somas, a matriz torna-se:

	Mac	Lpd	Pão	Arroz	Total
Gor	1	0	0	0	.19
Sod	0	1	0	0	1.03
Carb	0	0	1	0	2.69
Prot	0	0	0	0	3.77

A fim de suprir as necessidades diárias mínimas de nutrientes diferentes, a gerente precisa servir 0,19 gramas de macarrão, 1,03 gramas de leite em pó desnatado, 2,69 gramas de pão e 3,77 gramas de arroz para cada pessoa.

DICA

Consulte o Capítulo 4 para saber como simplificar uma matriz aumentada de forma a obter as soluções do sistema.

Controlando o Tráfego

Alguma vez você já se perguntou quem programa os semáforos entre sua casa e seu trabalho? Durante um período de dois meses, quando eu fui forçado a usar uma rota alternativa para o trabalho, fiquei a par do número de vezes que eu tive que parar em 23 semáforos entre a minha casa e o trabalho. Em média, eu parei em cerca de 21 semáforos!

De qualquer forma, tenho admiração pelo que os engenheiros de tráfego têm que passar para manter o tráfego em movimento. Considere a Figura 17-1, representando as quatro ruas principais da cidade de Aftermath. Todas as ruas são de mão única, e eu mostro o número de carros que entram e saem do centro da cidade em quatro ruas durante um período de uma hora à tarde.

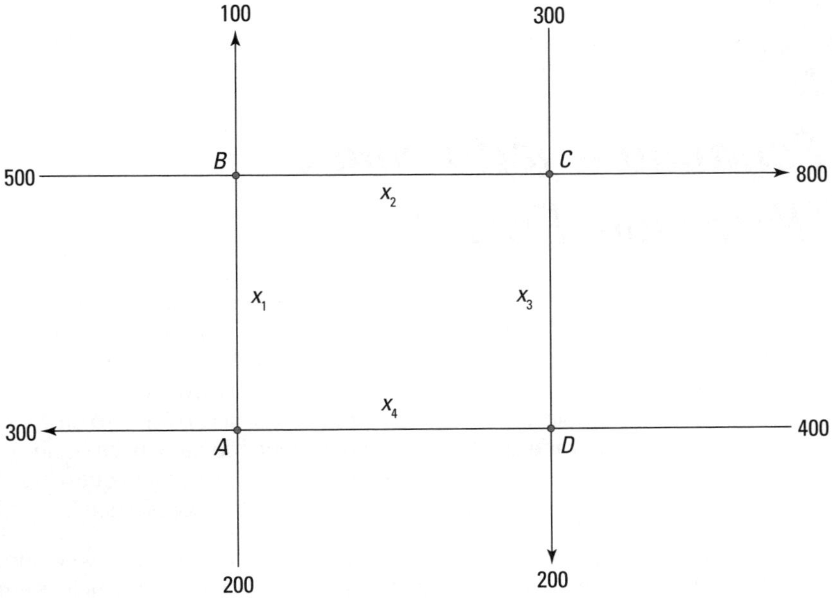

Figura 17-1: O tráfego vai ou volta nos cruzamentos.

Uma maneira de organizar as informações é escrever equações sobre o que está acontecendo em cada interseção:

A: $200 + x_4 = 300 + x_1$

B: $500 + x_1 = 100 + x_2$

C: $300 + x_2 = 800 + x_3$

D: $400 + x_3 = 200 + x_4$

Reescrever as equações e colocar os coeficientes em uma matriz torna as relações entre as variáveis mais evidentes.

$$
\begin{array}{c} \\ A \\ B \\ C \\ D \end{array}
\begin{array}{c}
\begin{array}{cccc|c} x_1 & x_2 & x_3 & x_4 & \end{array} \\
\left[\begin{array}{cccc|c}
1 & 0 & 0 & -1 & -100 \\
1 & -1 & 0 & 0 & -400 \\
0 & 1 & -1 & 0 & 500 \\
0 & 0 & 1 & -1 & -200
\end{array}\right]
\end{array}
$$

Você encontra relações entre a quantidade de tráfego em cada rua e entre as interseções. As relações podem ser escritas em termos do que acontece na parte da rua x_4: $x_1 = x_4 - 100$, $x_2 = x_4 + 300$, e $x_3 = x_4 - 200$. Um cenário possível é considerar $x_4 = 200$, caso em que $x_1 = 100$, $x_2 = 500$, e $x_3 = 0$. Está tudo no planejamento.

DICA

Eu abordo os sistemas de equações e utilizo matrizes para resolvê-los no Capítulo 4.

Pegando o Jeito com o "Predador-Presa"

Um modelo comum para a interação entre uma espécie, chamada de *predador*, e outra espécie, chamada de *presa*, mostra como o número em uma categoria afeta o outro. Por exemplo, se há muitos coelhos disponíveis, as raposas têm muita coisa para comer e se desenvolverão (crescer em número). Conforme o número de raposas cresce, o número de coelhos vai diminuir (porque eles serão predados). Quando há poucos coelhos, menos raposas serão capazes de sobreviver (ou vão mudar para outro lugar). Um bom equilíbrio serve para manter as populações de raposas e coelhos constantes.

Apenas por uma questão de argumento, vamos supor que os coelhos fornecem até 70 por cento da dieta para a população de raposas vermelhas em uma determinada área. Além disso, as raposas comem 10 por cento dos coelhos que estão na área em um período de um mês. Se não houvesse coelhos disponíveis para servirem de alimento, então 40 por cento das raposas iriam morrer. E, se não houvesse raposas na área, a população de coelhos deveria crescer 10 por cento ao mês. Quando os coelhos são abundantes, a população de raposas cresce 30 por cento da população de coelhos (em centenas). A matriz de transição mostrada aqui descreve a interação entre raposas e coelhos.

$$\begin{array}{c} \\ R \\ C \end{array}\!\!\begin{array}{c} \begin{array}{cc} R \quad & \quad C \end{array} \\ \begin{bmatrix} 0.60 & 0.30 \\ -0.10 & 1.10 \end{bmatrix} \end{array} \cdot \begin{bmatrix} \text{Número de raposas} \\ \text{Número de coelhos (em centenas)} \end{bmatrix}$$

Veja como os elementos da matriz são obtidos:

> Número de raposas no próximo mês = 0,60 (Raposas este mês se não houver coelhos) + 0,30 (Coelhos este mês)
>
> Número de coelhos no próximo mês = -0,10 (Coelhos este mês se houver muitas raposas) + 1,10 (Coelhos este mês se não houver raposas)

Trabalhando com o problema, você encontra mais informações sobre a evolução do sistema através da resolução de autovalores e autovalores correspondentes para a matriz. Então, observando o que acontece em repetidas gerações, você percebe que as populações tendem a crescer em 3 por cento ao mês, com uma taxa de 100 raposas para 4.600 coelhos (Para saber mais sobre autovalores e autovetores, veja o Capítulo 16).

Criando uma Mensagem Secreta

Se James Bond é o seu herói, então provavelmente você já criou códigos secretos (mais provável do que ter explodido canetas). A maneira mais simples para criptografar uma mensagem é deixar que cada letra do alfabeto seja representada por uma das outras letras. Estes códigos são fáceis de decifrar (e eu testo minhas habilidades nesses criptogramas do jornal). Matrizes adicionam um toque às mensagens secretas — tornando a maioria delas inquebrável.

Por exemplo, quero enviar uma mensagem para a minha colega agente dizendo: (*Meet me at the bridge*). Encontre-me na ponte. Eu começo atribuindo cada letra na mensagem com o seu lugar numérico no alfabeto.

M	E	E	T	M	E	A	T	T	H	E	B	R	I	D	G	E
13	5	5	20	13	5	1	20	20	8	5	2	18	9	4	7	5

Eu agora quebro a mensagem em vetores 3 × 1, preenchendo o último elemento com um 27 (porque a mensagem tem apenas 17 letras, então você não pode preencher o último vetor completamente). O número 27 também é equivalente ao número 1, então ele vai sair como um A. Outra opção é usar o número 24 (X) para preencher todos os espaços em branco.

$$\begin{bmatrix}13\\5\\5\end{bmatrix}, \begin{bmatrix}20\\13\\5\end{bmatrix}, \begin{bmatrix}1\\20\\20\end{bmatrix}, \begin{bmatrix}8\\5\\2\end{bmatrix}, \begin{bmatrix}18\\9\\4\end{bmatrix}, \begin{bmatrix}7\\5\\27\end{bmatrix}$$

Agora, eu criptografo a minha mensagem pela multiplicação de cada vetor por uma matriz A, 3 × 3. Pego uma matriz com um inverso relativamente fácil, porque a minha colega espiã pode ter de calcular os resultados manualmente.

$$A^{-1} = \begin{bmatrix}-1 & -5 & -7\\2 & 5 & 6\\1 & 3 & 4\end{bmatrix}$$

$$A^{-1}. \begin{bmatrix}46\\01\\28\end{bmatrix} = \begin{bmatrix}-247\\265\\161\end{bmatrix}, A^{-1}. \begin{bmatrix}52\\11\\19\end{bmatrix} = \begin{bmatrix}-240\\273\\161\end{bmatrix},$$

$$A^{-1}. \begin{bmatrix}82\\02\\61\end{bmatrix} = \begin{bmatrix}-519\\540\\332\end{bmatrix}, A^{-1}. \begin{bmatrix}21\\09\\08\end{bmatrix} = \begin{bmatrix}-122\\135\\80\end{bmatrix},$$

$$A^{-1}. \begin{bmatrix}47\\11\\20\end{bmatrix} = \begin{bmatrix}-242\\269\\160\end{bmatrix}, A^{-1}. \begin{bmatrix}92\\19\\80\end{bmatrix} = \begin{bmatrix}-747\\759\\469\end{bmatrix}$$

Minha colega espiã está esperando um código composto de números positivos de dois dígitos. Alguns dos elementos nos produtos vetoriais são negativos, e alguns têm três dígitos. Eu adiciono ou subtraio múltiplos de 26 para cada um dos elementos até conseguir números de dois dígitos. Quando eu me deparo com um número de um dígito, como 8, eu apenas ponho um 0 na frente. Então eu listo todos os elementos dos vetores em uma linha.

$$\begin{bmatrix} 46 \\ -51 \\ 28 \end{bmatrix} \rightarrow \begin{bmatrix} 46 \\ 01 \\ 28 \end{bmatrix}, \begin{bmatrix} 52 \\ -41 \\ 19 \end{bmatrix} \rightarrow \begin{bmatrix} 52 \\ 11 \\ 19 \end{bmatrix},$$

$$\begin{bmatrix} 82 \\ -102 \\ 61 \end{bmatrix} \rightarrow \begin{bmatrix} 82 \\ 02 \\ 61 \end{bmatrix}, \begin{bmatrix} 21 \\ -17 \\ 8 \end{bmatrix} \rightarrow \begin{bmatrix} 21 \\ 09 \\ 08 \end{bmatrix},$$

$$\begin{bmatrix} 47 \\ -41 \\ 20 \end{bmatrix} \rightarrow \begin{bmatrix} 47 \\ 11 \\ 20 \end{bmatrix}, \begin{bmatrix} 144 \\ -215 \\ 132 \end{bmatrix} \rightarrow \begin{bmatrix} 92 \\ 19 \\ 80 \end{bmatrix}$$

460128521119820261210908471120921980

Envio a sequência de números para a minha colega agente. Ela tem o quebrador de códigos, o inverso da matriz que eu usei para fazer a criptografia. Ela divide os números em conjuntos de três números de dois dígitos para os vetores. Então, ela multiplica cada vetor pela matriz inversa.

$$A^{-1} = \begin{bmatrix} -1 & -5 & -7 \\ 2 & 5 & 6 \\ 1 & 3 & 4 \end{bmatrix}$$

$$A^{-1} \cdot \begin{bmatrix} 46 \\ 01 \\ 28 \end{bmatrix} = \begin{bmatrix} -247 \\ 265 \\ 161 \end{bmatrix}, A^{-1} \cdot \begin{bmatrix} 52 \\ 11 \\ 19 \end{bmatrix} = \begin{bmatrix} -240 \\ 273 \\ 161 \end{bmatrix},$$

$$A^{-1} \cdot \begin{bmatrix} 82 \\ 02 \\ 61 \end{bmatrix} = \begin{bmatrix} -519 \\ 540 \\ 332 \end{bmatrix}, A^{-1} \cdot \begin{bmatrix} 21 \\ 09 \\ 08 \end{bmatrix} = \begin{bmatrix} -122 \\ 135 \\ 80 \end{bmatrix},$$

$$A^{-1} \cdot \begin{bmatrix} 47 \\ 11 \\ 20 \end{bmatrix} = \begin{bmatrix} -242 \\ 269 \\ 160 \end{bmatrix}, A^{-1} \cdot \begin{bmatrix} 92 \\ 19 \\ 80 \end{bmatrix} = \begin{bmatrix} -747 \\ 759 \\ 469 \end{bmatrix}$$

Adicionando ou subtraindo múltiplos de 26 para cada elemento até que o número esteja entre 1 e 26, minha colega espiã lê:

$$\begin{bmatrix}-247\\265\\161\end{bmatrix} \to \begin{bmatrix}13\\5\\5\end{bmatrix}, \begin{bmatrix}-240\\273\\161\end{bmatrix} \to \begin{bmatrix}20\\13\\5\end{bmatrix},$$

$$\begin{bmatrix}-519\\540\\332\end{bmatrix} \to \begin{bmatrix}1\\20\\20\end{bmatrix}, \begin{bmatrix}-122\\135\\80\end{bmatrix} \to \begin{bmatrix}8\\5\\2\end{bmatrix},$$

$$\begin{bmatrix}-242\\269\\160\end{bmatrix} \to \begin{bmatrix}18\\9\\4\end{bmatrix}, \begin{bmatrix}-747\\759\\469\end{bmatrix} \to \begin{bmatrix}7\\5\\1\end{bmatrix}$$

13	5	5	20	13	5	1	20	20	8	5	2	18	9	4	7	5	1
M	E	E	T	M	E	A	T	T	H	E	B	R	I	D	G	E	A

Os vetores originais são recriados (com o último número aparecendo como um 1 em vez de um 27 para a letra que falta).

Salvando a Coruja Malhada

Vários anos atrás, os jornais estavam repletos de histórias do conflito entre os madeireiros no noroeste do Pacífico e da ameaça de extinção das corujas. Os estudos foram feitos sobre o ciclo de vida das corujas e como a perda de área florestal afetaria o número de corujas na área.

O ciclo de vida das corujas malhadas (que deveriam viver cerca de 20 anos) é dividido em três fases: juvenil, subadulta e adulta. R. Lamberson é responsável por um estudo no qual foi determinado que, entre as corujas fêmeas contadas a cada ano, é estimado que o número de novas corujas jovens deveria ser cerca de 33 por cento do número de corujas adultas, espera-se que apenas 18 por cento das jovens sobrevivam, para se tornar subadultas, 71 por cento das subadultas devem se tornar adultas, e 94 por cento das adultas sobreviviam. A matriz de transição que modela esta estimativas é o seguinte:

$$\begin{matrix}\text{juv} & \text{sub} & \text{adu}\end{matrix}$$

$$\begin{bmatrix}0 & 0 & 0.33\\0.18 & 0 & 0\\0 & 0.71 & 0.94\end{bmatrix} \cdot \begin{bmatrix}\text{Número de juvenis}\\\text{Número de subadultas}\\\text{Número de adultas}\end{bmatrix}$$

Multiplicando a matriz de transição por um vetor cujos elementos são o número de juvenis, subadultas e adultas. O número esperado de cada estágio de vida é determinado e previsões de longo alcance são feitas.

DICA

A multiplicação de matrizes é explicada no Capítulo 3.

Migrando Populações

Os pássaros migram, os peixes migram, e as pessoas migram de uma comunidade para outra ou de uma parte a outra do país. Os planejadores de cidades e comunidades precisam levar em conta a migração projetada da população conforme eles fazem planos para estradas e shoppings e lidam com outras questões de infraestrutura.

Em uma área metropolitana particular, observamos que, a cada ano, 4% da população da cidade migram para os subúrbios e 2% da população dos subúrbios migram para a cidade. Aqui está uma matriz de transição que reflete essas alterações:

$$\begin{array}{r} \\ \text{cidade} \\ \text{subúrbios} \end{array} \begin{array}{c} \begin{array}{cc} \text{cidade} & \text{subúrbios} \end{array} \\ \begin{bmatrix} 0.96 & 0.04 \\ 0.02 & 0.98 \end{bmatrix} \end{array}$$

A partir da matriz, você vê que 96 por cento das pessoas que estavam na cidade ficou na cidade no ano seguinte, e 98 por cento das pessoas que estavam nos subúrbios ficou nos subúrbios.

Você pode determinar o número de pessoas esperado para preencher as diferentes áreas através da multiplicação por um vetor com as populações atuais. As projeções de longo prazo são encontradas através do aumento da matriz de transição de diferentes potências. Segundo este modelo, se as tendências continuam as mesmas, as populações serão bastante estáveis em cerca de 60 anos, com 33 por cento da população vivendo na cidade e 67 por cento vivendo nos subúrbios.

Traçando o Código Genético

A genética afeta a todos. Da cor do cabelo à cor dos olhos e altura, os genes repassados pelos seus pais determinam como você é. Meus pais tinham olhos castanhos, mas eu tenho dois irmãos de olhos azuis. Como isso funciona?

Apenas uma breve lição de genética: Olhos castanhos são *dominantes*, e os olhos azuis são recessivos, o que significa que o castanho é dominante sobre o azul. Mas os genes azuis podem vir de pais de olhos castanhos. Os olhos vêm em muitos tons diferentes, então eu vou trabalhar com um modelo de genética que não tem tantas opções de cor. (Se você estiver interessado em genética, você pode encontrar todos os tipos de informações sobre *Genetics for Dummies*, por Tara Rodden Robinson, PhD [Wiley]).

Um tipo específico de flor vem em vermelho, branco ou rosa. Suponha que as flores tenham somente dois genes para a cor. As flores têm genes RR (vermelho), Rr (rosa) ou rr (branco). Se ambos os parentes são flores RR (vermelha), então as descendentes também são vermelhas. Se um dos parentes é RR (vermelha) e a outra Rr (rosa), então as flores resultantes têm meia chance de ser RR (vermelho) e meia chance de ser Rr (rosa). Em uma aula de biologia, você pode mapear tudo isso. O que apresento aqui é uma matriz de transição mostrando parentes e filhos e a probabilidade de que os descendentes tenham uma cor especial:

$$\text{Parente}\;\begin{matrix} & \text{Descendente} \\ & \begin{matrix}\text{RR} & \text{Rr} & \text{rr}\end{matrix} \\ \begin{matrix}\text{RR}\\ \text{Rr}\\ \text{rr}\end{matrix} & \begin{bmatrix} 0{,}5 & 0{,}5 & 0 \\ 0{,}25 & 0{,}5 & 0{,}25 \\ 0 & 0{,}5 & 0{,}5 \end{bmatrix}\end{matrix}$$

De acordo com a matriz, uma flor vermelha tem 50 por cento de chance de ter a prole vermelha e uma chance de 50 por cento de ter descendentes rosa se o outro parente for Rr. Uma flor vermelha não pode ter filhas brancas. Uma flor rosa tem 50 por cento de chance de ter filhas rosas, 25 por cento de chance de ter filhas brancas, e 25 por cento de chance de ter filhas vermelhas.

E sobre as futuras gerações? Qual é a probabilidade de que uma flor vermelha terá uma flor vermelha como neta? (Claro! Talvez a prole da prole da primavera?), eu vou mostrar aqui a próxima geração e, também, a geração após 20 anos.

$$\begin{matrix} & \text{Descendente}^2 \\ & \begin{matrix}\text{RR} & \text{Rr} & \text{rr}\end{matrix} \\ \begin{matrix}\text{RR}\\ \text{Rr}\\ \text{rr}\end{matrix} & \begin{bmatrix} 0{,}375 & 0{,}5 & 0{,}125 \\ 0{,}25 & 0{,}5 & 0{,}25 \\ 0{,}125 & 0{,}5 & 0{,}375 \end{bmatrix}\end{matrix} \quad \begin{matrix} & \text{Descendente}^{20} \\ & \begin{matrix}\text{RR} & \text{Rr} & \text{rr}\end{matrix} \\ \begin{matrix}\text{RR}\\ \text{Rr}\\ \text{rr}\end{matrix} & \begin{bmatrix} 0{,}25 & 0{,}5 & 0{,}25 \\ 0{,}25 & 0{,}5 & 0{,}25 \\ 0{,}25 & 0{,}5 & 0{,}25 \end{bmatrix}\end{matrix}$$

De acordo com a matriz de probabilidade, há 12,5 por cento de chance de que os filhos dos descendentes de uma flor vermelha possam ser brancos. E veja as 20 gerações abaixo da linha. Todas as probabilidades das as cores se encontram acima de 25 por cento para o vermelho ou branco e 50 por cento para rosa.

Distribuindo o Calor

As fontes de calor podem vir de várias direções diferentes. Quando um objeto é aquecido por um lado, esse lado tende a ser mais quente, com temperaturas mais baixas observadas conforme você se afasta da fonte de calor. Considere o objeto na Figura 17-2 como uma placa de metal quadrada ou uma sala quadrada ou qualquer coisa com um interior relativamente uniforme. Os números de cada lado indicam o calor que está sendo aplicado nesse lado em graus Fahrenheit.

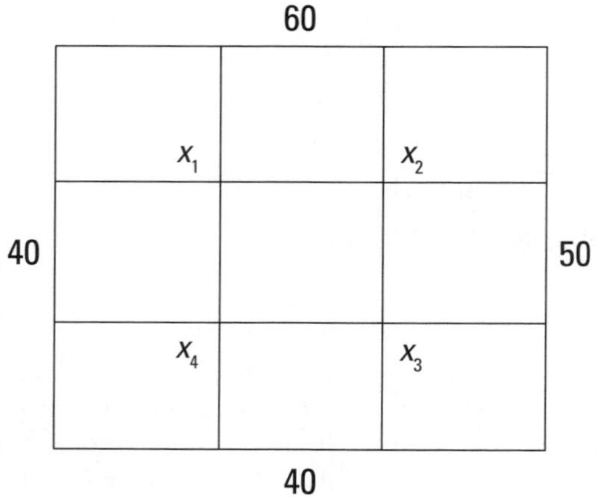

Figura 17-2: Diferentes temperaturas são aplicadas para cada lado.

Agora, usando uma *propriedade de valor médio* (onde se encontra a temperatura em um determinado ponto, adicionando as temperaturas adjacentes e dividindo pelo número de valores usados), eu escrevo as quatro equações que representam o calor em cada um dos pontos centrais:

$$x_1 = \frac{40 + 60 + x_2 + x_4}{4}, \quad x_2 = \frac{60 + 50 + x_3 + x_1}{4}$$
$$x_3 = \frac{50 + 40 + x_2 + x_4}{4}, \quad x_4 = \frac{40 + 40 + x_3 + x_1}{4}$$

Simplificando as equações e criando uma matriz aumentada, eu uso as operações de linha para resolver as temperaturas nos pontos centrais:

$$\left[\begin{array}{cccc|c} 4 & -1 & 0 & -1 & 100 \\ -1 & 4 & -1 & 0 & 110 \\ 0 & -1 & 4 & -1 & 90 \\ -1 & 0 & -1 & 4 & 80 \end{array}\right] \rightarrow \left[\begin{array}{cccc|c} 1 & 0 & 0 & 0 & 48{,}75 \\ 0 & 1 & 0 & 0 & 51{,}25 \\ 0 & 0 & 1 & 0 & 46{,}25 \\ 0 & 0 & 0 & 1 & 43{,}75 \end{array}\right]$$

As temperaturas em x_1, x_2, x_3 e x_4 são, respectivamente: 48,75; 51,25; 46,25; e 43,75. Cada ponto central é afetado pelos dois lados mais próximos e os outros dois pontos centrais pelo adjacente.

DICA

Você pode encontrar informações sobre como resolver sistemas de equações usando matrizes aumentadas no Capítulo 4.

Fazendo Planos Econômicos

Um modelo bem conhecido por um economista é o modelo de produção Leontief. O modelo leva em conta as diferentes áreas de produção de um país, cidade ou região e como eles interagem uns com os outros. Aqui eu mostro uma versão simplificada de como o modelo funciona.

Considere um modelo econômico em que se encontram três setores principais de produção: agricultura, indústria e prestação de serviços. A meta de produção que está programada para o mês: 18 unidades de agricultura, 20 unidades de produção, e 24 unidades de serviço. Ao produzir essas unidades, no entanto, alguns dos setores necessitam que os próprios produtos sejam produzidos para gerar essa saída. Na verdade, para cada unidade de produção, a agricultura precisa de 0,10 unidades de agricultura 0,50 unidades da indústria, e 0,15 unidades de prestação de serviços. O setor industrial precisa de 0,05 unidades de agricultura e 0,15 unidades de prestação de serviços para cada unidade produzida. E o setor de serviços precisa de 0,10 unidades dos serviços e 0,40 unidades da indústria.

Para encontrar o número total de unidades de cada um — as quantidades necessárias para as metas de produção e as quantidades necessárias de cada setor para atender a esses objetivos, criei uma matriz de entrada A, e um vetor e demanda **d**.

Usado na produção

$$\begin{array}{r} \\ \text{Agr} \\ A = \text{Man} \\ \text{Ser} \end{array} \begin{array}{c} \begin{array}{ccc} \text{Agr} & \text{Man} & \text{Ser} \end{array} \\ \begin{bmatrix} 0{,}10 & 0{,}50 & 0{,}15 \\ 0{,}5 & 0 & 0{,}15 \\ 0 & 0{,}40 & 0{,}10 \end{bmatrix} \end{array} \quad d = \begin{bmatrix} 18 \\ 20 \\ 24 \end{bmatrix}$$

Para descobrir a quantidade total de cada tipo necessário, **x**, eu resolvo **x** = A**x** + **d**, o que simplifica **x** = $(I - A)^{-1}$ **d**.

$$\mathbf{x} = (\,\mathbf{I\ a\ A}\,)^{-1}\mathbf{d} = \left(I - \begin{bmatrix} 0{,}10 & 0{,}50 & 0{,}15 \\ 0{,}05 & 0 & 0{,}15 \\ 0 & 0{,}40 & 0{,}15 \end{bmatrix} \right)^{-1} \cdot \begin{bmatrix} 18 \\ 20 \\ 24 \end{bmatrix} = \begin{bmatrix} 42{,}05 \\ 27{,}97 \\ 39{,}10 \end{bmatrix}$$

Então isto leva 42,05 unidades de agricultura para criar as 18 unidades em demanda que são necessárias para criar as unidades de agricultura, indústria e serviço. Da mesma forma com os demais setores.

Jogando com Matrizes

Quando criança, você provavelmente jogou muitos jogos de papel — a começar pelo jogo da velha — e agora você migrou para jogos de computador que ocupam sua mente. Um determinado jogo pode ser jogado em papel ou computador — apesar de que utilizar o computador é muito mais rápido e preciso. O jogo se chama Quadrados ou Quadrados Mágicos. Pode ser jogado com um quadrado de qualquer tamanho, mas já parece bastante desafiador para mim com um quadrado de 3x3.

Você começa com um padrão aleatório de círculos brancos e pretos nos quadrados e o objetivo do jogo é fazer com que todos os círculos, exceto o do centro, fiquem pretos. Eu vou mostrar um ponto de partida padrão possível e o destino padrão na Figura 17-3.

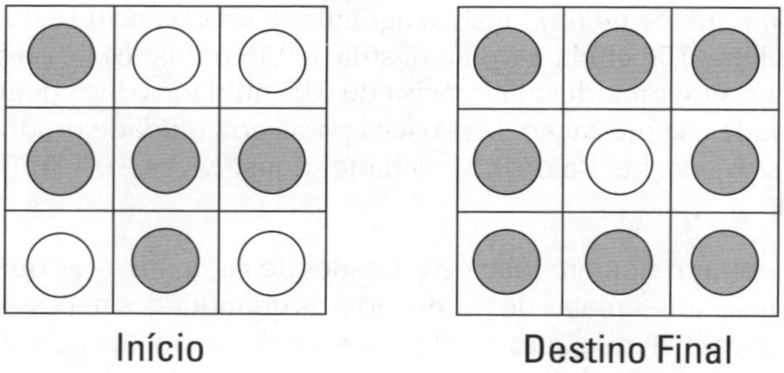

Figura 17-3: Alterar os marcadores até criar o padrão final.

Você pode se perguntar por que este jogo é considerado um desafio. Afinal, você pode simplesmente mudar os cinco círculos — quatro para o preto e um para o branco. Aqui está o segredo: Quando você altera um círculo, você também tem que mudar dois, três ou quatro outros. Eu marquei os quadrados para descrever os movimentos permitidos:

a	*b*	*c*
d	*e*	*f*
g	*h*	*i*

As regras são:

- Quando você altera qualquer canto (*a*, *c*, *g* ou *i*) você também altera cada quadrado adjacente a esse canto:
  - *a: a, b, d, e*
  - *c: b, c, e, f*
  - *g: d, e, g, h*
  - *i: e, f, h, i*
- Quando você altera o círculo médio em qualquer lado, você altera todos os círculos desse lado.
  - *b: a, b, c*
  - *d: a, d, g*
  - *f: c, f, i*
  - *h: g, h, i*
- Quando você alterar o círculo do centro, você também altera os círculos de cima, de baixo, da esquerda e da direita: *b, e, h, d, f.*

Agora você vê o desafio — e por que um jogo de computador torna isso muito mais eficiente. Mas você pode fazer isso sem um computador! Na verdade, qualquer alvo padrão (factível) sempre pode ser alcançado em mais de nove movimentos. (Mas existem alguns padrões iniciais que não têm solução — você teria que alterar os círculos para sempre se você falhasse em um desses. Os jogos de computador evitam esses sujeitinhos desagradáveis.)

A solução vem de uma série de vetores 9 × 1 — os primeiros nove dos quais são colocados em uma matriz 9 × 9. Cada um dos nove quadrados tem o seu próprio vetor baseado em outros quadrados, que são afetados quando uma troca é feita neste quadrado. Os vetores contêm 1 para os quadrados que estão ligados e 0 para os quadrados que são alterados. Eu mostro o vetor **v** geral e os vetores para *a*, *d*, e *e* aqui:

$$\mathbf{v} = \begin{bmatrix} a \\ b \\ c \\ d \\ e \\ f \\ g \\ h \\ i \end{bmatrix} \quad \mathbf{v}_a = \begin{bmatrix} 1 \\ 1 \\ 0 \\ 1 \\ 1 \\ 0 \\ 0 \\ 0 \\ 0 \end{bmatrix} \quad \mathbf{v}_d = \begin{bmatrix} 1 \\ 0 \\ 0 \\ 1 \\ 0 \\ 0 \\ 1 \\ 0 \\ 0 \end{bmatrix} \quad \mathbf{v}_e = \begin{bmatrix} 0 \\ 1 \\ 0 \\ 1 \\ 1 \\ 1 \\ 0 \\ 1 \\ 0 \end{bmatrix}$$

Agora visualize todos os nove vetores — v_a, v_b, ...v_i — colocados em uma enorme matriz 9 × 9. Então, imagine encontrar o inverso desta matriz. Aqui está a matriz inversa, caso você esteja com pressa:

$$A^{-1} = \begin{bmatrix} 1 & 0 & 1 & 0 & 0 & 1 & 1 & 1 & 0 \\ 1 & 1 & 1 & 1 & 1 & 1 & 0 & 0 & 0 \\ 1 & 0 & 1 & 1 & 0 & 0 & 0 & 1 & 1 \\ 1 & 1 & 0 & 1 & 1 & 0 & 1 & 1 & 0 \\ 1 & 0 & 1 & 0 & 1 & 0 & 1 & 0 & 1 \\ 0 & 1 & 1 & 0 & 1 & 1 & 0 & 1 & 1 \\ 1 & 1 & 0 & 0 & 0 & 1 & 1 & 0 & 1 \\ 0 & 0 & 0 & 1 & 1 & 1 & 1 & 1 & 1 \\ 0 & 1 & 1 & 1 & 0 & 0 & 1 & 0 & 1 \end{bmatrix}$$

Para encontrar a solução — quais quadrados alterar — você cria um vetor que representa a configuração inicial e o adiciona a um vetor que representa o padrão de destino. Então, você multiplica a matriz inversa pela soma. Usando o destino e os padrões iniciais que eu mostrei no início desta seção, aqui está a adição. O 2 significa que você trocou duas vezes e estão de volta onde você iniciou, então eles se tornam 0s.

$$\text{início} + \text{destino} = \begin{bmatrix} 1 \\ 0 \\ 0 \\ 1 \\ 1 \\ 1 \\ 0 \\ 1 \\ 0 \end{bmatrix} + \begin{bmatrix} 1 \\ 1 \\ 1 \\ 1 \\ 0 \\ 1 \\ 1 \\ 1 \\ 1 \end{bmatrix} = \begin{bmatrix} 2 \\ 1 \\ 1 \\ 2 \\ 1 \\ 2 \\ 1 \\ 2 \\ 1 \end{bmatrix} \rightarrow \begin{bmatrix} 0 \\ 1 \\ 1 \\ 0 \\ 1 \\ 0 \\ 1 \\ 0 \\ 1 \end{bmatrix}$$

Agora multiplique a matriz inversa pela soma:

$$A^{-1}\begin{bmatrix}0\\1\\1\\0\\1\\0\\1\\0\\1\end{bmatrix}=\begin{bmatrix}2\\3\\2\\3\\4\\4\\3\\4\\4\end{bmatrix}\rightarrow\begin{bmatrix}0\\1\\0\\1\\0\\0\\1\\1\\0\end{bmatrix}\rightarrow\begin{bmatrix}0\\b\\0\\d\\0\\0\\g\\h\\0\end{bmatrix}$$

O 3 que apareceu no produto significa três alterações, que voltam a ser 1. O 4 no produto volta a 0. (Em geral, os números ímpares se tornam 1 e os números pares se tornam 0). Levará apenas quatro movimentos para alterar o padrão inicial para o modelo alvo. Altere *b*, *d*, *g*, *h*, (e todos os quadrados com cada um deles).

Capítulo 18

Dez (ou mais) Processos de Álgebra Linear que Você Pode Fazer em Sua Calculadora

Neste Capítulo

- Fazendo gráficos de linhas e encontrando intersecções
- Tendo a oportunidade de fazer operações com matrizes
- Realizando operações de linha em matrizes
- Arredondando números com a calculadora

Calculadoras gráficas são instrumentos maravilhosos. Você as carrega em sua mochila, pasta ou bolsa, e as utiliza para fazer todos os tipos de tarefas corriqueiras — coisas com as quais você simplesmente não quer desperdiçar o poder de seu cérebro.

Neste capítulo, eu mostro alguns recursos gráficos, incluindo a forma de resolver um sistema de equações lineares de linhas gráficas. Mostro, também, vários processos que você pode fazer envolvendo matrizes. Finalmente, mostro como tirar proveito de números grandes e fazer sua calculadora arredondá-los para um valor menor.

Nota: Há diversas calculadoras no mercado para que eu seja capaz de lhe dizer exatamente qual botão apertar em uma calculadora específica, por isso dou instruções mais gerais. Se você não está familiarizado com a sua calculadora gráfica, tenha o manual de usuário em mãos — especialmente a parte que mostra todas as diferentes funções no menu suspenso de um botão específico.

DICA

Se você não tiver mais o manual (como a maioria dos meus alunos), procure na internet. A maioria dos fabricantes de calculadoras têm sites úteis para ajudá-lo.

Deixando o Gráfico de Linhas Resolver um Sistema de Equações

No Capítulo 4, eu falo sobre sistemas de equações e suas soluções. Eu também mostro como fazer o gráfico de sistemas de duas equações lineares nos eixos de coordenadas. Aqui, vou mostrar como tirar um dos sistemas de equações e colocá-los em sua calculadora por uma solução.

LEMBRE-SE

Para resolver um sistema de duas equações lineares em duas incógnitas, faça o seguinte:

1. **Escreva cada equação na forma inclinação-intercepto, $y = mx + b$.**

   Esta é também a *forma de função* onde você mostra que a variável y é uma função da variável x.

2. **Insira as duas equações no menu-y de sua calculadora.**

3. **Represente graficamente as linhas.**

   Você pode ter de ajustar a sua tela para fazer ambas as linhas aparecerem. Em suma, você quer ver onde as duas linhas se cruzam.

   DICA

   Algumas calculadoras têm um botão de ajuste que permite ajustar a altura dos gráficos para uma largura específica de modo que você possa ver ambas as linhas ao mesmo tempo.

4. **Use a ferramenta de Interseção.**

   Você geralmente tem que selecionar as linhas, uma de cada vez, conforme solicitado. Então você deve fazer uma "suposição". Você pode usar as setas para a esquerda e direita para mover o ponteiro perto da interseção, se quiser.

5. **Pressione Enter para obter a resposta.**

   Você receberá ambas as coordenadas do ponto (as duas variáveis x e y).

Agora, por exemplo, quero resolver o seguinte sistema de equações:

$$\begin{cases} 2x + 3y = 9 \\ 4x - y = 11 \end{cases}$$

Escrevendo as equações na forma inclinação-intercepto (Passo 1), obtenho $y = -\frac{2}{3}x + 3$ e $y = 4x - 11$. Coloquei a primeira equação na primeira posição do menu-y e a segunda equação na segunda posição (Passo 2). Representando graficamente as linhas, percebo que a configuração padrão (de -10 a 10 em ambos os sentidos) funciona perfeitamente (Passo 3). A Figura 18-1 mostra como o gráfico deve ser.

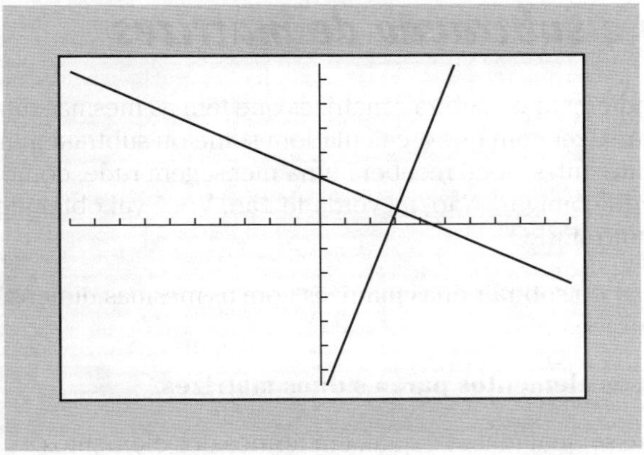

Figura 18-1: As linhas se cruzam no primeiro quadrante.

Usando a ferramenta interseção (Passo 4), eu preciso escolher as duas linhas; em algumas calculadoras você tem que marcar as equações e em outras você tem que clicar nos gráficos reais das linhas. Eu pressiono Enter (Etapa 5) e começo a resolver o problema. Algumas calculadoras dão a resposta como um par ordenado (3,1), e outras mostram $x = 3$, $y = 1$. Em ambos os casos, eu encontrei o ponto de intersecção das linhas — o que corresponde à solução do sistema. Se a minha linha não tem interseção, então eu vou ver duas linhas paralelas. Se eu tentar fazer a calculadora resolver o sistema paralelo, de qualquer maneira, vou ter algum tipo de mensagem de erro.

Moldando a Maioria das Matrizes

Operações de matrizes são rápidas e precisas quando realizadas com uma calculadora gráfica. Porém, você tem algumas desvantagens: As matrizes devem ser inseridas em uma calculadora com um elemento de cada vez. Então, se você está trabalhando com múltiplas matrizes, é necessário acompanhar onde você coloca o que — qual matriz é qual e como você as nomeou. Os cálculos realizados em matrizes muitas vezes resultam em números com muitas casas decimais, o que torna difícil ver todos os elementos de uma só vez. Você tem que mudar os números de frações ou arredondá-los. Eu mostro uma forma rápida e fácil de arredondar os números para menos de modo que eles sejam exibidos na seção "Ajustando para um determinado valor local" mais adiante, neste capítulo.

Para introduzir uma matriz na calculadora, você escolhe um nome. Não, João não é um nome apropriado neste caso. Normalmente a calculadora lhe dá uma escolha de A, B, C, D e assim por diante. (Que chato.) Depois de escolher um nome, introduza a dimensão da matriz, tais como 2 × 3. Então você insere cada elemento em seu lugar apropriado. Agora começa a diversão.

Adição e subtração de matrizes

Você pode adicionar ou subtrair matrizes que têm as mesmas dimensões. Se você tentar fazer com que a calculadora some ou subtraia matrizes com dimensões diferentes, você receberá uma mensagem rude, como "Você está brincando comigo?" Não, na verdade não. Você vai obter algo mais educado, como "ERRO".

Para adicionar ou subtrair duas matrizes com as mesmas dimensões, você faz o seguinte:

1. **Insira os elementos para as duas matrizes.**

   Lembre-se qual matriz é qual, em termos dos elementos.

2. **Com uma nova tela, digite o nome da primeira matriz, insira o símbolo da operação (+ ou -) e, em seguida, insira o nome da segunda matriz.**

3. **Pressione Enter.**

Você achou que ia ser algo complicado e difícil? Sinto muito. Não desta vez.

A calculadora que eu uso mostra o seguinte para a operação: [A] + [B]. Os colchetes indicam uma matriz.

Multiplicação por um escalar

Quando você multiplica uma matriz por um escalar, essencialmente você multiplica cada elemento da matriz pelo mesmo número. Usar a calculadora para fazer esta tarefa lhe poupa de ter que realizar a multiplicação várias vezes. E o processo é muito simples. Se você deseja multiplicar a matriz A por 2, em minha calculadora, você acabou de digitar **2 * [A]** e — voilà — você obtém a resposta.

Multiplicando duas matrizes juntas

A parte mais difícil de multiplicar duas matrizes tem a ver com a Lei de Ordem. Não "Lei e Ordem", com Sam Waterston, Lei de Ordem. É que, quando multiplicamos as matrizes, a ordem importa, e essa é a lei! Você pode multiplicar uma matriz 2×3 por uma matriz 3×5, nesta ordem, mas você não pode multiplicar na ordem inversa. (No Capítulo 3, eu explico todas as razões para a regra.) Por agora, basta acompanhar qual matriz é qual, ao se multiplicar. Sua calculadora não deixará qualquer mudança passar despercebida — você obterá uma mensagem de erro se você tentar. Melhor um na mão do que dois voando!

Para multiplicar uma matriz A 2×3 vezes uma matriz B 3×5 em minha calculadora, eu simplesmente digito **[A]** · **[B]** e pressiono Enter para obter a matriz 2×5 resultante.

Executando Operações de Linha

Muitas tarefas de álgebra linear envolvem vetores e matrizes. E, muitas vezes, você precisa mudar o formato da matriz para solucionar um sistema de equações ou escrever uma relação entre variáveis ou multiplicadores. As calculadoras gráficas são ótimas para a realização de operações com matrizes, especialmente quando os elementos das matrizes são grandes e difíceis, ou quando você tem que dividir por números que não resultam em números inteiros agradáveis.

Listo muitas das operações mais comuns nesta seção. ***Nota:*** Nem todas as operações podem estar em cada calculadora, e algumas calculadoras podem ter mais operações do que estas. Seu manual do usuário é o seu melhor guia.

Alterando linhas

Você tem uma matriz com quatro linhas e preferiria que a quarta linha estivesse onde a primeira linha está. (Talvez o 1 seja o primeiro elemento da quarta linha.) A calculadora deve ser capaz de fazer a troca (muitas vezes chamada de *rowSwap*). Você vai ter um *script* específico para seguir ao inserir os comandos para a operação de alteração de linha. Você terá que identificar qual é a matriz a ser operada, porque podem haver várias matrizes carregadas na sua calculadora. Você terá que designar as linhas.

Por exemplo, na minha calculadora, eu digito **rowSwap ([A], 1,4)**, significa que eu quero trocar as linhas 1 e 4 na minha matriz A. É claro que primeiro eu preciso inserir a matriz e salvar a matriz A. Então, tenho que encontrar o comando *rowSwap*. Na maioria das calculadoras, você não pode simplesmente digitar as letras usando o teclado alfabético, você tem que encontrar a operação integrada, indicando uma matriz. Confira abaixo do botão de matriz se há um menu suspenso envolvendo operações.

Adicionando duas linhas juntas

Você pode adicionar duas linhas de uma matriz para criar um formato diferente. Geralmente, você só precisa escolher um dos elementos da matriz, e todos os outros elementos nas linhas tem que seguí-lo. Por exemplo, em uma matriz, quero adicionar as linhas 1 e 3, porque a soma dos primeiros elementos nessas duas linhas é igual a 0.

$$A = \begin{bmatrix} 1 & 2 & 3 & 4 & 5 \\ 0 & -2 & 5 & 6 & 4 \\ -1 & 3 & 6 & 7 & 2 \\ 3 & 1 & 5 & 3 & 6 \end{bmatrix}$$

Depois de obter a soma, você precisa determinar onde vai colocá-la. Se meu objetivo é obter todos os 0s abaixo do 1 na primeira linha, primeira coluna, então eu quero que a soma das linhas 1 e 3 seja colocada na linha 3.

A entrada na calculadora tem de incluir qual matriz você está trabalhando, quais as linhas que devem ser somadas, e onde colocar a soma. Na minha calculadora, eu encontro a operação da matriz que adiciona linhas juntas, e o processo que eu tenho que digitar é **row + ([A], 1,3)**. A calculadora automaticamente coloca a soma na linha 3, a segunda linha nomeada no *script*. Se quiser que a soma seja colocado na linha 1, então você usa *linha* + ([A], 3,1).

Adicionando o múltiplo de uma linha a outra

Se seu objetivo é ter todos os 0s acima e abaixo de um determinado elemento em sua matriz, então é bem fácil se todos os elementos estiverem opostos ao elemento alvo. Tudo o que você teria que fazer seria adicionar as linhas à linha de destino. Você normalmente não tem esta sorte — é mais comum que você tenha que adicionar um múltiplo de uma linha para outra linha.

Por exemplo, a matriz A na seção anterior tem um 1 na primeira linha, primeira coluna, e um 3 na quarta linha, primeira coluna. Para alterar o 3 para 0, eu preciso multiplicar a linha 1 por -3 e adicionar esta alteração na linha 1 para aqueles na linha 4. Quero que todos os resultados sejam colocados na linha 4. Os comandos para essa operação incluem:

- Nomear a matriz
- Nomear o multiplicador e qual linha é multiplicada
- Nomear a linha em que o múltiplo está sendo adicionado
- Indicar onde o resultado é colocado

Ufa! Isto é o que eu tenho que colocar na minha calculadora: ***row + (-3, [A], 1,4)**. Eu digito primeiro o multiplicador, depois a matriz, a linha a ser multiplicada, e depois a linha na qual o produto é adicionado. O resultado estará nesta quarta linha.

Agora, tenho que contar-lhe um segredo: eu uso uma etiqueta, presa à parte interna da capa da minha calculadora, para anotar todos esses comandos. Nunca lembro o que vai onde, e o manual do usuário nunca está em minhas mãos. Então, esses pequenos *scripts* são anotados para uma referência rápida. Você pode querer fazer o mesmo.

Multiplicando uma linha por um escalar

Você pode multiplicar uma matriz por um escalar inteiro — cada elemento da matriz é multiplicado por esse mesmo número. Mas às vezes você quer apenas uma das linhas alteradas, ou multiplicada por um número específico. Na matriz A, eu gostaria de me livrar das frações na linha 2, assim eu escolho multiplicar a linha 2 por 6. Na matriz B, eu quero um 1 como terceiro elemento na linha 3, assim eu multiplico cada elemento na linha 3 por 1/2.

$$A = \begin{bmatrix} 1 & 3 & 4 & -2 & 5 \\ 0 & \frac{1}{2} & -3 & \frac{2}{3} & \frac{5}{6} \\ 0 & 3 & 5 & 6 & -4 \end{bmatrix} \quad B = \begin{bmatrix} 1 & 0 & 3 & 4 & -9 & 5 & 6 \\ 0 & 1 & 5 & 6 & 3 & 9 & 0 \\ 0 & 0 & 2 & 5 & 4 & 3 & -1 \end{bmatrix}$$

A operação de multiplicação de uma única linha por um escalar é relativamente simples. Você só tem que nomear a matriz, o multiplicador, e a linha. Por exemplo, na minha calculadora, eu insiro ***row(6, [A], 2)**, colocando primeiro o multiplicador, segundo a matriz, e em terceiro a linha. Os elementos resultantes voltaram todos para a mesma linha que foram multiplicadas.

Criando uma forma escalonada

Nem todas as calculadoras têm essa capacidade, mas algumas vão tomar uma matriz e mudá-la para a forma triangular ou para a forma escalonada de linha reduzida. Use as formas escalonadas para determinar a solução de um sistema de equações ou para escrever a relação entre variáveis em equações ou outras relações. (Volte ao Capítulo 4 para obter mais informações sobre formas escalonadas). A calculadora tem, normalmente, uma restrição sobre os tipos de matrizes onde operações de forma escalonada são realizadas: O número de linhas na matriz não pode ser maior do que o número de colunas.

A forma escalonada de linha transforma sua matriz em uma que tenha 1 nas posições a_{ii} (a linha e a coluna são as mesmas), sempre que a linha não for composta somente de 0s, e 0s abaixo de cada 1. As linhas de todos os 0s aparecem como as últimas linhas da matriz. A forma escalonada reduzida de linha tem 1 nas posições a_{ii} (quando a linha não é composta somente de 0s) e 0s abaixo e acima de cada 1. A matriz E é mostrada na sua forma original, de forma escalonada de linha, e de forma escalonada de linha reduzida:

$$E = \begin{bmatrix} 1 & 4 & -3 & 18 \\ 3 & -1 & 6 & -12 \\ 1 & 1 & 3 & -2 \end{bmatrix}$$

$$\rightarrow \begin{bmatrix} 1 & -\frac{1}{3} & 2 & -4 \\ 0 & 1 & -\frac{15}{13} & \frac{66}{13} \\ 0 & 0 & 1 & -\frac{62}{33} \end{bmatrix} \rightarrow \begin{bmatrix} 1 & 0 & 0 & \frac{8}{11} \\ 0 & 1 & 0 & \frac{32}{11} \\ 0 & 0 & 1 & -\frac{62}{33} \end{bmatrix}$$

Para realizar essas operações com a calculadora, você normalmente só precisa acessar a operação e, em seguida, digitar o nome da matriz.

Elevando às Potências e Encontrando Inversos

Usando a calculadora, você pode elevar uma matriz a uma potência extremamente alta e até mesmo usar a reciprocidade para encontrar uma matriz inversa. Uma restrição é, obviamente, que você está lidando com uma matriz quadrada. Apenas matrizes quadradas podem multiplicar a si mesmas. E apenas matrizes quadradas têm inversas (embora nem todas as matrizes quadradas possuam inversas).

Elevando matrizes a potências

É horrível elevar a matriz A à 20ª potência apenas com papel e lápis. Com uma calculadora gráfica, porém, tudo que você precisa fazer é inserir os elementos da matriz, salvá-la, e então elevar a matriz à potência. Elevando a matriz A à 20ª potência, eu insiro **[A]^20** em minha calculadora.

Convidando inversos

A inversa de uma matriz é outra matriz do mesmo tamanho que a original. A inversa da matriz A vezes a matriz A, em si, é uma matriz de identidade. Mesmo multiplicando na direção oposta obtemos a mesma resposta. Simbolicamente: $[A]^{-1} \cdot [A] = [A] \cdot [A]^{-1} = I$.

Para encontrar a inversa de uma matriz quadrada, você deve usar o botão de reciprocidade integrado. Em algumas calculadoras, parece x^{-1}. Você não pode usar o botão do acento circunflexo, ^ -1, para obter a inversa na maioria das calculadoras. A calculadora vai lhe dizer se a matriz é singular (não tem inversa).

Determinando os Resultados de uma Cadeia de Markov

Alguns modelos matemáticos de situações da vida real envolvem uma mudança de estado da situação com base em uma probabilidade. Uma *Cadeia de Markov* é um processo em que o resultado de um experimento ou a composição da próxima geração é completamente dependente da situação anterior ou geração. O fundamento para estudar uma cadeia de Markov é a *matriz de transição*. Uma matriz de transição dá todas as probabilidades de que algo se move de um lugar para o outro. Por exemplo, na matriz mostrada aqui, você vê as probabilidades de que as pessoas que compram os itens A, B ou C comprarão A, B, ou C da próxima vez.

$$\begin{array}{c} \\ A \\ B \\ C \end{array}\begin{array}{c} \begin{array}{ccc} A & B & C \end{array} \\ \begin{bmatrix} 0{,}65 & 0{,}10 & 0{,}25 \\ 0{,}25 & 0{,}05 & 0{,}70 \\ 0{,}35 & 0{,}15 & 0{,}50 \end{bmatrix} \end{array}$$

Você lê as entradas do lado esquerdo para cima. Por exemplo, você vê que se uma pessoa compra A agora, a probabilidade é 0,65; ou 65 por cento que ela comprará A na próxima vez; 10 por cento que ele comprará B na próxima vez e 25 por cento de que ele comprará C na próxima vez. A probabilidade é apenas de 5 por cento que uma pessoa compre B esta vez e que comprará B na próxima, e assim por diante.

Você usa a matriz de transição para determinar qual porcentagem de pessoas comprarão A, B ou C durante certo período. Se você utilizar a matriz quadrada, então você vê que a porcentagem de pessoas que comprar A na terceira vez após comprar pela segunda vez diminuiu 53,5 por cento e o número dos que compraram C após comprar A aumentou para 35,75 por cento.

$$\begin{bmatrix} 0{,}65 & 0{,}10 & 0{,}25 \\ 0{,}25 & 0{,}05 & 0{,}70 \\ 0{,}35 & 0{,}15 & 0{,}50 \end{bmatrix}^2 = \begin{bmatrix} 0{,}535 & 0{,}1075 & 0{,}3575 \\ 0{,}42 & 0{,}1325 & 0{,}4475 \\ 0{,}44 & 0{,}1175 & 0{,}4425 \end{bmatrix}$$

O que há de mais significativo, porém, é o que acontece a longo prazo. Você pode elevar a matriz a uma potência alta — neste caso, eu só tive que elevar à oitava potência — para ver como as tendências de longo prazo são. Os valores são arredondados para o milésimo mais próximo.

$$\begin{bmatrix} 0{,}65 & 0{,}10 & 0{,}25 \\ 0{,}25 & 0{,}05 & 0{,}70 \\ 0{,}35 & 0{,}15 & 0{,}50 \end{bmatrix}^8 = \begin{bmatrix} 0{,}484 & 0{,}114 & 0{,}402 \\ 0{,}484 & 0{,}114 & 0{,}402 \\ 0{,}484 & 0{,}114 & 0{,}402 \end{bmatrix}$$

Você vê com a cadeia de Markov que 48,4 por cento das pessoas comprarão A, 11,4 por cento comprarão B e 40,2 por cento comprarão C.

Solução de Sistemas Utilizando A^{-1}. B

No Capítulo 4, eu mostro como resolver sistemas de equações lineares em uma infinidade de formas (bem, talvez eu esteja exagerando um pouco com *infinidade*). Mas aqui eu apresento uma maneira de resolver sistemas de equações que têm uma única solução. Você usa a matriz dos coeficientes, A; usa a constante da matriz, B; e multiplica o inverso da matriz do coeficiente pela matriz constante.

Por exemplo, quero resolver o seguinte sistema de equações:

$$\begin{cases} 3x_1 - 2x_2 + x_3 + 4x_4 - 9x_5 = -27 \\ 2x_1 + 3x_2 + 3x_3 - x_4 - x_5 = 8 \\ -4x_1 \quad x_2 - 3x_3 + 2x_4 + 6x_5 = 23 \\ 5x_1 - 7x_2 + x_3 + x_4 + x_5 = 3 \\ x_1 + x_2 + 7x_3 + 4x_4 + 2x_5 = 50 \end{cases}$$

Trabalho pesado! Cinco equações e cinco incógnitas. Mas, enquanto a matriz composta pelos coeficientes não for singular (isto é, não tem inversa), estamos no negócio. Criando uma matriz A, composta pelos coeficientes das variáveis, e uma matriz B, constituído pelas constantes:

$$A = \begin{bmatrix} 3 & -2 & 1 & 4 & -9 \\ 2 & 3 & 3 & -1 & -1 \\ -4 & -1 & -3 & 2 & 6 \\ 5 & -7 & 1 & 1 & 1 \\ 1 & 1 & 7 & 4 & 2 \end{bmatrix} \quad B = \begin{bmatrix} -27 \\ 8 \\ 23 \\ 3 \\ 50 \end{bmatrix}$$

O sistema de equações é agora representado por $A \cdot X = B$, no qual o vetor X contém cinco elementos que representam os valores das cinco variáveis.

Agora faça a calculadora multiplicar a inversa da matriz A pela matriz B. O vetor resultante tem os valores das variáveis.

$$[A]^{-1}.[B] = \begin{bmatrix} 1 \\ 2 \\ 3 \\ 4 \\ 5 \end{bmatrix} = [X] = \begin{bmatrix} x_1 \\ x_2 \\ x_3 \\ x_4 \\ x_5 \end{bmatrix}$$

Você vê que $x_1 = 1$, $x_2 = 2$, $x_3 = 3$, $x_4 = 4$ e $x_5 = 5$.

Ajustando Para um Valor Local Particular

Você se preocupa com valores quando está tentando controlar todos essas casas decimais que resultam de cálculos. Quando você divide 4 por 9, você obtém 0,44444444. . . ao infinito e além. Você arredonda aos milésimos, mantendo os quatro primeiros 4 e removendo o resto. Você arredonda se o que está sendo removido for maior do que 5 e apenas trunca (corta fora) se for menor que 5. Se o que é para ser removido é exatamente 5, você arredonda para cima ou para baixo para que esse número seja par. Parece ser muito trabalhoso? Então deixe a sua calculadora fazer o trabalho para você.

Uma técnica é apenas alterar o *modo*, ou as configurações, de sua calculadora. Você pode escolher se quer deixar a calculadora mostrar todas as casas decimais em sua capacidade, ou limitar as casas decimais em um, dois, três, ou quantas casas você desejar. Isto é muito prático, especialmente quando se trabalha com matrizes. Ao limitar o tamanho dos números resultantes de cálculos, você tem maior facilidade em ver os valores dos diferentes elementos.

Por exemplo, na Figura 18-2, eu mostro como a exibição da tela aparece depois de elevar uma matriz 3x3 a oitava potência. (Esta é a matriz que usei na seção anterior, "Determinando os resultados de uma Cadeia de Markov.") Os números decimais são tão longos que você só vê a primeira coluna.

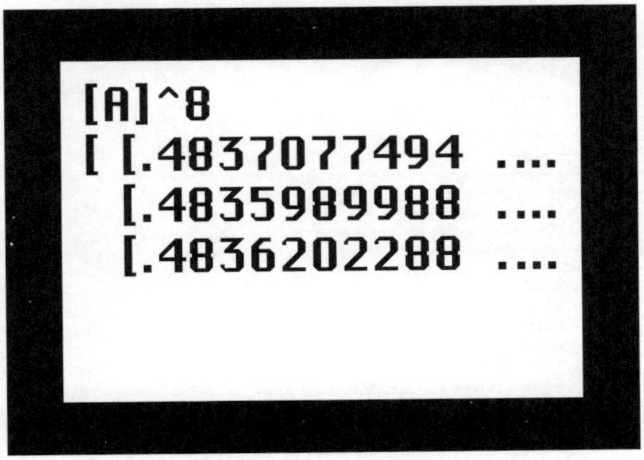

Figura 18-2: Você rolar para a direita para ver o resto da matriz.

Algumas calculadoras até têm uma função de *arredondamento* que é acionada após os cálculos serem concluídos. Você pode digitar instruções para que a calculadora arredonde todos os elementos de uma matriz específica para o número desejado de casas decimais. Por exemplo, na minha calculadora, se eu usar a função de *arredondamento*, minha instrução *round* ([A], 2), faço a calculadora dar uma olhada na matriz e arredondar cada elemento, para duas casas decimais. Perfeito! Eu seria capaz de ver todos os dígitos de todos os elementos na matriz da Figura 18-2.

Capítulo 19

Dez Significados Matemáticos de Letras Gregas

Neste Capítulo

- Dando uma olhada em alguns significados familiares e não tão familiares assim para letras gregas
- Analisando a história do uso de algumas letras gregas

Matemáticos, estatísticos, cientistas e engenheiros adotaram uma ou mais letras gregas como símbolo especial para indicar um valor ou razão. As letras gregas representam o padrão de algum valor ou cálculo que é usado frequentemente em cada campo particular.

Neste capítulo, eu o familiarizo com alguns dos usos mais populares das letras do alfabeto grego.

Sem mais πadinhas

A área de um círculo, é claro, é encontrada com a famosa fórmula: $A = \pi r^2$. Você pode pensar que a letra grega π *sempre* representou o número 3,14159. . . , desde que a relação entre a circunferência e o diâmetro de um círculo foi descoberta, mas não é assim. O matemático Leonhard Euler (1707-1783) é creditado por popularizar o uso de π ao escrever discursos matemáticos, embora haja algum registro de que π também tenha sido usado pouco antes de Euler nascer. A letra grega π também é referida como a constante de Arquimedes, o que lhe dá uma ideia melhor de quanto tempo a razão entre a circunferência de um círculo e o diâmetro foi descoberta.

Determinando a Diferença com Δ

A forma maiúscula da letra grega delta, Δ, significa uma variação ou uma *diferença*. Em matemática, Δx representa "a mudança em x" — o quanto a variável é alterada sob certas circunstâncias. Ao usar a versão minúscula do delta, δ, a letra ainda representa uma mudança ou variação na matemática. Anexe um + ou - ao δ e você obterá uma carga parcial em um íon na química.

Somando com Σ

A letra maiúscula sigma, Σ, representa o somatório em uma lista ou sequência. Σ é muitas vezes chamada de operador de soma, o que indica que você soma todos os termos em um formato certo por quanto tempo quiser.

Alterando para a letra sigma minúscula, σ, você entra no mundo das estatísticas. A letra σ representa o desvio padrão; eleve sigma ao quadrado, σ^2, e você obtém variância.

Ho, ho, ρ, Feliz Natal!

A letra minúscula letra grega rô, ρ, assume diferentes significados em diferentes contextos. Nas estatísticas, ρ é um coeficiente de correlação, que indica o quanto uma entidade determina outra — como um tipo de previsibilidade. Na Física, ρ refere-se a densidade. A densidade é medida em massa por unidade de volume, como 40kg por metro cúbico. E, em matéria de finanças, você encontra ρ relacionado com a sensibilidade à taxa de juros. (Devo ser sensível e não ferir os seus sentimentos!) Como você pode ver, ρ é um símbolo muito popular, abrangendo estatística, física e a área financeira.

Tomando os Ângulos com θ

A letra grega minúscula theta, θ, é familiar aos estudantes de geometria. Theta é um símbolo padrão para um ângulo. Em vez de nomear um ângulo com três pontos, como $\angle$ ABC, você insere o símbolo θ no ângulo interior e nomeia o ângulo com esta letra grega. Você também vê θ usado como a medida do ângulo de representação em muitas identidades trigonométricas e cálculos.

Em finanças, você encontra θ como um símbolo que representa a sensibilidade à passagem do tempo. Em termodinâmica, θ é usado como um valor de temperatura.

ε, para Variar

A letra grega minúscula epsilon, ε, em matemática, é só *um pouquinho diferente*. Você pode ouvir um matemático dizer ao outro: "Ele está a epsilon de provar isso." (Ok, nós somos esquisitos.) Dentro de epsilon, ou ± ε indica que você não está exatamente lá, você está acima, abaixo, à direita, à esquerda, ou de outra forma distante do alvo.

Em ciência da computação, ε indica uma cadeia vazia em teoria de códigos. E em astrometria, o símbolo ε indica a inclinação axial da Terra — nós estamos apenas um pouco fora de eixo.

Lá, Sol, Fá: Tenha Dó de μ

A letra grega minúscula *mi*, μ, é muito amigável. (Desculpe, eu não pude evitar.) Na verdade, μ é uma das letras gregas mais populares — utilizada por muitos campos científicos e matemáticos.

Em teoria dos números, μ representa a função de Möbius (uma função da teoria dos números que produz 0, 1 ou -1, dependendo da fatoração prima do número de entrada). Em estatística e probabilidade, μ representa o valor esperado ou a média de uma população. E, finalmente, μ é o coeficiente de atrito da física e da taxa de serviço em teoria das filas. A letra também indica 10^{-6}, ou um milionésimo.

Então, como você sabe, ao se deparar com um μ perdido por aí, o que ele representa? Tudo depende da disciplina com a qual você está lidando e o assunto que você está falando!

Dançando λ

A letra lambda, λ, é outra letra grega objetiva. Você percebe isso no capítulo 16 deste livro, quando eu abordo autovalores e autovetores. O λs representam quaisquer autovalores da matriz particular.

λ representa também um microlitro – uma medida de volume que equivale a um milímetro cúbico (não muito grande). Ao medir as ondas de rádio, λ representa um comprimento de onda. Na física e engenharia, λ representa a vida média de uma distribuição exponencial. E na teoria das probabilidades, você vê λ como o número esperado de ocorrências em uma distribuição de Poisson (que expressa a probabilidade de eventos que ocorrem com base nas médias das observações passadas).

Exibindo sua Chave ΦBK

Uma grande honra pessoal é ser escolhido como membro da Phi Beta Kappa, ΦBK, uma sociedade de honra cujos membros são os melhores entre os melhores. A sociedade foi fundada em 1776 no College of William & Mary. É a sociedade de honra mais antiga nos Estados Unidos. As letras ΦBK representam "O amor pela aprendizagem é o guia da vida."

Chegando ao Fim com ω

Você ouve o alfa e o ômega, em referência ao início e ao fim — a primeira e a última letra do alfabeto grego. A letra minúscula ômega, ω, é usada em outras situações, é claro. Em teoria da probabilidade, Ω representa o espaço amostral. E, embora a letra maiúscula IN seja geralmente a escolha para representar o conjunto dos números naturais, também é possível ver (em outros países) ω utilizada para essa designação na teoria dos conjuntos.

A letra maiúscula ômega, Ω, representa o ohm para eletricistas e a rotação de um planeta para os astrônomos. Os matemáticos também têm uma função ômega, designada Ω, que conta quantos fatores primos tem um número.

Glossário

adjacente: Próximo a, partilha um lado ou vértice, não tendo nada entre eles. Os números 2 e 3 são números inteiros adjacentes; no retângulo *ABCD*, os lados *AB* e *BC* são adjacentes.

adjunta: A transposição de uma matriz quadrada obtida pela substituição de cada elemento com seu cofator. Cada elemento a_{ij} é substituído com o cofator do elemento em a_{ji}. Também chamada *matriz adjunta*.

ângulo reto: Um ângulo que mede 90 graus com os segmentos que são perpendiculares entre si.

associatividade: A propriedade de adição e multiplicação que preserva o resultado final, quando os elementos da operação são reagrupados. Adicionando $(8 + 3) + 4$ temos o mesmo resultado que adicionar $8 + (3 + 4)$.

autovalor: Um número associado a uma matriz na qual, ao multiplicar um vetor pela matriz é o mesmo que multiplicar esse vetor pela autovetor, o vetor resultante é um múltiplo do vetor original multiplicado pelo autovalor. Dada a matriz quadrada A, o vetor x, e autovalor λ, então $Ax = \lambda x$.

autovetor: Um vetor *x* associado a uma matriz quadrada A tal que $Ax = \lambda x$, onde λ é um escalar. Se o escalar λ é chamado de autovalor de A, você diz que A é um autovetor correspondente a λ.

Base: Um conjunto de vetores, $\{\mathbf{v}_1, \mathbf{v}_2, \mathbf{v}_3 \ldots\}$, que forma um espaço vetorial, *V*, e têm a propriedade que os vetores são linearmente independentes.

base natural de vetores: A base de um conjunto de vetores, onde um elemento de cada vetor é igual a 1 e os outros elementos são iguais a 0, e nenhum vetor apresenta o 1 na mesma posição. Veja também a base padrão de matrizes. (No Brasil chamamos de Base Canônica)

base padrão de matrizes: Uma base composta de vetores que são colunas de uma matriz de identidade. Cada vetor tem um elemento diferente de zero, que é o 1.

coeficiente: Uma constante multiplicadora de uma variável, matriz ou vetor. No termo $2x$, o número 2 é o coeficiente.

cofatores da matriz: Criados a partir de uma matriz, multiplicando os determinantes dos menores da matriz por potências de -1. O cofator A_{ij} da matriz A é igual a $(-1)^{i+j}\det(M_{ij})$, onde M_{ij} é o menor da matriz.

colineares: Situada na mesma linha.

combinação linear: A soma dos produtos de um elemento do espaço vetorial por um escalar. A combinação linear dos elementos de um conjunto de vetores e alguns escalares é escrita $a_1\mathbf{v}_1 + a_2\,\mathbf{v}_2 + \ldots + a_k\,\mathbf{v}_k$, onde cada a_i representa um número real e cada $\mathbf{v}_i$ representa um vetor.

comutatividade: A propriedade de adição e multiplicação que preserva o resultado final, quando os elementos da operação têm a ordem alterada. Ao multiplicar os campos 4×5 temos o mesmo resultado que multiplicar 5×4. É o famoso "a ordem dos fatores não altera o produto".

conjunto gerador: Todos os vetores em um espaço vetorial, V, que são combinações lineares de um conjunto de vetores $\{\mathbf{v}_1, \mathbf{v}_2, \ldots, \mathbf{v}_k\}$, ou elemento neutro.

consecutivas: Itens ou elementos que se sucedem em uma sequência. Os números inteiros, 4, 5 e 6 são três números inteiros consecutivos.

constante: Um valor que não muda. Na expressão $x_2 + x + 4$, o número 4 é uma constante, e os x são variáveis.

contração: Uma função ou transformação em que as distâncias sejam encurtadas. A função f realizada no elemento u é uma contração se $f(u) = ru$, onde $0 < r < 1$.

determinante: A soma de todos os produtos de todas as possíveis permutações dos elementos de uma matriz quadrada.

diagonal principal da matriz: Os elementos de uma matriz quadrada em que os dois elementos do índice são os mesmos: $a_{11}, a_{22}, \ldots, a_{kk}$. Esses elementos começam no canto superior esquerdo e seguem para o canto inferior do lado direito da matriz.

diagonal reversa: A diagonal de uma matriz quadrada que vai do canto superior direito ao canto inferior esquerdo da matriz.

dilatação: Uma função ou transformação em que as distâncias são alongadas. A função f realizada no elemento u é uma dilatação se $f(u) = ru$ onde $r > 1$.

dimensão da matriz: O número de linhas e colunas de uma matriz, expressa no formato $m \times n$. A dimensão 2×3 indica uma matriz com duas linhas e três colunas.

dimensão de um espaço vetorial: O número de vetores na base do espaço vetorial.

fechamento: A propriedade de sistemas de números e espaços vetoriais em que as operações específicas utilizadas no sistema produzem apenas elementos desse sistema ou espaço vetorial. Os números inteiros estão fechados para a adição, mas os números inteiros *não* estão fechados para a divisão (dividir 4 por 5 não resulta em um número inteiro).

equação característica: A equação linear obtida definindo o determinante da matriz formada por $A-\lambda I$ igual a 0. O símbolo λ representa os autovalores da matriz A.

equações independentes: Um sistema de equações para que nenhuma delas seja uma combinação linear das demais equações do sistema.

equação linear: Uma equação na forma de $a_1 x_1 + a_2 x_2 + \ldots + a_k x_k = b$, onde os a são constantes, x são incógnitas e b é uma constante.

equação paramétrica: Uma equação em que um parâmetro é usado para distinguir os diferentes casos. Na forma inclinação-intercepto da equação linear, $y = mx + b$, o m e b são parâmetros que afetam a inclinação e o intercepto-y do gráfico da linha.

escalar: Uma constante.

espaço nulo: O espaço vetorial onde todos os elementos são vetores nulos.

espaço vetorial: Um conjunto de elementos sujeitos a propriedades envolvendo duas operações definidas, $\oplus$ e $\otimes$, e incluindo as identidades e inversos.

eixos de coordenadas: Linhas perpendiculares dividindo o plano em quatro quadrantes. Tradicionalmente, o eixo-x é uma linha horizontal, e o eixo y é uma linha vertical.

identidade: Um elemento de um conjunto associado a uma operação de tal forma que execute a operação com outro elemento e a identidade não altere o valor ou o estado deste outro elemento. No sistema de números reais, a identidade aditiva é 0 e a identidade multiplicativa é 1.

Imagem: A matriz ou o vetor resultante após a realização de uma operação em função de uma matriz ou vetor.

imagem de uma função f: É o conjunto de todos os resultados da realização de uma operação de função em todos os elementos em um conjunto chamado fuzil.

independência linear: Quando a combinação linear de um conjunto de elementos é igual a 0 somente quando cada um dos múltiplos escalar é 0. O conjunto de vetores $\{\mathbf{v}_1, \mathbf{v}_2 \ldots, \mathbf{v}_k\}$ é linearmente independente quando $a_1\mathbf{v}_1\ a_2\mathbf{v}_2 + + \ldots + a_k\mathbf{v}_k. = 0$ somente se $a_1 = a_2 = \ldots = a_k = 0$.

índice do elemento na matriz: A definição de linha e coluna ou a posição do elemento a, indicada por um subscrito, a_{ij}. O elemento a_{24} está na segunda linha e quarta coluna da matriz.

inversão (de uma permutação): Uma permutação em que um número inteiro maior precede um número inteiro menor. Ao considerar as permutações dos três primeiros números inteiros positivos, a permutação 132 tem uma inversão (3 vem antes do 2) e, a permutação 321 tem três inversões (3 vem antes do 2, 3 vem antes do 1, 2 vem antes do 1).

linhas da matriz: Uma matriz $n \times 1$, uma matriz com uma linha e n colunas.

matriz: Um arranjo retangular de números ou elementos com m linhas horizontais e n colunas verticais.

matriz assimétrica: Uma matriz em que cada elemento $a_{ij} = - a_{ji}$. A matriz é igual ao negativo da sua transposição. Se o elemento na segunda linha, terceira coluna, é 4, então o elemento na terceira linha, segunda coluna, é -4.

matriz aumentada: Uma matriz composta dos coeficientes de um sistema de equações lineares e uma coluna final com as constantes. Cada coluna contém os coeficientes de uma mesma variável do sistema.

matriz coeficiente: Uma matriz que consiste em todos os coeficientes das variáveis em um sistema de equações lineares.

matriz coluna (vetor): Uma matriz $m \times 1$, uma matriz com uma coluna e linhas m.

matriz de identidade: Uma matriz quadrada com as suas diagonais principais (da esquerda superior para a direita inferior), constituída de 1 e o resto dos elementos 0.

matriz de transição: A matriz utilizada na regra ou processo definido por uma transformação.

matriz diagonal: Matriz quadrada em que nem todos os elementos acima e abaixo da diagonal principal são iguais a zero.

matriz diagonalizável: Uma matriz para a qual você pode construir outra semelhante à original, que é uma matriz diagonal.

matrizes equivalentes: Duas matrizes $m \times n$ nas quais uma é obtida a partir da outra através da realização de operações elementares de linha.

matriz inversa: Uma matriz quadrada associada a outra matriz quadrada tal qual o produto da matriz e sua inversa é uma matriz de identidade.

matriz inversível: Uma matriz quadrada que tem um inverso. Também chamada de uma matriz não singular.

matriz não-inversível: Uma matriz quadrada que não tem um inverso. Também chamada de uma matriz singular.

matriz não singular: Uma matriz quadrada que tem um inverso. Também chamada de uma matriz inversível.

matriz quadrada: Uma matriz com o mesmo número de linhas e colunas.

matriz triangular: Uma matriz na qual todos os elementos acima ou abaixo da diagonal principal são 0. Uma matriz triangular superior tem zeros abaixo da diagonal principal, e uma matriz triangular inferior tem todos os zeros acima da diagonal principal.

matriz zero: Uma matriz $m \times n$ em que cada elemento é 0.

média geométrica: O número entre dois, que é a raiz quadrada positiva do produto dos dois números. A média geométrica de 4 e 9 é 6, porque 6 é a raiz quadrada de $4 \times 9 = 36$.

menor de matriz: Um subconjunto de uma matriz definida pela remoção de uma linha e de uma coluna associada a um elemento particular. A submatriz está relacionada ao elemento a_{ij} da matriz original em que a linha i e a coluna j são eliminadas.

módulo do vetor: O comprimento de um vetor. O valor obtido pelo cálculo da raiz quadrada da soma dos quadrados dos elementos do vetor.

núcleo de transformação linear: O subconjunto de um espaço vetorial de uma transformação linear que leva todos os vetores em um vetor 0.

número real: Todos os números que podem ser representados na reta.

ortogonais: Vetores cujo produto interno é 0. Uma base ortogonal de um espaço vetorial é aquele em que todos os vetores são ortogonais entre si.

ortonormal: Uma base ortogonal de um conjunto de vetores no qual os vetores têm um módulo igual a 1.

par ordenado (triplo, quádruplo): A listagem das coordenadas de pontos ou elementos de um vetor, entre parênteses e separados por vírgulas, na qual a ordem é natural e sequencial. O ponto no sistema de coordenadas (2,3) é um par ordenado, onde $x = 2$ e $y = 3$.

paralelepípedo: Um poliedro em que todas as faces são os paralelogramos.

paralelogramo: Um polígono de quatro lados no qual os lados opostos são paralelos e congruentes.

parâmetro: Uma variável utilizada para expressar uma relação e cujo valor distingue os vários casos.

permutação: Um rearranjo de uma listagem ordenada de elementos. As seis permutações das três primeiras letras do alfabeto são: abc, acb, bac, bca, cab e cba.

perpendicular: Perpendicularmente um ao outro, quando os elementos matemáticos formam entre si um ângulo de 90°.

poliedro: Uma figura multissuperfície.

polinomial: Uma função representada por $f(x) = a_n x^n + a_{n-1} x^{n-1} + a_{n-2} x^{n-2} + \ldots a_1 x^1 + a_0$, onde, os a são números reais e os x são números inteiros.

polinômio característico: O determinante da matriz quadrada definida subtraindo um múltiplo de uma matriz de identidade uma matriz de transformação, $A-\lambda I$.

posição normal de um vetor: Um vetor com seu ponto inicial na origem.

produto escalar (produto interno) de dois vetores: A soma dos produtos dos elementos correspondentes dos vetores.

propriedade distributiva: A propriedade da multiplicação sobre a adição, na qual cada elemento em um agrupamento é multiplicado por outro elemento fora do agrupamento e os valores, antes e após o processo, permanecem os mesmos. Ao distribuir o número 2 sobre a soma de 4 e 5, os resultados são os mesmos em cada lado da equação: 2 (4 + 5) = 2 (4) + 2 (5).

reciprocidade: Qualquer número real (exceto 0) elevado à potência -1. A reciprocidade de 2 é 1/ 2. A reciprocidade de 4/3 é 3/4. O produto de um número e sua reciprocidade é 1.

reflexão: A transformação em que todos os pontos refletidos são transportados para o lado oposto da linha de reflexão, a uma distância igual à linha de reflexão e de uma linha perpendicular à linha de reflexão.

restrição: Uma qualificação ou regra limitante que afeta os valores que uma variável pode ter. A variável x pode ser limitada para apenas números superiores a 2: $x > 2$.

rotação: A transformação pela qual os pontos são transportados para as posições de uma medida de grau. A medida é determinada pelo grau do ângulo formado a partir do ponto inicial.

semi perímetro: Metade do perímetro de um polígono.

série de transformação linear: Todos os vetores que são resultados da realização de uma transformação linear em um espaço vetorial.

sistema consistente de equações: Um sistema de equações que tenha pelo menos uma solução.

sistema de equações dependentes: Um sistema de equações em que pelo menos uma das equações é uma combinação linear de uma ou mais das outras equações do sistema.

sistema de equações inconsistente ou impossível: Um sistema linear que não tem solução.

solução de equações lineares do sistema: Sequência de números satisfatórias (faz afirmações verdadeiras) quando substituída na equação do sistema.

sistema homogêneo de equações: Um sistema de equações, todas as equações são iguais a zero. O sistema tem sempre uma solução que é trivial se todas as variáveis forem iguais a zero e não trivial se algumas das variáveis não forem iguais a zero.

solução não-trivial: Uma solução de um sistema homogêneo de equações em que os valores dos escalares não são todos zero.

solução trivial: Quando a solução de um sistema homogêneo tem cada variável igual a 0.

subespaço: Um conjunto não vazio de vetores que é um subconjunto de um espaço vetorial com as mesmas operações que o espaço vetorial de origem.

transformação: A passagem de uma expressão, valor ou formato para outra através de um processo definido ou regra.

transformação linear (operador): A transformação ou operação realizada sobre os elementos de um conjunto em que a adição e multiplicação por escalar são preservados. Sendo T a transformação, *u* e *v* os vetores, e *a* e *b* os escalares, então $T(a\mathbf{u} + b\mathbf{v}) = aT(\mathbf{u}) + bT(\mathbf{v})$.

translação: Uma transformação pela qual os pontos são transportados para as posições por um comprimento ou distância ao longo de um vetor colocado em um ângulo particular.

transposição de matriz: Uma matriz construída pela transformação de todas as linhas de uma matriz em colunas e todas as colunas em linhas. Cada elemento a_{ij} se torna um elemento a_{ji}.

valor absoluto: O valor numérico ou valor de um número sem contar o seu sinal. O valor absoluto de - 3 e 3 é 3.

variável: Uma incógnita que pode assumir qualquer um dos valores de um determinado conjunto. Na maioria das situações, a variável x na expressão $2x + 3x^2$ assume o valor de qualquer número real.

variável livre: Uma variável em um sistema de equações para que as outras variáveis possam ser escritas em termos dessa variável. A variável x_3 é uma variável livre, se $x_1 = 2x_3$ e $x_2 = 3x_3$.

vetor: Uma figura geométrica começando com um ponto de extremidade e incluindo todos os pontos se estende ao longo de uma linha em uma direção a partir deste ponto de extremidade.

vetor unitário: Um vetor cujo módulo é igual a 1.

vetor em espaço bidimensional: Uma quantidade mensurável que é descrita pela sua intensidade ou módulo, sua direção e sentido. Um segmento de reta no plano

vetores: Um elemento de um espaço vetorial.

vetores coordenados: Um vetor linha ou coluna de números reais $a_1, a_2, \ldots, a_k$, que são usados para expressar as bases ordenadas $S = \mathbf{v}_1, \mathbf{v}_2, \ldots, \mathbf{v}_k$ na forma $a_1\mathbf{v}_1, a_2\mathbf{v}_2, \ldots, a_k\mathbf{v}_k$.

Índice

• Símbolos •

• A •

• B •

• N •

• O •

• P •

• T •

• V •